機能性脂質のフロンティア
Frontier of Functional Lipids

《普及版／Popular Edition》

監修 佐藤清隆／柳田晃良／和田 俊

シーエムシー出版

は じ め に

　近年におけるバイオテクノロジーの発展の中で，糖質やタンパク質の分析や合成については多くの進展があったが，脂質工業ではこれまでやや立ち遅れ気味の感があった。しかし最近になって，機能性脂質の基礎科学と応用技術の研究は，著しい進歩を見せている。
　とくに，遺伝情報の解明や脳科学をはじめとするバイオサイエンスの進展，最新分析法よる新規機能性脂質の発見と応用，バイオテクノロジーによる脂質の分子設計と生産技術の進展，ナノテクノロジーの脂質工学への展開，脂質関連の「特定保健用食品」の認可と市場の拡大などはその代表例といえる。
　このような基礎研究や応用研究の発展と呼応するかのように，人々の健康志向・天然志向がますます高まりつつある中で，脂質をいわゆる「油・脂・あぶら」という古いイメージで括るのではなく，「健康のために，どのように優れた脂質を，どのように活用するのか」と捉える時代を迎えている。
　このような状況をふまえて，機能性脂質の基礎と応用に関する最先端の情報を包括的にまとめるために，本書を企画した。
　第一編の「機能性脂質の分子設計」では，バイオサイエンスの進展や脂質の最新分析技術，ナノテクノロジーの脂質工学への展開などという観点から，分子レベルで脂質のさまざまな機能性を概観する。
　また第二編「応用編」では食品，医療・医薬品，化粧品など各産業界で活用されている脂質の応用事例をまとめた。
　さらに第三編「素材編」では，14の素材を取り上げ，その生理機能や応用例などについて整理した。
　以上により，基礎研究から実際の応用開発まで，各分野のエキスパートにご執筆いただき，機能性脂質に関する最先端技術の動向を網羅する事ができたと自負している。
　本書が，時代が求める新しい機能性脂質の開発のための参考書として，産業界や若手研究者の方々のお役に立つことができれば幸いである。

2004年12月

佐藤清隆
柳田晃良
和田　俊

普及版の刊行にあたって

本書は 2004 年に『機能性脂質のフロンティア』として刊行されました。普及版の刊行にあたり，内容は当時のままであり加筆・訂正などの手は加えておりませんので，ご了承ください。

2014 年 3 月

シーエムシー出版　編集部

執筆者一覧（執筆順）

横越 英彦	静岡県立大学　食品栄養科学部，同大学院生活健康科学研究科　教授	
加藤 範久	広島大学　大学院生物圏科学研究科　教授	
浜崎 智仁	富山医科薬科大学　和漢薬研究所　臨床科学研究部門臨床利用　教授	
宮澤 陽夫	東北大学　大学院農学研究科　生物産業創成科学専攻　教授	
山田 耕路	九州大学　大学院農学研究院　生物機能科学部門　食糧化学研究室　教授	
横川 博英	㈳南東北病院　総合南東北病院　第3内科　医長	
井上 修二	共立女子大学　家政学部　教授	
板倉 弘重	茨城キリスト教大学　生活科学部　食物健康科学科　教授	
江頭 正人	東京大学医学部附属病院　老年病科　特任講師	
大内 尉義	東京大学医学部附属病院　老年病科　教授	
木庭 新治	昭和大学　医学部第三内科　講師	
佐々木 淳	国際医療福祉大学大学院　臨床試験研究分野　教授； 昭和大学　医学部第三内科　客員教授	
Undurti N.Das	MD，FAMS，UND Life Sciences	
小川 順	京都大学　大学院農学研究科　応用生命科学専攻　助手	
櫻谷 英治	京都大学　大学院農学研究科　応用生命科学専攻　助手	
清水 昌	京都大学　大学院農学研究科　応用生命科学専攻　教授	
秋 庸裕	広島大学　大学院先端物質科学研究科　助教授	
佐藤 清隆	広島大学　大学院生物圏科学研究科　生物資源開発学専攻　教授	
後藤 直宏	東京海洋大学　海洋食品科学科　助手	
和田 俊	東京海洋大学　海洋食品科学科　教授	
青山 敏明	日清オイリオグループ㈱　研究所　理事　副所長	
高橋 是太郎	北海道大学　大学院水産科学研究科　生命資源科学専攻　教授	
細川 雅史	北海道大学　大学院水産科学研究科　生命資源科学専攻　助教授	
日比野 英彦	日本油脂㈱　食品事業部　開発主幹	
柳田 晃良	佐賀大学　農学部　応用生物科学科　学科長・教授	
濱田 忠輝	九州大学　大学院生物資源環境科学府　生物機能科学専攻	
池田 郁男	九州大学　大学院農学研究院　生物機能科学部門栄養化学分野　助教授	
佐藤 隆一郎	東京大学　大学院農学生命科学研究科　応用生命化学専攻　助教授	
栗山 重平	阪本薬品工業㈱　研究所　副主任研究員	

阪本　光　宏	阪本薬品工業㈱　研究所　主任研究員（食材グループ　グループリーダー）	
松田　孝　二	三菱化学フーズ㈱　GEプロジェクト部　部長	
高橋　康　明	理研ビタミン㈱　食品改良剤開発部　技術第3グループ	
宮崎　哲　朗	順天堂大学　循環器内科	
武岡　真　司	早稲田大学　理工学部　助教授	
西田　光　広	日本油脂㈱　DDS事業開発部　研究統括部　リン脂質グループ　グループリーダー	
原　　健　次	ヒューマン・ハーモニー研究所　所長	
難波　富　幸	㈱資生堂　製品開発センター　主幹研究員	
清水　敏　美	㈳産業技術総合研究所　界面ナノアーキテクトニクス研究センター　研究センター長	
鈴木　平　光	㈳食品総合研究所　食品機能部　機能生理研究室長	
土居崎　信　滋	日本水産㈱　中央研究所　化学系　研究員	
秦　　和　彦	日本水産㈱　中央研究所　所長	
岩田　敏　夫	日清オイリオグループ㈱　ヘルシーフーズ事業部　主管	
藤本　健四郎	東北大学　大学院農学研究科　教授	
坂口　浩　二	日本油脂㈱　DDS事業開発部　主査	
松尾　　　登	花王㈱　ヘルスケア第1研究所　主席研究員	
桂木　能　久	花王㈱　ヘルスケア第1研究所　室長	
根岸　　　聡	日清オイリオグループ㈱　研究所　構造油脂科学分野　リーダー	
金谷　由　美	築野食品工業㈱　企画開発室	
白崎　友　美	オリザ油化㈱　研究開発部	
阿部　皓　一	エーザイ㈱　ビタミンE情報室　室長	
Yung-Sheng Huang	Ross Products Division Abbott Laboratories；Graduate Institute of Biotechnology Yuanpei University of Science and Technology	
秋元　健　吾	サントリー㈱　知的財産部　課長	
押田　恭　一	森永乳業㈱　栄養科学研究所　副主任研究員；順天堂大学　医学部　協力研究員	

執筆者の所属表記は，2004年当時のものを使用しております。

目次

第1編 機能性脂質の分子設計—戦略と方法—
第1章 機能性脂質のバイオサイエンス

1 脳と脂質 …………………………………1
  1.1 脳疾患と食生活…………**横越英彦**…1
    1.1.1 はじめに ………………………1
    1.1.2 抗酸化ビタミンの影響………1
    1.1.3 植物性エストロゲンの影響…2
    1.1.4 緑茶成分の影響………………4
  1.2 脂肪摂取と脳疾患………**加藤範久**…7
    1.2.1 はじめに ………………………7
    1.2.2 高脂肪食 ………………………7
    1.2.3 n-3系多価不飽和脂肪酸, DHA
      ………………………………………9
    1.2.4 おわりに ……………………10
  1.3 n-3系脂肪酸と行動………**浜崎智仁**…12
    1.3.1 はじめに ……………………12
    1.3.2 魚油による攻撃性の制御 …12
    1.3.3 作用機序 ……………………14
    1.3.4 ストレッサーが存在しない場合
      の魚油の効果 ………………14
    1.3.5 小学生での攻撃性 …………14
    1.3.6 注意欠陥多動性障害（AD/HD）
      児での研究 …………………15
    1.3.7 自殺未遂の横断的調査 ……17
    1.3.8 まとめ ………………………18
  1.4 痴呆症を予防する食品成分と活性酸
    素 ………………………**宮澤陽夫**…20
    1.4.1 はじめに ……………………20
    1.4.2 CL-HPLCによる過酸化脂質分析
      と酸化障害の評価 …………20
    1.4.3 痴呆症と赤血球の過酸化脂質：
      食品カロテノイドによる痴呆予
      防の可能性 …………………21
    1.4.4 痴呆脳の過酸化脂質とビタミンE
      ………………………………24
    1.4.5 痴呆とプラズマローゲン ……24
    1.4.6 おわりに ……………………25
2 アレルギーと脂質…………**山田耕路**…27
  2.1 アレルギー発症機構 ………………27
  2.2 不飽和脂肪酸の抗体産生調節機能 …27
  2.3 不飽和脂肪酸のケミカルメディエー
    ター放出調節機能 …………………28
  2.4 脂質の摂食効果 ……………………29
    2.4.1 魚油の摂食効果 ……………30
    2.4.2 γ-リノレン酸の摂食効果 ……30
    2.4.3 共役リノール酸の摂食効果 ……31
  2.5 他の食品成分との相互作用 ………31
3 生活習慣病と脂質…………………………33
  3.1 肥満 …………**横川博英, 井上修二**…33
    3.1.1 はじめに ……………………33
    3.1.2 肥満の判定 …………………33
    3.1.3 肥満症の診断 ………………34
    3.1.4 肥満と生活習慣病 …………35
    (1) 肥満と糖尿病………………35

- (2) 肥満と脂質代謝異常·················37
- (3) 肥満と高血圧·····················38
  - 3.1.5 肥満とメタボリックシンドローム·····························39
- 3.2 高脂血症···············板倉弘重···42
  - 3.2.1 高脂血症とは·····················42
  - 3.2.2 脂質代謝とその調節··············42
  - 3.2.3 高脂血症の成因··················44
  - 3.2.4 脂肪酸の血清脂質に及ぼす影響·····························45
  - 3.2.5 脂肪摂取と高脂血症···············46
- 3.3 高血圧·········江頭正人，大内尉義···49
  - 3.3.1 はじめに······················49
  - 3.3.2 脂肪酸と血圧··················49
  - 3.3.3 脂肪酸と血管内皮細胞···········50
  - 3.3.4 まとめ·······················51
- 3.4 動脈硬化········木庭新治，佐々木 淳···52
  - 3.4.1 粥状動脈硬化とコレステロール·····························52
  - 3.4.2 酸化LDLの作用················53
  - 3.4.3 動脈硬化巣の構成と血管リモデリング·······················53
  - 3.4.4 血管内皮細胞障害···············55
  - 3.4.5 血管平滑筋細胞の形質変換と遊走・増殖·······················56
  - 3.4.6 血管壁内の微小血管新生·········56
  - 3.4.7 骨髄由来血管前駆細胞···········57
  - 3.4.8 プラークの安定性と冠動脈イベント·························57
  - 3.4.9 まとめ·······················58
- 3.5 Lipids in Cancer with particular reference to Gamma-linolenic acid ·····················**Undurti N.Das**···59
  - 3.5.1 Introduction ···················59
  - 3.5.2 Mechanism(s) of tumoricidal action of PUFAs···············59
  - 3.5.3 PUFAs act on caspases, retinoblastoma gene, tumor necrosis factor-α, Ca^{2+}, cyclins, and *Bcl-2* to induce apoptosis of tumor cells ···················62
  - 3.5.4 Morphological changes induced by PUFAs in tumor cells ········64
  - 3.5.5 Factors that influence tumor cell death in response to PUFAs ···65
  - 3.5.6 Alterations in the properties of tumor cells on exposure to PUFAs ························67
  - 3.5.7 GLA and other PUFAs enhance the actions of anti-cancer drugs and radiation ·················68
  - 3.5.8 PUFAs especially GLA protects normal cells/tissues ············68
  - 3.5.9 *In vivo* studies with PUFAs·······69
  - 3.5.10 Intra-tumoral injection of GLA for glioma·················70
  - 3.5.11 GLA has anti-vascular and anti-angiogenic actions ········71
  - 3.5.12 Method of administration ·······71
  - 3.5.13 Other lipids and their anti-cancer actions ·············73

第2章　機能性脂質の分子設計

1　微生物による機能性脂質の生産
　　………小川　順，櫻谷英治，清水　昌…77
　1.1　はじめに …………………………………77
　1.2　微生物による高度不飽和脂肪酸の発
　　　酵生産 ……………………………………77
　　(1)　n-6系PUFA含有油脂 ………………78
　　(2)　n-3系PUFA含有油脂 ………………80
　　(3)　n-9系PUFA含有油脂 ………………81
　1.3　微生物機能を利用する新規高度不飽
　　　和脂肪酸の設計・生産 …………………81
　　(1)　非天然型基質の変換による新規高度
　　　　不飽和脂肪酸生産 ……………………81
　　(2)　変異の導入による新規代謝経路の誘
　　　　導 ………………………………………82
　　(3)　反応条件の制御による新規中間体の
　　　　生成 ……………………………………83
　1.4　微生物発酵油脂の高機能化 …………84
　1.5　おわりに …………………………………84
2　遺伝子工学と機能性脂質……秋　庸裕…86
　2.1　遺伝子工学による機能性脂質生産 …86
　2.2　機能性脂質生産の基本戦略 …………87
　　2.2.1　生合成反応の導入 ………………87
　　2.2.2　代謝反応の制御 …………………89
　　2.2.3　生体システムへの影響の軽減 …90
　　2.2.4　物質輸送系の制御 ………………90
　　2.2.5　タンパク質の機能改変 …………90
3　脂質のナノテクノロジー……佐藤清隆…92
　3.1　はじめに …………………………………92
　3.2　脂質のナノテクノロジーの背景と研
　　　究課題 ……………………………………92
　　3.2.1　医薬品における脂質ナノ粒子 …93
　　3.2.2　食品における脂質ナノ粒子 ……96
　3.3　脂質ナノ粒子の物理化学的な特性 …98
　　3.3.1　熱力学的効果 ……………………98
　　3.3.2　脂溶性物質のナノ粒子エマルシ
　　　　　ョンへの可溶化現象………………101
　　3.3.3　速度論的効果……………………104
　3.4　まとめ……………………………………106
4　分析法のトピックス
　　………………後藤直宏，和田　俊…108
　4.1　はじめに…………………………………108
　4.2　分子種（Molecular Species）の分析
　　　………………………………………………108
　4.3　位置異性体（Regioisomer）の分析
　　　………………………………………………109
　4.4　立体異性体（Stereoisomer）の分析
　　　………………………………………………110
　4.5　標準サンプルからのアプローチ……112
　4.6　まとめ……………………………………113

第2編　応用編
第3章　食品分野での応用

1　機能性脂質・構造脂質 …………………115
　1.1　中・長鎖脂肪酸トリアシルグリセロールの栄養生理機能 … **青山敏明**…115
　　1.1.1　はじめに………………………115
　　1.1.2　MCTの代謝的な特長 …………115
　　1.1.3　MCTの体脂肪蓄積抑制効果 …116
　　1.1.4　MLCTの開発 …………………117
　　1.1.5　MLCTの体脂肪蓄積抑制効果　117
　　1.1.6　特定保健用食品としてのMLCT
　　　　　………………………………118
　　1.1.7　おわりに………………………118
　1.2　リン脂質…**高橋是太郎，細川雅史**…120
　　1.2.1　はじめに………………………120
　　1.2.2　高血圧患者への脳卒中予防食品
　　　　　………………………………120
　　1.2.3　"ガン多発家系"のための制ガン食品………………………………121
　　　(1) 2-DHA-PLによるガン顕在化エイコサノイドの産生抑制……………121
　　　(2) 2-DHA-PLによるガン細胞の分化誘導………………………………122
　　　(3) 2-DHA-PLのリポソームドリンクによる大腸ガンの抑制……………123
　　1.2.4　現代社会から脳を守るブレインフード………………………………123
　　1.2.5　細胞の柔軟性賦与のための食品
　　　　　………………………………125
　　1.2.6　機能性物質に対する吸収促進…125
　　1.2.7　おわりに………………………126

　1.3　生理機能性リン脂質…**日比野英彦**…128
　　1.3.1　リン脂質と生理機能全般………128
　　1.3.2　リン脂質による中枢機能の改善
　　　　　………………………………129
　　1.3.3　リン脂質による抗アレルギー作用………………………………129
　　1.3.4　PC-DHAの睡眠時間及び学習能の改善………………………………131
　　1.3.5　PSの中枢機能の改善 …………132
　1.4　糖脂質……………………**宮澤陽夫**…135
　　1.4.1　はじめに………………………135
　　1.4.2　ELSDによる植物糖脂質の分析
　　　　　………………………………135
　　1.4.3　HPLC-ELSDの活用例①：グリセロ糖脂質の消化管内動態の解明に向けて………………………136
　　1.4.4　HPLC-ELSDの活用例②：セレブロシド公定分析法の確立に向けて………………………………138
　　1.4.5　植物糖脂質の食品分野への応用
　　　　　………………………………140
　　1.4.6　おわりに………………………141
　1.5　共役脂肪酸……………**柳田晃良**…143
　　1.5.1　はじめに………………………143
　　1.5.2　CLAの生理機能 ………………143
　　1.5.3　CLAの栄養生理作用 …………144
　　　(1) 抗ガン作用………………………144
　　　(2) 体脂肪低下作用…………………144
　　　(3) CLAの代謝 ……………………144

(4) CLAの新規な生理作用：血圧上昇抑制作用……………………145
　(5) CLAの生理作用評価における問題点……………………………145
　(6) ヒトでの臨床効果……………146
1.5.4 CLA以外の共役長鎖脂肪酸の生理機能……………………146
　(1) 共役トリエン酸の生理作用………146
　(2) 共役テトラエン酸やペンタエン酸……………………………147
1.5.5 おわりに…………………147
1.6 植物ステロール，スタノール
　　………………濱田忠輝，池田郁男…149
1.6.1 はじめに…………………149
1.6.2 血清コレステロール濃度低下に対する植物ステロールおよび植物スタノールの有効性…………150
1.6.3 植物ステロールおよび植物スタノールによるコレステロール濃度低下機構………………151
1.6.4 植物ステロールおよび植物スタノールの摂取と安全性………153
1.6.5 おわりに…………………154
1.7 胆汁酸の生理機能……佐藤隆一郎…155
1.7.1 機能分子としての胆汁酸………155
1.7.2 胆汁酸の体内循環……………155
1.7.3 FXR活性化を介した生理作用…156
1.7.4 胆汁酸のMAP kinase経路を介した生理作用…………………158
1.7.5 食品分野での応用……………158
　(1) 小腸における胆汁酸取り込みを抑制………………………158
　(2) FXRの活性化成分…………159
　(3) 胆汁酸のMAP kinase経路を介した生理作用を代替する食品成分……159
2 乳化剤………………………160
2.1 ポリグリセリン脂肪酸エステル
　　………………栗山重平，阪本光宏…160
2.1.1 はじめに…………………160
2.1.2 ショートニングの吸卵性向上…160
2.1.3 魚油の固化防止………………162
2.1.4 植物ステロールの析出防止……163
2.1.5 マヨネーズの冷凍耐性の向上…163
2.1.6 おわりに…………………166
2.2 ショ糖脂肪酸エステルの食品への応用………………松田孝二…168
2.2.1 はじめに…………………168
2.2.2 静菌性………………………168
2.2.3 乳化性，分散性………………169
2.2.4 滑沢性………………………170
2.2.5 澱粉複合体形成，蛋白質吸着…170
2.2.6 油脂の結晶調整作用……………171
2.2.7 おわりに…………………172
2.3 モノグリセリド及び有機酸モノグリセリド，ジグリセリン脂肪酸エステル
　　…………………………高橋康明…173
2.3.1 はじめに…………………173
2.3.2 モノグリセリド………………173
2.3.3 有機酸モノグリセリド…………175
2.3.4 ジグリセリン脂肪酸エステル…176
2.3.5 おわりに…………………179

第4章　医療・医薬品分野での応用

1　高脂血症治療薬の現状 ……**宮崎哲朗**…180
　1.1　はじめに…………………………180
　1.2　抗高脂血症薬の役割………………180
　1.3　抗高脂血症薬の実際………………181
　　1.3.1　HMG-CoA還元酵素阻害剤（スタチン）………………………181
　　1.3.2　フィブラート系薬剤………182
　　1.3.3　プロブコール………………183
　　1.3.4　陰イオン交換樹脂…………183
　　1.3.5　エイコサペンタエン酸（EPA）………………………184
　　1.3.6　ニコチン酸（ナイアシン）とその誘導体…………………184
　　1.3.7　その他の薬剤および抗酸化物質……………………184
　1.4　おわりに…………………………185
2　リン脂質二分子膜小胞体を利用した赤血球代替物 ………**武岡真司**…188
　2.1　人工赤血球，赤血球代替物とは……188
　2.2　ヘモグロビン小胞体の特徴………188
　2.3　ヘモグロビン小胞体の性状と評価試験……………………189
　2.4　動物試験におけるヘモグロビン小胞体の安全性と効果……………190
　2.5　まとめ……………………………191
3　薬物送達システム ………**西田光広**…194
　3.1　薬物送達システムと脂質の利用……194
　3.2　リポソーム………………………194
　3.3　リピドマイクロスフェアー………196
　3.4　脂質コンプレックス………………197
　3.5　レシチン化………………………197
　3.6　脂肪酸類…………………………197
4　医薬品添加物・基剤 ………**原　健次**…200
　4.1　医薬品添加物の役割………………200
　4.2　脂質および脂質誘導体が適用される剤型……………………200
　4.3　錠剤への脂質および脂質誘導体の適用……………………203
　　4.3.1　滑沢剤としての脂質および脂質誘導体……………………203
　　4.3.2　つや出し剤（光沢剤）としての脂質および脂質誘導体………203
　4.4　坐剤への脂質および脂質誘導体の適用……………………205
　　4.4.1　坐剤とは……………………205
　　4.4.2　坐剤基剤の条件，分類………205
　　4.4.3　坐剤での脂質あるいは脂質誘導体の医薬品添加物の適用………205

第5章　化粧品分野での応用　**難波富幸**

1　はじめに ………………………………208
2　化粧品における油分の役割 ……………208
　2.1　油分の使用感触 ……………………209
　2.2　エモリエント効果 …………………211
　2.3　光沢 …………………………………212
3　機能性脂質 ……………………………213

| 3.1 セラミド……………………213 | 4 おわりに……………………216 |
| 3.2 レシチン……………………216 | |

第6章 脂質ナノチューブの構造・特性・応用　　清水敏美

1 はじめに……………………218
2 合成糖脂質からナノチューブをつくる
　　……………………218
3 ナノチューブ形成のための糖脂質構造を最適化する……………………219
4 脂質ナノチューブのサイズを制御する
　　……………………220
5 脂質ナノチューブの形態を制御する……221
6 脂質ナノチューブを鋳型にしてシリカナノチューブをつくる……………………221
7 金ナノ微粒子を脂質ナノチューブの中空シリンダー中に並べる……………………222
8 脂質ナノチューブ1本の曲げ弾性を測る
　　……………………223
9 中空シリンダー内に拘束された水の極性と構造を調べる……………………224
10 おわりに……………………224

第3編　素材編

第7章　DHA・食品・機能　　鈴木平光

1 DHAの分布……………………227
2 DHA含有食品……………………228
3 DHAの生理機能性……………………228
　3.1 心血管系因子への作用……………228
　3.2 脳神経系機能への作用……………229
　3.3 腫瘍（がん）組織への作用………231
　3.4 炎症因子への作用…………………231
　3.5 糖代謝への作用……………………231
4 DHA摂取による疾患の予防・症状改善
　　……………………232
　4.1 心血管系疾患………………………232
　4.2 子供の脳神経系の発達と高齢者の痴呆症予防等……………………232
　4.3 がん…………………………………233
　4.4 炎症性疾患…………………………234
　4.5 糖尿病………………………………235

第8章　EPA　　土居崎信滋，秦　和彦

1 はじめに……………………236
2 EPA原料……………………238
3 EPAの濃縮技術……………………238
4 EPAの利用例……………………240
5 おわりに……………………241

第9章　共役脂肪酸

1　共役リノール酸 …………**岩田敏夫**…243
　1.1　共役リノール酸について…………243
　1.2　共役リノール酸の製造方法について
　　　………………………………………244
　1.3　共役リノール酸異性体の製造方法に
　　　ついて………………………………245
2　共役リノレン酸，共役高度不飽和脂肪酸
　　　………………………**藤本健四郎**…248
　2.1　存在…………………………………248
　　2.1.1　種子油中の共役トリエン酸およ
　　　　　びテトラエン酸…………………248
　　2.1.2　海藻中の共役高度不飽和脂肪酸
　　　　　………………………………250
　　2.1.3　アルカリ異性化による共役トリ
　　　　　エン酸および共役高度不飽和脂
　　　　　肪酸………………………………252
　2.2　抗ガン作用…………………………253
　2.3　共役リノレン酸および共役高度不飽
　　　和脂肪酸の脂質代謝への影響………258
　　2.3.1　共役リノレン酸のラットでの代
　　　　　謝…………………………………258
　　2.3.2　アルカリ異性化共役リノレン酸
　　　　　の代謝……………………………259
　　2.3.3　産卵鶏における共役リノレン酸
　　　　　の脂質代謝への影響……………259
　　2.3.4　ラットにおけるアルカリ異性化
　　　　　高度不飽和脂肪酸の代謝………260
　2.4　結語…………………………………261

第10章　オレイン酸　坂口浩二

1　はじめに ………………………………263
2　オレイン酸の物理化学的機能 ………263
3　オレイン酸及びその誘導体の生理的機能
　　………………………………………264
　3.1　オレイン酸の機能…………………264
　3.2　オレイン酸誘導体の機能…………265
　3.3　医薬品としてのオレイン酸およびそ
　　　の誘導体……………………………266
4　おわりに ………………………………268

第11章　ジアシルグリセロール　松尾　登，桂木能久

1　背景 ……………………………………269
2　ジアシルグリセロールの構造と性質 …270
3　ジアシルグリセロール代謝の特徴 ……271
4　ジアシルグリセロールの栄養機能 ……273
5　ジアシルグリセロールのエネルギー代謝
　　に及ぼす影響…………………………274
6　ジアシルグリセロールの安全性 ………274
7　おわりに ………………………………275

第12章　調理適性を有する中鎖-長鎖トリグリセリド構造とリパーゼによる製造　根岸　聡

1　発煙の改善 …………………………278
2　フライ時の泡の改善 ………………279
　2.1　フライ時の泡の定量的測定………279
　2.2　トリアシルグリセロール構造と泡の
　　　関係……………………………………279
3　粉末リパーゼによるエステル交換 ……280
　3.1　水分量とエステル交換活性…………281
　3.2　粉末リパーゼの安定性………………283

第13章　フェルラ酸の機能性　金谷由美

1　はじめに ……………………………284
2　フェルラ酸の機能性 ………………284
　2.1　抗酸化作用……………………………284
　2.2　脂質低下作用…………………………285
　2.3　血圧低下作用…………………………286
　2.4　抗炎症作用……………………………286
　2.5　がん予防作用…………………………286
　2.6　脳障害予防作用………………………287
　2.7　糖尿病腎症予防作用…………………287
　2.8　紫外線吸収作用………………………288
　2.9　美白作用………………………………288
3　おわりに ………………………………288

第14章　γ-オリザノール　白崎友美

1　はじめに ……………………………290
2　γ-オリザノールとは ………………290
3　γ-オリザノールの機能 ……………291
　3.1　抗酸化作用……………………………291
　3.2　薬理作用………………………………291
　3.3　皮膚外用剤としての効能……………293
4　γ-オリザノールの吸収・分布・代謝　293
5　γ-オリザノールの利用と応用 ………294

第15章　米由来トコトリエノール　白崎友美

1　はじめに ……………………………296
2　トコトリエノールとは ……………296
3　トコトリエノールの機能 …………297
　3.1　コレステロール低下作用……………297
　3.2　アテローム性動脈硬化改善作用……298
　3.3　抗癌作用………………………………298
　3.4　生体内抗酸化作用……………………298
4　トコトリエノールの吸収分布と米由来ト
　　コトリエノールの新規生理活性 ………299
　4.1　吸収分布………………………………299
　4.2　皮膚細胞傷害防御作用………………300
　4.3　皮膚線維芽細胞賦活作用……………300
　4.4　ヒアルロン酸産生作用………………300
5　トコトリエノールの利用と応用 ………301

第16章　γ-トコフェロール　　阿部皓一

1　γ-トコフェロールの物性・定量 ……304
2　γ-トコフェロールの生合成 …………304
3　γ-トコフェロールの体内動態 ………305
4　γ-トコフェロールの生理作用 ………305
　4.1　Na利尿ホルモン作用 …………305
　4.2　前立腺ガン予防作用………………306
　4.3　抗炎症作用…………………………306
　4.4　メラニン合成抑制作用……………307
　4.5　インシュリン分泌細胞の部分保護作用 ……………………………………307
　4.6　心疾患予防…………………………307
　4.7　他の作用……………………………308

第17章　Gamma-Linolenic Acid and Chronic Diseases　　Yung-Sheng Huang

1　Introduction ……………………………310
2　Effect of GLA on Inflammatory Diseases …………………………………311
　2.1　Rheumatoid arthritis ……………312
　2.2　Atopic dermatitis…………………312
3　Effect of GLA on Cardiovascular Disease（CVD）…………………………313
　3.1　Effect of GLA on blood lipids………313
　3.2　Effect of GLA on blood pressure …313
　3.3　Effect of GLA on platelet activity …313
　3.4　Effect of GLA on Obesity …………314
　3.5　Effect of GLA on cardiac arrhythmia ……………………………………314
4　Effect of GLA on Diabetes ……………314
5　Effect of GLA on Cancers ……………315
　5.1　Induction of apoptosis……………315
　5.2　Effect of GLA on angiogenesis ……316
　5.3　Effect of GLA on metastasis ………316
　5.4　GLA counteracts the chemotherapy-induced damage ……………………316
6　Remarks …………………………………316

第18章　アラキドン酸　　秋元健吾

1　はじめに ………………………………323
2　アラキドン酸は体にとって必要な脂肪酸 ……………………………………324
3　アラキドン酸の機能 …………………325
4　乳幼児にとってアラキドン酸は大切な脂肪酸 ……………………………………325
5　アラキドン酸は高齢者の認知応答を改善する ………………………………327
6　神経活性作用をもつアナンダミド，2-アラキドノイルモノグリセロール …329
7　おわりに ………………………………330

第19章　高級モノ不飽和脂肪酸（LC-MUFA）　　押田恭一

1　はじめに …………………………………332
2　モノ不飽和脂肪酸（MUFA）について
　　　　…………………………………………332
3　Lorenzo oilによるペルオキシソーム病の
　　治療について ……………………………333
4　ヘキサコサン酸（C26:0）と動脈硬化症
　　危険因子との関連，及び高級モノ不飽和
　　脂肪酸（LC-MUFA）摂取の効果 ……335
5　ヘキサコサン酸（C26:0）関連のその他
　　の知見 ……………………………………338
6　おわりに …………………………………339

第1編　機能性脂質の分子設計
―戦略と方法―

第1章　機能性脂質のバイオサイエンス

1　脳と脂質

1.1　脳疾患と食生活

横越英彦[*]

1.1.1　はじめに

　栄養条件や食品成分が各種の生活習慣病の予防に貢献していることは確かである。特に近年では食品中に含まれる抗酸化物質による防御機構が精力的に研究され，多くの生活習慣病との関連が報告されている。一方，高齢化あるいは高ストレス社会といわれる今日，脳機能の障害に基づく疾患が深刻な社会問題となっている。肉体的に丈夫であっても，老人性痴呆，脳血管系疾患，統合失調症，精神障害などに煩っている状況では健康とはいえない。脳疾患といえば，その原因として循環障害，変性疾患（パーキンソン病など），炎症，腫瘍などがあり，食品中の脂質をはじめ多くの成分がその発症に関与している。食品成分，並びに研究分野が多岐にわたっており，また，他の項でも取り上げられているので，本項では食品栄養学的なアプローチとして，主に循環系に関する脂溶性成分を含むビタミン，植物性エストロゲン，緑茶の研究内容を取り上げる。

1.1.2　抗酸化ビタミンの影響

　脳疾患や各種の生活習慣病の発症の主要な原因として，生体内で生じるフリーラジカルがある。生体には，フリーラジカルの消去能が備わっているが，ストレスなどの社会変化や食生活の変化により，本来の能力だけでは防御できない。そこで，抗酸化能を持つ食品成分の重要性が出てくる。特に，脂溶性ビタミンのA，E，あるいは，水溶性ビタミンCが，良く知られている。

　脳血管性痴呆症は脳内の小，中動脈に梗塞が発生して血行障害を起こす結果，栄養が行き届かず，周辺の神経細胞が細胞死を起こす疾患である。したがって，認識障害は梗塞の場所に依存し，栄養供給を改善することにより神経細胞障害の軽減や予防が期待される。高血圧，糖尿病，高コレステロール血症，喫煙などが誘因とされるので，これらをコントロールする栄養条件や食品成分が痴呆症を予防し，病状の進行を遅らせる。アルツハイマー型痴呆の病理的特徴は，脳の老人斑と神経原繊維性の変性である。老人斑の構成はアミロイドβ-ペプチドで，神経原繊維はτタンパク質が集合し，ヘリカル・フィラメントを形成する。アミロイドβ-ペプチドはフリー

---

[*]　Hidehiko Yokogoshi　静岡県立大学　食品栄養科学部，同大学院生活健康科学研究科
　　教授

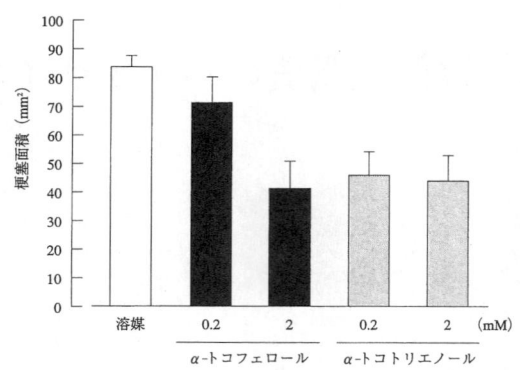

図1　中大脳動脈梗塞後に誘導される障害部位の面積に対する
α-トコフェロール，α-トコトリエノールの抑制効果[1]

ラジカル発生の触媒的役割を果たすことが解明されている。このことから，ビタミンEなどの抗酸化物質の投与はアルツハイマー型痴呆の進行を遅延させる可能性が期待される。

マウスの中大脳動脈梗塞後に誘導される梗塞面積に対するトコフェロールやトコトリエノールの影響を調べた結果，図1に示したように抑制効果が見られた[1]。あるいは，脳卒中ラットにビタミンE及びCを投与した結果，血管弛緩効果が見られ，血圧低下作用が報告されている[2]。その際，血管組織のスーパーオキシドアニオンの産生量は，低下していた。また，アルツハイマー型痴呆患者と正常者での臨床知見によると，痴呆患者で，血清レチノールやβ-カロテン量が低下していた[3]。アルツハイマー型痴呆患者にビタミンEやCを投与したときに，血漿や脳脊髄液中のビタミン含量が顕著に増える[4]。これらのことより，抗酸化能を持つビタミンは，血管を介して，脳疾患に影響を及ぼすことが分かる。

体内にホモシステインが蓄積すると，心筋梗塞や狭心症などの心臓血管病が引き起こされ，また，ホモシステインは血管障害以外の脳細胞に対しても障害を引き起こす。脳内のメチオニンからホモシステイン酸が合成され，これはグルタミン酸と構造が類似しているためグルタミン酸受容体NMDAを活性化し，神経細胞のアポトーシスを誘導する。疫学研究の結果，ビタミンB_{12}や葉酸の減少と血中ホモシステイン増加に有意の相関のあることが証明され，その重要性が明らかにされている[5]。これらのビタミン類の欠乏に十分注意すれば，ホモシステインによる脳血管障害や神経細胞障害の防止に貢献することが予想される。

1.1.3　植物性エストロゲンの影響

ホルモンは神経系とともに化学的メッセンジャーとして生体調節機能に重要な役割を果たしている。近年，植物性エストロゲンが脳細胞に作用して脳疾患を改善する作用が明らかにされた。つまり，大豆に多く含まれる植物性エストロゲンが，スーパーオキサイドの産生酵素である

第1章　機能性脂質のバイオサイエンス

NADPHオキシダーゼの活性を阻害し血管内皮細胞の障害抑制に働く。また，アンジオテンシンII刺激による血管内皮細胞でのエンドセリン1の誘導において，上記同様，NADPHオキシダーゼの作用抑制を介して阻害作用する可能性が示されている。これらの知見から，植物性エストロゲンが脳血管の内皮障害や血管平滑筋細胞の攣縮の阻止に作用することが示唆される。以下に，もう少し詳細にゲニステイン，アピゲニン，ケンフェロールの作用を取り上げる。

　アルツハイマー型痴呆症の特徴は，老人斑や神経細胞内の線維濃縮体の蓄積であり，この主要なタンパク質成分は，アミロイドβプロテインである。神経細胞の培地にアミロイドβプロテインを加えると，神経細胞死が引き起こされる。そこで，培地に植物エストロゲンであるアピゲニンやケンフェロールを加えた場合と比較したところ，アミロイドβプロテインの神経毒に対する保護作用が認められた（写真1）[6]。また，ゲニステインは，脳卒中（散発性，家族性の筋萎縮性側索硬化症）モデルで，その損傷サイズが小さくなることから（写真2），アポトーシスを起こすフリーラジカルを阻害し，アポトーシス性神経細胞死を防ぐと考えられる[7]。また，植物性エストロゲンは，塩化カリウムによる血管の収縮を抑制し，弛緩剤としての作用を持つことも分かった[8]。

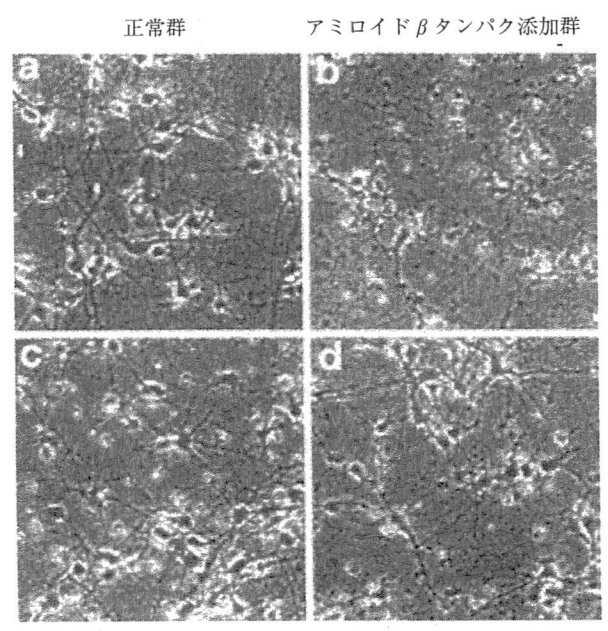

　　　　　　　50μMケンフェロール　50μMケンフェロール＋Aβ
　　a．正常群，b．アミロイドβタンパク添加群，c．正常群＋ケンフェロール，
　　d．アミロイドβタンパク添加群＋ケンフェロール

写真1　アミロイドタンパク質で誘導された神経細胞死に対する
　　　　ケンフェロールの抑制効果[6]

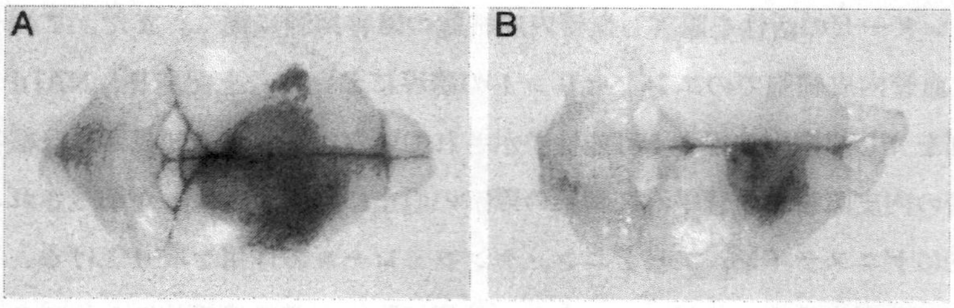

機能性脂質のフロンティア

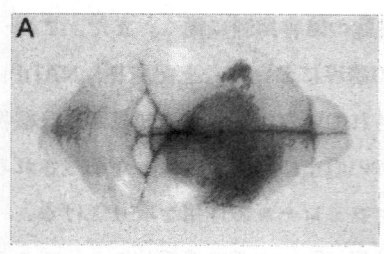

A: 対照群　　　　　　　B: ゲニステイン投与群

写真2　脳卒中に及ぼす植物性エストロゲンの影響[7]

1.1.4　緑茶成分の影響

　緑茶には，カフェイン，カテキン類，ビタミンC，テアニン，香気成分など種々の機能性成分が含まれており，お茶と健康との関わりについての研究が盛んに行なわれている。

　特に茶の渋味成分であるカテキン類は，癌の予防，酸化防止，循環器系疾患の予防，血糖上昇抑制，肥満の防止，抗菌，抗アレルギー作用，消臭作用など，多様な作用が実験や調査などで証明されている。また，近年では，痴呆予防や脳卒中予防効果などの神経保護作用のあることが示唆されている。

　虚血性の細胞死では，虚血により生産される活性酸素や一酸化窒素が神経毒性の高いペルオキシニトリトになり，障害部位に特異的な神経症状を呈することが知られている。そこでラットの頚動脈を一時的に閉塞し，カテキン投与の影響を観察した。頚動脈閉塞前にEGCGを投与した結果では，カテキンの濃度依存的に，虚血による一酸化窒素の発生が抑制されることが示唆された[9]。さらにラットを低酸素下に置き一酸化窒素の発生を測定した実験では，EGCGの投与により低酸素下での神経性一酸化窒素合成活性の抑制が観察された[10]。これらの結果から，カテキンは一酸化窒素の発生を抑制し，ペルオキシニトリトの合成を抑えることにより，虚血性の神経障害を軽減する可能性が見出された。また同様の実験系を用いマウスの海馬での虚血性神経細胞死について調べたところ，EGCGの投与により海馬の神経細胞死が軽減されることが示唆された[11]。

　MPTP（N-methyl-4-phenyl-1,2,3,6-tetrahydropyridine）をマウスに投与し，脳線条体のドーパミン神経を脱落させたパーキンソン病のモデル動物を用いた研究がある。EGCGとMPTPの同時投与により，脳線条体神経でのドーパミンの減少が抑制され，さらにドーパミン合成酵素のチロシンヒドロキシラーゼ活性の低下も抑制された（図2）[12]。これらの結果，カテキンが脳疾患につながる神経細胞の酸化，脱落を抑え，パーキンソン病などの脳疾患の予防にも有効であることが示唆された。

　お茶に豊富に含まれるカフェインについても，特に中枢神経系の興奮や，自律神経の活性化などが明らかにされている。近年ではさらに，脳神経の保護作用や，神経伝達物質の受容体の発現

第1章 機能性脂質のバイオサイエンス

などに関する研究が報告されている。

カフェインの癲癇性細胞死に対する影響を調べるために、比較的低濃度のカフェインを15日間マウスに飲ませ、その後リチウムピロカルピンを投与し、癲癇性の神経障害を起こした。さらにその後、7日間同様にカフェインを飲ませた結果、水道水を飲ませた対照群と比べ、海馬のCA1領域でのリチウムピロカルピンによる神経障害が軽減された[13]。脳線条体でもカフェインによるドーパミン作動性神経の保護作用が確認され[14]、また、ドーパミン受容体のひとつであるD2RのmRNA発現も増加した[15]。これらの結果、カフェインは脳神経細胞を脳の障害

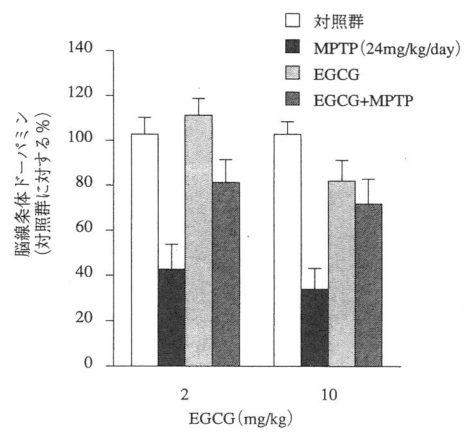

図2 MPTP投与によるパーキンソン病モデルマウスを用いて、カテキン投与による脳線条体ドーパミン量への影響[12]

から保護し、さらに、神経細胞の機能を増強あるいは修復する作用のあることが期待される。

緑茶の主要なアミノ酸であるテアニン（γ-グルタミルメチルアミド）についても、近年、脳機能や情動に関する研究が行なわれている。テアニンは、緑茶特有の成分であり、品質の良い緑茶ほどテアニン含量の高いことや、その化学構造式が旨味物質のグルタミン酸に類似していることから、茶の旨味成分と考えられている。テアニンは、血液脳関門を通過でき、また、神経伝達物質として働くことが示唆されているが[16]、一方、脳神経の保護作用もあるのではないかと考えられている。ラットにテアニンを投与した後、頸動脈を閉塞して虚血状態にし、脳障害を起こしたところ、テアニンを投与していない対照群と比べ、海馬の神経細胞の脱落が抑制されることが示唆された（写真3）[17]。これはテアニンが、虚血時の細胞障害に関与するグルタミン酸の働きを抑制し、あるいはグルタミン酸の受容体に作用することによるのではないかと考えられている。また、脳卒中易発症ラットにテアニンを自由摂取させて飼育することにより、脳細胞の障害が緩和することも示唆されている（未発表データ）。以上のように、茶の成分、または茶に特有な成分に、脳神経の保護作用のあることが次々と明らかにされており、「お茶は体に良い」ということに、脳の健康も含まれるといえる。

今回、限られた成分と脳疾患との関わりについて述べたが、現実には、多くの食品成分が関与している。これら、食品成分と脳疾患との相関が今後とも明らかにされることが、高齢化社会を迎えた今日、極めて重要な研究課題と思われる。

機能性脂質のフロンティア

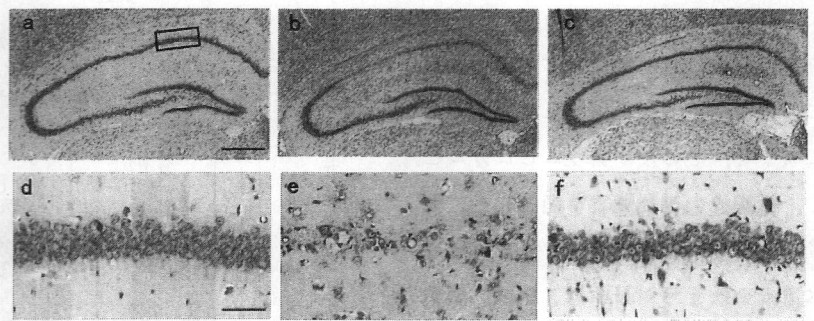

a：正常群，b：虚血群，c．テアニン投与の虚血群，d-fは各々の拡大写真

写真3　頸動脈閉塞（虚血）による海馬神経細胞障害に及ぼす緑茶テアニンの抑制効果

文　献

1) K. Mishima *et al., Neurosci. Letter*, **337**, 56 (2003)
2) X. Chen *et al., Hypertension*, **38**, 606 (2001)
3) J. F. Jimenez-Jimenez *et al., Eur. J. Neurol.*, **6**, 495 (1999)
4) A. Kontush *et al., Free Radic. Biol. Med.*, **31**, 345 (2001)
5) P. I. Ho *et al., Neurobiol. Dis.*, **14**, 32 (2003)
6) N. C. Wang *et al., J. Biol. Chem.*, **276**, 5287 (2001)
7) N. V. Trien *et al., Biochem. Biophys. Res. Commun.*, **258**, 685 (1999)
8) G. Torregrosa *et al., Eur. J. Phamacol.*, **482**, 227 (2003)
9) K. Nagai *et al., Brain Res.*, **319**, 956 (2002)
10) I. Wei *et al., Brain Res.*, **73**, 999 (2004)
11) S. R. Lee *et al., Neurosci. Lett.*, **191**, 278 (2000)
12) Y. Levites *et al., J. Neurochem.*, **1073**, 78 (2001)
13) M. A. Rigoulot *et al., Epilepsia*, **529**, 44, (2003)
14) J. F. Chen *et al., J. Biol. Chem.*, **36040**, 277 (2002)
15) A. H. Stonehouse *et al., Mol. Pharmacol.*, **1463**, 64 (2003)
16) H. Yokogoshi *et al., Neurochem. Res.*, **667**, 23 (1998)
17) T. Kakuda, *Biol. Pharm. Bull.*, **1513**, 25 (2002)

1.2　脂肪摂取と脳疾患

加藤範久[*]

1.2.1　はじめに

　1990年代からAlzheimer病（AD）など脳疾患の分子医学の分野では，画期的な発見が相次いで報告されるようになり，黄金時代を迎えた。その代表例が，AD発症の機構に関するβ-amyloid仮説とフリーラジカル仮説の登場である。AD以外の脳疾患の分子機構の解析も進み，脳虚血，てんかん，Huntington病，Parkinson病（PD）などとADとの発病機構に類似性があることも明らかになってきた。例えば，グルタミン酸の異常蓄積，細胞内Ca蓄積，活性酸素の増加などがアポトーシスを引き起こし，神経細胞死を引き起こすという機構である。一方，ADなどの脳疾患と食生活との関連性を示す疫学的研究が1990年代後半から報告されるようになってきた。これまでに，AD発症の環境要因としては，エネルギー摂取や高脂肪食，肥満，ビタミン不足（葉酸，B_{12}，B_6），体内の関連因子としては，ホモシステイン，コレステロール，炎症，活性酸素，一酸化窒素，血管新生，血糖，グリケーションなどが多くの疫学的研究並びに実験的研究により示されている。これらの因子はいずれも，心臓病や糖尿病，がんなどとも密接に関係している。こうした最近の研究は，ADなどの脳疾患がまさに生活習慣病であることを示唆している。本稿では，最近，特にホットな分野になりつつある脳疾患と脂肪摂取との関連に焦点を充て，最新の状況を紹介する。

1.2.2　高脂肪食

　脂肪摂取は，心臓病や糖尿病，がんなどの危険因子であるが，近年ADやPDなどの脳疾患の発症との関連性を示す疫学的研究が複数報告されるようになってきた[1〜5]。Morrisらは，飽和脂肪酸の摂取がADの発症と正の相関があり，n-6系やn-3系の多価不飽和脂肪酸，一価の不飽和脂肪酸の摂取とADは負の相関があることを報告している[1,2]。他にも，総脂肪の摂取量や飽和脂肪酸，コレステロールの摂取とPDとの相関も報告されている[3〜5]。

　1990年代の後半から，食事カロリーや脂肪摂取と脳疾患との関連について行った実験的研究も報告されるようになってきた。制限食をラットに与えると，脳障害が改善されることがMattsonらの一連の先駆的研究により明らかにされている[6]。彼らは，その機構として神経細胞の増殖亢進とともに神経防御因子BDNF（brain-derived neurotrophic factor）やneurotrophin-3の増加，並びに酸化ストレスの減少を介した機構を明らかにしてきた[6]。最近，Molteniらは，高脂肪食の場合も海馬のBDNF発現を減少させることにより脳障害を悪化させることを報告した[7]。また，高脂肪食が，海馬の酸化ストレスも増大させることも報告されている[8]。BDNFは，

---

[*]　Norihisa Kato　広島大学　大学院生物圏科学研究科　教授

機能性脂質のフロンティア

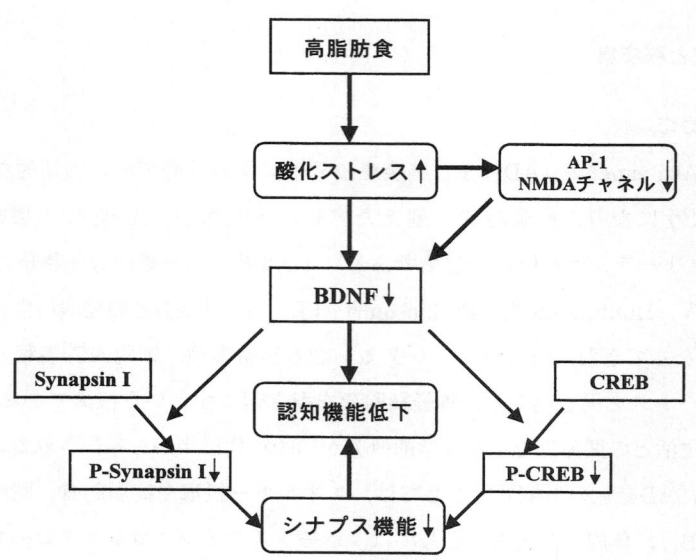

図1　高脂肪食による脳疾患の発症機序（Wu et al. 文献8）

synapsin ⅠやCREB（cyclic AMP-response element-binding protein）の発現を介して神経細胞の可塑性を高めて学習能を改善するが，高脂肪食摂取によるラットのこれらの遺伝子発現の抑制や酸化ストレスがビタミンEの多量投与することによって改善され，学習能も高まる[8]（図1）。高脂肪食による酸化ストレスの増大の機構は必ずしも明らかではないが，酸化ストレスを増大させる因子である血中ホモシステインが高脂肪食によって増加することによる可能性も考えられ[9]，さらなる検討が必要である。

　我々は，最近，高脂肪食に応答するマウス脳の遺伝子をdifferential display法を用いて網羅的に解析を試みており，高脂肪食に応答する遺伝子としてZinc finger proteinであるZPR1を見出した（矢中ほか，2003年日本農芸化学会）。高脂肪食により脳の中の海馬や大脳皮質のZPR1のmRNAが増加していた。ZPR1はもともとEGFによるシグナル伝達に関与しており，細胞増殖やRNAプロセッシングに関係することが考えられてきた。さらに，ZPR1はEF-1α（elongation factor-1α）とも相互作用するが，興味あることにEF-1αは酸化ストレスにより誘導され，アポトーシスを引き起こすことが最近明らかにされた[10]。そこで，ZPR-1を高発現させた神経細胞（Neuro2A）のH_2O_2に対する応答を調べてみた。その結果，ZPR-1を高発現させた細胞はH_2O_2に対する抵抗性が明らかに低下していることが判明した（野草ほか，2004年日本栄養・食糧学会）。従って，高脂肪食により，脳のZPR-1発現が高まり，EF-1αとの相互作用を介して酸化ストレスの影響を受けやすくなることが考えられる。

第1章　機能性脂質のバイオサイエンス

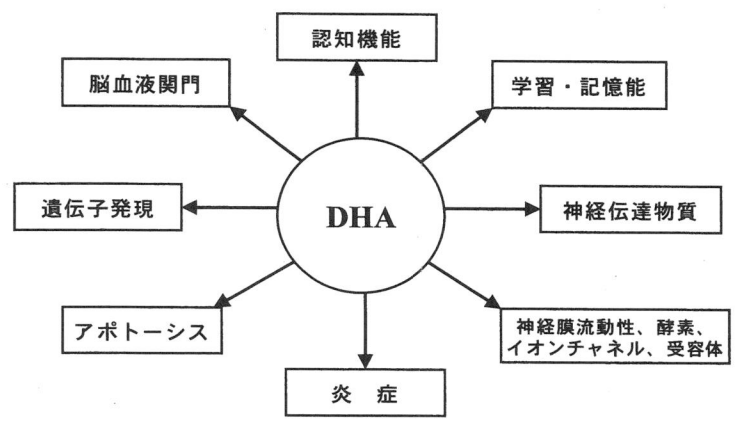

図2　DHAの脳機能に対する影響（Horrocks et al. 文献15）

1.2.3　n-3系多価不飽和脂肪酸，DHA

　n-3系の多価不飽和脂肪酸がこれまでに，脳血管障害やADなどの発症を改善するという疫学的並びに実験的研究が報告されている[11～13]。もともとDHA（docosahexaenoic acid）が脳・神経細胞において多量に含まれていることから，脳機能におけるDHAの役割に関して多くの関心が寄せられてきた。以前からDHA摂取により学習能が改善されることが，ラットを用いた実験で示されている。AD患者の脳では，DHAが減少していることも報告されている[14]。DHA（魚油）摂取はラット脳の酸化ストレスを抑制し，神経膜の流動性や受容体の機能を修飾することによって脳機能を改善させることが考えられている[15]（図2）。ラット海馬へのβ-amyloid沈着法により作成したアルツハイマー型痴呆モデルを用いた実験では，DHA投与によって学習能の低下が抑制されることが示されている[13]。N-methyl-D,L-aspartate（NMDA）の神経毒性もDHA摂取により抑制されることが報告されている[16]。最近，DHA摂取に応答するラット海馬遺伝子のDNA microarrayによる網羅的な解析が行われ，β-amyloidのclearanceに関与するtranshyretinの遺伝子発現の増加が見出されている[17,18]。実際に，AD患者ではADの症状の程度と脳transhyretin濃度との間に負の相関を示す報告もあり，DHAの作用の一部が，transhyretinを介している可能性がある。

　COX-2（cyclooxygenase-2）阻害剤がβ-amyloidの蓄積に伴う炎症を抑制する可能性があり，DHAのCOX-2抑制作用が脳障害の抑制に関係している可能性も考えられる。実際に，AD患者では，脳のphospholipase A2とCOX-2の発現が顕著に高まっていることが報告されている[19]。一方，COX-2阻害によりβ-amyloidの沈着も抑制される[20]。最近，DHAの代謝産物が神経防御を行っている可能性を示す研究が発表された。即ち，Marcheselliらは，神経細胞から単離したDHAの酸化産物のNeuroprotectin D1（10,17S docosatriene）が強力な脳虚血障害を抑

制することを発見した[21,22]。彼らの研究は，もともと脳虚血により，リン脂質からphospholipase A 2 により遊離のDHA濃度が高まり，その数時間後に現れるDHAの酸化産物の生理作用の探究からはじまった。彼らは，マウス脳虚血障害によるHIF-1（hypoxia-inducible factor-1）とCOX-2の発現増加がNeuroprotectin D 1投与により顕著に低下することを示し，脳障害が改善されることを示唆した。IL-1β（Interleukin-1β）刺激した神経細胞（Normal neural progenitor cells CC-2599）においても，NF-κB（nucrlear factor kappa B）活性化とCOX-2発現をNeuroprotectin D 1が抑制することを示し，in vivoの結果と一致していた。

　一般に，脳・神経細胞以外では，DHAはアポトーシスを促進するが，数種の神経細胞においては，DHAが抗アポトーシス作用を示す研究が幾つかのグループによって報告されている[23〜26]。その機構については不明な点が多いが，Akbarらは興味ある細胞生物学的研究を行っている[27]。彼らは，まずDHA投与によってラット脳においてphosphatidylseine（PS）の濃度の増大を明らかにした。脳のDHAはリン脂質に多く含まれており，その中でも，特にPSとphosphatidylethanolamineに多く含まれている。PSは，数種のprotein kinaseの活性化に関わっていることがすでに報告されており，staurosporineによるアポトーシスの誘導がDHAにより阻害されることが示された。さらに，staurosporineのAktの活性化（リン酸化）の抑制もDHA添加により抑制された。彼らは，DHAの抗アポトーシス効果は，膜のPS濃度の増加に伴うPhosphatidylinositol 3-kinase/Akt活性化によるものではないかと推定している[27]。

1.2.4　おわりに

　心臓病，肥満や糖尿病，がんと食生活との関連についての分野は，1980年代から1990年代にかけて大きな発展が見られた。本稿では，ADをはじめとする脳疾患の分子医学と食生活との境界領域が2000年前後からホットになりはじめていることを紹介した。これまでの第一段階では，疫学的な証拠の報告にはじまり，脂肪摂取が確かに脳疾患に影響を与えることを示す実験的な研究も現れはじめたというところである。これからまさに，本質的な段階へ入るというのが現在の状況であり，いよいよ社会的にも学術的にも重要な分野となることが予想される。

文　　献

1) M.C. Morris *et al., Arch. Neurol.* **60**, 194（2003）
2) M.C. Morris *et al., Arch. Neurol.* **60**, 940（2003）
3) G. Logroscino, *Ann. Neurol.* **39**, 89（1996）

4) C.C. Johnson, *Int. J. Epidemiol.* **28**, 1102 (1999)
5) C. Anderson, *Mov. Disord.* **14**, 21 (1999)
6) M.P. Mattson, *Ann. Intern. Med.* **139**, 441 (2003)
7) R. Molteni et al., *Neuroscience* **112**, 803 (2002)
8) Wu et al., *Eur. J. Neurosci.* **19**, 1699 (2004)
9) M.S. Morris, *Lancet* **2**, 425 (2003)
10) E. Chen et al., *Exp. Cell Res.* **259**, 140 (2000)
11) M.C. Morris et al., *Arch. Neurol.* **60**, 940 (2003)
12) T. Terano et al., *Lipids* **34**, S345 (1999)
13) M. Hashimoto et al., *J. Neurochem.* **81**, 1084 (2002)
14) N.G. Bazan et al., *Prostag. Other Lipid Mediat.* **68-69**, 197 (2002)
15) L.A. Horrocks et al., *Prostag. Leukotr. Ess. Fatty Acids* **70**, 361 (2004)
16) E. Hogyes et al., *Neuroscience* **119**, 999 (2003)
17) K. Kitajka et al., *Proc. Natl. Acad. Sci. USA* **99**, 2619 (2002)
18) L.G. Puskas et al., *Proc. Natl. Acad. Sci. USA* **100**, 1580 (2003)
19) Y. Kitamura et al., *Biochem Biophys Res Commun.* **254**, 582 (1999)
20) K. Kadoyama et al. *Biochem Biophys Res Commun.* **281**, 483-90 (2001)
21) V.L. Marcheselli et al., *J. Biol. Chem.* **278**, 43807 (2003)
22) P.K. Mukherjee et al., *Proc. Natl. Acad. Sci. USA* **101**, 8491 (2004)
23) N.P. Rotstein et al., *J. Neurochem.* **69**, 504 (1997)
24) E. Kishida et al., *Biochim. Biophys. Acta Lipids Lipid Metab.* **1391**, 401 (1998)
25) H.Y. Kim et al., *J. Biol. Chem.* **275**, 35215 (2000)
26) N.P. Rotstein et al., *Invest. Ophthalmol. Vis. Sci.* **44**, 2252 (2003)
27) M. Akbar et al., *J. Neurochem.* **82**, 655 (2002)

1.3 n-3系脂肪酸と行動

浜崎智仁[*]

1.3.1 はじめに

 神経細胞は軸索や樹状突起などの入り組んだ構造のため,膜成分が極端に多い。その神経細胞の塊である脳は膜臓器であるといえる。細胞膜の基本骨格はリン脂質とコレステロールからなり,他に受容体などの少量のタンパクがある。そこで脳はその構造の大部分を脂質で構成していることになる。

 コレステロールは単一な物質だが,リン脂質は多種多様で,sn-2の位置にはn-6系多価不飽和脂肪酸のアラキドン酸(AA),あるいはn-3系多価不飽和脂肪酸であるドコサヘキサエン酸(DHA)が多く含まれる。n-3系脂肪酸もn-6系脂肪酸も体内では合成できないため,脳の構造は食事中脂肪酸の影響を受けることになる。現在n-6系脂肪酸の摂取は過剰となっているため[1],AAの不足は栄養失調でもない限り起こらないが,n-3系脂肪酸はAAと拮抗するため相対的欠乏症となる可能性がある。

 このセクションでは我々の魚油投与による介入試験などを紹介し,脂質栄養でヒトの行動が変化することを示し,その作用機序を論ずることにする。

1.3.2 魚油による攻撃性の制御

 魚油とヒトの行動との関係を最初に本格的に明らかにした研究として,我々の攻撃性の研究がある[2]。

 41名の男女学生を無作為に2群に分け,一方はDHA群として1日に1.5-1.8gのDHAがいくように10-12個のDHA濃縮魚油カプセルを投与した。もう一方は対照群とし,混合植物油の入っている10-12個のカプセルを投与した。3ヶ月の投与期間の前後で,血清中の脂肪酸を測定し,また,心理試験として攻撃性を測定するためにPFスタディーを行った。

 PFスタディーとは「この帳簿のつけかたは何ですか」と上司にしかられているような絵を見せ,部下が何と答えるかを想像させる試験で,答えの方向が上司か,自分か,第三者かで,攻撃の方向を決定するものである。「すいません」あるいは「もう一度やり直します」と謝れば自分,「どこも間違っていないはずですが」といえば相手,「コンピュータの調子がこのところおかしかったので」と答えれば第三者となる。この研究では相手に攻撃が向いたときの割合を計算し,攻撃性とした。

 カプセルを投与することにより,対照群では血清中の総脂肪酸構成に関して何ら変化が起きなかったが,DHA群ではエイコサペンタエン酸(EPA)が0.9%から2.5%へ,DHAが3.1%から

---

[*] Tomohito Hamazaki 富山医科薬科大学 和漢薬研究所 臨床科学研究部門臨床利用 教授

第1章　機能性脂質のバイオサイエンス

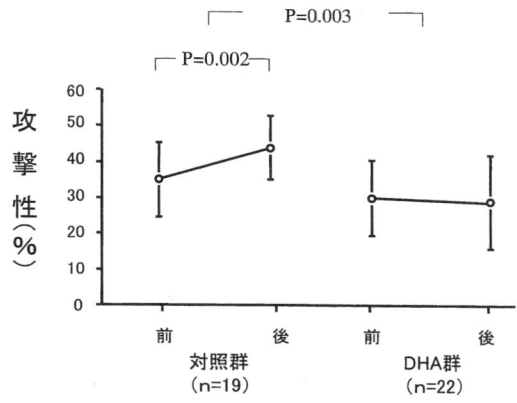

図1　大学生でのDHA投与による攻撃性の制御（二重盲検法）
3ヶ月間にわたり，DHA濃縮魚油カプセルあるいはプラセーボを投与した。終了時にストレスがあったため，攻撃性が対照群で上昇した。

6.1%へと，それぞれ，有意に上昇した。攻撃性は対照群で有意に上昇し，DHA群ではほとんど変化せず，両群の変化に高度な有意差があった（図1）。

対照群で攻撃性が変化した理由は，投与終了時に行ったPFスタディーの3-4日後に全学生で，進級試験（失敗すると自動的に留年となり，毎年10%の学生がそうなる）あるいは卒業試験があり，精神的にかなりのストレスがあったためと考えられる。（開始時は夏休み中で，ストレスはなかったはずである。）ストレッサーがある場合は攻撃性の上昇が見られるのが普通であり，その意味で対照群は理論通りの変化を示していたことになる。ところがDHA群では全く変化がなく，まるでストレッサーが存在しないかのようである。かなりのストレスであるはずなのに，DHA群では行動を変えるほどには至っていないのである。この研究は二重盲検法で行っており，被験者はどちらのカプセルを服用しているかわからず，試験終了時に行ったアンケート調査で，二重盲検が崩れていないことを確認している。もちろんPFスタディーの判定者も被験者のカプセルに関して何ら情報を得ていない。これらのことから，DHAを前もって投与しておくとストレス時の攻撃性を制御できることが判明した。DHAの抗ストレス作用といえる。

日本人はEPAとDHAで1日に1gほど服用しているが，この研究の被験者は普段どのくらい摂取していたのだろうか。試験開始時と終了時に行った食事調査では両群ともEPA＋DHAで300mg程度で，一般日本人の3分の1であった。

DHAに抗ストレス作用があるなら，勉学に集中でき点数がよかった可能性がある。そこで進級試験で不合格者の一番多かった科目の点数を調べたところ（と言っても倫理上，個人の点数を部外者が見るわけにいかず，担当教授より各群の平均値を教えて頂いた），両群には全く差がなかった。いい点数を取るためにはやはり勉強する以外手がないのだろう。

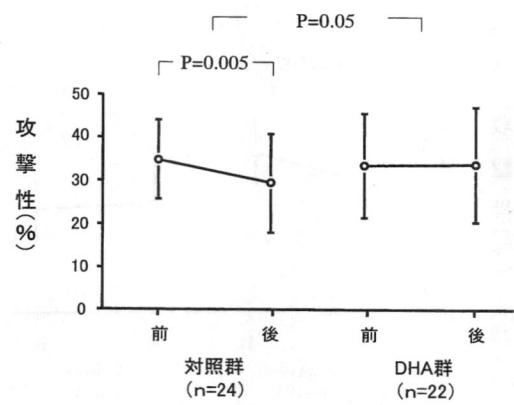

図2　ストレスがない場合での攻撃性の変化
図1の研究とほぼ同じ方法。ストレスがない場合は，DHAを服用しても変化はなかった。

1.3.3　作用機序

魚油を投与することで攻撃性が制御できた機序として，セロトニン作働性ニューロンの活性化が考えられる。脳脊髄液中の5-hydroxyindolacetic acid（セロトニンの主要代謝産物）は前頭前野でのセロトニン作働性ニューロンの活動を示すが，血漿中のDHAおよびAAと正相関することが報告されている[3]。またAAとDHAをpigletに投与することで，前頭葉皮質中のセロトニン濃度が増加することが報告されている[4]。さらに，n-3系脂肪酸欠乏ラットでは前頭葉皮質中セロトニン受容対密度が増加している[5]。セロトニン作働性ニューロンの活性低下はうつ病の発症，攻撃性の増加，さらに自殺（願望）を引き起こすことが知られている[6]。以上より，DHAをはじめとするn-3系脂肪酸の投与はセロトニン作働性ニューロンの活性化を通して攻撃性を制御するものと思われる。なお，ノルアドレナリンの関与も考えられるが，それについては後述する。

1.3.4　ストレッサーが存在しない場合の魚油の効果

ここで疑問となったのは，ストレッサーが存在しない場合のDHAの効果である。この疑問に答えるため，前記の研究とほぼ同一の研究を卒業試験あるいは期末試験から1ヶ月以上離れた時点を選んで3ヶ月の介入試験を行った[7]。結果は対照群で有意に低下したが，DHA群では変化がなく，両群間にはギリギリの有意差があった（図2）。対照群で攻撃性が変化したのは今のところ理解できないが，どちらにしてもDHAには行動を安定化させる作用があるようだ。

1.3.5　小学生での攻撃性

学生での効果は分ったが，小学生ではどうだろう。9-12歳の小学生166名（男81名，女85名）に参加してもらい，3ヶ月に及ぶ介入試験を行った。小学生にDHA濃縮魚油のカプセルを服用

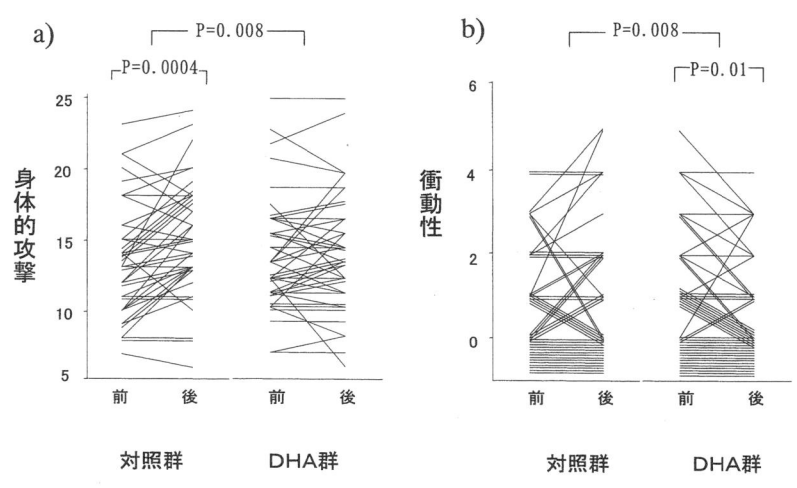

図3 小学生女子でのDHA食による身体的攻撃(a)と衝動性(b)の変化
3ヶ月間にわたり二重盲検法でDHAを投与。男子では意味のある変化は起こらなかった。

させることにすると，薬のような感じがして参加者が減ってしまう可能性があるため，食品中にDHA濃縮魚油を加えたものを利用した。DHA強化食品として，ロールパン，蒸しパン，ソーセージ，スパゲッティーを食品会社に作ってもらい，外見と味も区別できない対照食（DHA濃縮魚油の代わりにオリーブ油を使用）を準備した。二重盲検法にて被験者に試験食品を摂取してもらい，摂取前と摂取後に心理試験を行った。毎週3.6gのDHAと0.8gのEPAを摂取してもらえるよう食品を食べてもらった。

男児では意味のある結果は得られなかったが，女児では2つの項目で有意差が見られた。1つは，身体的攻撃が対照群で上昇し，DHA群では変化せず，両群間で有意差が現れた（図3a）。また，衝動性がDHA群で低下し対照群で変化がなかったため，両群間で有意差が出た（図3b）。身体的攻撃性が対照群で上昇した原因は不明だが，採血できた被験者（49名）での検討では，対照群でリノール酸（$p<0.01$）とアラキドン酸（$p<0.1$）が増加しており，この変化が関連しているかも知れない。衝動性に関するDHAの効果もセロトニン作働性ニューロンの活性化で説明できるかも知れない。

1.3.6 注意欠陥多動性障害（AD/HD）児での研究

落ち着きのなさが特徴の1つとなっているAD/HDについて，n-3系脂肪酸で症状が改善するかも知れない。実際，AD/HD児を対象とした研究ではないものの，AD/HDの関連症状が魚油で軽減したとの報告がある[8]。しかし最近のAD/HD児のみでの洗練された魚油投与研究では何ら良い効果が現れていない[9]。また，日本でのAD/HDと魚油の報告はまだない。そこで，魚油に良い効果があるかを攻撃性の検査も含めて調査するため，介入試験を実施した[10,11]。

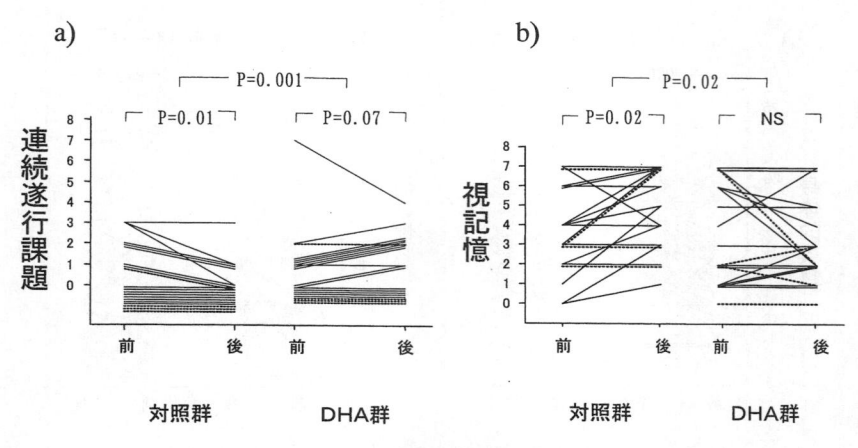

図4　AD/HD児での連続遂行課題と視記憶の変化
2ヶ月間にわたり，DHA食あるいは対照食を二重盲検法により投与。
DHA群でむしろ相対的に悪化した。（破線はAD/HDの疑い症例）

大部分が薬物による治療を受けていない6-12歳のAD/HD児｛うち8名はAD/HDの疑い（診断基準に厳密に従うと疑い症例だが，主治医は確信している）｝40名に参加してもらい，20名にはDHA強化食（前項で述べたものと同じ食品，ただしスパゲッティーは使用していない）を，残り20名には区別がつかない対照食を二重盲検法により投与した。2ヶ月間の投与期間の前後で，集中力等を要するAD/HD関連症状の検査と，親と教師による子供の攻撃性を調査するアンケートを実施した。

次の3項目で両群間に有意差が出た。連続遂行課題，視記憶試験それに攻撃性。連続遂行課題とは，スクリーンに9が出たあとに1が出た場合のみボタンを押すテストで，違う順番なのにボタンを押すという間違えが対照群では研究食の前後（2ヶ月）で改善していた。これは試験に慣れたためで，よく観察されることである。ところがDHA群ではむしろ多少悪化しており，両群間に有意差が出た（図4a）。次の視記憶テストとは，7桁の数字を見せ，そのあとその数字を思い出させる検査で，やはり対照群で改善したのに対して，DHA群では全く変化がなく，両群間で有意差が現れた（図4b）。両方のテストとも注意力，集中力が必要で，落ち着きのないAD/HD児には不得意な検査である。

有意差の出たもう1つの検査は，親と教師に対するアンケート調査で，①怒ったり切れやすいか，②他の子供をぶったり，蹴ったり，髪を引っ張ったりするか，を聞いている。点数は，はい：2点，何ともいえない：1点，いいえ：0点とした。親と教師の点数を合計したため最高点は4点である。図5から分るように，DHA群で有意に攻撃性が低下している。攻撃性が，AD/HD児の本質的特徴かあるいは周囲との確執が多いための二次的特徴かは難しいところであるが，少なくとも攻撃性の亢進は周囲からのストレスをさらに亢進させる。その点このDHAの

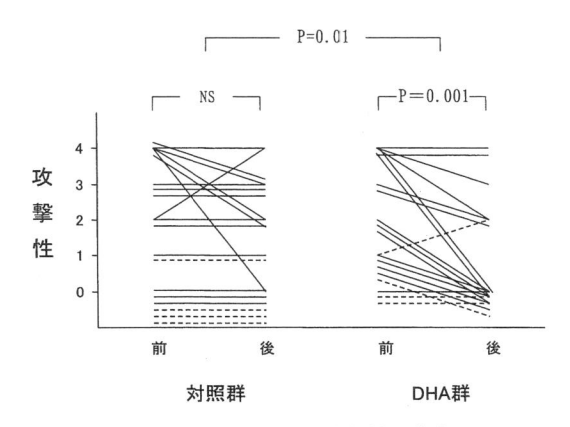

第1章 機能性脂質のバイオサイエンス

図5　AD/HD児での攻撃性の変化
親と教師の合計点で判断すると，DHA群で攻撃性が低下した。

攻撃性抑制効果は極めて重大な意味を持つ。

　ここでなぜ連続遂行課題と視記憶試験の成績がDHA群で悪化したかを考えてみよう。攻撃性のところで述べたセロトニン作働性ニューロンの活性化では集中力を必要とする検査の見かけ上の悪化は説明がつかない。AD/HD患者に塩酸メチルフェニデート（リタリン®）を症状軽減のため処方することがしばしばある。この薬は交感神経刺激剤で，中枢でノルアドレナリンを上昇させることにより，集中力を高め覚醒作用がある。そこで，DHA群で集中力を必要とする検査が見かけ上悪化したのは，中枢でのノルアドレナリン放出が抑制された可能性が高い。我々はすでに他の二重盲検試験で，魚油が末梢のノルアドレナリンを低下させることを報告しており[12,13]，末梢のノルアドレナリンの挙動が，中枢の挙動を反映することが多いことから[14]，DHA群では恐らくノルアドレナリンの放出が低下したため，視記憶試験と連続遂行課題で対照群に及ばなかったと考えられる。

　一方ノルアドレナリンの低下は攻撃性の低下を促すことになり[15]，これは親と教師によるアンケート調査の結果と一致する。以上より，DHA投与はノルアドレナリンの抑制を経て，AD/HD児にいろいろな作用を及ぼしているようである。

1.3.7　自殺未遂の横断的調査

　ここで，自殺と魚油の関連を考えてみよう。自殺は先進国では，中年男性がうつ状態になり起こすもので，しかも欧米ではアルコール依存症の影響がかなりある。ところが，うつ病の症状がEPA投与で軽減するという報告（二重盲検法[16～18]），あるいは上記のように攻撃性あるいは衝動性が魚油で制御できるとのわれわれの知見があり，また，住民を対象としたアンケート調査で自殺願望あるいはうつ傾向が，週に魚を2回以上食べるか否かで約半減するとのフィンランドからの報告[19]，さらに日本での27万人を17年間追跡した疫学調査[20]で毎日魚介類を摂取している人で

機能性脂質のフロンティア

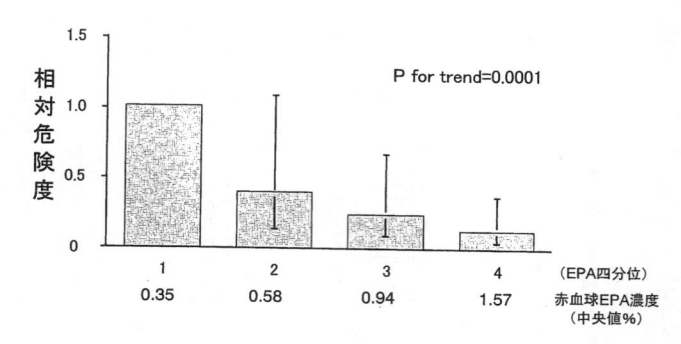

図6　中国における自殺未遂の危険率と赤血球中EPAの関連
年齢・性別など11の予想される混乱因子で補正。

はそれ未満の人より自殺の危険率が0.81ですむという報告などから自殺未遂も魚油と関連している可能性があると考え，自殺未遂のケースコントロール研究を行った。

自殺あるいは自殺未遂と代謝・栄養との関連を研究する際は，アルコール依存症が大きな混乱因子となる。アルコール依存症は代謝を混乱させ，さらに自殺願望を引き起こすからである[21]。そこで，アルコール依存症患者がまだ比較的少ない中国でこの研究を行った[22]。大連医科大学の関連病院の救急病棟へ自殺未遂で入院した患者100名と年齢・性別・喫煙をあわせた事故により救急病棟へ入院した対照患者100名より採血し，赤血球中リン脂質の脂肪酸構成を測定した。アルコール影響下にある患者は除外した。

赤血球中EPAの量により計200名を4分位に分け，最低4分位での自殺未遂危険度（自殺未遂者37名/対照13名）を1.00とすると，最高4分位では危険率が0.12となった。この比は混乱因子となる可能性のある11項目で補正しても大きな変化はなかった。各4分位での補正済み危険率を図6に示す。DHAでも似た結果となり，最高4分位の危険率は0.21であった。

この研究は横断的研究のためEPA低値と自殺未遂の因果関係は証明できないが，魚油が少ないことでセロトニン作働性ニューロンの活動低下，あるいはノルアドレナリンの過剰とそれに続く枯渇を引き起こし，自殺願望へと進む可能性が高い。中国での自殺の一番の原因は急性ストレスといわれている。魚油はセロトニンあるいはノルアドレナリンを制御することで，急性ストレスから自殺へのつながりを遮断している可能性がある。

1.3.8　まとめ

EPA，DHAなどの魚油の有効成分は当初は循環器系への有用性が議論されていたが，最近では精神疾患，あるいは行動への影響が研究されるようになり，重要な知見がつぎつぎと報告されるようになった。その効果を我々の研究からまとめると，セロトニンとノルアドレナリンの制御と考えられる（図7）。

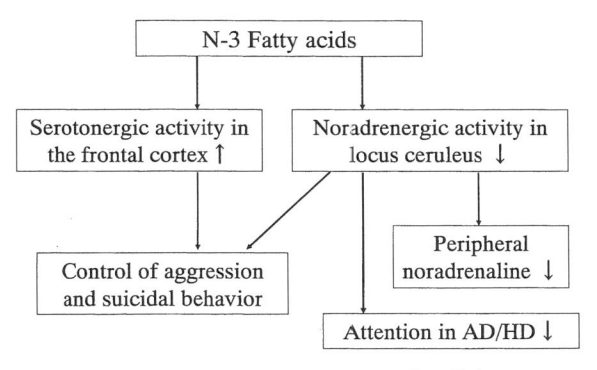

第 1 章 機能性脂質のバイオサイエンス

図7 想定されるEPA・DHAの作用機序

文　　献

1) 浜崎智仁ほか，脂質栄養学，**12**，No 1, 7 (2003)
2) T. Hamazaki *et al.*, *J. Clin. Invest.*, **97**, 1129 (1996)
3) J.R. Hibbeln *et al.*, *Biol. Psychiatry.*, **44**, 235 (1998)
4) S. de la Presa Owens *et al.*, *J. Nutr.*, **129**, 2088 (1999)
5) S. Delion *et al.*, *J. Neurochem.*, **66**, 1582 (1996)
6) J.J. Mann, *Nat. Rev. Neurosci.*, **4**, 819 (2003)
7) T. Hamazaki *et al.*, *Lipids.*, **33**, 663 (1998)
8) A.J. Richardson *et al.*, *Prog. Neuro-Psychopharmacol. Biol. Psychiatry.*, **26**, 233 (2002)
9) R.G. Voigt *et al.*, *J. Pediatrics.*, **139**, 189 (2001)
10) S. Hirayama *et al.*, *Eur. J. Clin. Nutr.*, **58**, 467 (2004)
11) T. Hamazaki *et al.*, *Eur. J. Clin. Nutr.*, **58**, 838 (2004)
12) S. Sawazaki *et al.*, *J. Nutr. Sci. Vitaminol.*, **45**, 655 (1999)
13) K. Hamazaki *et al.*, *Nutrition.* (in press)
14) T.H. Svensson, *Psychopharmacology.*, **92**, 1 (1987)
15) J. Haller *et al.*, *Neurosci. Biobehav. Rev.*, **22**, 85 (1998)
16) B. Nemets *et al.*, *Am. J. Psychiatry.*, **159**, 477 (2002)
17) M. Peet *et al.*, *Arch. Gen. Psychiatry.*, **59**, 913 (2002)
18) K.P. Su *et al.*, *Eur. Neuropsychopharmacol.*, **13**, 267 (2003)
19) A. Tanskanen *et al.*, *Arch. Gen. Psychiatry.*, **58**, 512 (2001)
20) T. Hirayama (1990), Life-style and mortality. A large-scale census-based cohort study in Japan. In: Wahrendorf J, editor. Contribution to Epidemiology and Biostatistics Vol 6 Basel: Karger.
21) M. Berglund *et al.*, *Alcohol Clin. Exp. Res.*, **22**, 333S (1998)
22) M. Huan *et al.*, *Biol Psychiatry.*, **56**, 490 (2004)

1.4 痴呆症を予防する食品成分と活性酸素

宮澤陽夫*

1.4.1 はじめに

活性酸素などによる生体膜の酸化障害を評価できる化学発光-高速液体クロマトグラフ（CL-HPLC）法を開発して以来[1～3]，ここ十数年にわたり，ヒトの疾病と膜脂質過酸化の関係を明らかにしようとしてきた。その結果，痴呆や動脈硬化，糖尿病など，多くの疾病とその増悪化に脂質過酸化が深く係わることを明らかにしてきた。ここでは，CL-HPLCによる過酸化脂質分析を紹介するとともに，痴呆における脂質過酸化の実態と，その抑制食品成分について明らかにされつつある知見を述べる。

1.4.2 CL-HPLCによる過酸化脂質分析と酸化障害の評価

生活習慣病や細胞の老化において，活性酸素やフリーラジカル，酸化酵素などによりヒトの血液，臓器，細胞を構成する脂質は過酸化（異常な酸素化）反応を受け，生じた過酸化脂質は細胞障害の原因になることが示唆されて久しい[4]。しかし，いまだ明確な臨床知見は得られていない。その理由のひとつは，従来から用いられてきた酸化ストレスマーカーの非特異性にある。例えば，チオバルビツール酸（TBA）反応性物質は，必ずしも過酸化脂質のみではない[5]。そこで，脂質過酸化の進行を知る目的で多くの分析法が開発され，実験系と分析対象に応じて利用されている（図1）。しかし，極度に過酸化を亢進させる試験管試験は別にして，臨床試料の分析では過酸化の進行を十分に把握できない場合が多い。この理由のひとつは，生体内過酸化では数多く存在する脂質クラスのうち，ある特定の脂質種のみが酸化修飾を受けていることによる。したがって，個々の脂質クラスごとに，過酸化反応の第一次生成物である脂質ヒドロペルオキシド

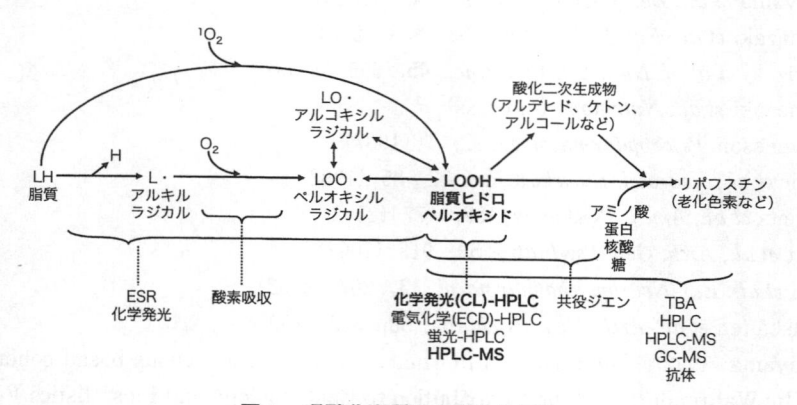

図1 過酸化脂質の生成と分析法

* Teruo Miyazawa　東北大学　大学院農学研究科　生物産業創成科学専攻　教授

第1章　機能性脂質のバイオサイエンス

図2　リン脂質ヒドロペルオキシドの化学構造

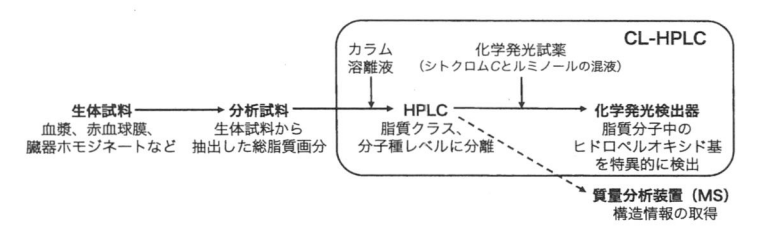

図3　化学発光-高速液体クロマトグラフ（CL-HPLC）法による脂質ヒドロペルオキシド分析の概略

を定量するのが望ましい。脂質にはトリグリセリド，コレステロール，リン脂質，糖脂質などがある。ヒトの細胞老化の観点からは生体膜構造の主成分であるリン脂質分子の過酸化がとくに重要である。筆者らは十数年前に過酸化リン脂質（リン脂質ヒドロペルオキシド；図2）を超高感度かつ特異的に定量できるCL-HPLC法を開発した（図3）[1~3]。この装置は，HPLCで脂質クラスを分別し，それぞれの脂質クラス中のヒドロペルオキシド（-OOH）基をシトクロムCとルミノールの混液から成る発光試薬と反応させ，生じた化学発光を化学発光検出器で検出する。これにより，従来困難とされてきた生体試料中の過酸化脂質を特異的に定量できる様にした。この方法とHPLC-ESI/MSを併用し，臨床共同研究を進め，ヒト体内の脂質過酸化と酸化傷害の実態を研究してきた。

1.4.3　痴呆症と赤血球の過酸化脂質：食品カロテノイドによる痴呆予防の可能性

臨床共同研究の過程で，アルツハイマー痴呆症の血液を分析する機会があった。血清を分析しても健常者と大差なかったが，赤血球膜に過酸化リン脂質の異常な蓄積（健常者の5～6倍）を発見した（図4，5）[6]。したがって，痴呆では軽微に過酸化した赤血球が多く体内を循環して

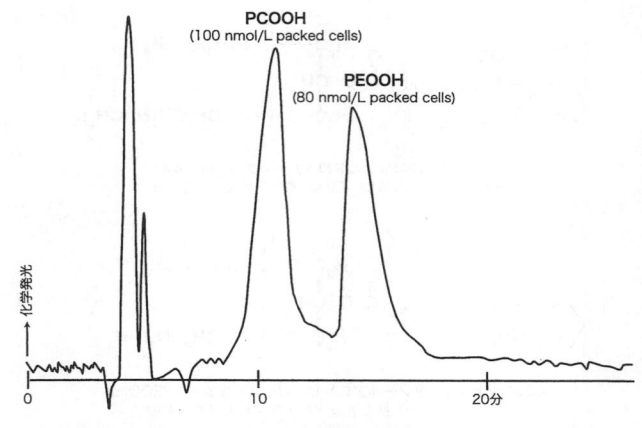

図4 健常者赤血球の過酸化リン脂質（CL-HPLC法）

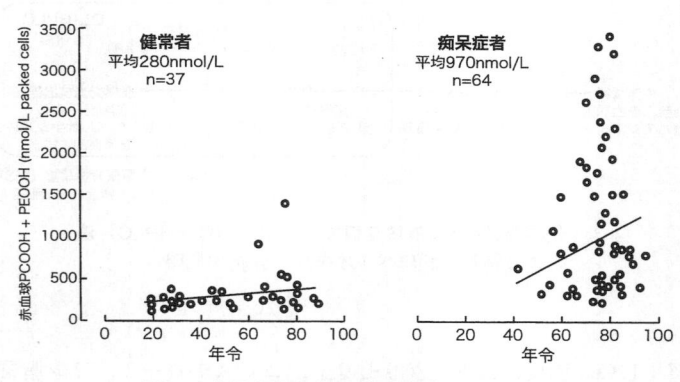

図5 痴呆症者の赤血球の過酸化リン脂質

いることになり，血球検査による痴呆症予測の可能性が考えられた。こうした赤血球は，リン脂質膜に酸素が多く分布する状態にあり，酸化ヘモグロビンからの酸素解離が阻害され脳組織の慢性的な酸素不足がもたらされ，結果的に痴呆化の促進に結びつくと思われる。もし食品成分中に赤血球膜の過酸化リン脂質の蓄積を防止できる機能成分が明らかにされれば，栄養指導などにより食品機能を利用して痴呆の進行を抑え，また発症を遅らせることが可能になるかもしれない。そこで，動物実験で赤血球の老化（過酸化）を防止できる食品成分を検索し，カロテノイド給与動物で老化赤血球が少ないことがわかった（図6）[7]。ヒト赤血球のカロテノイド組成の研究例が過去になかったので，血球カロテノイドのUV-HPLC分析法を開発した（図7）。ヒト赤血球にはルテイン，ゼアキサンチン，β-クリプトキサンチンなどの極性カロテノイド（キサントフィル）が多いのが特徴で，血漿に非極性カロテノイド（リコペンやβ-カロテン）の多いことと

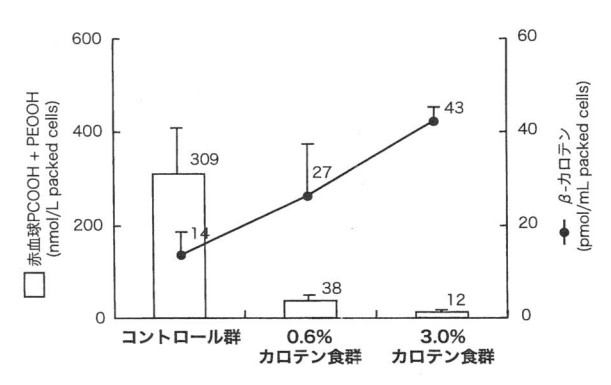

第1章　機能性脂質のバイオサイエンス

図6　β-カロテン摂取による赤血球過酸化リン脂質の除去（マウス実験）

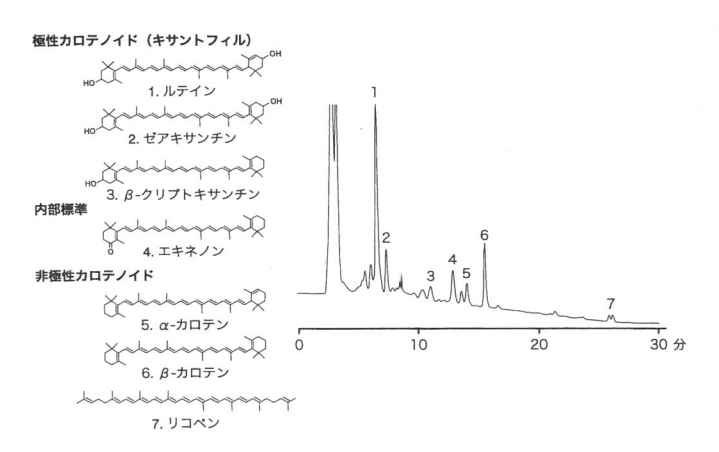

図7　健常者赤血球のカロテノイド（UV-HPLC法）

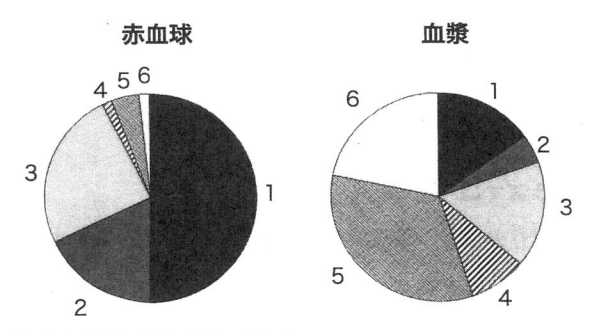

極性カロテノイド（キサントフィル）；
　1，ルテイン　2，ゼアキサンチン　3，β-クリプトキサンチン
非極性カロテノイド；
　4，α-カロテン　5，β-カロテン　6，リコペン

図8　ヒト赤血球と血漿のカロテノイド組成

対照的であった（図8）。この検証として，健常者にルテイン（11mg）に富むクロレラを3週間経口投与した。その結果，赤血球のルテイン濃度は，摂取前に比べて2〜5倍に増加することがわかった。したがって，ヒトの場合は，キサントフィル（とくにルテイン）が赤血球の主要なカロテノイドであり，抗酸化成分として重要であると予想された。キサントフィルの補給により，痴呆者に特徴的な老化赤血球の異常蓄積を防ぐことができる可能性が示唆された。

1.4.4 痴呆脳の過酸化脂質とビタミンE

アルツハイマー脳においても赤血球の場合と同様に，脳神経細胞の膜リン脂質の過酸化の亢進が考えられた。そこで，タフツ大学栄養老化研究所とマサチューセッツ総合病院（ハーバード大学医学部附属病院）と共同研究で，脳サンプル（小脳）の分析を行った。それまでラット脳の分析経験はあったが，ヒト脳の分析ははじめてであったので，最初にCL-HPLCの至適な分析条件を設定し，ヒト脳の分析を行った。その結果，健常脳にも過酸化リン脂質は存在するが，アルツハイマー脳のそれは健常脳より著しく多量であり，とくにアミノリン脂質であるホスファチジルエタノールアミン（PE）の過酸化の亢進が，痴呆脳では特徴的であることを明らかにした（図9）。すなわち，痴呆脳ではPEヒドロペルオキシド（PEOOH）が多量に見出された。さらにこの時，痴呆脳ではビタミンE（α-トコフェロール）が有意に少ないことがわかった（図10）。これらの発見は，痴呆脳が，健常脳より酸化障害を多く受けていることを明示した。ちなみに，脳のPE分子はドコサヘキサエン酸（DHA, 22：6, n-3）を構成脂肪酸の15〜25％程度含むので，不飽和度が高く過酸化を受けやすいといえる。痴呆脳の脂質の構成脂肪酸のうちDHAの低値がよく知られているが[8]，これはPE分子中のDHAが過酸化を受けて分解するため低い値を示したと考えられる。この時の脂質過酸化に伴うラジカルの生成を抑えるためにビタミンEが消費されるので，痴呆脳のビタミンEは低値を示すと推定できる。過去に，アルツハイマー痴呆者の脳骨髄液のビタミンE含量が健常者より低いことが報告されている[9]。また，ビタミンEの大量投与がアルツハイマー痴呆者の病状の進行を有意に抑制したとする報告もある[10]。脳の機能障害には脂質過酸化が大きく関与していることが理解されつつあり，これに対するビタミンEの有効利用が期待される。

1.4.5 痴呆とプラズマローゲン

従来，痴呆脳ではグリセロリン脂質のひとつであるエタノールアミンプラズマローゲンの濃度低下が知られていた[11]。これを調べ，プラズマローゲンが神経細胞の抗アポトーシス因子であることを最近発見した。プラズマローゲンは濃度に依存して神経細胞のアポトーシスを防止した。プラズマローゲンは動物性食品に比較的多く含まれ，その痴呆予防食材としての活用が期待される。また，ホスファチジルセリンによる神経細胞シグナリングやアポトーシスの関わりも研究されている。

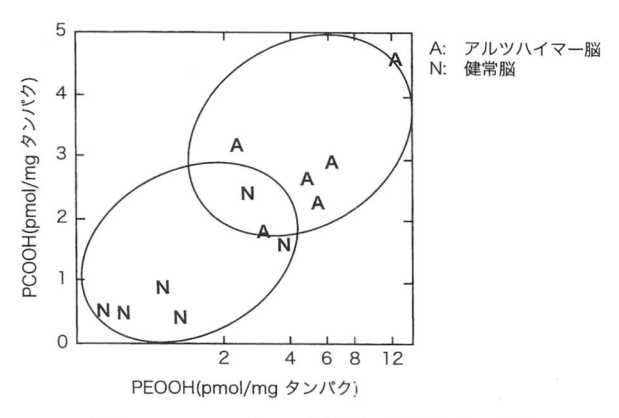

第1章　機能性脂質のバイオサイエンス

図9　アルツハイマー痴呆脳の過酸化リン脂質

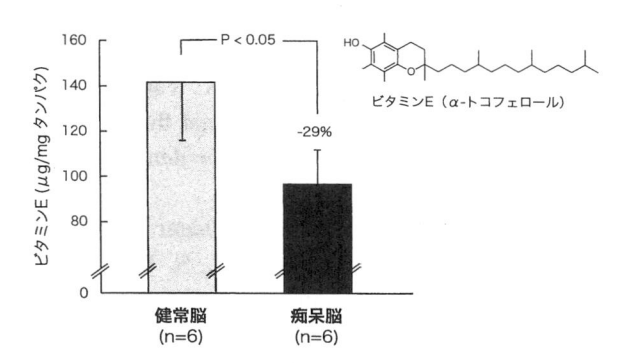

図10　アルツハイマー痴呆脳のビタミンE（α-トコフェロール）

1.4.6　おわりに

痴呆症における酸化障害の発生を事実として確認し，痴呆を予防する食品成分としてキサントフィル，ビタミンE，プラズマローゲンなどの有効性が示唆された。栄養指導などで痴呆者の病状の進行を数年でも遅らせることができるようにすることが重要であり，「健脳」を目指した食品成分のより一層の研究の進展が期待される。

文　　献

1) Miyazawa T., Suzuki T., Fujimoto K., Yasuda K., Chemiluminescent simultaneous determination of phosphatidylcholine hydroperoxide and phosphatidylethanolamine

hydroperoxide in the liver and brain of the rat. *J. Lipid Res*. **33**, 1051-1059 (1992)
2) Miyazawa T., Fujimoto K., Suzuki T., Yasuda K., Determination of phospholipid hydroperoxides using luminol chemiluminescence-high-performance liquid chromatography. *Methods Enzymol*. **233**, 324-332 (1994)
3) 宮澤陽夫，藤野泰郎，脂質・酸化脂質分析法入門（宮澤陽夫，藤野泰郎編），学会出版センター，東京（2000）
4) Slater, T. F., Free-radical mechanisms in tissue injury. *Biochem. J*. **222**, 1-15 (1984)
5) Gutteridge, J. M. C., Thiobarbituric acid-reactivity following iron-dependent free-radical damage to amino acids and carbohydrates. *FEBS Lett*. **128**, 343-346 (1981)
6) 宮澤陽夫; 現代医療 **5**, 56-61 (1994)
7) Nakagawa K., Fujimoto, K., Miyazawa, T., β-Carotene as a high-potency antioxidant to prevent the formation of phospholipid hydroperoxides in red blood cells of mice. *Biochim. Biophys. Acta* **1299**, 110-116 (1996)
8) Soderberg M., Edlund C., Kristensson K., Dallner G., Fatty acid composition of brain phospholipids in aging and in Alzheimer's disease. *Lipids* **26**, 421-425 (1991)
9) Tohgi H., Abe T., Nakanishi M., Hamato F., Sasaki K., Takahashi S., Concentrations of α-tocopherol and its quinone derivative in cerebrospinal fluid from patients with vascular dementia of the Binswanger type and Alzheimer type dementia. *Neurosci. Lett*. **174**, 73-76 (1994)
10) Sano M., Ernesto C., Thomas R. G., Klauber M. R., Schafer K., Grundman M., Woodbury P., Growdon J., Cotman C. W., Pfeiffer E., Schneider L. S., Thal L. J., A controlled trial of selegiline, alpha-tocopherol, or both as treatment for Alzheimer's disease. The Alzheimer's Disease Cooperative Study. *New Engl. J. Med*. **336**, 1216-1222 (1997)
11) Ginsberg L., Rafique S., Xuereb J. H., Rapoport S. I., Gershfeld N. L., Disease and anatomic specificity of ethanolamine plasmalogen deficiency in Alzheimer's disease brain. *Brain Res*. **698**, 223-226 (1995)

2 アレルギーと脂質

山田耕路*

2.1 アレルギー発症機構

アレルギー反応は通常Ⅰ～Ⅳ型の4つに分類され，Ⅰ～Ⅲ型のアレルギーは抗体が関与する液性免疫により発症する[1]。Ⅳ型の発症には細胞性免疫が関与し，T細胞，マクロファージ，好中球などの免疫担当細胞の活性化を伴う。Ⅰ型アレルギーでは，肥満細胞などの表面に存在する高親和性IgE受容体に結合した抗原特異的IgEがアレルゲン分子により架橋されると，ヒスタミンやロイコトロエイン（LT）などのケミカルメディエーター（CM）が放出され，アレルギーの発症に至る。花粉症はⅠ型アレルギーであり，食物アレルギーも主としてⅠ型アレルギーにより発症すると考えられている。一方，アレルゲン特異的IgGはIgEと競合してⅠ型アレルギー反応を抑制し，腸管免疫系により生産される抗原特異的IgAは涙や消化液などの外分泌液中に存在し，アレルゲン，細菌類，ウイルスなどの生体異物の吸収を阻害する。したがって，IgE産生の抑制およびIgG産生の促進はⅠ型アレルギーの発症抑制に寄与し，IgA産生の促進はアレルギーの発症を抑えるだけでなく，感染予防に寄与すると考えられる。

ヒスタミンは代表的な蓄積性CMであり，アレルゲン架橋により速やかに放出され，Ⅰ型アレルギーを引き起こす。一方，4-シリーズLTは，細胞膜リン脂質から切り出されたアラキドン酸（AA）がリポキシゲナーゼ酸化を受けて生成する合成型CMである。不飽和脂肪酸（UFA）はその二重結合の位置によりn-3，n-6などの系列に分類され，n-3系列ではα-リノレン酸（ALA）の代謝産物であるエイコサペンタエン酸（EPA）が5-シリーズLT合成の基質となる。n-6系列ではリノール酸（LA）を出発物質として，γ-リノレン酸（GLA），ジホモ-γ-リノレン酸（DGLA），AAが順次合成されるが，DGLAは3-シリーズLTの合成基質である。3-シリーズおよび5-シリーズのLTはアレルギー誘導能が低く，4-シリーズLTと競合するので，Ⅰ型アレルギー反応に対して抑制的に作用する。したがって，4-シリーズLTの産生抑制あるいは3-シリーズおよび5-シリーズLTの産生促進は抗アレルギー的に働く。

2.2 不飽和脂肪酸の抗体産生調節機能

ラットリンパ球をUFAの存在下で培養すると，IgE産生の促進およびその他の抗体産生の抑制が起こる[2,3]。このIgE産生促進効果は，二重結合数の増加に伴い強くなり，脂溶性抗酸化剤であるα-トコフェロールにより発現が阻害されるが，水溶性抗酸化剤であるアスコルビン酸は活性発現を阻害しない。したがって，細胞膜のような疎水的環境におけるUFAの酸化がIgE産生促進

---

* Koji Yamada　九州大学　大学院農学研究院　生物機能科学部門　食糧化学研究室　教授

作用の発現に関係するものと思われる。UFAは4-シリーズLTの産生抑制を通じて抗アレルギー活性を発現するが[2]，脂質の過酸化を伴う条件下ではアレルギー応答を促進する可能性があるので，抗酸化剤との併用により好ましい生理機能を選択的に発現させることが重要である。

　UFAはIgE産生を促進するとともに，ラットリンパ球のIgA，IgGおよびIgM産生を阻害する[2]。この作用はアレルギー発症を促進するだけでなく，生体防御能の低下をもたらす。マウス脾臓リンパ球を光増感剤であるローズベンガル存在下で光照射を行うと，細胞膜リン脂質の過酸化物であるPCOOHのレベルが上昇し，IgGおよびIgMの産生が強く抑制されるが，α-トコフェロール存在下ではこれらの現象の緩和が観察される[4]。したがって，UFAの抗体産生抑制効果においても脂質過酸化反応が重要な役割を演じるものと思われる。

　UFAの抗体産生調節機構については，ペルオキシソーム増殖活性化受容体（PPAR）の関与が明らかとなりつつある。IgE産生細胞はIgM産生細胞の遺伝子組換え，すなわちクラススイッチにより生じるが，その過程でIgE重鎖胚型転写物（εGT）の発現が起こる[5]。PPARには，α，β/δ，γの3種のアイソフォームが存在しており，脂質代謝の調節，脂肪細胞の分化および細胞増殖の誘導に関与するが，免疫調節機能を有することが近年明らかにされつつある[6,7]。εGTはヒトB細胞株DND39をインターロイキン-4（IL-4）で刺激することにより誘導されるが，われわれは多価不飽和脂肪酸（PUFA）の存在下ではεGTの発現が低下すること，その効果は炭素数および二重結合数が増加するにつれて強くなることを見いだしている（未公表結果）。同様な抑制効果はPPARγリガンドであるシグリタゾンにも認められ，PPARαリガンドであるWy14643およびPPARβリガンドであるプロスタグランジンA_1（PGA_1）には認められないことから，PPARγリガンドとUFAの相互作用の解明が今後の検討課題となっている[8]。

2.3　不飽和脂肪酸のケミカルメディエーター放出調節機能

　UFAはin vitroでCM放出調節機能を発現する[9]。UFAの存在下でラット好塩基球様細胞株RBL-2H3を24時間培養後，カルシウムイオノフォアA23187で刺激してヒスタミン放出を誘導すると，無添加時よりヒスタミン放出率が有意に上昇する。この効果はオレイン酸には認められず，PUFAにのみ認められる。また，n-6系列の脂肪酸より，n-3系列の脂肪酸で高い放出率が得られる。動物細胞の培養は通常ウシ胎児血清を添加した培地で培養されており，PUFAは供給されないので，細胞膜リン脂質の脂肪酸組成はほぼ飽和脂肪酸とオレイン酸のみから構成されている[10]。PUFA存在下で培養を行うとリン脂質の脂肪酸の一部がPUFAに置換され，細胞膜の流動性が上昇するので，それによってヒスタミンの放出が促進されたものと思われる。

　ラット腹腔滲出細胞（PEC）をA23187で刺激するとLTの放出を観察することができる。ラットよりPECを分離し，A23187で15分間刺激する際にUFAを共存させるとLTB_4放出の抑制が観

第1章　機能性脂質のバイオサイエンス

察される[9]。この効果は二重結合数3個のALAから観察され，炭素数および二重結合数の増加に伴い抑制活性が強くなる。LTB_4合成に関与するリポキシゲナーゼはEPAも基質としうるが，ドコサヘキサエン酸（DHA）は基質とならない。しかしながら，LTB_4放出抑制効果はEPAよりDHAに強く認められる。これらの結果は，脂肪酸自身がLTB_4放出抑制効果を発現するのではなく，脂質過酸化により生成する二次産物が活性発現に関与する可能性を示している。後述するように，摂食実験では細胞膜リン脂質のAA含量の低下によるLTB_4放出能の低下が最も重要な反応であり，EPAがDHAより強い抗アレルギー効果を発現するので[11,12]，これらの細胞実験結果の重要性は生体レベルでは低いものと思われる。

2.4　脂質の摂食効果

表1に不飽和脂肪酸の免疫調節機能について摂食効果を中心にまとめた。脂質中の脂肪酸は生体内に取り込まれ，細胞膜リン脂質の構成成分となり，細胞機能の制御に関与するとともに，LTやPGなどのエイコサノイドに代謝されて多彩な生理活性を示す。免疫調節機能においては，抗体産生調節およびCM放出調節機能が摂食実験においても再現することから，食品由来の免疫調節因子として注目されている。

表1　不飽和脂肪酸の免疫調節機能

脂肪酸	備考
オレイン酸（OA）	18:1n-9。一般動植物油中に存在。動物細胞増殖促進効果（細胞実験）。
リノール酸（LA）	18:2n-6。サフラワー油等に含まれる。アラキドン酸に代謝され，4-シリーズLTの産生を促進（動物実験）。
共役リノール酸（CLA）	18:2。リノール酸の二重結合が共役した異性体で，反芻動物の消化管内で生じる。IgE産生抑制，IgAおよびIgG産生促進，臓器特異的4-シリーズLT産生抑制（動物実験）。
γ-リノレン酸（GLA）	18:3n-6。母乳や月見草等に含まれる。ジホモ-γ-リノレン酸（DGLA）に代謝され，エイコサノイド産生基質となる。アトピー性皮膚炎軽減効果（ヒト臨床試験）。
アラキドン酸（AA）	20:4n-6。脳，卵黄レシチン，肝臓に存在。4-シリーズLTの合成基質。I型アレルギーを促進。
α-リノレン酸（ALA）	18:3n-3。しそ実，えごま等に多く，動物体内でEPA，DHAに代謝される。4-シリーズLT産生抑制（動物実験）。
エイコサペンタエン酸（EPA）	20:5n-3。魚油，副腎脂質に存在。5-シリーズLTの合成基質。4-シリーズLT産生の抑制および5-シリーズLT産生誘導（動物実験）。
ドコサヘキサエン酸（DHA）	22:6n-3。魚油，魚肝油中に存在。4-シリーズLT産生抑制（動物実験）。

LT；ロイコトリエン

2.4.1 魚油の摂食効果

細胞実験ではUFAはリンパ球のIgE産生を促進し，その他の抗体産生を抑制するが，ラットにEPAもしくはDHAに富む魚油を10％レベルで投与した場合，そのような効果は認められず，サフラワー油を摂食させた群と比較して血清IgMレベルが魚油摂食群で有意に高い結果を与える[11]。血清中の脂質過酸化物レベルにも有意な影響は認められず，脾臓リンパ球のIgGおよびIgM産生能の有意な上昇が観察される。この実験では，AIN-93G準拠食が用いられており，ビタミン混合物にα-トコフェロールが添加されている。これにEPAとDHAの合計値が30～40％に達する食餌脂肪を10％レベルで添加し，3週間投与した場合でも抗体産生においてはアレルギー促進効果の発現は認められない。しかしながら，10％の食餌脂肪のうち2％を高純度のEPAもしくはDHAエステルで置換すると，血清脂質過酸化物および抗体レベルに有意な効果は認められないものの，肝臓α-トコフェロールが減少する傾向が認められ，魚油摂食は生体内酸化を促進するものと思われる[12]。これらの結果は，PUFAの生理活性の発現を追求する場合，脂質過酸化に関するモニタリングが重要であることを示している。

実験動物におけるPUFAのアレルギー調節機能の発現においては，LT放出調節機能が最も重要であろう。上記の実験では，魚油もしくは魚油脂肪酸エステルを摂食したラットではPECのAAレベルが顕著に低下するとともに，LTB_4放出能の顕著な低下が起こる。EPAを含む食餌を摂取したラットではPECのEPAレベルが上昇し，LTB_5放出能が上昇するが，PECのLTB_5放出能はPEC総脂質のEPAレベルとほぼ比例しているのに対し，LTB_4放出能はAAレベルと必ずしも相関しない[11,12]。同様な不一致はラットに飽和脂肪酸とオレイン酸主体のパーム油，LAに富むサフラワー油もしくはALAに富むエゴマ油を摂食させてPECのLTB_4放出能とAAレベルの比較を行った際にも認められている[13]。これらの結果は，PECのLTB_4放出能はAAレベルの影響を強く受けるが，基質レベルのみで調節されるのではないことを示唆している。

細胞実験ではDHAがEPAより強いLTB_4放出抑制効果を示すが[9]，摂食実験ではEPAがDHAより強いLTB_4放出抑制効果を示すだけでなく，LTB_5放出促進効果の発現を通じて効果的にⅠ型アレルギーの発現を抑制する[11,12]。魚油エステル投与実験では純度95％以上のDHAエチルエステルを投与したラットの種々の臓器でEPAが検出されたことから，ラットの体内でDHAがEPAに変換される可能性が示されている。

2.4.2 γ-リノレン酸の摂食効果

抗アレルギー効果を有する脂肪酸としてn-3系列のALA，EPAおよびDHAが注目されているが，n-6系列のGLAにも抗アレルギー効果が報告されている[14]。上述したように，GLAはDGLAに代謝され，3-シリーズLTの合成基質となり得るが，3-シリーズLTの生産量は測定限界以下であり，アレルギー反応の調節に関与する証拠は得られていない。DGLAはさらに代謝を

第1章　機能性脂質のバイオサイエンス

受けてAAになるので，GLAの長期投与はアレルギー応答を促進する可能性も考えられる。しかし，GLA含量を約60%まで高めたボラージュ油を10%レベルでラットに3週間投与してLT産生に及ぼすGLAの摂食効果を検討した実験では，GLA含量40%以下ではPECのLTB_4放出能は影響を受けないこと，60%ではかえってLTB_4放出能が低下することが明らかにされている[15]。また，GLAを摂食したラットでは用量依存的かつ組織依存的なDGLA含量の増加が認められるが，3-シリーズLTは検出できず，PGE_1産生能とDGLA含量との間に必ずしも正の相関が認められない[15]。これらの結果は，GLAの過剰摂食がアレルギー反応を促進する可能性は少ないことを示しているが，抗アレルギー作用の発現機構についてはほとんど明らかにされていない。

2.4.3　共役リノール酸の摂食効果

共役リノール酸（CLA）は共役二重結合を有するLAの異性体であり，制癌，脂質代謝調節，免疫調節など多彩な生体調節機能を発現する[16]。CLAのアレルギー調節機能については，抗体産生調節およびCM放出調節機能が報告されている[17,18]。CLAを0.5もしくは1%レベルで投与した場合，血清IgEレベルの低下およびその他の抗体レベルが上昇するとともに，腸間膜リンパ節リンパ球のIgA，IgGおよびIgM産生能が増加する[17]。この用量では脾臓リンパ球の抗体産生能には大きな影響は認められないが，0.5%以下の低用量投与では脾臓リンパ球でもこれらの抗体の産生能が増強される[18]。脾臓リンパ球にCLAを直接作用させても抗体産生増強効果は認められないので，CLA摂食はリンパ球の抗体産生能を間接的に調節するものと思われるが，その作用はリンパ組織特異的であるとともに用量依存的である。エイコサノイド産生調節においても組織特異性が認められており，CLA摂食により肺LTC_4産生能が有意に低下するが，肺LTB_4産生および脾臓LTC_4産生に及ぼす影響は小さい[17]。0.5%以上の高用量のCLA摂食では脾臓リンパ球およびPEC総脂質でAAレベルが低下する傾向があるが，n-3系PUFAを摂食させた場合程顕著なものではなく，CLAのLT放出抑制効果は単なるAAレベルの調節により発現するものとは思われない。これらの結果は遊離型CLAを摂食させることにより得られたものであるが，遊離型のUFAは細胞毒性が高く，味覚的にも好ましくない。トリグリセリド型CLAの摂食効果についても検討が行われているが，遊離型とトリグリセリド型では基本的に抗アレルギー効果に違いが無いことが最近明らかにされた[19]。

2.5　他の食品成分との相互作用

脂質のアレルギー調節機能を利用するにあたっては他の食品成分，特に抗酸化成分との相互作用について考慮する必要がある[20,21]。脂質の過酸化はアレルギー応答を促進する可能性があり，機能性脂質の能力を完全に引き出すためには抗酸化的環境を整える必要がある。脂溶性抗酸化剤であるα-トコフェロールはUFAの酸化抑制を通じてIgE産生増強効果の発現を阻害するととも

に[9]，それ自身が4-シリーズLT放出阻害活性を発現して抗アレルギー的に働く[22]。同様な相乗効果はALAに富むエゴマ油と茶ポリフェノールの同時投与においても認められており[13]，このような抗アレルギー因子の同時投与により個々の因子の投与量を低減することが可能となる。食品中の体調調節因子については，その生理機能が強いもの程副作用発現の危険性も高いことが予想されるので，投与量の低減は体調調節食品の生産コストを低下させるだけでなく，安全性の向上につながることが期待されている。

文　　献

1) 山田耕路，生物機能研究の進歩1，アイピーシー p.1（2002）
2) K. Yamada *et al.*, *J. Biochem.*, **120**, 138（1996）
3) K. Yamada *et al.*, *Food Sci. Technol. Res.*, **5**, 1（1999）
4) Y. Miyazaki *et al.*, *Biosci. Biotechnol. Biochem.*, **65**, 593（2001）
5) C. Hans *et al.*, *Curr. Opin. Immunol.*, **12**, 618（2000）
6) P. Tontonoz *et al.*, *Cell.*, **93**, 241（1998）
7) D.C. Jones *et al.*, *J. Biol. Chem.*, **277**, 6838（2002）
8) Y. Miyazaki *et al.*, *Biochem. Biophys. Res. Commun.*, **295**, 547（2002）
9) K. Yamada *et al.*, *J. Nutr. Sci. Vitaminol.*, **42**, 301（1996）
10) Y. Miyazaki *et al.*, *In Vitro Cell. Develop. Biol. Animal.*, **37**, 399（2001）
11) P. Hung *et al.*, *Biosci. Biotechnol. Biochem.*, **63**, 135（1999）
12) P. Hung *et al.*, *Biosci. Biotechnol. Biochem.*, **64**, 2588（2000）
13) N. Matsuo *et al.*, *Biosci. Biotechnol. Biochem.*, **64**, 1437（2000）
14) C.R. Lovell *et al.*, *Lancet.*, **1**, 278（1981）
15) S. Kaku *et al.*, *Prostagl. Leukotri. Essent. Fatty Acids.*, **65**, 205（2001）
16) 山崎正夫ほか，食品成分のはたらき，朝倉書店 p.91（2004）
17) M. Sugano *et al.*, *Lipids.*, **33**, 521（1998）
18) M. Yamasaki *et al.*, *Biosci. Biotechnol. Biochem.*, **64**, 2159（2000）
19) M. Yamasaki *et al.*, *J. Agric. Food Chem.*, **52**, 3644（2004）
20) 山田耕路，食品と開発，**36**, 12（2001）
21) 山田耕路ほか，*New Food Industry.*, **44**, 17（2002）
22) K. Yamada *et al.*, *Food Sci. Technol. Res.*, **8**, 59（2002）

3 生活習慣病と脂質

3.1 肥満

横川博英[*1], 井上修二[*2]

3.1.1 はじめに

近年米国や欧州を中心に肥満者が急増しており，また肥満が高血圧や糖尿病，高脂血症といった生活習慣病に密接に関連していることが多くの疫学調査から証明されてきている。また，これら生活習慣病やその重複が相互に関連しあいながら，冠動脈疾患や脳血管疾患をはじめとした動脈硬化性疾患発症・進展に大きな影響を及ぼすことも明らかとなり，大きな医療問題となっている。そのような背景から近年，病的肥満を肥満症という1つの疾患概念として確立する動きが確立した。

3.1.2 肥満の判定

肥満は「脂肪組織が過剰に蓄積した状態」と定義される。その判定方法としては肥満指数；Body Mass Index（BMI=体重（kg）を身長（m）の2乗で除した値）が体脂肪量とよく相関することから国際的に幅広く用いられている。WHOは1997年にBMIを用いた肥満の分類を発表した。18.5～25をnormal weight，25～30をpreobese，30以上をobeseとするものである[1]。しかし，日本人では高度肥満が少なく，BMI25以上から健康障害を発症しやすくなるというわが国独自の疫学成績から，1999年日本肥満学会は「新しい肥満の判定と肥満症の診断基準」を発表した（表1）[2]。BMI25～29.9を過体重（前肥満）に変えて肥満1度としているところがWHOの分類と異なる点である。

表1

肥満の定義：
　脂肪組織が過剰に蓄積した状態。
肥満の判定：
　身長あたりの肥満指数；BMI(body mass index)：体重(kg)÷身長(m)^{2}をもとに下表のごとく判定する。
　肥満度分類

BMI	判定	WHO基準
<18.5	低体重	Underweight
18.5≦～<25	普通体重	Normal weight
25≦～<30	肥満（1度）	Preobese
30≦～<35	肥満（2度）	Obese class Ⅰ
35≦～<40	肥満（3度）	Obese class Ⅱ
40≦	肥満（4度）	Obese class Ⅲ

※ただし，肥満（BMI≧25）は，医学的に減量を要する状態とは限らない。
なお，標準体重（理想体重）は最も疾病の少ないBMI22を基準として，標準体重(kg)＝身長(m)^2×22で計算された値とする。

文献(2)より

[*1] Hirohide Yokokawa　㈱南東北病院　総合南東北病院　第3内科　医長
[*2] Shuji Inoue　共立女子大学　家政学部　教授

肥満の判定基準は地域間や国際間，人種間で差異があり，同程度の肥満でも健康障害の発症率に差がある。欧米や中南米ではBMI30以上の肥満者は10〜30％であり，合併症の発症が高まることからBMI30以上をobeseとするWHO分類を採用している。香港，シンガポールなどのアジア諸国はBMI30以上の肥満者は2〜3％と少なく，より低いBMIから合併症が発症することからBMI23以上をoverweight，あるいはat risk，25以上をobeseとしている。したがって，肥満の診断には民族の独自性を取り入れ実情に合った判定基準が設定される必要がある。

3.1.3 肥満症の診断

日本肥満学会では肥満症を「肥満に起因ないし関連し，減量を要する（減量により改善する，または進展が阻止される）健康障害を有する病態をいい，疾患単位として取り扱う」と定義した。つまり治療を要する肥満を「肥満症」として確立したわけである[2]。健康障害としては耐糖能異常や脂質代謝異常，高血圧症など10の項目が挙げられており，そのいずれもが肥満の程度が高度になるにつれ頻度が高まることが知られている。これら健康障害が1つ以上あるか内臓脂肪型肥満が認められた場合肥満症と診断する。腹部CTで評価した内臓脂肪面積の過剰蓄積は耐糖能異常や脂質代謝異常といった健康障害の発症とよく相関することからハイリスク肥満と考えられており，実際には健康障害を発症していなくても肥満症と診断する（表2）。日本肥満学会では臍レベルでの内臓脂肪面積100cm²以上で，欧米ではL3/L4レベルでの内臓脂肪面積130cm²以上でハイリスク肥満と評価している。わが国のように医療保険の適応が認められていない現状や肥満症の診断に腹部CTを実施することが困難な国際的現状では，CTによる診断には限界があるので，ウエスト周囲径による上半身肥満あるいは腹部肥満の診断基準が提案されている。日本

表2

肥満症の定義：
　肥満症とは肥満に起因ないし関連する健康障害を合併するか，その合併が予測される場合で，医学的に減量を必要とする病態をいい，疾患単位として取り扱う。

肥満症の診断：
　肥満と判定されたもの（BMI25以上）のうち，以下のいずれかの条件を満たすもの
　1）肥満に起因ないし関連し，減量を要する（減量により改善する，または進展が防止される）健康障害を有するもの
　2）健康障害をともないやすいハイリスク肥満
　　　身体計測のスクリーニングにより上半身肥満を疑われ，腹部CT検査によって確定診断された内臓脂肪型肥満

肥満に起因ないし関連し，減量を要する健康障害：
　1）2型糖尿病・耐糖能障害　　　　　　6）脳梗塞：脳血栓症・一過性脳虚血発作
　2）脂質代謝異常　　　　　　　　　　　7）睡眠時無呼吸症候群・Pickwick症候群
　3）高血圧　　　　　　　　　　　　　　8）脂肪肝
　4）高尿酸血症・痛風　　　　　　　　　9）整形外科的疾患：変形性関節症・腰椎症
　5）冠動脈疾患：心筋梗塞・狭心症　　　10）月経異常

文献(2)より

第1章　機能性脂質のバイオサイエンス

人で内臓脂肪面積100cm^{2}に一致するウエスト周囲径は男性で85cm，女性で90cmであり，CT検査の代用として期待されている。

3.1.4　肥満と生活習慣病

(1)　肥満と糖尿病

戦後本邦においては糖尿病の患者は増加の一途をたどっている。2002年の調査では糖尿病患者が740万人，糖尿病の可能性が否定できない症例が880万人であり計1,620万人が耐糖能異常の脅威にさらされていることが明らかになった。これは1997年度の1,370万人と比較し250万人増加しており，今後もその勢いに歯止めがかかる見込みはない。その背景には食生活の欧米化，交通手段の発達に伴う運動量の減少が挙げられる。摂取エネルギーの内容はエネルギーの重大な過剰よりも炭水化物の摂取量が減少し逆に脂質の摂取が増加したことからインスリン抵抗性が惹起されやすくなっている。さらに運動量の減少に伴い消費エネルギー量が減少し，相対的にエネルギー過剰状態となり肥満の程度を悪化させ，そこからもインスリン抵抗性が生まれる。肥満からの糖尿病発症機序には①インスリン分泌は過剰であるのにインスリンの血糖降下作用が著明に低下するインスリンレジスタンスと②インスリン抵抗によるインスリン分泌需要量に分泌が追いつかないインスリン分泌不全の二つの機序があるが，欧米白人ではインスリンレジスタンスの関与がが強いのに，アジア人ではインスリン分泌がインスリン需要の増加に対応できなくなる相対的なインスリン作用不足が強く関与しているものと推察される。

初診時のブドウ糖負荷試験（OGTT）の判定別に糖尿病累積発症率を調べた報告がある。その結果初診時正常型であった群で肥満者は33.9/1,000人年と非肥満者の1.9倍，境界型では88.1/1,000人年と非肥満者の1.4倍の糖尿病累積発症率であった（図1）[3]。したがって，初診時

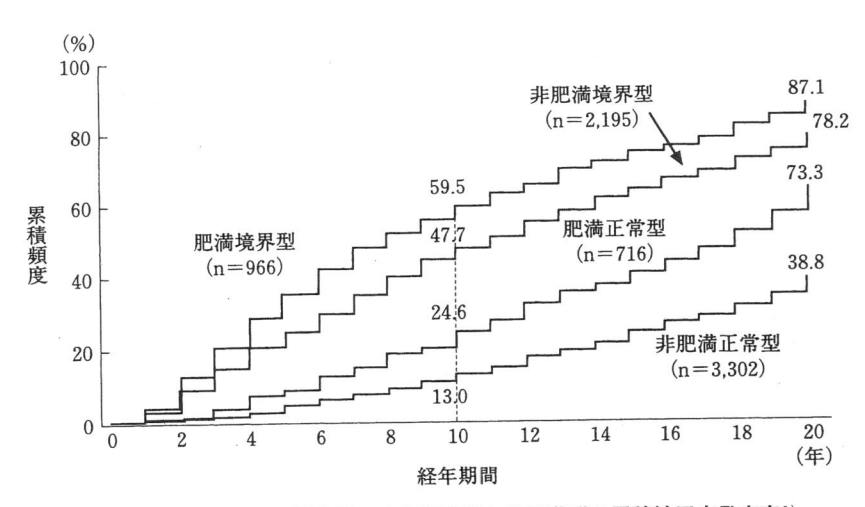

図1　初診時のOGTT判定別にみた肥満群と非肥満群の累積糖尿病発症率[3]

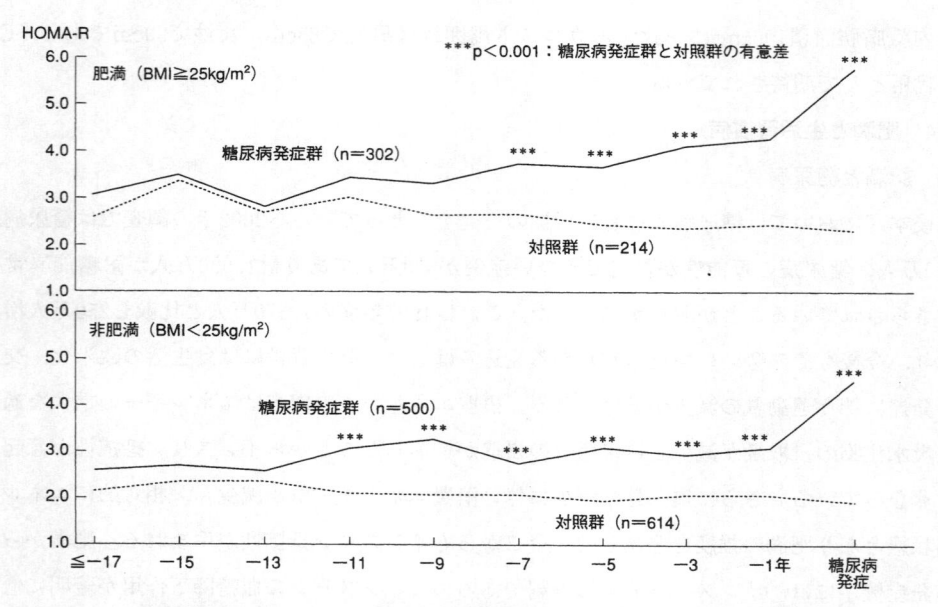

図2 肥満者と非肥満者における糖尿病発症群と対照群のインスリン抵抗性の推移[4]
糖尿病発症の7,8年前から,インスリン抵抗性の指標として用いられるHOMA-IR指数が上昇しており,インスリン抵抗性から糖尿病発症への推移を示している。

のOGTTで同程度の判定であっても将来の糖尿病の発症リスクは肥満の有無によって大きく左右されることが分かる。したがって予防医学の見地からも肥満者において減量は重要な意味を持っている。

またインスリン抵抗性と糖尿病発症を経年的に評価した報告がある。これは空腹時血糖と空腹時インスリン血中濃度からインスリン抵抗性指数(HOMA-R)を算出し糖尿病発症との関連を見たものである。肥満者では糖尿病発症の7〜8年前からHOMA-Rが上昇しており,そのころからインスリン抵抗性が惹起されているものと考えられる。またHOMA-Rが2以上では対照群と比較して糖尿病発症率は1.74倍であった。さらにOGTTのすべての判定で非肥満者に比較し肥満者では有意にHOMA-Rが高値であることから,判定に関わらず肥満により合併したインスリン抵抗性が糖尿病発症に大きく関与しているものと考えられる(図2)[4]。

日本人及びアジア人はインスリン分泌能が脆弱である遺伝背景を有していると考えられており,この遺伝背景に肥満が加わることでインスリン抵抗性が惹起され,インスリン需要の増大によって膵β細胞の疲弊を招きインスリン分泌が低下,インスリンの需要をまかなえなくなり耐糖能異常が発症するものと考えられる。

この問題を解決すべくいくつかの介入研究がなされ,生活習慣の是正による肥満の解消が糖尿病の新規発症を抑制するといった報告がある。境界型の耐糖能異常を有する対象に一定の食事療

第1章 機能性脂質のバイオサイエンス

法や運動療法を指導し，5％以上の減量を達成した場合糖尿病発症率を40〜60％低下させており，糖尿病の1次予防に肥満の解消は重要であることが示されている[5〜7]。

(2) 肥満と脂質代謝異常

肥満に脂質代謝異常が高頻度に合併することは以前から知られていた。しかしながら脂肪の絶対量を反映する肥満の程度だけでは説明できない合併症の存在が問題になっていた。1980年代になり肥満の程度と並んで体内での脂肪分布が合併症とより密接に関連していることが報告されるようになり，特に腹腔内の内臓周囲に脂肪が蓄積するいわゆる内臓脂肪の蓄積が重要であることが明らかになった。

内臓脂肪型肥満の診断は前述の通りであるが，肥満，特に内臓肥満に特徴的な脂質代謝異常は高トリグリセライド（TG）血症，低HDL（HDL-C）コレステロール血症，高超低比重リポ蛋白（VLDL）を特徴とする。またカイロミクロンやVLDLといったTG-richリポ蛋白の代謝には脂肪細胞及び筋肉細胞表面に存在しているリポ蛋白リパーゼ（LPL）の活性が大きく関与している。LPL活性は内臓脂肪面積と有意な負の相関を示し，そのために内臓脂肪が蓄積するに従いTG-richリポ蛋白が増加することが明らかになった。しかし，LPL活性はBMIとは有意な相関関係を示さなかった。

また内臓脂肪は代謝活性上活発な臓器であり，遊離脂肪酸（Free Fatty Acid；FFA）を大量に放出する。放出されたFFAは門脈を介して直接肝臓内に流入し脂肪合成の基質を増やし，合成過程で重要なacyl-CoA合成酵素やVLDLの構築や分泌に重要なmicrosomal triglyceride transfer protein（MTP）などの遺伝子発現を介し，肝臓内におけるTGやアポB, VLDLの合成やその肝外への放出を促進させる。またTG-richリポ蛋白の中間代謝産物であるレムナントリポ蛋白や小粒子高密度LDL（small dense LDL）も，動脈硬化進展との関連が注目を集めている。

血清TG値と同様に血清コレステロール（chol）血症も内臓脂肪の蓄積と正相関することが知られている[8]。これにはインスリンが関与しており，肝臓内でHMG-CoA還元酵素活性を亢進させ，chol合成を促進させる。末梢ではインスリンはLDL受容体活性を増加させ，acyl CoA transferase（ACAT）活性を抑制することが知られている。脂肪量が増加するなどによりインスリン抵抗性が惹起され代償性の高インスリン血症が招来されると，肝臓ではインスリンの増加によりcholの合成が亢進，一方末梢ではインスリン抵抗性による相対的なインスリン作用不足によりLDL受容体活性が低下し高LDL血症が生ずる。LDLの血中濃度の上昇が動脈硬化に寄与しているものと考察されている[9]。

肥満ではTGやCholが増加する一方，HDLコレステロール（HDL-C）が低下することが分かっている。その理由として2つの機序が考察されている。1つはLPL活性の低下，もう1つはコレステロールエステル転送蛋白（CETP）の活性亢進である。TG-richリポ蛋白がLPLにより異化

を受ける時、その表面からHDLが生成される。したがってインスリン作用不足によりLPL活性が低下するとHDL-Cの産生が低下する。また内蔵肥満ではCETPの活性が亢進しており、TGがコレステロール（CE）との変換でHDL粒子の中に入り込みHDL粒子内のコア成分に占めるCEの量が減少し低HDL-C血症を来たすと考えられている。

(3) 肥満と高血圧

肥満に高血圧が合併しやすいことは、国内外の疫学研究で明らかになっている。Framingham研究では高度肥満者の高血圧の頻度は非肥満者の約3倍であることが報告されており[10]、本邦でもBMI25はBMI22と比較し高血圧の発症率は約2倍とされている[11]。高血圧は単独で虚血性心疾患や脳血管障害といった大血管障害の危険因子であり、肥満は高血圧の進展に関わることからこれら大血管障害の危険因子となるものと考えられる。

肥満者に高血圧が合併する機序についてはいくつかの考察がなされている。①インスリン抵抗性②体脂肪分布異常③血行動態異常や塩分感受性上昇④交感神経活性やレニンアルドステロン（RA）系活性亢進⑤脂肪細胞分泌物質増加などが代表的なものである。

①インスリン抵抗性；肥満者にインスリン抵抗性が合併しやすいことは前述の通りである。その結果代償性に高インスリン血症が招来されるが、そのインスリンによって1）腎尿細管でのNa再吸収の亢進によるNa貯留増加2）交感神経活性の亢進とRA系の亢進を介した血圧上昇3）平滑筋細胞のカルシウムイオンの上昇による血管収縮4）Insulin like growth factor（IGF）受容体を介した血管壁の増殖による血管抵抗の増加、といった現象を生じ高血圧が発症する。

②体脂肪分布異常；内臓脂肪面積（V）と皮下脂肪面積（S）との比（V/S比）は1回心拍出係数、拡張期および収縮期血圧と正相関することが分かっている。その機序については十分には解明されていないが、内臓血流量の増加が心拍出量の増加に関与しているのではないかと推測されている。

③血行動態異常や塩分感受性上昇；肥満者では循環血液量の増加が知られている。その機序としては血液の増加だけでなく摂取エネルギーの増加に伴い摂取塩分量の増加も影響しているものと考えられる。一般には塩分摂取が過剰になり体液貯留が生ずると心房性Na利尿ペプチドの増加、血漿レニン活性と血中アルドステロン濃度の低下によりNaの排泄が促進する。しかし肥満者ではこの反応が見られないためNaの過剰状態が持続するために高血圧になりやすいと考えられている[12]。また腎門部から髄質にかけて脂肪の沈着が生ずると間質の静水圧が上昇し、尿細管の再吸収率が上昇するといった機序も考えられている。

④交感神経活性やレニンアルドステロン（RA）系活性亢進；肥満者では血漿ノルエピネフリン濃度、1日尿中ノルエピネフリン排泄量が上昇していることが知られており、交感神経活性の亢進が血圧上昇に関与しているものと考えられる。その機序としては肥満者では血中カテコール

第1章　機能性脂質のバイオサイエンス

アミンの代謝が低下しているためではないかと考察されている。交感神経系活動亢進はレニン・アンギオテンシン系の代謝上昇を招くことも知られている。

⑤脂肪細胞分泌物質増加；近年になり脂肪細胞がレプチンやアディポネクチンといったホルモンやサイトカインを産生していることが明らかになってきており，これらの物質が高血圧に与える影響が注目を集めている。レプチンは視床下部に作用し摂食抑制作用や交感神経活動亢進によるエネルギー消費の増大による抗肥満因子と考えられてきた。肥満者ではレプチンの血中濃度が上昇し，交感神経活性亢進による昇圧機序が考えられる。アディポネクチンは動脈硬化抑制作用を有することが明らかになっており，肥満者では低下することが分かっている。アディポネクチンの低下によりインスリン抵抗性や血管への直接作用による昇圧機序が考えられている。

3.1.5 肥満とメタボリックシンドローム

耐糖能異常や高血圧，高脂血症などは単独でも動脈硬化症の危険因子に成り得るが，臨床的にはこれらが重複集積するほうが動脈硬化症発症の頻度は高い。以前から危険因子が集積した状態をマルチプルリスク症候群として1つの病態として捉えようとする動きが見られていた。そのなかで，高血圧，高脂血症，糖尿病（高血糖）を1人の人間が合わせ持った病態がReavan[13]の提唱したメタボリックシンドロームX（高血圧，高中性脂肪血症，低HDLコレステロール血症，高インスリン血症，インスリン抵抗性），Kaplan[14]の提唱した死の四重奏（上半身肥満，耐糖能異常，高中性脂肪血症，高血圧），またMatsuzawa[15]の内臓脂肪蓄積に注目した内臓脂肪症候群（内臓脂肪蓄積，耐糖能異常，高脂血症，高血圧）などである。この病態は肥満とインスリン抵抗性という同じ基盤のうえに立っていると考えられている。そこから派生する各危険因子の発症

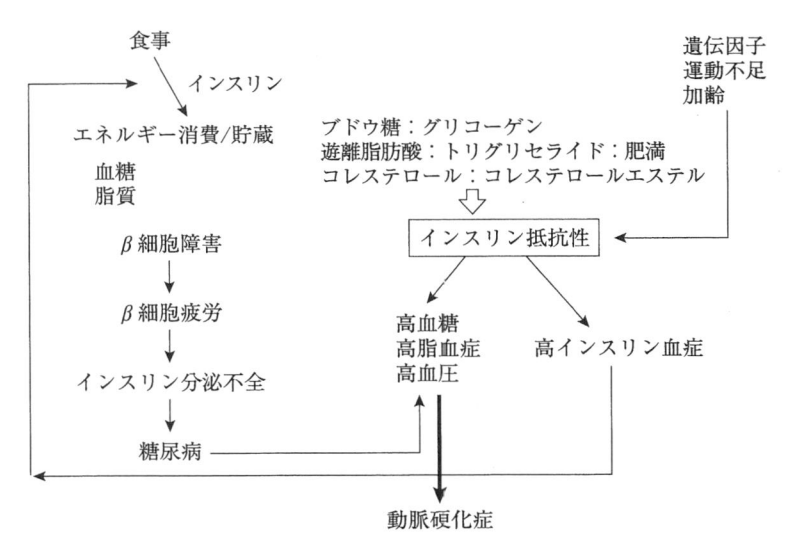

図3　Metabolic syndromeの病態

機序や動脈硬化促進因子の関与については前述の通りである（図3）。

このようなインスリン抵抗性や肥満を中心病態として高率に虚血性心疾患を発症するハイリスクグループに対して，病態の解明とともに国際的に呼称の統一がなされ，現在メタボリックシンドロームという呼称に至っている。メタボリック症候群の診断基準については現在のところWHO[16]とNCEP-ATP III[17]の二つの概念がある。WHOでは糖尿病，耐糖能異常あるいはインスリン抵抗性の存在を基本条件に①内臓肥満②高中性脂肪血症③低HDLコレステロール血症④高血圧⑤尿中微量アルブミンのうち2個以上を有するものとしている。一方NCEP-ATP IIIでは①臍周囲径で診断する腹部（内臓）肥満②高中性脂肪血症③低HDLコレステロール血症④高血圧⑤耐糖能異常，のうち3個以上を有するものとしている。両基準において内臓肥満が重要な診断根拠となっているが，その診断基準や評価について，国際間での統一した基準がなされておらず今後の課題となっている。

文　　献

1) Obesity : Preventing and managing the global epidemic : Report of a WHO consultation on obesity. Global prevalence and secular trends in obesity, Genova, 1997
2) 日本肥満学会診断基準検討委員会：新しい肥満の判定と肥満症の診断基準，肥満研究，**6**：18-28，2000
3) 伊藤千賀子：肥満に起因・関連する各種病態と成立機序；2型糖尿病・耐糖能異常，日本臨床，**61**（6）：436-440，2003
4) 伊藤千賀子：OGTTの経年観察結果と2型糖尿病，日本臨床，**60**（8）：111-118，2002
5) Pan XR, Li GW, Hu YH, et al : Effects of diet and exercise in preventing NIDDM in people with impaired glucose tolerance. The Da Qing IGT and Diabetes Study. Diabetes Care **20**：537-544，1997
6) Tuomilehto J, Lin dstrom J, Eriksson JG, et al : Prevention of type 2 diabetes mellitus by changes in lifestyle among subjects with impaired glucose tolerance, *N Engl J Med* **344**：1343-1350，2001
7) Knowler WC, Barrett-Connor E, Fowler SE, et al : Reduction in the incidence of type 2 diabetes with lifestyle intervention or metformin, *N Engl J Med* **346**：393-403，2002
8) 竹内　芳，松澤佑次：肥満，現代医療，**28**：1781-104，1996
9) 及川真一：インスリン抵抗性と高脂血症，**24**：102-104，1996
10) Hubert HB, Feinleib M, McNamara PM, et al : Obesity as an independent risk factor for cardiovascular disease: a 26-year follow-up of participants in the Framingham Heart Study, *Circulation* **67**：968-977，1983

11) 吉池信男：Body mass indexに基づく肥満の程度と糖尿病，高血圧，高尿酸血症の危険因子との関連　他施設共同研究による疫学的検討，肥満研，**6**：4-17，2000
12) Licata G, Volpe M, Scaglione R, *et al* : Salt-regulating hormones in young normotensive obese subjects. Effects of saline load, *Hypertension* **23** (1 Suppl)：I20-4, 1994
13) Reaven GM : Role of insulin resistance in human disease, *Diabetes* **37**：1595, 1988
14) Kaplan NM : The deadly quartet. Upper-body obesity, glucose intolerance, hypertriglyceridemia, and hypertension, *Arch Intern Med* **149**：1514-1520, 1989
15) Nakamura T, Tokunaga K, Shimomura I, Contribution of visceral fat accumulation to the development of coronary artery disease in non-obese men, *Atherosclerosis* **107**：239-246, 1994
16) World Health Organization : Definition, Diagnosis and Classification of Diabetes Mellitus and Its Complications. Part 1 : Diagnosis and Classification of Diabetes Mellitus, World Health Organization, Geneva, 1999
17) Expert Panel on Detection, Evaluation, and Treatment of High Blood Cholesterol in Adults. Executive Summary of The Third Report of The National Cholesterol Program (NCEP) Expert Panelon Detection, Evaluation, And Treatment of High Blood Cholesterol In Adults (Adult Treatment Panel III), *JAMA* **285**：2486-2497, 2001

3.2 高脂血症

板倉弘重*

3.2.1 高脂血症とは

高脂血症は血清中にコレステロールあるいはトリグリセリドが過剰に増加した病態である。日本動脈硬化学会では，高脂血症の診断基準値として，総コレステロール値が220mg/dl以上，トリグリセリドは150mg/dl以上としている（表1）[1]。

血清脂質は血清中でリポ蛋白として存在している。高脂血症では，どのリポ蛋白分画が増加しているかを知ることが臨床上必要である。そこで，高脂血症は高リポ蛋白血症とも呼ばれる。増加するリポ蛋白分画により，表現型分類がされている（表2）。

3.2.2 脂質代謝とその調節

食事中の脂質は小腸から吸収され，主にカイロミクロンの成分となって体内に転送される。腸管内で脂肪酸，モノグリセリド，リン脂質，遊離コレステロールに消化，吸収され，小腸粘膜細胞でトリグリセリド，コレステロール，リン脂質はアポB48と結合してカイロミクロンとなる。カイロミクロンはリンパ管を通って左鎖骨下静脈内に流入する。リポタンパクリパーゼ（LPL）は，アポCⅡの存在下でカイロミクロン中のトリグリセリドを一部分解してカイロミクロンレムナントを生成する。カイロミクロンレムナントは肝のリポタンパク受容体を介して肝内に取り込まれる。

肝で生成されたトリグリセリドはMTP（マイクロソーマル・トランスファープロテイン）に結合して運ばれ，コレステロール，リン脂質と共にアポB100に結合してVLDL（超低比重リポ蛋

表1　高脂血症の診断基準

血清脂質値（空腹時）

高コレステロール血症	総コレステロール	220mg/dl以上
高LDLコレステロール血症	LDLコレステロール	140mg/dl以上
高トリグリセリド血症	トリグリセリド	150mg/dl以上

（附）低HDLコレステロール血症：HDLコレステロール40mg/dl以上未満

表2　高脂血症の表現型分類

TYPE	Ⅰ	Ⅱa	Ⅱb	Ⅲ	Ⅳ	Ⅴ
増加するリポ蛋白分画	カイロミクロン	LDL	LDL VLDL	LDL レムナント	VLDL	カイロミクロン VLDL
コレステロール	↑	↑↑↑	↑↑	↑↑	→or↑	↑
トリグリセリド	↑↑↑	→	↑↑	↑↑	↑↑	↑↑

*　Hiroshige Itakura　茨城キリスト教大学　生活科学部　食物健康科学科　教授

第1章　機能性脂質のバイオサイエンス

白）となって肝から分泌される。

　VLDLはアポCⅡの存在下，LPLの作用を受けてVLDレムナント（あるいはIDL（中間型リポタンパク））となる。レムナント粒子はアポEを豊富に含有している。アポEをリガンドして，受容体（アポE受容体，LDL受容体）に結合する。

　VLDLレムナントはコレステロールの多いLDLに変化する。LDLはアポB100をリガンドとしてLDL受容体に結合して，細胞内に取込まれる。LDLが活性酸素により酸化されると，酸化LDLとなり，LDL受容体から取込まれずに，スカベンジャー受容体から取込まれるようになる。

　カイロミクロンやVLDLがLPLによりレムナントに変化する過程でアポAIからなるnasent HDLが生成される。nasent HDLは細胞膜に存在するABCA-1（ATP binding casett A-1）を介して遊離コレステロールを引き抜く。遊離コレステロールはLCAT（レシチン・コレステロール　アシルトランスフェラーゼ）の作用でコレステロールエステルとなる。HDLのコレステロールエステルはCETP（コレステロールエステル転送蛋白）の働きによりLDL，VLDL，カイロミクロンに転送される。トリグリセリドは逆にHLDに転送される。HDLはHDL受容体に結合し，コレステロールにエステルを細胞内（主に肝臓，一部は副腎など）に供給する。HDLのかかわるコレステロールの流れをコレステロール逆転送系と呼んでいる。

　肝細胞におけるコレステロール生合成の律速酵素はHMGC₀A還元酵素である。細胞内にコレステロールが増加するとHMGC₀A還元酵素やLDL受容体遺伝子の発見を抑制する。その機序にSREBP（sterol regulatory element binding protein）が関係している。

　肝ではコレステロールから胆汁酸が生成され，胆汁中に排泄される。この経路が，体内のコレステロールを体外に排泄するために重要で

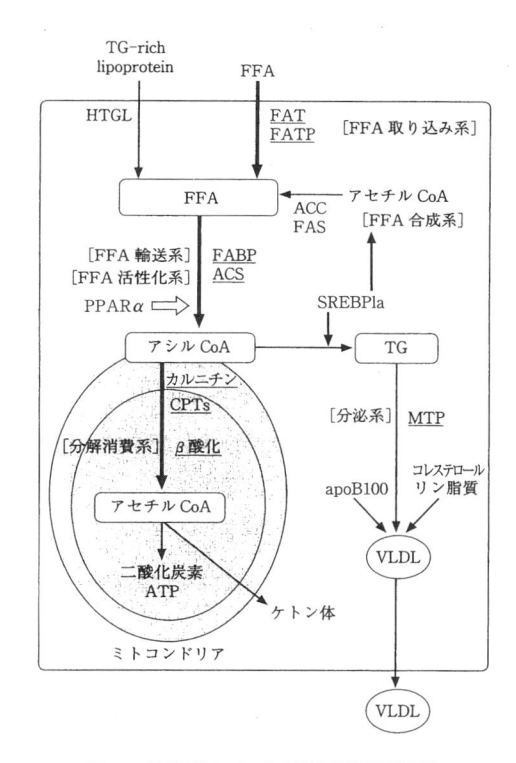

図1　肝細胞における脂肪酸代謝経路
　下線はPRARαにより転写調節を受ける酵素や蛋白，太い矢印はPPARα作動薬（フェノフィブレート）により著しく活性が亢進する代謝経路を示す。
　ACC：アセチルCoAカルボキシラーゼ，ACS：アシルCoA合成酵素，apoB：アポ蛋白B，CPTs：カルニチンパルミトイルトランスフェラーゼⅠ，Ⅱ，FABP：脂肪酸結合蛋白，FAS：脂肪酸合成酵素群，FAT：脂肪酸トランスロカーゼ，FATP：脂肪酸輸送蛋白，FFA：遊離脂肪酸，HTGL：肝性トリグリセリドリパーゼ，MTP：ミクロソームトリグリセリド輸送蛋白，TG：トリグリセリド，VLDL：超低比重リポ蛋白，SREBP：ステロール調節部位結合蛋白

ある。

　肝でのトリグリセリド代謝調節はPPARα（peroxisome probiferator-activated receptor alpha）を介して行なわれている（図1）。PPARαの活性化は脂肪酸のβ酸化を亢進する。脂肪合成系の酸素活性化はSREBPlaによって調節されており，SREBPlaの抑制は脂肪合成を抑制する。

3.2.3　高脂血症の成因

　高脂血症は原発性と続発性に分けられる。原発性高脂血症は基礎疾患がなく，遺伝子変異が原因となっていると考えられている。遺伝子変異が明らかでないものを特発性と呼んでいる。複数の遺伝子が関与していると考えられる（表3）。なかでも頻度の高い家族性複合型高脂血症である。100人に1人位の割合でみられる。高脂血症表現型でⅡb型が多いが，時にⅡa型，Ⅳ型を呈することもある。この様に表現型のタイプが変動することが特徴である。診断にはアポB/LDLコレステロールの比が1.0以上，またはsmall denseLDL（LDL粒子径が25.5nm未満）の存在を証明する。

　若年で冠動脈疾患を発症するために，早期に治療が必要とされるのが家族性高コレステロール血症である。LDL受容体遺伝子変異による疾患で，500人に1人の割合で存在する。

　高カイロミクロン血症は著しい高トリグリセリド血症を来し，急性膵炎を発症するリスクが高い。

　続発性高脂血症は甲状腺機能低下症，糖尿病，ネフローゼ症候群など基礎疾患に伴って発症してきたものである。薬剤により二次的に発症する場合もある（表4）。続発性高脂血症は基礎疾患の対策をまず行うことが必要である。時には基礎疾患の治療とともに，高脂血症治療も行う。

　原発性高脂血症あるいは続発性高脂血症においても，血清脂質値は食事の影響をうけて変化す

第3　原発性高脂血症の分類

1．原発性高カイロミクロン血症 　①家族性リポ蛋白リパーゼ（LPL）欠損症 　②アポリポ蛋白CⅡ欠損症 　③原発性Ⅴ型高脂血症 　④その他の原因不明の高カイロミクロン血症
2．原発性高コレステロール血症 　①家族性高コレステロール血症 　②家族性複合型高脂血症
3．内因性高トリグリセリド血症 　①家族性Ⅳ型高脂血症 　②特発性高トリグリセリド血症
4．家族性Ⅲ型高脂血症
5．原発性高HDLコレステロール血症

（厚生省特定疾患原発性高脂血症調査研究班）

第 1 章　機能性脂質のバイオサイエンス

表4　続発性高脂血症の分類

A．高コレステロール血症
　　1）甲状腺機能低下症
　　2）ネフローゼ症候群
　　3）原発性胆汁性肝硬変
　　4）閉塞性黄疸
　　5）糖尿病
　　6）クッシング症候群
　　7）薬剤（利尿剤・β遮断薬・コルチコステロイド・経口避妊薬・サイクロスポリン）

B．高トリグリセリド血症
　　1）飲酒
　　2）肥満
　　3）糖尿病
　　4）クッシング症候群
　　5）尿毒症
　　6）SLE
　　7）血症蛋白異常症
　　8）薬剤（利尿剤・非選択性β遮断薬・コルチコステロイド・エストロゲン・レチノイド）

るので，病態に応じて食品を選択していくことが必要である。

　高脂血症の診断基準値は空腹時の血清脂質値で定められているが，動脈硬化の予防という観点から，食後高脂血症は重要である[2]。食後に血清トリグリセリド値が上昇する，食後の高トリグリセリド血症が持続する状態ではレムナント粒子が増加していることが多い。そのような状態では血液検査でRLPコレステロールが上昇している。レムナント粒子の増加は冠動脈のスパスムスをひきおこし，狭心症や心筋梗塞の原因となる。若年者の突然死のなかには，RLPコレステロールが高値の例が多いと報告されている。

　食後の高トリグリセリド血症が動脈硬化のリスクになることから，その予防対策をとることがすすめられる。インスリン抵抗性症候群では食後高トリグリセリド血症を伴うことが多い。腹部に脂肪が沈着した内臓脂肪型肥満，血症の上昇（130/85mmHg以上），空腹時血糖値の上昇（110mg/dl以上），高トリグリセリド血症（150mg/dl以上），低HDLコレステロール血症などの合併したメタボリック症候群で食後高脂血症がおこりやすい。メタボリック症候群は動脈硬化が進行するリスクが高いことが知られている。食後のトリグリセリドの上昇を抑える効果のある特定保健用食品も発売されている（図2）。薬剤ではフェノフィブラート，ベザフィブラートに効果がみられる。

3.2.4　脂肪酸の血清脂質に及ぼす影響

　摂取された食事脂肪酸の種類により，生体の反応は大きく異なることが知られている。脂肪酸の鎖長による短鎖，中鎖，長鎖の違い，脂肪酸に存在する二重結合（不飽和結合）の位置と数に

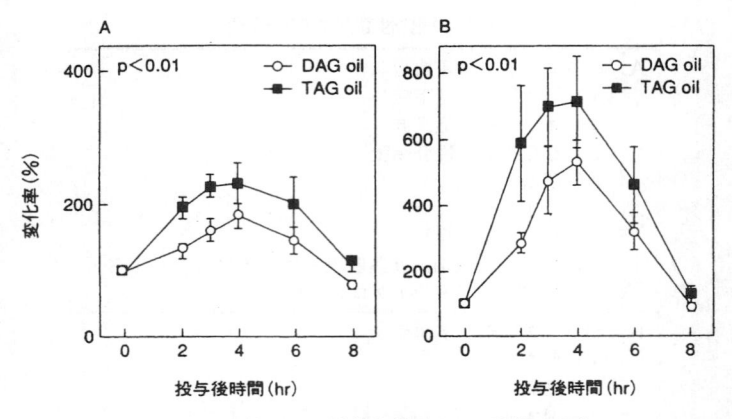

図2　DAG油，TAG油投与後のRLP-脂質の変化
健康な男性に脂質エマルジョン（30g/m^{2}体表面積）を単回経口投与後，
RLP-コレステロール（A），RLP-TG（B）を測定。
p：2元配置ANOVA，平均値±SD，n＝6
DAG：ジアシルグリセロール（エコナ食用油）
TAG：トリアシルグリセロール（脂肪酸組成はDAGとほぼ同じにあわせた）

よる違いがあげられる。食品に含まれる脂肪はトリグリセリドの形が多いが，少量のジグリセリドも含まれている。デザインされた脂肪には，天然の食品に含まれている油脂とは異った構造のものもあり，その機能性が注目されている。ここでは一般的な脂肪酸の血清脂質に及ぼす影響について考察する。

　飽和脂肪酸は総コレステロール，LDLコレステロール，HDLコレステロールを上昇させるが，ステアリン酸は他の飽和脂肪酸と異なり，総コレステロール，LDLコレステロールを低下させる（図3）。一価不飽和脂肪酸のオレイン酸（シス18：1）は総コレステロール，LDLコレステロールを低下させるがHDLコレステロールは上昇させる。これに対してトランス酸はLDLコレステロールを上昇させ，HDLコレステロールを低下させる。多価不飽和脂肪酸のなかでもω6系のリノール酸はLDLコレステロール低下作用が強い（図3）[3]。ω3系のαリノレン酸，EPA，DHAはトリグリセリド値を低下させる。

　高コレステロール血症では飽和脂肪酸を控えて，オレイン酸やリノール酸を摂取する，但し，リノール酸は酸化され易いために多量に摂取することはすすめられない。

　高トリグリセリド血症ではEPAの摂取がすすめられる。精製したEPA製剤が薬剤として発売されている。

3.2.5　脂肪摂取と高脂血症

　総エネルギー摂取量に占める脂質エネルギー比は，日本人では20〜25％が基準値として示されている。高カイロミクロン血症では食後高脂血症を抑えるために，これより低脂肪食とするか，

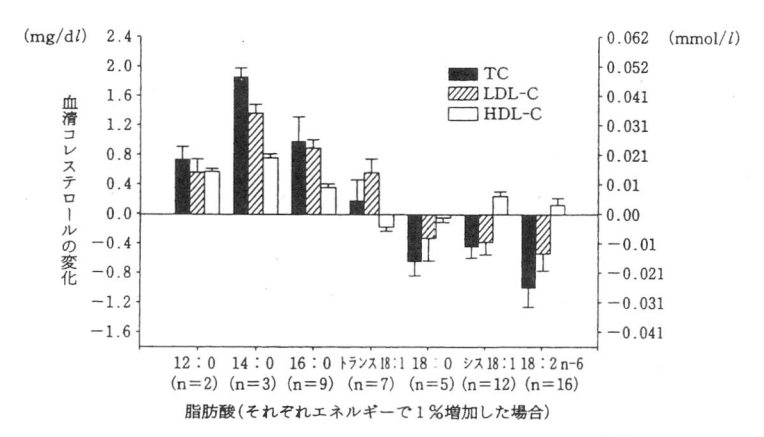

第1章　機能性脂質のバイオサイエンス

図3　脂肪酸の種類と血清TC，LDL-C，HDL-Cの変化率

中鎖脂肪酸におきかえて摂取をすすめる。

　高VLDL血症では肝でのトリグリセリド合成が亢進している場合が多く，糖質エネルギー比を抑えると共に，糖質の吸収を抑える食事をすすめる。脂肪組織からの遊離脂肪酸の動員を抑えるようにニコチン酸を摂取させることもある。遊離脂肪酸からトリグリセリド再合成を抑えるため，運動をすすめると共に，PPARαを活性化させるようにする。フェノフィブラートなどの薬剤の利用のほか，食品ではカテキンの摂取があげられる。

　食事から摂取されるコレステロール量が増加すると高コレステロール血症体質の人では血中コレステロール値が上昇する。2004年に発表された食事摂取基準では，コレステロールの摂取目標値を男性750mg/日未満，女性600mg/日未満としている，米国では300mg/日未満としており，日本はその2倍値まで許容している。

　植物性食品には植物ステロール，スタノールが含有されているものがある。これらの成分はコレステロールの吸収を抑制することが見出されている。植物ステロール，スタノールを添加した食品が特定保健用食品として認可され，コレステロールが高めの人に利用されるようになってきた。

　このほかリン脂質や共役脂肪酸など，食品に含まれている脂質が血清脂質を変動させることが見出されている。

　ビタミンEやカロテノイドなど脂溶性物質で抗酸化作用を有している成分もある。高脂血症による血管障害の抑制のためにはこれらの脂溶性成分の摂取も欠かすことが出来ない。

文　献

1) 日本動脈硬化学会編，高脂血症治療ガイド2004年版（2004）
2) Havel RJ, *Current Opinion in Lipiddogy*, **5**, 102（1994）
3) Kris Etherton P. *et al.*, *Am J Clin Nuts*, **65**, 1628S（1997）

3.3 高血圧

江頭正人[*1]，大内尉義[*2]

3.3.1 はじめに

高血圧とは，診察室において測定した血圧値が収縮期血圧値140mmHg以上，または拡張期血圧値90mmHg以上，またはその両方を異なる複数の機会に示した場合に診断される。成人においてはもっとも有病率の高い疾患と考えられており，現在我が国においては3千数百万人の患者が存在すると考えられている。無症状である場合が多く，そのほとんどは原因が不明の本態性高血圧と考えられている。脳卒中，心筋梗塞，心不全，腎不全などの確立した危険因子であり，薬物による降圧によりこれらの心血管イベントが減少することが，臨床試験によりしめされている。

3.3.2 脂肪酸と血圧

ω3脂肪酸には血圧低下作用があることが，いくつかの臨床研究によりしめされている。

156例の未治療の高血圧患者に対し，エイコサペンタエン酸およびドコサヘキサエン酸を85%含む魚油6g/日を10週間投与したところ，収縮期血圧で4.6mmHg，拡張期血圧で3.0mmHgの有意な血圧低下が認められた[1]。一方，コーン油の投与をうけたコントロール群では有意な血圧の低下は認められなかった。さらに，血圧低下の程度は，血漿中のω3脂肪酸の増加の程度と正の相関が認められた。

また，宮島らは本態性高血圧症の男性17例に対し，エイコサペンタエン酸カプセル2.7g/日またはサラダ油を4週間ずつクロスオーバー投与した結果を報告している。それによれば，サラダ油投与後とくらべてエイコサペンタエン酸投与後において，収縮期血圧値が有意に低下していた（平均値でそれぞれ162.6mmHgと152.9mmHg）[2]。赤血球膜におけるエイコサペンタエン酸およびエイコサペンタエン酸からの代謝により生成されるドコサヘキサエン酸の量はエイコサペンタエン酸投与後に有意に増加し，一方，オレイン酸およびリノレン酸の濃度は有意に低下した。また，収縮期血圧の低下の程度と赤血球膜におけるエイコサペンタエン酸濃度の増加の程度の間には有意な正の相関が認められた。

これらの結果をうけて最近，ω3脂肪酸を多量に含むことが知られている魚油の摂取の降圧効果に関するメタ解析が報告された。36のランダム化臨床試験が解析され，そのうちの22が二重盲検試験であった。それによると，トータルで2,114例の対象（平均年齢46歳，男性が85%）において平均値で1日4.1gと比較的多量の魚油の摂取により，収縮期血圧値は2.2mmHg，拡張期血圧値は1.5mmHgと有意に減少していた（平均観察期間11週）[3]。この降圧効果は，高齢者および

[*1] Masato Eto　東京大学医学部附属病院　老年病科　特任講師
[*2] Yasuyoshi Ouchi　東京大学医学部附属病院　老年病科　教授

高血圧患者において顕著な傾向がみとめられた。

3.3.3　脂肪酸と血管内皮細胞

ω3脂肪酸による降圧作用の機序として，血管内皮細胞への直接作用が想定されている。血管内皮細胞は，血流の変化，傷害や液性因子などに反応し，様々な血管弛緩因子であるNO (nitric oxide) をはじめとする種々の内皮由来の因子を発現，産生，分泌することにより，血管トーヌス，血栓形成，炎症反応，血管新生などを制御していることが知られている。病的な状態においては，このような内皮機能が障害され，高血圧をはじめとする心血管疾患の発症や進展に関与していると考えられている[4]。実際に動脈硬化をおこした血管や動脈硬化危険因子を持つ患者において，内皮依存性血管拡張反応（大部分はNO依存性である）が低下していることが報告されている[5]。この内皮機能障害に対しω3脂肪酸は保護的にはたらくことが報告されている。

15例の高コレステロール血症患者を対象とした二重盲検前向き臨床研究によると，1日4gのω3脂肪酸を4ヶ月服用することにより，橈骨動脈において超音波で評価した，反応性充血によってひきおこされた血流依存性血管拡張反応は有意に改善した[6]。一方，プラセボ投与群では血流依存性血管拡張反応に有意な変化はなく，また，ニトログリセリンによる血管拡張反応は両群とも有意な変化は認めなかった。この血流依存性血管拡張反応はNOの合成酵素阻害薬であるL-NAMEにより，完全に遮断されることから，NO依存性であることが知られている[7]。

また，別の報告によれば，326例の成人において，血流依存性血管拡張反応と血漿中ω3脂肪酸レベルとの関連をしらべたところ，喫煙者，高血糖を示す例，高トリグリセリド値を示す例において，両者のあいだに，有意な正の相関が認められた[8]。

培養細胞を用いた研究により，エイコサペンタエン酸は血管内皮細胞に直接的にはたらき，内皮細胞からのNOの遊離を促進する可能性がしめされている。培養ヒト臍帯静脈血管内皮細胞に0.3mMのエイコサペンタエン酸を投与すると，細胞内カルシウム濃度の上昇を認めるとともに，培養液中のNOの遊離（NOxで測定）が有意に上昇した[9]。また，高グルコース条件下で培養するとNOの遊離は有意に抑制されるが，エイコサペンタエン酸投与により，高グルコースによるNO遊離抑制作用は，有意に遮断された。血管内皮細胞におけるNO合成酵素（eNOS）の活性化は，細胞内カルシウムレベルにより正に調節されており，エイコサペンタエン酸は細胞内カルシウムの増加作用をかいしてeNOSを活性化し，NOの遊離をひきおこしたものと考えられる（図1）。この血管内皮への直接作用は，ω3脂肪酸の内皮機能障害改善作用の1つの機序である可能性がある。

エイコサペンタエン酸
⇩
細胞内カルシウム↑
⇩
カルモジュリン／カルモジュリンキナーゼ↑
⇩
eNOS活性↑
⇩
NO遊離↑

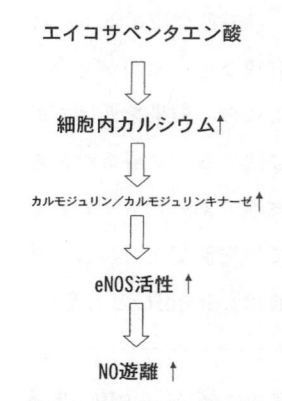

図1　エイコサペンタエン酸によるNO遊離促進作用

第1章 機能性脂質のバイオサイエンス

3.3.4 まとめ

最近報告された大規模臨床試験によれば，心筋梗塞の既往のある11,324例の患者において，ω3脂肪酸の投与は死亡，非致死性心筋梗塞，非致死性脳卒中をエンドポイントとした場合のイベントフリー生存率を有意に高めることが示された[10]。この心血管イベント抑制作用には，ω3脂肪酸の脂質に対する作用とともに血圧低下作用が重要な役割をはたしているものと考えられる。

文　献

1) Bonaa KH, Bjerve KS, Straume B, Gram IT, Thelle D, Effect of eicosapentaenoic and docosahexaenoic acids on blood pressure in hypertension. A population-based intervention trial from the Troms Ã study. *N Engl J Med.* **322**, 795-801 （1990）
2) Miyajima T, Tsujino T, Saito K, Yokoyama M, Effects of eicosapentaenoic acid on blood pressure, cell membrane fatty acids, and intracellular sodium concentration in essential hypertension. *Hypertens Res.* **24**, 537-542 （2001）
3) Geleijnse JM, Giltay EJ, Grobbee DE, Donders AR, Kok FJ, Blood pressure response to fish oil supplementation: metaregression analysis of randomized trials. *J Hypertens.* **20**, 1493-1499 （2002）
4) Ruschitzka F, Corti R, Noll G, Luscher TF, A rationale for treatment of endothelial dysfunction in hypertension. *J Hypertens Suppl.* **17**, S25-35 （1999）
5) Luscher TF, Noll G. The pathogenesis of cardiovascular disease: role of the endothelium as a target and mediator. *Atherosclerosis.* **118** Suppl: S81-90 （1995）
6) Goodfellow J, Bellamy MF, Ramsey MW, Jones CJ, Lewis MJ. Dietary supplementation with marine omega-3 fatty acids improve systemic large artery endothelial function in subjects with hypercholesterolemia. *J Am Coll Cardiol.* **35**, 265-270 （2000）
7) Joannides R, Haefeli WE, Linder L, Richard V, Bakkali EH, Thuillez C, Luscher TF. Nitric oxide is responsible for flow-dependent dilatation of human peripheral conduit arteries in vivo. *Circulation.* **91** （5）, 1314-1319. 1995 Mar 1
8) Leeson CP, Mann A, Kattenhorn M, Deanfield JE, Lucas A, Muller DP, Relationship between circulating n-3 fatty acid concentrations and endothelial function in early adulthood. *Eur Heart J.* **23**, 216-222 （2002）
9) Okuda Y, Kawashima K, Sawada T, Tsurumaru K, Asano M, Suzuki S, Soma M, Nakajima T, Yamashita K. Eicosapentaenoic acid enhances nitric oxide production by cultured human endothelial cells. *Biochem Biophys Res Commun.* **232**, 487-491 （1997）
10) GISSI-Prevenzione Investigators. Dietary supplementation with n-3 polyunsaturated fatty acids and vitamin E after myocardial infarction: results of theGISSI-Prevenzione trial. *Lancet.* **354**, 447-455 （1999）

3.4 動脈硬化

木庭新治[*1], 佐々木 淳[*2]

　動脈硬化は動脈壁の肥厚と弾力の低下により硬化を来した病変の総称で，狭心症，心筋梗塞，大動脈瘤，閉塞性動脈硬化症，脳卒中，腎不全などの心血管疾患の原因とされている。動脈硬化にはその形成部位と病像の違いにより細動脈硬化，メンケベルグ型硬化（中膜壊死）及びアテローム性硬化（粥状硬化）の3型に分類される。動脈硬化の発症進展には高脂血症，耐糖能障害，糖尿病，高血圧，肥満，喫煙などの複数の危険因子が存在する。これら危険因子は，遺伝的素因に加え，生活習慣が密接に関連している。さらに各危険因子が相互に関連をもち，また危険因子が重積した場合には，心血管疾患の発症危険度が相乗的に増加する。本項では高脂血症や糖尿病と密接な関係のある粥状動脈硬化について述べる。

3.4.1 粥状動脈硬化とコレステロール

　粥状動脈硬化巣にはコレステロールエステルの蓄積がみられることから，コレステロールの異常，これを運搬するリポ蛋白の異常が最も重要な要因である。ウサギやサルなど多くの動物に高コレステロール食を与えると，著明な高コレステロール血症とヒトの粥状動脈硬化病巣と類似した動脈硬化病変が発症する。食事中のコレステロールや飽和脂肪酸の摂取量の増加と，血清コレステロール値の上昇や冠動脈疾患の発症率及び死亡率の増加が相関することはフラミンガム研究などの住民研究，Seven countries studyなどの各国間研究やNi-Hon-San studyなどの移民研究など多くの疫学的データで示されている。

　コレステロールはステロイドホルモンや胆汁酸の原料であり，細胞膜の主要な構成成分であり，生体にとっては必須の物質である。生体内のほぼすべての細胞が自らコレステロールを合成する能力を有し，細胞内のコレステロール含量はステロール調節因子結合蛋白やLDL受容体発現のup-regulation，down-regulationにより精密にコントロールされている。また，腸肝循環により体外へのコレステロール排泄は制限され，生体内でコレステロールは大切に保持されている。一方，LDL受容体はLDL-コレステロール値50mg/dLで飽和状態になるといわれ，それ以上のLDLは生体にとって過剰となる。トリグリセリドと異なりコレステロールを備蓄する臓器はなく，過剰となったコレステロールは血管壁に蓄積する[1]。

　LDL受容体の欠損した家族性高コレステロール血症では，血中LDL-コレステロールが蓄積す

[*1] Shinji Koba　昭和大学　医学部第三内科　講師
[*2] Jun Sasaki　国際医療福祉大学大学院　臨床試験研究分野　教授；
　　　　　　　　昭和大学　医学部第三内科　客員教授

第1章　機能性脂質のバイオサイエンス

る一方で，動脈壁にもコレステロールが蓄積し，早発に粥状動脈硬化が進行し，高率に心筋梗塞を発症する。LDL受容体をもたないマクロファージがLDL由来のコレステロールを取り込む機序として，酸化LDLなどの変性LDLに対するスカベンジャー受容体が関与することが解明され，現在10種類以上のスカベンジャー受容体の存在が知られている。実際，ヒト冠動脈プラークで泡沫細胞に一致して酸化LDLの局在が免疫組織学的に確認されている[2]。

3.4.2　酸化LDLの作用

　LDLは血管内皮細胞やマクロファージにより酸化修飾を受ける。酸化LDLは血管内皮細胞のLOX-1（Lectin-like oxidized LDL receptor-1）に結合し，一酸化窒素（NO）の産生抑制やエンドセリンの産生促進，細胞接着分子の発現増加や単球を遊走させるMonocyte Chemoattractant Protein-1（MCP-1）の分泌を引き起こす。LOX-1の発現は，ずり応力，酸化LDLや炎症性サイトカイン（TNF-α）による刺激で誘発される[3]。

　酸化LDLはマクロファージにスカベンジャー受容体を介して取り込まれる。取り込まれた酸化LDLの脂肪酸やリン脂質の成分がスカベンジャー受容体のup regulationをもたらし，マクロファージはさらに酸化LDLを取り込み泡沫細胞へと変化する。マクロファージは種々のサイトカイン，PDGF（Platelet derived growth factor）などの増殖因子，matrix matlloproteinase（MMP），Plasminogen Activator Inhibitor-1（PAI-1）や活性酸素を産生し，動脈硬化巣の形成において重要な役割を演じている。酸化LDLはTリンパ球に作用してインターフェロン（IFN）-γの産生を増加させる[3]。

　酸化LDLは血小板凝集を促進し，活性型血小板からのPDGF，セロトニン，トロンボキサンA2（TXA2）などの放出を促進させ，さらにこれら血小板由来血管作動性物質との相互作用により血管平滑筋細胞の増殖をもたらす。従って，粥状動脈硬化の形成初期から進展，血栓形成に至るまで，酸化LDLはマクロファージスカベンジャー受容体とともに中心的役割を演じている。

3.4.3　動脈硬化巣の構成と血管リモデリング

　血圧や血流により生じる，ずり応力（shear stress）や酸化LDL・レムナントリポ蛋白などの動脈硬化惹起性リポ蛋白により血管内皮細胞に接着因子や遊走因子が発現すると，単球の血管内皮への接着と血管壁への侵入が起こる。単球はM-CSFなどの作用を受けながらマクロファージへと成熟分化して，スカベンジャー受容体，アポB48受容体やLDL受容体ファミリー（LDL受容体，LRP，VLDL受容体）などを発現して，酸化LDLやレムナントリポ蛋白を取り込み，Acyl CoA cholesterol acyltranseferase（ACAT）の作用によりコレステロールエステルとして蓄積し泡沫化し，脂肪線条（fatty streak）を形成する（図1）。血管平滑筋細胞の機能的・構造的変化が生じ，血管平滑筋細胞の増殖と細胞外マトリクスの産生によりプラークが形成される。1995年American Heart Associationから冠動脈硬化を中心にした初期の内膜肥厚から粥腫の形成，びら

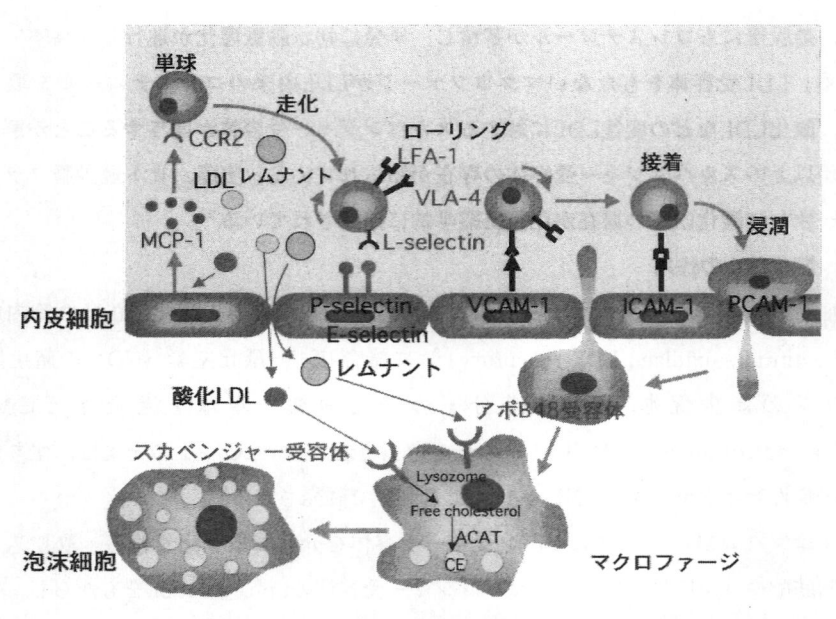

図1 血管内皮細胞障害と単球との相互作用と単球の泡沫化

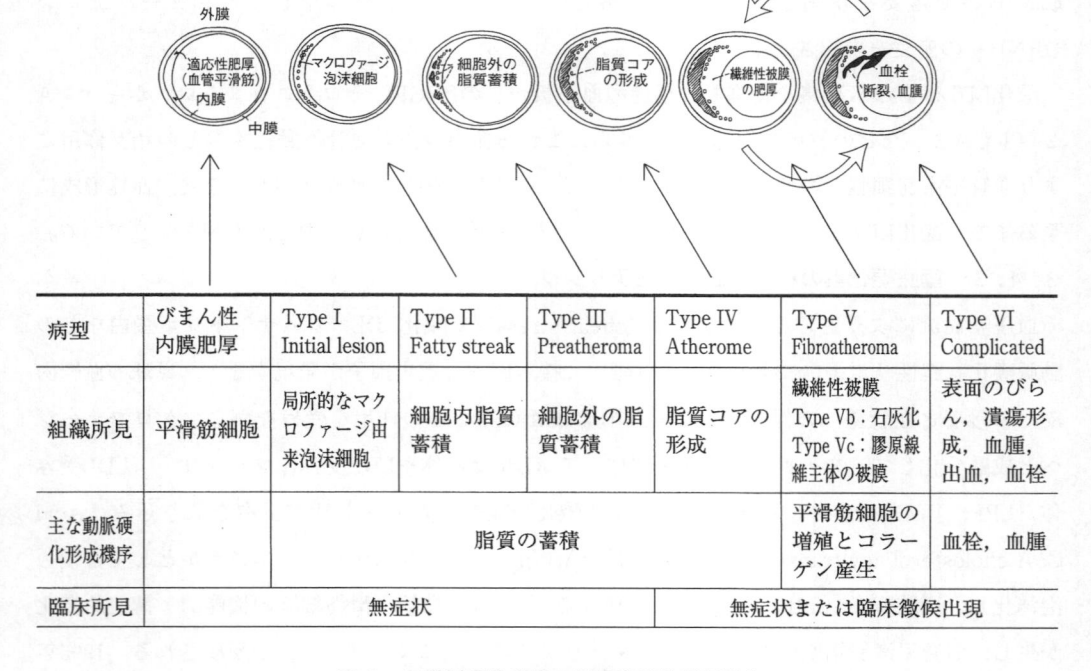

病型	びまん性内膜肥厚	Type I Initial lesion	Type II Fatty streak	Type III Preatheroma	Type IV Atherome	Type V Fibroatheroma	Type VI Complicated
組織所見	平滑筋細胞	局所的なマクロファージ由来泡沫細胞	細胞内脂質蓄積	細胞外の脂質蓄積	脂質コアの形成	繊維性被膜 Type Vb：石灰化 Type Vc：膠原線維主体の被膜	表面のびらん，潰瘍形成，血腫，出血，血栓
主な動脈硬化形成機序		脂質の蓄積				平滑筋細胞の増殖とコラーゲン産生	血栓，血腫
臨床所見	無症状				無症状または臨床徴候出現		

図2 冠動脈硬化病変の組織学的進展過程[4]

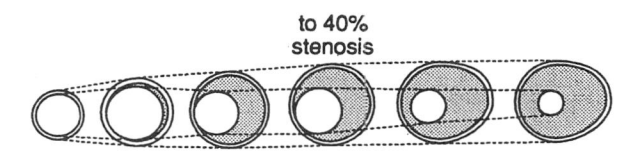

図3 冠動脈硬化病変の形態学的進展過程（リモデリング）[5]
初期には粥腫蓄積にもかかわらず代償性拡大を示す。プラーク蓄積により血管断面積における狭窄度が40%を越えると血管内腔は狭窄を示す。

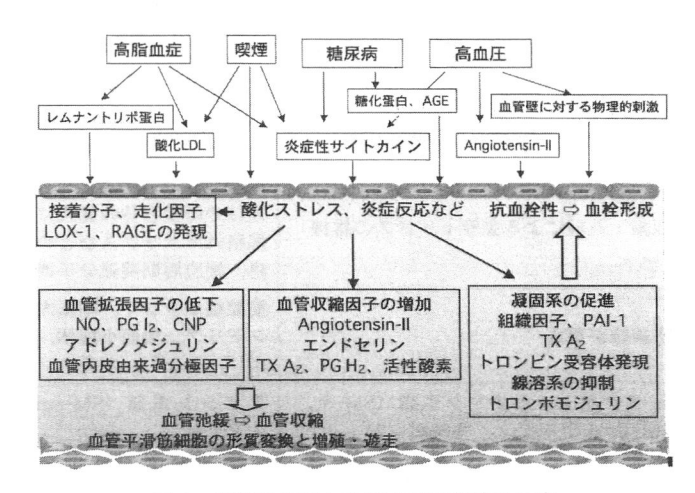

図4 冠危険因子と血管内皮細胞機能障害

ん・潰瘍・血栓形成などの複雑病変に至るまで6段階の病期分類が示された（図2）[4]。さらに外膜線維芽細胞の変化や血管壁内の微小血管新生なども加わり，血管壁の構築の変化を生じる。これが血管リモデリングである。1987年Glagovらは，冠動脈の系統的観察から，プラークが動脈断面積の40%になるまでは血管は内腔面積が維持できるように拡大するが，プラーク面積が40%を越えると，内腔自体の狭窄が生じると報告した（図3）[5]。この代償性拡大を陽性リモデリング，一方，血管径が狭小化することを陰性リモデリングと呼んでいる。血管壁のプラーク性状の変化とこの血管リモデリングが動脈硬化の病態に強く関連している。

3.4.4 血管内皮細胞障害（図4）

動脈硬化の早期に，まず血管内皮細胞障害が生じる。これには高血圧，糖尿病，高脂血症や喫煙などの危険因子が強く関与する。血管内皮細胞には，①接着分子，組織因子，トロンビン受容体，LOX-1や糖化蛋白（Advanced glycation end products）に対する受容体（RAGE）などが発現し，②NADPH oxidaseの活性化を介して活性酸素が生じ，③eNOSの発現が低下してNO合成が抑制され，④プロスタサイクリン（PG I_2）の合成低下などが起こり，血管拡張から血管収

血管平滑筋細胞の形質変換と動脈硬化の形成

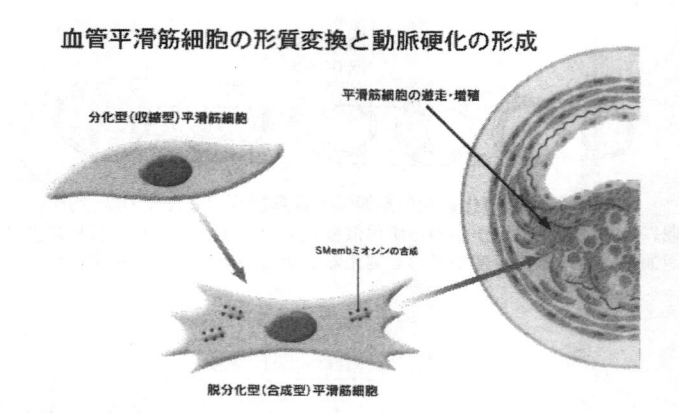

フェノタイプ	分化型（収縮型）平滑筋細胞	脱分化型（合成型）平滑筋細胞
特徴	収縮・弛緩による血管トーヌスの維持	増殖因子（VEGF，PDGF，bFGFなど）及びその受容体の発現による細胞増殖，細胞外マトリクスなどの蛋白の合成・分泌，細胞周期関連分子遺伝子の発現
形態的特徴	筋線維が豊富	筋線維が少なく，細胞内小器官（ミトコンドリア，粗面小胞体，ゴルジ装置，リボゾームなど）が多い。
主な構成蛋白	α-アクチン，ミオシン重鎖（SM-1，SM-2），デスミン，カルポニン	ミオシン重鎖（SM-emb, SM-1），ビメンチン

（ACROSS 2004年 No.5 より引用・改変）

図5　血管平滑筋細胞の形質変換

縮，抗血栓性から血栓形成へと変化する。接着分子にはインテグリンファミリー，免疫グロブリンファミリー（ICAM-1，VCAM-1 など），セレクチンファミリーがあり，いずれも関与する[1]。

3.4.5　血管平滑筋細胞の形質変換と遊走・増殖（図5）

血管平滑筋細胞は種々の増殖因子や動脈硬化惹起性リポ蛋白の刺激に対して脱分化して，細胞内小器官の多い合成型平滑筋細胞となる。この脱分化した平滑筋細胞は平滑筋ミオシン重鎖アイソフォームが胎児型（SMemb）を発現し，増殖能・遊走能を有し，コラーゲンの産生や増殖因子を分泌し，オートクライン，パラクラインに作用して，新生内膜形成の中心的役割をもつ。

3.4.6　血管壁内の微小血管新生

動脈硬化巣には微小血管新生がみられ，栄養血管として炎症細胞供給路として病変の進行に重要であると考えられている。新生微小血管は初期のびらん性内膜肥厚巣では認められないが，硬化病変の進行とともに出現する。その起源は血管内腔側よりも外膜側の方が多く，その増生には平滑筋細胞やマクロファージが産生するVEGF（vascular endothelial growth factor）-A,-Cが関与し，前述したAHAの冠動脈硬化病変の病型の進行と微小血管新生頻度やVEGF-A陽性細胞の

第1章　機能性脂質のバイオサイエンス

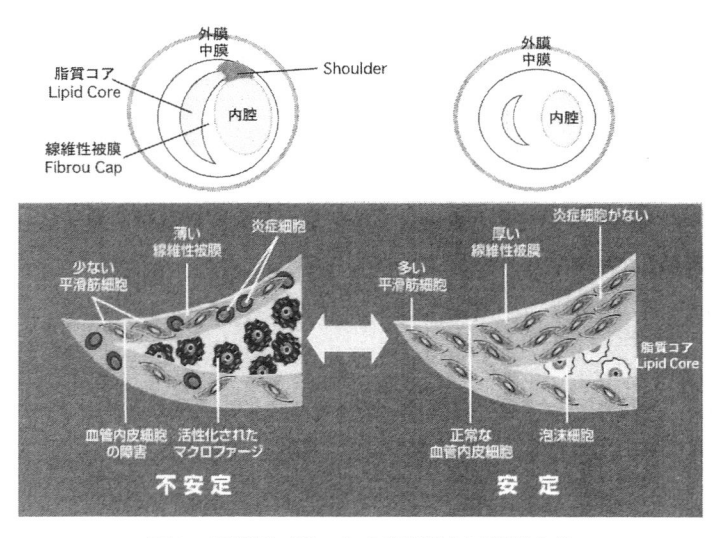

図6　冠動脈プラークの安定性と冠動脈血栓

出現頻度は有意の正相関を示すことが報告されている[6]。不安定プラークでは新生微小血管の周囲に炎症細胞の集簇がみられ，新生血管がプラーク内の出血や浮腫の発生に重要な役割を果たしていることが示唆されている。

3.4.7　骨髄由来血管前駆細胞

近年，動脈硬化巣の構成細胞の一部として，骨髄由来の血管内皮細胞，血管平滑筋細胞，線維芽細胞の存在が指摘され，血管壁内の新生血管の形成への関与も示唆されている[7]。骨髄由来血管前駆細胞は増殖因子によって，上記のいずれの細胞にも分化しうると考えられている。

3.4.8　プラークの安定性と冠動脈イベント

急性冠症候群（不安定狭心症及び急性心筋梗塞）の発症機序は冠動脈プラークの破綻と血栓形成であるが，責任冠動脈病変の60％以上は冠動脈内腔の狭窄度は50％以下の軽度から中等度であることが剖検心，血栓溶解療法後の冠動脈造影や血管内超音波検査から明らかとなった。また責任冠動脈病変の血管内視鏡観察では破綻した黄色プラークと血栓が高率に認められ，血管内超音波検査ではプラーク内への亀裂，多量のプラークをもつ陽性リモデリングの所見が多く認められることから，血管狭窄度よりもプラークの量と質が冠動脈血栓症の発症に重要であることが指摘されている。一方，安定労作性狭心症の冠動脈病変はエコー輝度の高いfibrous plaqueと陰性リモデリングを示すことが多く，血管狭窄度が病状に関連する[8]。破綻しやすいプラークは不安定プラークと呼ばれている。動脈硬化病変は偏心性を呈することが多く，破綻しやすいプラークのshoulder部の組織学的観察では，マクロファージが集簇し，炎症性サイトカイン（TNF-α，MCP-1，インターロイキン-1，6，8など），組織因子，MMPなどが強く発現している。プラー

クの脆弱性にはMMPによる細胞外マトリクスの分解による線維性被膜の菲薄化と炎症細胞の浸潤が重要で[9]，力学的にも生化学的にも脆弱な部位でプラーク破綻は生じる（図6）。

3.4.9 まとめ

以上，動脈硬化の形成について述べた。動脈硬化病変の進展には多くの細胞群，動脈硬化惹起性リポ蛋白，種々の増殖因子やサイトカインネットワークなどが複雑に関与し，この変化には生活習慣が密接に関係している。

文　　献

1) 北　徹，動脈硬化　内科学，杉本恒明，小俣政男，水野美邦編，朝倉書店，東京，PP 500-503（2003）
2) 白井伸幸，伊倉義弘，上田真喜子，ヒト動脈硬化と酸化LDL，病理と臨床 21（9）987-993（2003）
3) 北　徹，動脈硬化の発生メカニズム　図表でとらえる高脂血症・動脈硬化，松澤佑次編，メディカル朝日，東京，PP 52-61（1999）
4) Stary HC, Chandler AB, Dinsmore RE, Fuster V, Glagov S, Insull Jr W, Rosenfeld ME, Schwartz CJ, Wagner WD, Wissler RW, A Definition of Advanced Types of Atherosclerotic Lesions and a Histological Classification of Atherosclerosis. A Report From the Committee on Vascular Lesions of the Council on Arteriosclerosis, American Heart Association. *Arterioscler Thromb Vasc Biol* **15**（9）1512-1531（1995）
5) Glagov S, Weisenberg E, Zarins CK, Stankunavicius R, Kolettis GJ. Compensatory Enlargement of Human Atherosclerotic Coronary Arteries. *N Engl J Med* **316**（22）1371-1375（1987）
6) 居石克夫，プラーク内血管新生のメカニズムと病理学的意義，病理と臨床 21（9）994-998（2003）
7) Sata M, Molecular Strategies to Treat Vascular Diseases-Circulating Vascular Progenitor Cells as a Potential Target for Prophylactic Treatment of Atherosclerosis-*Circ J* **67**（12）983-991.
8) Schoenhagen P, Ziada KM, Kapadia SR, Crowe TD, Nissen SE, Tuzcu M, Extent and Direction of Arterial Remodeling in Stable Versus Unstable Coronary Syndromes. An Intravascular ultrasound Study. *Circulation* **101**，598-603（2000）
9) Libby P, Molecular Bases of the Acute Coronary Syndrome. *Circulation* **91**，2844-2850（1995）

3.5 Lipids in Cancer with particular reference to Gamma-linolenic acid

Undurti N. Das*

3.5.1 Introduction

During the therapy of cancer it is desired that agents preferentially kill tumor cells without exerting adverse effects on normal cells. But, this is rarely achieved with the currently available drugs and radiation.

It is known that there is an inverse relationship between the concentrations of lipid peroxides and the rate of cell proliferation, i.e. the higher the rate of lipid peroxidation in the cells the lower the rate of cell division. This is evident from the fact that tumor cells have low concentrations of lipid peroxides and are resistant to lipid peroxidation than normal cells. This low rate of lipid peroxidation and levels of lipid peroxides in the tumor cells is attributed to their low content of polyunsaturated fatty acids (PUFAs)[1-3]

Epidemiological studies revealed that Japanese and Eskimos who consume large amounts of marine fish have low incidence of cancer. This has been attributed to the presence of high amounts of ω-3 fatty acids: eicosapentaenoic acid (EPA) and docosahexaenoic acid (DHA). Both EPA and DHA are easy targets for lipid peroxidation compared to saturated fatty acids such as stearic acid (SA).

The low content of PUFAs in the tumor cells has been attributed to the loss or decreased activity of Δ^6 and Δ^5 desaturases[3], enzymes that are essential for the formation of long-chain polyunsaturated fatty acids such as arachidonic acid (AA), EPA and DHA from their precursors: linoleic acid (LA) and -α linolenic acid (ALA), which are known as essential fatty acids (EFAs, see Figure 1 for metabolism of EFAs).

3.5.2 Mechanism(s) of tumoricidal action of PUFAs

Cyclo-oxygenase products, free radicals, and lipid peroxidation

Based on these observations, further studies were performed to study the effect of various PUFAs on tumor and normal cells *in vitro* and *in vivo*. It was observed that incubation of cells with PUFAs augmented free radical generation and formation of lipid peroxidation products selectively in tumor cells compared to normal cells[4-8]. This increase in free radical generation and lipid peroxidation occurred despite the fact that the uptake of PUFAs was at least 2 to 3 times higher in the normal cells compared to tumor cells[6]. In addition, tumor cells also have elevated levels of lipid-soluble anti-oxidant vitamin E. In other words, higher the growth rate of the tumor cells the higher the vitamin E to PUFA ratio. This higher vitamin E to PUFA ratio in rapidly growing tumors is due to markedly decreased content of PUFA, while the vitamin E content is relatively higher[9,10]. On the other hand, tumor cells have low or almost no superoxide dismutase (SOD), glutathione peroxidase and catalase enzymes, which are anti-oxidant substances and quench free radicals[10-12]. As a result of these changes in the PUFA and anti-oxidant content of the tumor cells, the susceptibility of tumor cells to free radical induced

---

* MD, FAMS, UND Life Sciences

機能性脂質のフロンティア

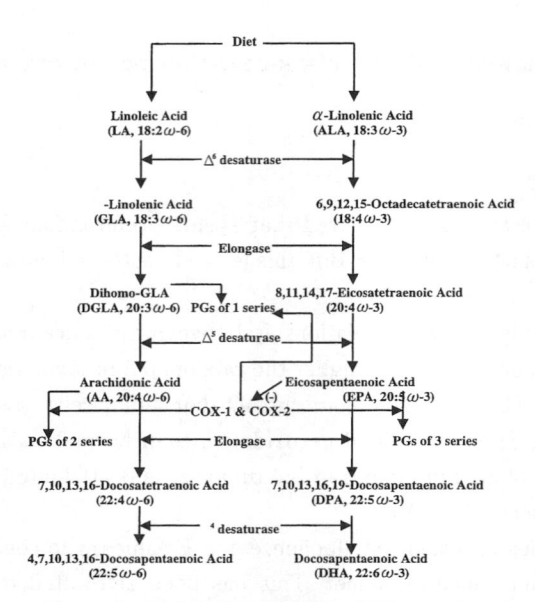

Figure 1 Metabolism of essential fatty acids.

toxicity is also variable i.e. the higher the degree of malignant nature of the tumor cell, the lower the rate of lipid peroxidation and higher the degree of susceptibility to free radical-induced toxicity. This may explain why many anti-cancer drugs and radiation, which enhance free radical generation, are initially effective against malignant tumors. But, unfortunately these tumors become relatively resistant to these drugs and radiation subsequently as the vitamin E content of the tumor cells increases since vitamin E can quench the free radical generated by these drugs and radiation. On the other hand, if methods are developed whereby intracellular generation of free radicals and lipid peroxidation process are enhanced with a simultaneous decrease in the vitamin E content of tumor cells, it will lead to elimination of tumor cells without the development of any drug-resistance. This is where PUFAs and in particular, gamma-linolenic acid (GLA) scores over the conventional anti-cancer drugs and radiation.

At appropriate concentrations PUFAs such as GLA, AA, EPA, and DHA were found to be toxic to tumor cells with little or no effect on the survival of normal cells *in vitro*[5, 12, 13-26]. It was observed that this selective tumoricidal action of GLA, AA, EPA and DHA was not blocked by cyclo-oxygenase (COX) and lipoxygenase (LO) inhibitors, suggesting that prostaglandins (PGs) and leukotrienes (LTs) do not participate in this process and that fatty acids themselves are effective in killing the tumor cells[14, 19]. It was also noted that anti-oxidants such as vitamin E, butylated hydroxy anisole (BHA), and butylated hydroxy toluene (BHT) could completely block the tumoricidal action of PUFAs indicating that free radicals and lipid peroxides are involved in the tumoricidal action of PUFAs[14, 18, 19, 27, 28]. This is supported by the observation that GLA, AA and EPA-treated tumor cells but not normal cells produce, at least, a 2-3 fold increase in free radicals and lipid peroxidation products[4-6]. Studies showed that human breast cancer cells (ZR-75-1) exposed to GLA formed increased amounts of conjugated dienes and hydroperoxyl or peroxyl products of GLA. On the other hand, normal human skin fibroblasts (41-SK) exposed to GLA did not form these conjugated dienes and peroxyl or hydroperoxyl derivatives of GLA in any significant amounts. It is important to note that vitamin E inhibited the formation of these products of GLA in human breast cancer cells. Furthermore, iron (Fe) enhanced the formation of both conjugated dienes and peroxyl and hydroperoxyl products of GLA[29]. These results confirm the previous observation that GLA and other PUFAs enhance the formation of thiobarbituric acid (TBA) reactive substances in tumor but not normal cells in vitro, confirming the belief that lipid peroxidation and free radicals play a major role in PUFA-induced apoptosis of tumor cells[4-6, 30]. The tumoricidal action of PUFAs, especially GLA was seen irrespective of the form in which these fatty acids are delivered to the tumor cells. Further, of all the PUFAs tested GLA was found to be the most effective compared to AA, EPA, and DHA.

GLA, and AA, EPA and DHA-induced apoptosis of tumor cells, caused DNA strand breaks, and decreased the anti-oxidant content of tumor cells[11, 12, 18, 30-34]. In addition, there is reasonable evidence to believe that these PUFAs have the ability to suppress the expression of oncogene *ras, Bcl-2*, an anti-apoptotic gene and enhance that cf p53[30, 35].

PUFAs including both GLA and EPA when added to tumor cells produced alterations in cell membrane lipid composition[36-38], mitochondrial ultra structure, increased reactive oxygen species (especially superoxide anion, O_2^-) and production of lipid peroxides[4-8]. They also induced alterations in energy metabolism and deposition of large amounts of triacylglycerol in the form of lipid droplets[7]. GLA and EPA-treated tumor cells showed significant decrease in the activity of mitochondrial respiratory chain complexes I + III and IV, mitochondrial membrane potential, increase in Cytochrome *c* release from mitochondria, activation of caspases and DNA fragmentation[7, 39, 40]. These events eventually lead to the death of tumor cells by apoptosis.

In colon cancer cells, 2 series of prostaglandins (PGs) are produced in large amounts that explain why inhibition of 2 series of PGs, using cyclo-oxygenase-2 (COX-2) inhibitors, inhibits the growth of colon cancer cells[41-43]. This is especially so since 2 series PGs are believed to enhance proliferation of tumor cells. But some studies did not support this observation[44]. It is generally believed that both EPA and DHA suppress production of 2 series of PGs and thus, inhibit tumor cell growth. Colon tumor cell line HCT-116 that does not express COX, when was stably transfected with the constitutively expressed COX-1 or the inducible COX-2 cDNA and transplanted into athymic nude, mice showed reduced growth when the mice were fed fish oil (source of EPA and DHA). This reduction in tumor growth was noted even in control mice that received colon tumor cells HCT-116 that did not express COX-1 and COX-2 enzymes. Furthermore, the growth inhibition by EPA/DHA was not affected by COX-1 or COX-2 over expression[45]. These data suggests that tumor growth suppression induced by ω-3 fatty acids (EPA and DHA) is not dependent on COX enzyme, at least, in some tumor cells. These results are similar to those seen with GLA, wherein it was noted that the tumoricidal actions of GLA are not blocked by COX or lipoxygenase inhibitors[4, 14-16].

3.5.3 PUFAs act on caspases, retinoblastoma gene, tumor necrosis factor-α, Ca^{2+}, cyclins, and *Bcl-2* to induce apoptosis of tumor cells

AA, EPA and DPA (docosapentaenoic acid, a ω-3 fatty acid) induced apoptosis in human promyelocytic leukemia (HL-60) cells that was inhibited by antioxidant DMSO (dimethyl sulfoxide) and a pan-caspases inhibitor, z-Val-Ala-Asp (Ome)-fluoro-methylketone[46]. PUFAs stimulated generation of reactive oxygen species and activated caspases-3, -6, -8, and -9, triggered the cleavage of *Bid,* a death agonist member of *Bcl-2*, and released Cytochrome c from mitochondria into the cytosol. All these events eventually induce apoptosis of tumor cells. In addition, PUFAs decreased mitochondrial membrane potential and stimulated swelling and membrane depolarization of isolated mitochondria[39, 40]. AA, GLA and LA not only enhanced lipid peroxidation but also promoted 8-hydroxy-2'-deoxyguanosine formation under glutamate-induced GSH-depletion in rat glioma cells[47]. These results suggest that PUFAs induce apoptosis of tumor cells by acting at the gene/oncogene level and by altering *Bcl-2* expression[30].

Growth inhibition induced by DHA of melanoma SK-Mel-110 cells correlated with an increase in hypophosphorylation of pRb (retinoblastoma gene) and expression of p27 without any change in the expression of cyclin D1 and p21[48]. But it should be mentioned here that some melanoma cell lines are resistant to the growth inhibitory actions of DHA (when tested at 2 μg/ml per 1x10^3 cells). This indicates that some tumor cells are resistant to the cytotoxic actions of some, if not all, PUFAs. It is not clear whether higher concentrations of DHA/PUFAs could have been effective in inhibiting their growth and/or inducing apoptosis.

Colon adenocarcinoma cells not only over express COX-2 enzyme but also that of fatty acid-CoA ligase (FACL), another AA-utilizing enzyme. AA-induced apoptosis of colon adenocarcinoma cells can be significantly enhanced by triacin C, a FACL inhibitor. COX-2 inhibitors significantly enhanced the apoptosis-inducing effect of triacin C. It is interesting to note that overexpression of COX-2 and FACL blocked apoptosis induced by AA[49]. The relative resistance of colon cancer cells to undergo apoptosis that overexpress COX-2 and FACL has been attributed to the ability of these enzymes to serve as "ochsinks" och for unesterified AA. This contention is supported by the observation that reduction of apoptosis was inversely correlated with the cellular level of AA. The apoptotic response of these tumor cells that over express FACL and COX-2 was restored by the addition of non-steroidal anti-inflammatory drugs (NSAIDs). It is also interesting to note that tumor necrosis factor-α (TNF-α)-induced apoptosis can be prevented by the removal of unesterified AA. This indicates that AA is the mediator of the tumoricidal action of TNF-α. Previously, we observed that TNF-α-resistant tumor cells are sensitive to the cytotoxic actions of GLA, AA, EPA and DHA (Das UN, unpublished data). These data suggests that over expression of COX-2 and FACL and consequent excess production of 2 series of PGs by tumor cells is a protective mechanism developed by tumor cells to escape from the cytotoxic actions of PUFAs. This indicates that NSAIDs prevent colon cancer and cause apoptosis of colon cancer cells by augmenting intracellular concentrations of AA and other PUFAs that is secondary to the their inhibitory actions on COX-2 enzyme. TNF-α activates phospholipase A$_2$ (PLA$_2$) leading to the releases free PUFAs from the cell membrane lipid pool that in turn induces apoptosis of tumor cells. EPA

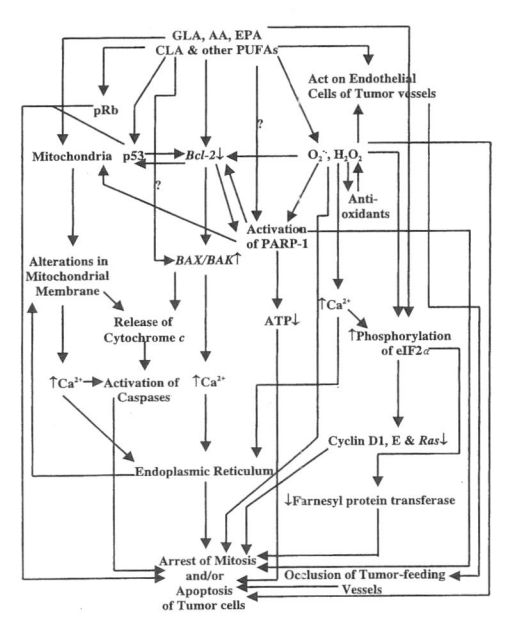

第 1 章　機能性脂質のバイオサイエンス

Figure 2　Scheme showing possible mechanism (s) by which PUFAs induce apoptosis of tumor cells.

inhibits colon carcinogenesis[50)] and is also an inhibitor of COX-2 enzyme[51)]. Both AA and EPA enhance the formation of free radicals and undergo peroxidation leading to the generation of excess of lipid peroxides that are toxic to tumor cells and thus, induce apoptosis of colorectal cancer cells. These actions are in addition to the ability of EPA/DHA to inhibit COX activity. In summary, it appears that free radicals and formation of excess of lipid peroxides are at the center of growth inhibitory and cytotoxic actions of PUFAs.

PUFAs induce depletion of intracellular C^{2+} stores by releasing Ca^{2+} from inositol 1,4,5-triphosphate (IP_3)-sensitive Ca^{2+} pools and inhibit store-dependent capacitative Ca^{2+} influx[52)]. This ability of PUFAs to release Ca^{2+} from intracellular stores causes protein kinase R (PKR)-mediated phosphorylation of eIF2α (eukaryotic initiation factor 2α), inhibition of translation initiation, and preferential inhibition of synthesis and expression of G1 cyclins and Ras oncogene. As a consequence of these events, cell cycle arrest occurs in G_1 (see Figure 2). Vitamin E prevented Ca^{2+} release induced by EPA in NIH 3T3 cells to suggesting that these effects are mediated by the formation of lipid peroxides[53)]. Thus, one mechanism by which PUFAs induce tumor cell cycle arrest and apoptosis is by inducing the release of Ca^{2+} from intracellular stores.

It is believed that *Bcl-2* family *BAX* and *BAK*, mitochondria, endoplasmic reticulum and intracellular Ca^{2+} have an important role in apoptosis. Mitochondria integrate death signals mediated by *Bcl-2/BAX* family by releasing Cytochrome *c* that activates caspases. Under physiological conditions, Ca^{2+} cycles between endoplasmic reticulum and mitochondria. Ca^{2+} is pumped into the endoplasmic reticulum by Ca^{2+}ATPases, and released by inositol triphosphate (IP_3)-gated channels (IP_3R). Ca^{2+} enters mitochondria by a Ca^{2+} uniporter (mCU) and is released by a Na$^+$/Ca^{2+} exchanger (mNCE). The endoplasmic reticulum Ca^{2+} load or concentration reflects the balance between *Bcl-2* and *BAX/BAK* proteins. Ablation of *BAX/BAK* decreased endoplasmic reticulum Ca^{2+} load and prevented apoptosis. On the other hand, over expression of *BAX* increased release of endoplasmic reticulum Ca^{2+} leading to an increase in mitochondrial Ca^{2+} and enhanced Cytochrome *c* that ultimately induced apoptosis. Alternatively, over expression of *Bcl-2* reduced steady-state $[Ca^{2+}]_{er}$ and mitochondrial Ca^{2+} uptake and prevented apoptosis. AA and oxidative stress released Ca^{2+} from endoplasmic reticulum and do not require *BAX/BAK* in mitochondria to induce apoptosis[54, 55]. PUFAs inactivate *Bcl-2* by enhancing the formation of lipid peroxides and phosphorylation of *Bcl-2*[30], which inactivates *Bcl-2*. Suppression of *Bcl-2* can cause *BAX/BAK* activation. Based on these evidences, it is evident that PUFAs (including GLA, AA, EPA, and DHA) induce an imbalance between pro- and anti-apoptotic proteins (*Bcl-2* and *BAX/BAK* and Ca^{2+}), alter mitochondrial metabolism and augment free radical generation to induce apoptosis of tumor cells (see Figure 2).

Squamous oesophageal carcinoma cells (WHCO1 and WHCO3) when treated with GLA and AA not only inhibited their growth in G1 phase of cell cycle but also enhanced p53 levels especially in WHCO3 cells[56]. Both ω-6 and ω-3 fatty acids inhibited the growth of human urothelial cells independent of p53[57]. PUFAs including GLA, AA, EPA and DHA activated phospholipase C, enhanced diacylglycerol formation, translocated protein kinase C, reduced cyclic AMP levels and enhanced tyrosine phosphorylation of a number of plasma membrane and nuclear proteins including components of NADPH oxidase that enhance superoxide anion generation[58]. All these events eventually lead to apoptosis of tumor cells[56, 58]. These results suggest that enhanced generation of free radicals and consequent lipid peroxidation are at the center of tumoricidal action of various PUFAs.

3.5.4 Morphological changes induced by PUFAs in tumor cells

In addition to the biochemical and molecular changes that are induced by various PUFAs in tumor cells as described above, several studies also showed that fatty acids can cause distinct alterations in the cellular morphology. One of the dominant morphological changes observed in PUFA-supplemented tumor cells was a distinct accumulation of lipid containing cytoplasmic granules as seen by Nile red staining of fixed cells. These lipid droplets are due to the accumulation of triacylglycerol and/or cholesteryl ester in the treated cells that contain predominantly PUFAs with which the cells have been incubated[39, 40, 59, 60]. As a result of incubation of tumor cells with various PUFAs, not only the cell membrane composition but also that of mitochondrial membrane changed[39, 40]. This change in the mitochondrial membrane composition has been attributed to be responsible for the alterations in the mitochondrial membrane potential that in turn is suggestive of the opening of the permeability transition pore, an event that is preceded by Cytochrome *c* release into the cytoplasm. The release of Cytochrome *c* release into the cytoplasm triggers the activation of the caspase cascade that ultimately results in apoptosis of the tumor cells[39, 40]. In addition, it has also been reported that incubation of tumor cells with various PUFAs especially GLA, AA, EPA and DHA resulted in holes in the cell membrane, identified by electron microscopy that led to leakage of cellular cytoplasmic contents. This event would eventually results in cell death.

GLA not only inhibited tumor cell proliferation but also produced distinct morphological changes especially in dividing cells. Some of these changes include: abnormal spindle formation, chromosome hypercondensation, segregation of nucleoli components, and decreased labeling of microtubule during interphase[61, 62]. In addition, GLA induced decreased protein synthesis in both G1 and S-phase and marked expression of 40, 92, and 150 KD proteins[61]. It is interesting to note that different types of cell death were also noted in interphase cells, such as pycnosis and apoptosis. Some tumor cells also showed necrotic changes. What biochemical or molecular events in the cells determine the initiation of various type of cell death in a particular type of tumor cell is not clear. But it is suffice to mention that different types of tumor cells show distinct but different types of death on exposure to various PUFAs.

3.5.5 Factors that influence tumor cell death in response to PUFAs

It is important to note that tumor cell death induced by PUFAs is modified by various factors. Some of them include: the protein content of the medium in which PUFAs have been dissolved, presence or concentrations of various antioxidants and pro-oxidants in the medium and/or in the cells themselves, and the cell cycle of the tumor cells themselves at the time of exposure to the fatty acids. Studies performed by various investigators clearly showed that presence of albumin or bovine serum albumin (BSA) interfered with the cytotoxic action of various PUFAs[63, 64]. Although the exact reason for this is not clear, some studies did show that this could be due to the ability of albumin to bind to fatty acids rather avidly[63]. This is an important factor that explains why tumors failed to regress when PUFAs were given intravenously, the fatty acid would bind to the plasma albumin and so is unavailable to the tumor cells. It was also noted that the cytotoxicity of GLA and other fatty acids correlated closely with the concentration of unbound fatty acid. In addition, production of thiobarbituric acid reactive material, one of the indicators of lipid peroxidation, was stimulated by PUFAs and inhibited by BSA or albumin. These results suggested that the presence of albumin suppressed the cytotoxicity of free fatty acid. This has clear practical implications in the use of PUFAs in the treatment of cancer in the clinic. It is known that tumors induce inflammatory reaction in their surroundings. This inflammatory reaction leads to accumulation of exudates both within and in the surrounding areas of the tumor. These exudates are rich in protein that is capable of binding to the fatty acids. Thus, these exudates interfere with the cytotoxic action of various PUFAs. Furthermore, presence of such exudates at the site of tumor not only interferes with the cytotoxic action of PUFAs but also makes it difficult, if not impossible, to deliver PUFAs to the tumor cells. This shows that specific methods need to be developed to selectively deliver fatty acids to the tumor cells in order to exploit them as potential anticancer drugs in the clinic.

One of the factors that appear to significantly enhance the cytotoxic action of GLA and other PUFAs is iron salts (Fe^{2+}, Fe^{3+}). When tumor cells were exposed to sub-optimal doses of GLA and other PUFAs, both Fe^{2+} and Fe^{3+} salts and copper salts enhanced the cytotoxicity of fatty acids[5, 65, 66]. Formation of lipid peroxides and free radical generation were augmented in tumor cells in the presence of iron and copper salts suggesting that enhanced cancer cell-specific lipid peroxidation/oxidant stress is responsible for the augmented apoptosis under these circumstances. In similar fashion, zinc salts also showed an inhibitory effect on the growth of the tumor cells *in vitro*[67]. On the other hand, iron, copper and zinc salts did not have any significant effect on the growth and apoptosis of normal cells in the presence of PUFAs. Other agents that enhanced the tumoricidal action of GLA and other PUFAs include: aspirin, imidazole, lithium carbonate, and ascorbic acid. Indomethacin, a potent PG synthesis inhibitor, exaggerated the cytotoxic actions of GLA, and possibly, other PUFAs[68]. These results are important since they suggest that certain other agents/chemicals can be used in combination with GLA and other PUFAs in order to potentiate the tumoricidal action of these fatty acids. In this context, it is important to note that the solvents used for dissolving GLA and other PUFAs by themselves influence the cytotoxic action of these fatty acids. For instance, it was reported that ethanol reduced the cytotoxic action of both GLA and DGLA[69]. Although, the exact reason for this is not clear, it has been attributed to some physicochemical reaction between alcohol and the fatty acids. On the other hand, some investigators tend to use solvents such as DMSO (dimethyl sulfoxide), which is also known to have anti-oxidant actions. Previous studies showed that several anti-oxidants actually interfere with the cytotoxic action of GLA and other PUFAs. Some of these anti-oxidants include: coenzyme Q, alpha-tocopherol, BHA, BHT, and superoxide dismutase (SOD). This suggests that even DMSO may interfere with the cytotoxic action of PUFAs. In a similar fashion, one has to pay particular attention to amount of albumin and other proteins in the solvents. It is also important to know the concentrations of various anti-oxidants in the medium/solvents used for dissolving PUFAs, especially in cell culture studies. These facts underlie why some investigators could not demonstrate the optimal cytotoxic actions of GLA and other PUFAs. Obviously, in these studies the solvent (s) used, the anti-oxidant content of the medium, and the balance between the pro- and anti-oxidants present in the medium influenced the results.

Another important aspect that needs particular attention is the degree of transformation of the so-called tumor cells that are under study. GLA, AA, EPA, and DHA did show selective tumoricidal action and are relatively harmless to normal cells. Studies showed that tumorigenic phenotype renders cells more sensitive to the cytotoxic action of PUFAs[70]. It was reported that a series of closely related rat brain cell lines that differ in their ability to form tumors were markedly sensitive to the cytotoxic action of GLA and EPA. For instance, the colony-forming ability of tumorigenic F4 cells was markedly reduced when the cells treated with GLA and EPA. In contrast, the non-tumorigenic revertants were less affected. All retrotransformed tumorigenic variants exposed to GLA were found to be as sensitive as their parental tumorigenic cells and more sensitive than the non-tumorigenic clones. However, two out of three retrotransformed tumorigenic variants exposed to EPA were less sensitive than either the parental tumorigenic or non-tumorigenic clones but were sensitive to the cytotoxic action of GLA[71]. These results suggest that exogenously administered PUFAs are cytotoxic to tumorigenic cells and that the sensitivity of such tumor cells is fatty acid specific. In other studies, it was also reported that some tumor cells are more sensitive to the cytotoxic action of EPA compared to their sensitivity to GLA and AA indicating that there are specific differences in the sensitivity of various tumor cells to different fatty acids. Nevertheless, it is clear that

第1章　機能性脂質のバイオサイエンス

transformation of normal NIH-3T3 cells to a malignant phenotype by expressing v-Ki-ras oncogene rendered them susceptible to the cytotoxic action of GLA and possibly, other PUFAs[72] suggesting that oncogene expression some how makes the cells respond differently to PUFAs. Why this is so is not clear. But, what is clear is the differential cytotoxicity of PUFAs on normal and tumor cells as clearly demonstrated by several studies including that of Vartak *et al*[73] who showed that GLA is cytotoxic to 36B10 malignant rat astrocytoma cells but not to 'normal' rat astrocytes.

3．5．6　Alterations in the properties of tumor cells on exposure to PUFAs

Tumor and normal cells incubated with various PUFAs readily incorporate these fatty acids in their membranes and thus alter membrane composition. This alteration in cell and mitochondrial membrane composition is expected to produce many alterations in their properties, especially those related to the membranes. For instance, dietary GLA fed to nude female mice which had subcutaneous implantation of the MCF-7 tumor cells not only showed decreased tumor growth but also had markedly lower ER (estrogen receptor) expression compared with control[74]. In addition, a negative correlation between the activity of phospholipase *c* (PLC) in the presence of G protein activation and phosphatidylethanolamine (PE) GLA content was reported. This suggests that G protein may be sensitive to the levels of GLA content in the membrane[75]. Since cell membrane properties are crucial to the invasive metastatic potential of tumor cells, it is anticipated that alterations in the cell membrane properties may have influence on metastasis.

GLA and its lithium salt markedly reduced hepatocyte growth factor-induced motility and in vitro invasion of human colon cancer cells. The attachment of these cells to the extracellular matrix components (matrigel and fibronectin) was also inhibited[76]. Treatment of endothelial cells with GLA increased transendothelial cell resistance and reduced the paracellular permeability to large molecules without affecting the viability of the endothelial cells. Occludin, a molecule that plays a major role in tight junctions was up regulated by GLA. Similar results were seen with EPA whereas LA and AA down-regulated the expression of occludin[77]. These results suggested that both GLA and EPA regulate the expression of occludin in endothelial cells and thus, modify tumor cell invasion. These results coupled with the observation that GLA markedly increased the expression of metastasis-suppressor gene nm-23 whereas both LA and AA reduced its expression[78] indicate that GLA has anti-metastatic properties. In addition, GLA has been shown to increase alpha-catenin[79], E-cadherin[80] expression, increased cell-cell adhesion with an increase in the formation of desmoglein-containing desmosomes[81], stimulated the expression of maspin and a marked reduction in the spreading and migration of tumor cells[82], and improved gap junction communication and reduced adhesion of tumor cells to the endothelium[83]. These anti-metastatic and suppressive actions of GLA on tumor cell invasion were further confirmed by the observation that GLA significantly impaired spheroid cell growth and invasion of glioma cells[84]. Furthermore, GLA showed anti-angiogenic action *in vitro*[85, 86]. It is also interesting to note that GLA acts via peroxisome proliferator activated receptors (PPARs) by stimulating their phosphorylation and translocation to the nucleus to bring about some of its cytotoxic and alterations in cell adhesion properties. Removing PPAR-γ

but not of PPAR-α with antisense oligos abolished the effect of GLA on the expression of adhesion molecules and tumor suppressor genes suggesting that PPAR-γ serves as the receptor for GLA in the regulation of gene expression in breast cancer cells[87]. In this context, it is important to note that PUFAs serve as endogenous ligands for PPARs.

3.5.7 GLA and other PUFAs enhance the actions of anti-cancer drugs and radiation

GLA and other PUFAs not only have anti-cancer actions by themselves, but are capable of potentiating the tumoricidal actions of other known anti-cancer drugs and radiation. Majority of the conventional anti-cancer drugs and radiation augment free radical generation and lipid peroxidation process and thus bring about their tumoricidal action. PUFAs including GLA enhance free radical generation and lipid peroxidation process specifically in tumor cells. In view of this, it is reasonable to expect that when conventional anti-cancer drugs and/or radiation and GLA/PUFAs are given together they could exhibit synergistic tumoricidal action.

Supplementation of DHA to L1210 lymphoblastic leukemia cells rendered them more susceptible to the cytotoxic action of doxorubicin[88]. Both GLA and EPA augmented the tumoricidal action of doxorubicin, cis-platinum and vincristine to HeLa cells *in vitro*[89]. Incorporation of GLA and EPA into the cancer cell membranes altered the membrane fluidity and permeability that enhanced the uptake of anti-cancer drugs by HeLa cells, leading to an increase in the intracellular concentration of these drugs. This ultimately leads to an increase in their cytotoxic actions. GLA enhanced the cell growth inhibitory activity of vinorelbine on MCF-7 breast cancer cells and thus, could increase tumor cell chemosensitivity[90]. GLA also enhanced the sensitivity of rat astrocytoma cells to radiation-induced cytotoxicity[91], suggesting that prior exposure to GLA may be used to enhance the sensitivity of tumor cells to the cytotoxic actions of radiation and anti-cancer drugs. Breast cancer patients given oral GLA (2.8 mg/day) plus tamoxifen (20 mg/day) for 6 weeks showed a significantly faster clinical response than tamoxifen controls with a significant reduction in estrogen receptor (ER$^+$) and *Bcl-2* expression in tumor biopsies[92].

3.5.8 PUFAs especially GLA protects normal cells/tissues

Animal studies done in rats and dogs showed that infusion and injection of GLA into the brain parenchyma is safe and does not have any side-effects[31, 93]. These results suggested that the reactive damage associated with surgery and GLA infusion was small relative to abnormal areas associated with tumor infiltration. The localized bleeding and macrophage reactivity observed in control and GLA infusions into normal brain suggested that the damage due to GLA infusion was solely related to the infusion procedure *per se*. Low neurotoxicity of GLA to normal brain neurons and selective activity against tumor tissue is indicated by the preservation of neuronal tissue at the tumor/neuronal tissue interface[31].

Oral BP (75mg/kg of body weight) and whole body gamma-radiation (250 rads, 1 Gy/minute) cause a significant DNA damage to bone marrow cells[94, 95]. GLA, when given intraperitoneally one hour after BP or radiation, completely prevented the genetic damage induced by BP and radiation[94-96]. EPA protected hippocampus of rats exposed to γ-radiation. Thus, GLA and EPA not only have selective and robust tumoricidal action but also protected normal cells from the cytotoxic actions of radiation and conventional anti-cancer drugs by suppressing oxidant stress and caspases-3 activation[97].

This dichotomy in the actions of PUFAs especially GLA and EPA on normal and tumor cells is particularly interesting. It is not clear why these fatty acids are able to kill tumor cells but at the same instance protect normal cells from their cytotoxic actions. If the molecular mechanism (s) of these actions are understood, it will lead to the development fatty acid-based anti-cancer drugs that are selectively toxic to tumor cells but do not harm normal cells. One possibility is that tumor cells have limited capacity to protect themselves from the oxidant stress induced by PUFAs since they have relatively low levels of anti-oxidant enzymes such as SOD, catalase, and vitamin E; are unable to generate significant amounts of these anti-oxidant defenses in response to oxidant stress and hence succumb to the cytotoxic actions of GLA and EPA. On the other hand, normal cells have adequate anti-oxidant defenses, are able to generate significant amounts anti-oxidant enzymes SOD, catalase, and vitamin E and thus, protect themselves from the cytotoxic actions of PUFAs. This is supported by the observation that almost same amounts of lipid peroxides are formed both in normal and tumor cells when treated with PUFAs, but at the end of 72 hours of incubation with these fatty acids (GLA and EPA) the concentrations of lipid peroxides start decreasing in normal cells whereas they (lipid peroxides) continue to accumulate in tumor cells[4, 6]. This continued accumulation of lipid peroxides ultimately reach toxic levels leading to the death of tumor cells either by apoptosis, necrosis or pycnosis. This is supported by the observation that inhibition of SOD by 2-methoxyestradiol (2-ME) causes death of tumor cells[11]. This clearly indicates that the balance between pro- and anti-oxidants determines the survival or death of tumor cells. Hence, methods designed to augment free radical generation and lipid peroxidation process in the tumor cells is a reasonable strategy to induce death of tumor cells. In fact, almost all the exiting anti-cancer drugs and radiation induce death of tumor cells by enhancing the formation of free radicals and lipid peroxides in tumor cells. But, these agents also enhance the formation of free radicals and lipid peroxides to toxic levels even in the normal cells and thus, causes their death that is ultimately responsible for the various side effects seen with the current therapeutic approaches of cancer treatment. On the other hand, PUFAs (especially GLA and EPA) being natural compounds and less powerful than the conventional anti-cancer drugs are relatively safe and selectively toxic to tumor cells.

3.5.9 *In vivo* studies with PUFAs

There is reasonable evidence to suggest that the selective cytotoxic action of various PUFAs on tumor cells is not just a test tube curiosity but that it is applicable to an *in vivo* situation. Several *in vivo* studies showed that GLA and other PUFAs suppressed diethylnitrosamine (DEN)-induced hepatoma development and growth[98], skin papilloma formation in mice[99, 100], and ascitic tumor growth[101]. EPA inhibited induction of carcinogenesis in the rat colon by 1,2-dimethylhydrazine[102] and reduced KLN-205 squamous cell carcinoma tumor size in the mouse[103].

But several other studies did not support these results. For instance, nude mice bearing a range of human tumor xenografts showed no significant response to GLA on their growth[104-107]. Both lithium GLA and a lipid emulsion 1-(gamma) linolenyl 1-3eicosaoentaenoyl propane diol that contains both GLA and EPA showed a dose-dependent growth inhibitory effect on human pancreatic carcinoma cells *in vitro* but were ineffective when given to nude mice bearing subcutaneous pancreatic tumors as intravenous and intraperitoneal routes[104-107]. On the contrary, intratumoral lithium GLA appeared to be more effective than intravenous and intraperitoneal therapy[104]. In open-label phase I/II dose escalation study intravenous lithium GLA was associated with longer survival times though this was not statistically significant in patients with pancreatic cancer[108]. These studies suggest that improvements in fatty acid delivery are necessary to exploit the anti-tumor actions of PUFAs. The lack of significant beneficial actions of PUFAs in some animal tumor models and humans could be due to the tight binding of these fatty acids to albumin and other proteins[63]. This renders them unavailable in sufficient amounts to tumor cells to bring about their cytotoxic actions. Hence, selective delivery of PUFAs to tumor(s)/tumor cells *in vivo* is essential. In this context, intra-tumoral administration of PUFAs appears to be promising.

3.5.10 Intra-tumoral injection of GLA for glioma

One of the best ways to utilize the tumoricidal action of GLA is to deliver it selectively to the tumor cells. In view of this, we injected GLA direct into the human gliomas (highly malignant brain tumors).

In this clinical study, intra-tumoral injection of GLA into the tumor bed was achieved via an Omayya reservoir. Initially, we treated 6 patients in this manner that showed that GLA could regress human brain gliomas without any significant side effects. In this study, only those patients who underwent debulking surgery, radiation and chemotherapy and then came with recurrence of the tumor only were recruited. These patients were in stage IV and were not eligible for further chemotherapy or radiation. Following a second debulking surgery, they were given intra-tumoral injection of GLA. In view of the advanced nature of their disease, these patients were not expected to survive for no more than few weeks. Following GLA therapy, majority of these patients survived for more than 1-2 years, which was considered significant. Further, there were no significant side effects following intra-tumoral administration of GLA in all these patients. Encouraged by these favorable results, an additional 15 patients were given intra-tumoral GLA immediately following the initial debulking surgery. All these patients showed significant reduction in tumor size, and survived for more than 1.5-2 years. These data suggest that intra-tumoral GLA regresses malignant glioma, and is safe to use in humans as an anti-tumor agent[109-111].

However, it is not always possible to administer GLA intra-tumorally, especially if the tumor is highly vascular because it can lead to torrential bleeding or when the tumor is deep in an internal organ and, hence, is inaccessible. To circumvent these problems, I prepared a lithium salt of GLA (Li-GLA), which is partially water soluble unlike pure GLA, which is not water soluble since it a lipid. Because Li-GLA is not radio-opaque, to delineate its intra-tumoral distribution, its affect on the tumor feeding vessels, and to know how long the fatty acid would remain in the tumor tissue, Li-GLA was mixed or conjugated to iodized oil (this Li-GLA-iodized conjugate is called as LGIOC). This LGIOC was used for intra-arterial injection to 5 patients with advanced cancer with no other option or who refused conventional surgery, chemotherapy and radiation due to the advanced nature of their disease and the complications that are associated with these therapies.

第1章　機能性脂質のバイオサイエンス

3.5.11　GLA has anti-vascular and anti-angiogenic actions

This study was conducted in 5 patients with stage 4 disease: two with primary hepatoma (patients 1 and 2), two with giant cell tumor of the bone (patients 3 and 4) and one with renal cell carcinoma (patient 5). Patients 1 and 2 were included in the study as the tumors were extremely vascular, large, and not easily respectable, and surgery was considered high-risk, as the general condition of the patients was poor. It was also thought that these 2 patients of hepatoma were unlikely to respond to chemotherapy and radiation. The 2 patients with giant cell tumor of the bone (osteoclastoma), were included in the study as attempts at complete excision of the tumors would have resulted in disfigurement and mutilation due to their location: in one the tumor was situated in the lower end of the femur and so he needs above knee amputation; and in the other the tumor was arising from the scapula, which necessitates disarticulation and removal of the upper limb. The patient with renal tumor, by the time it was detected, was large and had stage 4 disease with metastasis in the liver, peritoneum and lungs. At the time of inclusion in the study, he had mild renal impairment with pleural effusion on right side. Further he was elderly (aged 79 years), lost more than 10 kgs of weight. He refused nephrectomy and was also considered high-risk for surgery in view of his age, large cancerous mass and metastasis. All the routine biochemical and radiological investigations were done both before and after the injection of modified GLA in the 5 patients. Diagnosis was confirmed in all by biopsy prior to therapy (except in the patient with renal cancer since even attempts at biopsy was considered hazardous).

3.5.12　Method of administration

Patients were admitted in the hospital for the study. Catheterization of the major artery from which the principal tumor feeding vessel(s) were arising was performed under local anesthesia. In the 2 patients with hepatoma, the tip of the catheter was positioned in the right hepatic artery, in the right Femoral/Popliteal artery in the patient with giant cell tumor of the right lower end of the femur and the left Subclavian/Axillary arteries in the patient with giant cell tumor of the left scapula, and left renal artery in the patient with left kidney tumor. LGIOC was prepared fresh, just prior to injection. Radiographic and CT scan examinations were performed immediately before and after the injection and at periodic intervals. In order to know how the arterial supply to the tumor tissue is influenced by the injection of LGIOC, during and immediately after the procedure and at periodic intervals angiography was performed and recorded. In all the patients the administration of LGIOC was done as swiftly as possible. During the administration of LGIOC, the vital signs of the patients were monitored.

All the 5 patients tolerated the treatment well and no significant side effects due to the therapy were noted. The only complaint was the mild feeling of warmth followed by pain at the site of the tumor during and immediately after the injection of LGIOC, which is due to the perfusion of the tumor with the drug LGIOC and ischemia as a result of occlusion of the tumor feeding vessels. In general, the pain was not severe and it did respond to the administration of non-steroidal anti-inflammatory drugs. All the biochemical tests performed after the administration of LGIOC were found to be normal.

The most significant and surprising observation of the study was the occlusion of the tumor-feeding vessels following LGIOC injection. This was a consistent observation in all the 5 patients[112, 113]. This selective occlusion of the tumor feeding vessels was seen even while injecting LGIOC in patients with giant cell tumors of the bone and the patient with renal cell carcinoma. On the other hand, in the patient with hepatoma, the occlusion of the tumor feeding vessels was noticed over a period of time. In the patient with hepatoma (patient 1) occlusion of the tumor feeding vessels was noticed 10 days after the injection of LGIOC. Prior to the injection of LGIOC marked tumor blush was noticed. A repeat angiogram done 4 days after the first dose of LGIOC showed that tumor blush was much less. At this time, an additional dose of 0.5 mg of LGIOC was given. The third angiogram performed 1 week after the second dose of LGIOC (and 11th day after the 1st dose of LGIOC) showed almost complete occlusion of the tumor feeding vessels. No such occlusion was seen in the normal vasculature. The time lag for the occlusion of the tumor feeding vessels observed in patient 1 with hepatoma suggests that the occlusion of the tumor feeding vessels is probably not due to embolism. Further normal blood vessels, which were much smaller in diameter compared to the tumor feeding vessels, were not occluded when exposed to LGIOC. In patient 2 with hepatoma, occlusion of the tumor-feeding vessels was seen even while LGIOC was being injected. The remarkable selectivity to occlude only the tumor-feeding vessels is clear from the pre- and post-LGIOC photographs of the patient 5 with renal cancer.

The pre and post-LGIOC injection angiograms of all the 5 patients indicated that LGIOC occludes the tumor-feeding vessels. In order to know the duration of this selective occlusion of the tumor-feeding vessels, angiograms were repeated at periodic intervals. In patient 1 with hepatoma, it was noted that even after 28 days of LGIOC injection, no tumor feeding vessels could be seen. In patient 3 with giant cell tumor of the lower end of the right femur, repeat angiogram performed 10 days after LGIOC injection did not show any tumor feeding vessels (Figure 3c) but the radiograph of the right knee showed the presence of the contrast material which suggests that LGIOC is present in the tumor (since Li-GLA is tagged to the contrast material). In the patient with giant cell tumor of the left scapula (patient 4), a follow up angiogram performed 8 years after the injection of LGIOC showed that the original tumor-feeding vessel was still occluded[113]. A plain radiograph of the left scapula showed extensive sclerosis of the tumor. This patient is still under follow up and is now normal[113]. It is evident from these results that LGIOC injection induced occlusion of the tumor-feeding vessels lasts for a long time and is, probably, permanent.

The novel and highly beneficial action of LGIOC to induce occlusion of tumor-feeding vessels is interesting. The occlusion of the tumor feeding vessels observed is, probably, not due to embolism since normal blood vessels, which were much smaller in diameter and located proximal to the tumor feeding vessels and closer to the tip of the catheter and the site of injection were not occluded. Because the site of LGIOC injection, was away from the origin of the main tumor-feeding vessels, it is evident that the occlusion of those vessels was not due to injection of the drug directly into them. These results clearly suggest that LGIOC has the unique property to selectively occlude tumor-feeding vessels but not normal arteries. Furthermore, no significant angiogenesis was observed once the tumor-feeding vessels were occluded. This data indicates that modified molecules of GLA and possibly other PUFAs show anti-vascular and anti-angiogenic actions[85].

3.5.13　Other lipids and their anti-cancer actions

Even though, the anti-cancer actions of PUFAs have been highlighted above, it should be understood that several other lipids also showed similar, if not identical actions. For instance, conjugated linoleic acid (CLA), some phospholipids, and sulfur derivatives of PUFAs have been documented to have anti-cancer actions. But, I have not deliberately discussed the anti-cancer properties of these fatty acids since other contributors to this volume will cover it.

References

1) Benedetti A, Malvaldi G, Fulceri R, *Cancer Res*, **44,** 5712-5717 (1984)
2) Cheeseman KH, Burton GW, Ingold KU, *Toxicol Pathol*, **12,** 235-239 (1984)
3) Nassar BA, Das UN, Huang YS, Ells G, *Proc Soc Exp Biol Med*, **199,** 365-368 (1992)
4) Das UN, Begin ME, Ells G, Huang YS, *Biochem Biophys Res Commun*, **145,** 15-24 (1987)
5) Das UN, *Cancer Lett*, **56,** 235-243 (1991)
6) Das UN, Huang YS, Begin ME, Ells G, Horrobin DF, *Free Radical Biol Med*, **3,** 9-14 (1987)
7) Colquhoun A, Schumacher RI, *Biochim Biophys Acta*, **1533,** 207-219 (2001)
8) Leaver HA, Williams JR, Gregor A, et al., *Eur J Clin Invest*, **29,** 220-231 (1999)
9) Galeotti T, Borrello S, Masoti L, In: Das OK, Essman R, eds., Oxygen radicals: systemic events and disease processes, Basel, S. Karger, 129-148 (1990)
10) Das UN, *Asia Pacific J Pharmacol*, **7,** 305-327 (1992)
11) Huang P, Feng L, Oldham EA, Keating MJ, *Nature,* **407,** 390-395 (2000)
12) Kumar SG, Das UN, *Cancer Lett*, **92,** 27-38 (1995)
13) Leary WP, Robinson K M, Booyens J, Dippenaar N, *S Afr Med J*, **62,** 681-683 (1987)
14) Begin ME, Das U N, Ells G, Horrobin D F, *Prostaglandins Leukot Med*, **19,** 177-186 (1985)
15) Das U N, *Nutrition*, **15,** 239-241 (1999)
16) Das UN, *Nutrition,* **6,** 429-434 (1990)
17) Seigel I, Liu T L, Yaghoubzadeh E, Keskey T S. Gleicher N, *J Natl Cancer Inst*, **78,** 271-277 (1987)
18) Sangeetha P and Das U N, *Cancer Lett*, **63,** 189-198 (1992)
19) Begin M E, Ells G, Das U N, Horrobin D F, *J Natl Cancer Inst*, **77,** 1053-1062 (1986)
20) Begin M E, Das U N, Ells G, *Prog Lipid Res*, **25,** 573-576 (1986)
21) Booyens J, Dippenaar N, Fabbri D, Engelbrecht P, Louwrens CC, Katzeff IE, *S Afr Med J*, **65,** 607-612 (1984)
22) Fujiwara F, Todo S, *Prostaglandins Leukot Med*, **23,** 311-320 (1986)
23) Robinson KM, Botha JH, *Prostaglandins Leukot Med*, **20,** 209-221 (1985)
24) Booyens J, Engelbrecht P, Le Roux S, Louwrens CC, Van der Merwe CF, Katzeff IE, *Prostaglandins Leukot Med*, **15,** 15-23 (1984)

24) Mengeaud V, Nano JL, Fournel S, Rampal P, *Prostaglandins Leukot Essen Fatty Acids*, **47**, 313-319 (1992)
25) Vartak S, McCaw R, Davis CS, Robbins ME, Spector AA, *Br J Cancer*, **77**, 1612-1620 (1998)
26) Mainou-Fowler T, Proctor SJ, Dickinson AM, *Leuk Lymphoma*, **40**, 393-403 (2001)
27) Ells G, Chisholm KA, Simmons VA, Horrobin DF, *Cancer Lett*, **98**, 207-211 (1996)
28) Chajes V, Sattler W, Stranzl A, Kostner GM, *Breast Cancer Res Treat*, **34**, 199-212 (1995)
29) Takeda S, Sim PG, Horrobin DF, Sanford T, Chisholm K, Simmons V, *Anticancer Res*, **13**, 193-199 (1993)
30) Das UN, *Prostaglandins Leukot Essen Fatty Acids*, **61**, 157-163 (1999)
31) Mainou-Fowler T, Proctor SJ, Dickinson AM, *Leuk Lymphoma*, **40**, 393-403 (2001)
32) Bell HS, Wharton SB, Leaver HA, Whittle IR, *J Neurosurg*, **91**, 989-996 (1999)
33) Leaver HA, Bell HS, Rizzo MT, Ironside JW, Gregor A, Wharton SB, Whittle IR, *Prostaglandins Leukot Essen Fatty Acids*, **66**, 19-29 (2002)
34) Leaver HA, Wharton SB, Bell HS, Leaver-Yap IMM, Whittle IR, *Prostaglandins Leukot Essen Fatty Acids*, **67**, 283-292 (2002)
35) Das UN, *Prostaglandins Leukot Essen Fatty Acids*, **70**, 539-552 (2004)
36) Fujiwara F, Todo S, Imashuku S, *Prostaglandins Leukot Med*, **30**, 37-49 (1987)
37) Awad AB, Young AL, Fink CS, *Cancer Lett*, **108**, 25-33 (1996)
38) Hrelia S, Bordoni A, Biagi P, Rossi CA, Bernardi L, Horrobin DF, Pession A, *Biochem Biophys Res Commun*, **225**, 441-447 (1996)
39) Colquhoun A, *Biochim Biophys Acta*, **1583**, 74-84 (2002)
40) Colquhoun A and Schumacher RI, *Mol Cell Biochem*, **218**, 13-20 (2001)
41) Baron JA, Cole BF, Sandler RS, et al, *N Engl J Med*, **348**, 891-899 (2003)
42) Sandler RS, Halabi S, Baron JA, et al, *N Engl J Med*, **348**, 883-890 (2003)
43) Imperiale TF, *N Engl J Med*, **348**, 879-880 (2003)
44) Reuter BK, Zhang X-J, Miller MJS, *BMC Cancer*, **2**, 19 (2002)
45) Boudreau MD, Sohn KH, Rhee SH, Lee SW, Hunt JD, Hwang DH, *Cancer Res*, **61**, 1386-1391 (2001)
46) Arita K, Kobuchi H, Utsumi T, Takehara Y, Akiyama J, Horton AA, Utsumi K, *Biochem Pharmacol*, **62**, 821-828 (2001)
47) Higuchi Y, *Arch Biochem Biophys*, **392**, 65-70 (2001)
48) Albino AP, Juan G, Traganos F, Reinhart L, Connolly J, Rpse DP, Darzynkiewicz Z, *Cancer Res*, **60**, 4139-4145 (2000)
49) Cao Y, Pearman AT, Zimmerman GA, McIntyre TM, Prescott SM, *Proc Natl Acad Sci USA*, **97**, 11280-11285 (2000)
50) Latham P, Lund EK, Johnson IT, *Carcinogenesis*, **20**, 645-650 (1999)
51) Dommels YE, Haring MM, Keestra NG, Alink GM, Van Bladeren PJ, Van Ommen B, *Carcinogenesis*, **24**, 385-392 (2003)
52) Chow SC and Jondal M, *J Biol Chem*, **265**, 902-907 (1990)
53) Palakurthi SS, Fluckiger R, Aktas H, Changolkar AK, Shahsafaei A, Harneit S, Killic E, Halperin JA, *Cancer Res*, **60**, 2919-2925 (2000)

54) Demaurex N and Distelhorst C, *Science*, **300**, 65-67 (2003)
55) Scorrano L, Oakes SA, Opferman JT, Cheng EH, Sorcinelli MD, Pozzan T, Korsmeyer SJ, *Science*, **300**, 135-139 (2003)
56) Joubert AM, Panzer A, Joubert F, Lottering ML, Bianchi PC, Seegers JC, *Prostaglandins Leukot Essen Fatty Acids*, **61**, 171-182 (1999)
57) Diggle CP, Pitt E, Roberts P, Trejdosiewicz LK, Southgate J, *J Lipid Res*, **41**, 1509-1515 (2000)
58) Padma M and Das UN, *Prostaglandins Leukot Essen Fatty Acids*, **60**, 55-63 (1999)
59) Finstad HS, Dyrendal H, Myhrstad MCW, Heimli H, Drevon CA, *J Lipid Res*, **41**, 554-563 (2000)
60) Finstad HS, Drevon CA, Kulseth MA, Synstad AV, Knudsen E, Kolset SO, *Biochem J*, **336**, 451-459 (1998)
61) de Kock M, Lottering ML, Seegers JC, *Prostaglandins Leukot Essen Fatty Acids*, **51**, 109-120 (1994)
62) de Kock M, Seegers JC, Els HJ, *S Afr Med J*, **81**, 467-472 (1992)
63) Ramesh G and Das UN, *Nutrition*, **8**, 343-347 (1992)
64) Hayashi Y, Fukushima S, Hirata T, Kishimoto S, Katsuki T, Nakano M, *J Pharmacobiodyn*, **13**, 705-711 (1990)
65) Takeda S, Horrobin DF, Manku MS, Sim PG, Ells G, Simmons V, *Anticancer Res*, **12**, 329-333 (1992)
66) Cantrill RC, Ells G, Chisholm K, Horrobin DF, *Cancer Lett*, **72**, 99-102 (1993)
67) Perkins DM, Duncan JR, *Prostaglandins Leukot Essen Fatty Acids*, **43**, 43-48 (1991)
68) Botha JH, Robinson KM, Leary WP, *Prostaglandins Leukot Med*, **19**, 63-77 (1985)
69) Robinson KM, Botha JH, *Prostaglandins Leukot Med*, **20**, 209-221 (1985)
70) Sircar S, Cai F, Begin ME, Weber JM, *Anticancer Res*, **10**, 1783-1786 (1990)
71) Begin ME, Sircar S, Weber JM, *Anticancer Res*, **9**, 1049-1052 (1989)
72) Cantrill RC, Ells GW, de Antueno RJ, Elliot M, Raha SK, Horrobin DF, *Anticancer Res*, **12**, 2197-2201 (1992)
73) Vartak S, McGaw R, Davis CS, Robbins ME, Spector AA, *Br J Cancer*, **77**, 1612-1620 (1998)
74) Kenny FS, Gee JM, Nicholson RI, Ellis IO, Morris TM, Watson SA, Bryce RP, Robertson JF, *Int J Cancer*, **92**, 342-347 (2001)
75) Awad AB, Young AL, Fink CS, *Cancer Lett*, **108**, 25-33 (1996)
76) Jiang WG, Hiscox S, Hallett MB, Scott C, Horrobin DF, Puntis MC, *Br J Cancer*, **71**, 744-752 (1995)
77) Jiang WG, Bryce RP, Horrobin DF, Mansel RE, *Biochem Biophys Res Commun*, **244**, 414-420 (1998)
78) Jiang WG, Hiscox S, Bryce RP, Horrobin DF, Mansel RE, *Br J Cancer*, **77**, 731-738 (1998)
79) Jiang WG, Hiscox S, Horrobin DF, Hallett MB, Mansel RE, Puntis MC, *Anticancer Res*, **15**, 2569-2573 (1995)
80) Jiang WG, Hiscox S, Hallett MB, Horrobin DF, Mansel RE, Puntis MC, *Cancer Res*, **55**, 5043-5048 (1995)

81) Jiang WG, Singhrao SK, Hiscox S, Hallett MB, Bryce RP, Horrobin DF, Puntis MC, Mansel RE, *Clin Exp Metastasis*, **15**, 593-602 (1997)
82) Jiang WG, Hiscox S, Horrobin DF, Bryce RP, Mansel RE, *Biophys Res Commun*, **237**, 639-644 (1997)
83) Jiang WG, Bryce RP, Mansel RE, *Prostaglandins Leukot Essen Fatty Acids*, **56**, 307-316 (1997)
84) Bell HS, Wharton SB, Leaver HA, Whittle IR, *J Neurosurg*, **91**, 989-996 (1999)
85) Cai J, Jiang WG, Mansel RE, *Prostaglandins Leukot Essen Fatty Acids*, **60**, 21-29 (1999)
86) Cai J, Jiang WG, Mansel RE, *Biochem Biophys Res Commun*, **258**, 113-118 (1999)
87) Jiang WG, Redfern A, Bryce RP, Mansel RE, *Prostaglandins Leukot Essen Fatty Acids*, **62**, 119-127 (2000)
88) Guffy MM, North JA, Burns CP, *Cancer Res*, **44**, 1863-1866 (1984)
89) Sangeetha Sagar P and Das UN, *Med Sci Res*, **21**, 457-459 (1993)
90) Menendez JA, Ropero S, del Barbacid MM, et al, *Breast Cancer Res Treat*, **72**, 203-219 (2002)
91) Vartak S, Robbins ME, Spector AA, *Lipids*, **32**, 283-292 (1997)
92) Kenny FS, Pinder SE, Ellis IO, et al, *Int J Cancer*, **85**, 643-648 (2000)
93) Das U N, Prasad V V S K, Reddy D R, *Cancer Lett*, **94**, 147-155 (1995)
94) Das UN, Devi GR, Rao KP, Rao MS, *Prostaglandins*, **29**, 911-920 (1985)
95) Das UN, Devi GR, Rao KP, Rao MS, *Prostaglandins*, **38**, 689-716 (1989)
96) Das UN, Devi GR, Rao KP, Rao MS, *Nutrition Res*, **5**, 101-105 (1985)
97) Lonergan PE, Martin DSD, Horrobin DF, Lynch MA, *J Biol Chem*, **277**, 20804-20811 (2002)
98) Ramesh G and Das UN, *Cancer Lett*, **95**, 237-245 (1995)
99) Ramesh G and Das UN, *Cancer Lett*, **100**, 199-209 (1996)
100) Ramesh G and Das UN, *Prostaglandins Leukot Essen Fatty Acids*, **59**, 155-161 (1998)
101) Ramesh G and Das UN, *Cancer Lett*, **123**, 207-214 (1998)
102) Latham P, Lund EK, Johnson IT, *Carcinogenesis*, **20**, 645-650 (1999)
103) Palakurthi SS, Fluckiger R, Aktas H, Changolkar AK, Shahsafaei A, Harneit S, Killic E, Halperin JA, *Cancer Res*, **60**, 2919-2925 (2000)
104) Ravichandran D, Cooper A, Johnson CD, *Br J Surg*, **85**, 1201-1205 (1998)
105) Botha JH, Robinson KM, Leary WP, *S Afr Med J*, **64**, 11-12 (1983)
106) Ravichandran D, Cooper A, Johnson CD, *Eur J Cancer*, **36**, 423-427 (2000)
107) Ravichandran D, Cooper A, Johnson CD, *Br J Surg*, **85**, 1201-1205 (1998)
108) Fearon KC, Falconer JS, Ross JA, Carter DC, Hunter JO, Reynolds PD, Tuffnell Q, *Anticancer Res*, **16**, 867-874 (1996)
109) Naidu M R C, Das U N, Kishan A, *Prostaglandins Leukot Essen Fatty Acids*, **45**, 181-184 (1992)
110) Das U N, Prasad V V S K, Reddy D R, *Cancer Lett*, **94**, 147-155 (1995)
111) Balski A, Mukherjee D, Bakshi A, Banerji AK, Das UN, *Nutrition*, **19**, 305-309 (2003)
112) Das U N, *Nutrition*, **18**, 662-664 (2002)
113) Das UN, *Prostaglandins Leukot Essen Fatty Acids*, **70**, 23-32 (2004)

第2章　機能性脂質の分子設計

1　微生物による機能性脂質の生産

小川　順[*1]，櫻谷英治[*2]，清水　昌[*3]

1.1　はじめに

　生物生産法は有機合成が不得手とする複雑な構造の機能性脂質，特に脂質の構成単位となる脂肪酸の供給において有効な手段である。生物生産法開発の端緒は，目的の脂質を生産する生物種を特定することであり，これに関して多様性に富む微生物は格好のスクリーニング対象である[1,2]。1980年代以降 Mucor 属や Mortierella 属糸状菌が γ-リノレン酸（GLA；18:3 n-6）やアラキドン酸（AA；20:4 n-6）を著量生産することが見いだされて以来，植物・動物油脂には見られない脂肪酸組成を持った油脂を，自然条件に左右されることなく生産する「微生物発酵油脂（Single Cell Oils）」の開発が精力的に展開されてきた。ここでは，微生物による機能性脂質生産を高度不飽和脂肪酸（PUFA）の発酵生産を軸に概観するとともに，油糧微生物の代謝工学的育種や脂質変換反応の酵素工学的応用による新規な機能性脂質の設計・生産法の開発を，AA生産性 Mortieralla 属糸状菌の育種，乳酸菌による共役脂肪酸生産などを例に紹介する。

1.2　微生物による高度不飽和脂肪酸の発酵生産

　微生物には，様々な不飽和脂肪酸の存在が確認されている[3]。表1には微生物によって生産可能な代表的な高度不飽和脂肪酸をまとめた。1980年代半ばC. Ratledgeら，鈴木らによる精力的なGLA高生産微生物の探索研究が行われ，Mucor 属，Mortierella 属糸状菌を用いるGLAの工業生産が確立された[4]。同じころ，清水らはAA高生産性糸状菌 Mortierella alpina 1S-4を見いだし，その高い油脂生産性，特徴的脂肪酸組成（飽和脂肪酸と不飽和脂肪酸の両方を含む）を様々な角度から検証することにより，多様なC18およびC20のPUFAの工業生産を可能とした[5〜7]。以下に代表的なPUFA生産の例を示す。また，図1に M. alpina 1S-4および後述する種々の変異株（表2）に見いだされたPUFAの de novo 生合成系を示す[8]。

---

*1　Jun Ogawa　京都大学　大学院農学研究科　応用生命科学専攻　助手
*2　Eiji Sakuradani　京都大学　大学院農学研究科　応用生命科学専攻　助手
*3　Sakayu Shimizu　京都大学　大学院農学研究科　応用生命科学専攻　教授

機能性脂質のフロンティア

表1 微生物により生産される代表的な高度不飽和脂肪酸

脂肪酸	代表的な生産菌
n-6系	
LA	*Mortierella alpina* 1S-4 Mut49
GLA	*Mucor circinelloides, Mo. isabellina,*
	Mo. ramanniana var. *angulispora,*
	Cunninghamella echinulata, Mu. mucedo,
	Cunninghamella elegans,
	Rhizopus arrhizus, Rhizopus spp., *Thamnidium elegans*
DGLA	*Mo. alpina* 1S-4, *Mo. alpina* 1S-4 Mut44, *Mo.alpina* 1S-4 S14,
	Saprolegnia ferax
AA	*Mo. alpina* 1S-4 and other *Mortierella* subgenus,
	Entomophthora exitalis, Blastocladiella emersonii,
	Conidiobolus nanodes
DPA(n-6)	*Schizochytrium* sp.
n-3系	
ALA	Most microorganisms
20:4n-3	*Mo. alpina* 1S-4 S14
EPA	*Mortierella* sp., *Mo. alpina* 1S-4 Mut48, *Pythium sp.,*
	Phythium irregulare, Shewanella putrefaciens, Algae
DHA	*Thraustochytrium aureum, Schizochytrium* sp., *Ulkenia* sp.,
	Algae
DPA(n-3)	*Thraustochytrium aureum*
n-9系	
18:2n-9	*Mo. alpina* 1S-4 Mut48
20:2n-9	*Mo. alpina* 1S-4 Mut48, *Mo. alpina* 1S-4 M226-9
MA	*Mo. alpina* 1S-4 Mut48, *Mo. alpina* 1S-4 M209-7
その他	
19:4n-5	*Mortierella* sp.
19:5n-2	*Saprolegnia* sp.
20:5n-1	*Mo. alpina* 1S-4
20:3n-6(Δ5)	*Mo. alpina* 1S-4 Mut49
20:4n-3(Δ5)	*Mo. alpina* 1S-4 Mut49

LA: linoleic acid (18:2n-6), ALA: α-linolenic acid (18:3n-3), DPA(n-3): 22:5n-3, DPA(n-6): 22:5n-6, *Mo.*: *Mortierella*, *Mu.*: *Mucor*

(1) n-6系PUFA含有油脂

① アラキドン酸：

　M. alpina 1S-4はグルコースを含む単純な培地に良く生育しAAを含むトリアシルグリセロールを菌体内に著量蓄積する。主窒素源を大豆タンパクとする培地でグルコースの間歇フィードのもとに溶存酸素濃度を10-15ppm程度に保って通気攪拌培養し，菌形態を小型ペレット状に制御すると，高いAA含量を保ったまま高密度培養が可能となる。最適条件下でのAA生産量は13-20g/Lに達し，得られた菌体のトリアシルグリセロール含量は500-600mg/g乾燥菌体，油脂の全

第2章　機能性脂質の分子設計

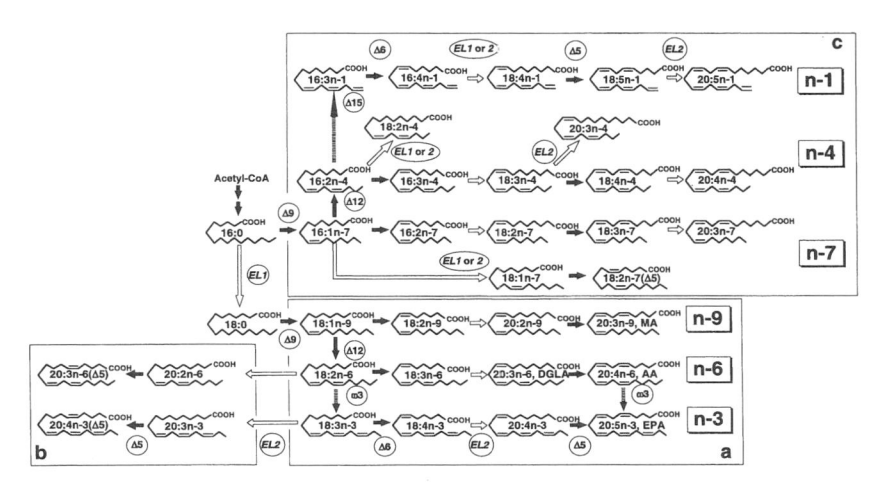

図1　*M. alpina* 1S-4およびその変異株におけるPUFAの生合成経路
　　　図中のΔ9, ω3などは脂肪酸のそれぞれの番号の位置に二重結合を挿入する不飽和化酵素を，ELに鎖長延長酵素を表す。

表2　*M. alpina* 1S-4より誘導された代表的変異株

菌　株	変　異	生成する脂肪酸[g/L]	
		グルコース培地	18:3n-3添加培地
1S-4	(wild)	AA [13-20]	EPA [1.4]
S14	Δ5	DGLA [7.0]	20:4n-3 [1.6]
JT180	Δ12	MA [2.6]	nt
226-9	Δ12, Δ5	20:2n-9 [2.7]	20:4n-3 [2.3]
JT3114	Δ12, Δ5	20:2n-9 [4.0]	nt
Mut49	Δ6	20:3n-6 (Δ5)	20:4n-3 (Δ5)
T4	Δ9	18:0	—
TM912	Δ9, Δ12	18:0	nt
Y11	Δ3	AA	nt
K1	Δ5, ω3	DGLA	nt
M1	EL1	n-4, n-7PUFA	—
V6	excretive	AA	nt

nt : not tested

脂肪酸中のAA量は30-70%に達する[9,10]。

② ジホモ-γ-リノレン酸：

　AAの生合成（図1a）の前駆体であるジホモ-γ-リノレン酸（DGLA；20:3n-6）の生産は，*M. alpina* 1S-4の培地にゴマの抽出物を添加することで可能となる。これはゴマ種子中に含まれるセサミンがDGLAからAAへの変換に関与するΔ5不飽和化酵素（DS）を特異的に阻害するためである[11]。後に，*M. alpina* 1S-4の胞子を変異処理することで得られたΔ5DS欠損変異株

を用いる方法が開発され，総脂肪酸中のDGLA含量が20-40%で，ほとんどAAを含まない（1％以下）DGLA油脂の生産が可能となっている[12]。

③　γ-リノレン酸：

*Micromucor*亜属の*Mortierella*属糸状菌（*M. isabellina, M. ramanniana*など），*Mucor*属糸状菌（*M. ambiguous, M. rouxii, M. circinelloides, M. mucedo*など）や*Cunninghamella echinulata*は，グルコースや廃糖蜜を主炭素源とする培地にて生育させるとGLAに富むトリアシルグリセロールを著量蓄積する。*M. isabellina*の場合，200g/Lの高濃度グルコースを炭素源とする培地で溶存酸素濃度を2ppmに保ち，pH 4.0, 30℃にて培養することにより，3.4g/LのGLAが生産される[4]。

(2)　n-3系PUFA含有油脂

①　エイコサペンタエン酸：

エイコサペンタエン酸（EPA；20:5 n-3）の生産は*Mortierella*属，*Saprolegnia*属，*Pythium*属などの糸状菌類，*Shewanella putrefaciens*などの海洋性細菌において検討されている。これらのうち糸状菌は，生育が旺盛で油脂含量が高いことから実用的である。一方，海洋性細菌では菌体総脂肪酸中に占めるEPAの割合が高い（25-40%）。しかし，脂質生産量が低くリン脂質として蓄積するため，実用的ではない。*M. alpina* 1S-4の場合，20℃以下の低温で生育させるとω3（Δ17）DSが誘導生成され，n-6経路を経て生成蓄積したAAがEPAへと変換される（図1a）[13]。また，n-3経路の前駆体（α-リノレン酸など）を培地に添加してEPAへの転換系を作動させることも可能である[14]。

②　ドコサヘキサエン酸：

ドコサヘキサエン酸（DHA；22:6 n-3）の生産は主に*Thraustochytrium*属，*Schizochytrium*属や*Ulkenia*属などの海洋性菌類，*Crypthecodinium cohnii*などの海洋性藻類において検討されている。*Schizochytrium*属の高生産株では6-15.5g/LのDHAを生産する[15]。溶存酸素濃度が増殖や脂質蓄積の律速となる傾向があるが，物理的障害や高糖濃度に対する耐性が高い点で，DHAの発酵生産に適した菌株である。また，培養条件を変えることによりドコサペンタエン酸（22:5 n-6）を併産することができる。

③　エイコサテトラエン酸：

M. alpina 1S-4由来のΔ5 DS欠損株を20℃以下の低温で生育させると，ω3（Δ17）DSが誘導生成することにより，n-6経路を経て生成蓄積したDGLAが*c*8, *c*11, *c*14, *c*17-エイコサテトラエン酸（20:4 n-3）へと変換される（図1a）[16]。

第2章 機能性脂質の分子設計

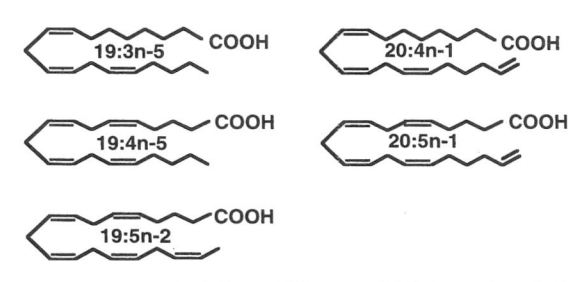

図2 *M. alpina* 1S-4およびその変異株により誘導される新規脂肪酸の構造

(3) n-9系PUFA含有油脂
① ミード酸：

M. alpina 1S-4から得たΔ12DS欠損変異株では，オレイン酸（18:1n-9）をn-6経路の親脂肪酸であるリノール酸（18:2n-6）に変換できない。このような変異株ではn-6経路は機能せず，本来ほとんど機能しないはずのn-9経路が優勢となる。よって，蓄積した18:1n-9は徐々にミード酸（MA；20:3n-9）に変換される（図1a）。得られた油脂の構成脂肪酸は少量の飽和脂肪酸と18:1n-9以降のn-9脂肪酸（総脂肪酸の80％以上）であり，MAの含量は33％に達する[17]。

② エイコサジエン酸：

M. alpina 1S-4由来のΔ12，Δ5DS二重欠損変異株を用いるとMA生合成の前駆体であるc8,c11-エイコサジエン酸（20:2n-9）の生産が可能である（図1a）[18]。

1.3 微生物機能を利用する新規高度不飽和脂肪酸の設計・生産

微生物における特異な脂質変換反応を利用し本来*de novo*合成されない新規なPUFAを設計・生産する試みがなされている。そのストラテジーとしては，非天然型の基質の導入，変異の導入による新規代謝経路の誘導，反応条件の制御による新規中間体の生成などが試みられている。

(1) 非天然型基質の変換による新規高度不飽和脂肪酸生産
① 奇数鎖高度不飽和脂肪酸：

M. alpina 1S-4のユニークな性質として，C14-18の脂肪酸の効率よい取り込み能とPUFAへの変換能がある。C15ならびにC17の脂肪酸を取り込ませると，図1aのAA生合成経路と同様のステップを経て対応するC19のPUFA（19:3n-5，19:4n-5，19:5n-2）が誘導される（図2）。これらの奇数鎖PUFAは，C15もしくは17の*n*-アルカンを培地に添加することによっても生産される[19]。

② n-1脂肪酸：

M. alpina 1S-4に1-ヘキサデセンや1-オクタデセンといった1-アルケンを取り込ませるこ

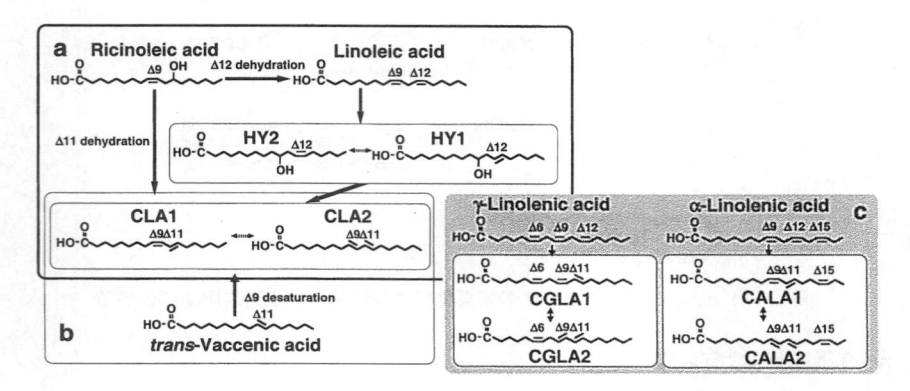

図3　微生物において見いだされた共役脂肪酸生成反応

とにより，15-ヘキサデセン酸，17-オクタデセン酸，$c8, c11, c14$,19-エイコサテトラエン酸（20：4 n-1），$c5, c8, c11, c14$,19-エイコサペンタエン酸（20：5 n-1）などのn-1脂肪酸が誘導される（図2）[20]。

③　共役リノール酸（糸状菌による生産）：

糸状菌Δ9DSの幅広い基質特異性を利用し，$trans$-バクセン酸（t11-18：1）の9位にシス型の二重結合を導入し共役リノール酸（CLA）を生産する試みがなされている（図3b）。高活性菌として$Mortierella$属，$Delacroixia$属糸状菌が見いだされている。後述する乳酸菌による生産と異なり，多数存在するCLA異性体のなかでも$c9, t$11-18：2異性体への選択性が高く，トリアシルグリセロールとして蓄積する特徴を有する[21]。

(2)　変異の導入による新規代謝経路の誘導

①　メチレン非挿入型高度不飽和脂肪酸：

$M. alpina$ 1S-4においてΔ6DSが欠損すると，n-6経路はΔ6DS反応を省略して進行する。すなわち，親脂肪酸である18：2 n-6は鎖長延長酵素により直接鎖長延長されC20のPUFAとなり，さらにΔ5DSにより不飽和化され，Δ8位の2重結合が欠落したC20のPUFAが生成する（18：2 n-6→20：2 n-6→20：3 n-6（Δ5））。同様のことは18：3 n-3を親脂肪酸としてn-3経路でも起こる（18：3 n-3→20：3 n-3→20：4 n-3（Δ5））（図1b）[22]。

②　n-7，n-4，n-1系高度不飽和脂肪酸：

$M. alpina$ 1S-4において16：0からAAへの変換にはC16→C18およびC18→C20の2種の鎖長延長酵素（EL1，EL2）が関与する。C16→C18の鎖長延長反応に関与する酵素（EL1）が部分的に欠失した変異株においては16：0が著量蓄積し，Δ9DSにより16：1 n-7へ変換される。生成した16：1 n-7はそのままn-7経路の親脂肪酸として使用されるか，Δ12DSによって16：2 n-4へと変換されn-4経路の親脂肪酸として使用され，それぞれの経路の最終脂肪酸である20：3

第2章 機能性脂質の分子設計

n-7, 20:4 n-4へと変換される。n-1経路は16:3 n-1を培地に添加すると機能し，20:5 n-1が生成する（図1 c）[23]。

(3) 反応条件の制御による新規中間体の生成

① 共役リノール酸（乳酸菌による生産）：

1960年代半ばC. R. Keplerらは，反芻胃内微生物が遊離不飽和脂肪酸による生育阻害を回避するためにリノール酸を飽和化する過程において，中間体としてCLAが関与していることを報告していた。この知見に基づき，様々な腸内細菌を対象にリノール酸をCLAへと変換する能力が探索された。しかし，リノール酸の毒性ゆえに生育菌体を用いるCLA発酵生産の効率は低いものであった。そこで，生育を伴わない休止菌体を触媒として用いる微生物変換法が検討された結果，$Lactobacillus\ acidophilus$や$L.\ plantarum$に属する乳酸菌に顕著な活性が見いだされ，高濃度基質（リノール酸）条件下での効率生産が達成された[21,24,25]。生成するCLAは，機器分析の結果$c9,t11$-18:2（CLA1）および$t9,t11$-18:2（CLA2）であることが判明している。触媒とする菌体の活性は，培養培地にリノール酸を加えあらかじめCLA生産系酵素群を誘導しておくことや，微生物変換反応を嫌気的に行うことにより向上する。高いCLA生産能を示す$L.\ plantarum$ AKU1009aの湿菌体を触媒として用いる場合，CLAの生産量は約40 mg/mLに達する（モル転換率33%）[26]。異性体生成比は基質濃度や反応時間などの反応条件により変動する[27]。また，生産されるCLAのほとんどが遊離型として菌体内に（あるいは菌体に付着して）回収される。一方，$Lactobacillus$属乳酸菌におけるリノール酸からのCLA生成経路の解明から，水酸化脂肪酸（10-hydroxy-12-18:1；HY1およびHY2）が中間体として関与していることが推測された（図3 a）[24]。この結果に基づき，各種水酸化脂肪酸の$Lactobacillus$属乳酸菌休止菌体による変換が検討され，リシノール酸（RA；12-hydroxy-c9-18:1）がCLAに変換されることが見いだされている（図3 a）[28,29]。RAを基質として生成するCLAも，CLA1およびCLA2である。RAからの変換反応の直接の基質は遊離型のRAであるが，反応液中にリパーゼを共存させることにより，RAを主構成脂肪酸とするトリアシルグリセロール（ひまし油，構成脂肪酸の約85%がRA）がCLA生産の原料となることが示されている[30]。

② 共役リノレン酸：

$Lactobacillus$属乳酸菌休止菌体による不飽和脂肪酸変換においてリノール酸に代えてα-リノレン酸やGLAを基質として用いると，共役リンレン酸が生成する。$L.\ plantarum$ AKU1009aによる反応生成物が単離・同定され，α-リノレン酸からは$c9,t11,c15$-18:3（CALA1）および$t9,t11,c15$-18:3（CALA2）が[31]，GLAからは$c6,c9,t11$-18:3（CGLA1）および$c6,t9,t11$-18:3（CGLA2）が生成することが明らかにされている（図3 c）[21]。

1.4 微生物発酵油脂の高機能化

微生物による機能性脂質生産は，脂肪酸レベルでの生産物制御にとどまっており，たとえば糸状菌を用いる場合に生産される脂質はおもにトリアシルグリセロール，乳酸菌を用いる場合は遊離脂肪酸といったように脂質構造に関しては制約をうける。これらをさらに高次の機能性脂質（構造脂質，リン脂質や糖脂質など）へと変換するにあたっては，リパーゼ類による酵素変換が主となっており，微生物発酵油脂は脂肪酸骨格を供給する原料油脂として重要な位置を占めている。例えば，*Mortierella*属糸状菌により生産されたアラキドン酸含有油脂（アラキドン酸の脂肪酸組成比が40%程度のもの）を，炭素数18以下の脂肪酸に特異性を示す*Candida*属由来のリパーゼで限定分解することにより，アラキドン酸組成比が68 mol%の高アラキドン酸含有油脂へと変換され，されにこれが*Rhizopus oryzae*由来リパーゼによるカプリル酸分解により構造脂質（1,3-カプロイル-2-アラキドノイル-グリセロール）へと変換されている[32]。今後，脂肪酸骨格を様々な脂質へ受け渡すレベルでの詳細な脂質代謝の解明により，より高次な機能性脂質の生産に微生物機能が利用されるようになると思われる。

1.5 おわりに

上記のように発酵油脂生産や様々な脂質の微生物変換が確立され，従来適当な供給源が知られていなかった種々のPUFA含有油脂，共役脂肪酸などの極めてユニークな油脂の供給が可能となった。すでに，AA含有油脂は乳児用ミルクの添加物として，あるいは種々の乳製品の品質を高めるための素材として使用されている。今後，栄養補助食品素材，医薬品素材などへの機能性脂質の利用が拡大するにつれ，微生物機能を用いた機能性脂質生産，ならびに，微生物脂質代謝にヒントを得た機能性脂質の設計が重要になってくると思われる。

文　献

1) J. Ogawa, S. Shimizu, *Trends Biotechnol.*, **17**, 13 (1999)
2) J. Ogawa, S. Shimizu, *Curr. Opin. Biotechnol.*, **13**, 367 (2002)
3) S. Shimizu, J. Ogawa, "Encyclopedia of Biprocess Technology: Fermentation, Biocatalysis, and Bioseparation", p.1839, John Wiley & Sons, New York (1999)
4) 鈴木修，油化学，**41**, 779 (1992)
5) J. Ogawa *et al.* "Lipid Biotechnology", p.563, Marcel Dekker, New York (2002)
6) 清水昌ほか，オレオサイエンス，**3**, 129 (2003)

7) 清水昌ほか, バイオサイエンスとインダストリー, **62**, 11 (2004)
8) M. Certik *et al., Trends Biotechnol.*, **16**, 500 (1998)
9) 藤川茂昭ほか, バイオサイエンスとインダストリー, **57**, 818 (1999)
10) H. Higashiyama *et al., Biotech. Bioprocess Eng.*, **7**, 252 (2002)
11) S. Shimizu *et al., J. Am. Oil Chem. Soc.*, **66**, 237 (1988)
12) H. Kawashima *et al., J. Am. Oil Chem. Soc.*, **77**, 1135 (2000)
13) S. Shimizu *et al., Biochem. Biophys. Res. Commun.*, **150**, 335 (1988)
14) S. Jareonkitmongkol *et al., J. Am. Oil Chem. Soc.*, **70**, 119 (1993)
15) 秋庸裕, 生物工学, **82**, 288 (2004)
16) H. Kawashima *et al., J. Am. Oil Chem. Soc.*, **74**, 455 (1997)
17) E. Sakuradani *et al., Appl. Microbiol. Biotechnol.*, **60**, 281 (2002)
18) N. Kamada *et al., J. Am. Oil Chem. Soc.*, **76**, 1269 (1999)
19) N. Shirasaka *et al., Biosci. Biotech. Biochem.*, **59**, 1963 (1995)
20) S. Shimizu *et al., Arch. Microbiol.*, **156**, 163 (1991)
21) 小川順ほか, 生物工学, **82**, 285 (2004)
22) S. Jareonkitmongkol *et al., Biochim. Biophys. Acta*, **1167**, 137 (1993)
23) 仲牧子ほか, 日本生物工学会講演要旨集, p190 (1999)
24) J. Ogawa *et al., Appl. Environ. Microbiol.*, **67**, 1246 (2001)
25) 小川順ほか, 科学と工学, **76**, 163 (2002)
26) S. Kishino *et al., J. Am. Oil Chem. Soc.*, **79**, 159 (2002)
27) S. Kishino *et al., Biosci. Biotech. Biochem.*, **67**, 179 (2003)
28) S. Kishino *et al., Biosci. Biotech. Biochem.*, **66**, 2283 (2002)
29) A. Ando *et al., J. Am. Oil Chem. Soc.*, **80**, 889 (2003)
30) A. Ando *et al., Enzyme Microb. Technol.*, **35**, 40 (2004)
31) S. Kishino *et al., Eur. J. Lipid Sci. Technol.*, **105**, 572 (2003)
32) T. Nagao *et al., J. Am. Oil Chem. Soc.*, **80**, 867 (2003)

2 遺伝子工学と機能性脂質

秋　庸裕*

　遺伝子工学は，DNAを特定の部位で切断して他の切断部位と結合させたり，塩基を置換することなどによって遺伝子の構造を変え，そこにコードされるタンパク質の機能や発現量を変化させて，生体や分子の性質を改変する技術を基盤としている。DNAの構造が明らかになってから50余年を経て，遺伝子工学は微生物，植物からヒトに至るまで幅広い生物種を対象として急速に発展し，医療や環境対策，物質生産などの産業に貢献してきた。しかし，脂質生産への応用はまだ少数の実例しかなく，食品・医薬品や材料分野などにおいて大きな可能性が残されている。本項では不飽和脂肪酸の生産を例として，遺伝子工学によって機能性脂質を分子設計するための戦略と技術基盤ならびに最近の動向について記述する。

2.1　遺伝子工学による機能性脂質生産

　生体内に存在する全ての脂質分子は，タンパク質である酵素の働きによって作られる。栄養成分として取り込まれた他者由来の脂質も，そのまま蓄積あるいは分解されるばかりでなく，酵素の作用によって必要に応じて分子形状を変え，新たな機能を発揮する脂質となる。また，生成した脂質は輸送タンパク質によって細胞内外の適所に輸送され，蓄積あるいは利用される。したがって，特定の脂質の蓄積量や存在形態を制御するためには，その生合成，分解，輸送，蓄積などに関与するタンパク質の遺伝子を制御・改変する必要がある。これは，場合によっては交配や突然変異を導入する従来からの育種技術でも可能であり，本質的には同じことである。しかし，より短時間で，目的遺伝子の特定の部位だけに最も効果的な改変を施したり，他の生物に由来する形質（すなわち遺伝子）を移入したい場合は，遺伝子組換えが有効な手段となる。そのようにして作られた脂質は遺伝子組換え油脂（genetically modified oil）と呼ばれる。

　遺伝子組換えを適用して機能性脂質を設計開発するには幾つか検討すべき項目があり，その1つが生産の場となる生物種の選択である。選択肢としては植物か微生物が考えられる。現在，市場に出されている食用油のほとんどが大豆油やナタネ油などの植物種子油であり，食経験が豊富であることから，大量消費を指向する組換え油脂の開発には油糧植物を用いるのが最も適当で手っ取り早い。

　一方，微生物が作る油脂（single cell oil）は植物からは得られにくい脂質分子種の供給源として，近年，精力的に開発が進められてきた。γ-リノレン酸含有油脂[1]を始めとして実用化され

---

*　Tsunehiro Aki　広島大学　大学院先端物質科学研究科　助教授

第 2 章　機能性脂質の分子設計

た例もあり，また，脂質組成がより単純であることから精製が必要な場合も比較的容易であることが利点である。しかし，総脂質の単位量当たりの生産コストは植物の場合の数倍かそれ以上であると見積もられており，それに見合うだけ総脂質中の目的分子の含量を上げることが可能な場合や，植物では多量に作ることができない分子をターゲットとする場合に限定される。遺伝子操作に必須の宿主ベクター系が確立されていない微生物では，それを構築することから始めなければならない。また，大腸菌など悪いイメージを与える微生物種は，生産物が無害であっても食品として販売する上では支障となることが多い。これは，導入する遺伝子の供給源についても同様のことが言える。DNAはどの生物に由来するかを問わず，化学組成的には同一であるが，例えば病原菌の遺伝子を導入した植物を食用とするのは抵抗感がある。

　生物種を選択するときには，候補となる生物が目的の脂質分子あるいはその前駆体や代謝物を十分量生産するかどうかも考え合わせる必要がある。特に，他種生物由来の複数の遺伝子を導入して多段階の反応からなる生合成系を構築する場合は，前駆物質が十分に生産・蓄積されていなければ高生産は期待できない。また，各段階の反応効率が低ければ生産物量も低値に留まる。したがって，前駆体の生成反応及び導入する各反応の効率を上げるための方策，例えば，酵素の発現量や触媒効率をいかに上げるかなども検討しなければならない。微生物に限れば，必要な前駆体を培地成分として加えて取り込ませることも有効な場合が多い。

　当然のことながら，微生物と植物では生産形態が大きく異なる。微生物による液体発酵生産では培養槽が必要となり，その規模や設備投資が生産物の市場規模に見合うかどうかを十分調査・検討しておかなければならない。植物の栽培では組換え遺伝子の自然への放散による生態系への影響が問題となる。第 2 世代が発生しない不稔性形質を持たせても，その形質が生態系に何ら影響を及ぼさないという保証はない。今後，組換え植物については屋内栽培などの閉鎖系で行うことが必要となるかもしれない。

2.2　機能性脂質生産の基本戦略

　遺伝子操作による分子設計の戦略上，最も重要なポイントは，目的脂質の生合成，分解，輸送，蓄積など生体反応のどのステップを制御，改変あるいは導入すれば最も効率的かを判断することである。以下，実験室レベルでの研究報告を例として解説する。

2.2.1　生合成反応の導入

　生産に用いる植物・微生物が目的脂質の生合成能を持たない場合，他種生物から単離した生合成酵素遺伝子を導入して，生合成反応を再構成する必要がある。ここでは，1つあるいは複数の遺伝子を導入した例を紹介する。

　油糧植物を含めタバコなどの多くの高等植物は，前駆物質であるパルミチン酸から鎖長延長酵

機能性脂質のフロンティア

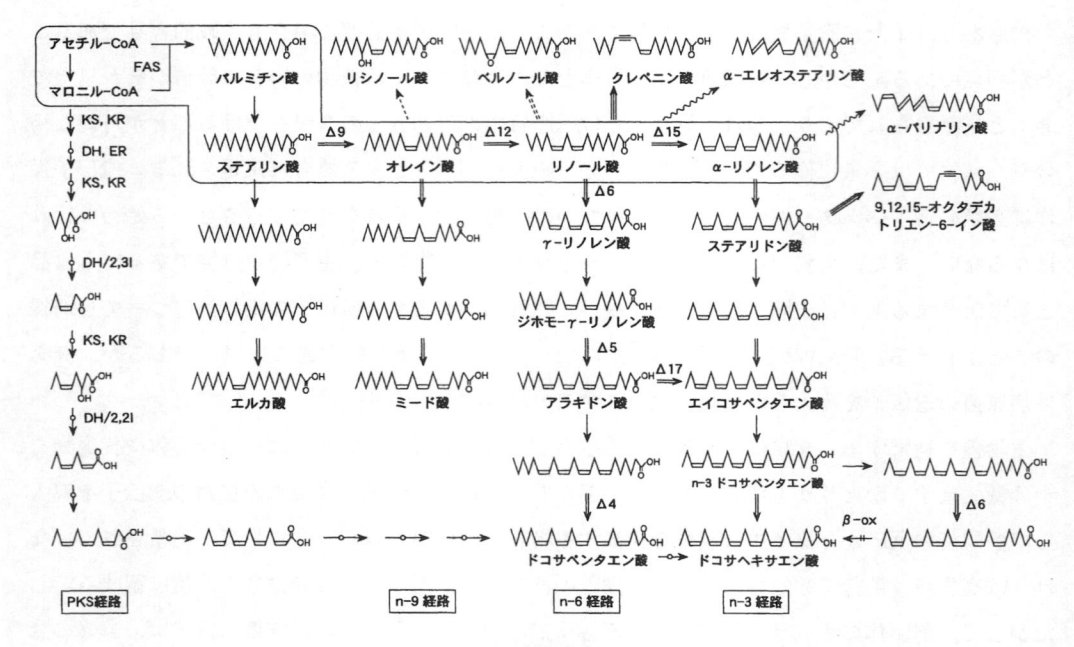

図1　主な不飽和脂肪酸の生合成経路
実線，二重線，三重線，点線，二重点線，波線の各矢印はそれぞれ鎖長延長，不飽和化，アセチレン化，ヒドロキシル化，エポキシ化，共役化反応を表す。高等植物における主な経路を枠で囲んだ。白丸を付した矢印で示した経路は海洋微生物ラビリンチュラ類において推定されているポリケチド生合成様経路（PKS経路）[4]を表す。本図は各種生物において確認された反応経路を集めたものであり，これらを全て含む生物が存在するわけではない。

素及び不飽和化酵素が関わる多段階の反応によってリノール酸やα-リノレン酸を生産するが，γ-リノレン酸は作らない（図1）。しかし，月見草やボラージなど，稀にΔ6不飽和化酵素活性を持つものもあり，γ-リノレン酸を生産する。そこでボラージから単離したΔ6不飽和化酵素遺伝子をタバコに導入発現したところ，非導入株には存在しなかったγ-リノレン酸が総脂肪酸中の13%の組成で確認された[2]。このとき，ステアリドン酸も新たに10%生成しており，リノール酸までの組成に変化はなかったが，α-リノレン酸が65%から40%に低下していた。これはリノール酸を基質とするΔ15不飽和化酵素とΔ6不飽和化酵素が競合していることを示しており，γ-リノレン酸の増産に向けてはΔ15不飽和化酵素を除去することが望ましい。また，より反応効率の高い酵素を選定することも必要である。

一方，複数の反応を導入したい場合は，最適な経路を選ぶのが効果的である。ごく最近，高等植物の遺伝子組換えによってアラキドン酸やエイコサペンタエン酸の生産が実現した[3]。通常，リノール酸からΔ6不飽和化，鎖長延長，Δ5不飽和化を経てアラキドン酸に達することを想定するが，この例では，図2に示すように，律速段階となりがちなΔ6不飽和化反応を回避した点

第2章 機能性脂質の分子設計

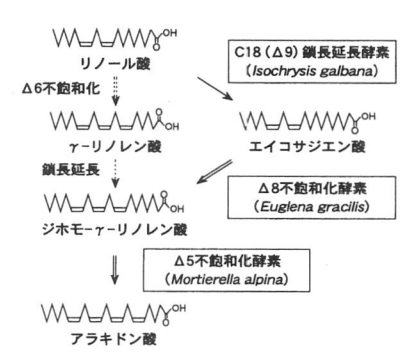

図2 植物における高度不飽和脂肪酸の生産経路[3]

が秀逸である。藻類由来のC18Δ9脂肪酸に作用する鎖長延長酵素とΔ8不飽和化酵素でジホモ-γ-リノレン酸を作らせ，糸状菌由来のΔ5不飽和化酵素によって，6.6%のアラキドン酸を得ている。

これらの例は，不飽和化酵素などの脂肪酸修飾酵素が幅広い生物種間で互換性があることによって可能となった。高等植物どうしは言うまでもなく，酵母や糸状菌などの真菌類，藻類，下等・高等動物に至るまで極めて高い構造類似性を示している。パルミチン酸からα-リノレン酸に至る基本経路を軸として，オレイン酸からのヒドロキシル化反応によるリシノール酸の生産，リノール酸からのアセチレン化反応によるクレペニン酸の生産など（図1参照），すでに稀少脂肪酸の生産経路の実用化が可能視されている。生合成経路の探索に関しては，魚類腸内細菌や海洋微生物におけるエイコサペンタエン酸やドコサヘキサエン酸の生産機構が注目を集めている[4]。この経路では不飽和化・鎖長延長酵素が全く関与せず，ポリケチド合成酵素や脂肪酸合成酵素に相同な機能ドメインを持つ酵素群が関わると推定されている（図1）。植物での発現が可能かどうかが当面の課題である。

2.2.2 代謝反応の制御

目的脂質が生合成経路の最終産物でない場合は，その分子を基質とする酵素反応を抑制すれば蓄積量が上がるはずである。手段としては，その代謝反応に関わる酵素の遺伝子を破壊したり，プロモーターを改変することによって発現量を低下させることなどが考えられる。それ以外の手法として，アンチセンス及びリボザイムによる転写産物抑制法が試みられている。

大豆油は総脂質中50%に達するリノール酸を含有しているが，オレイン酸の生理機能が多数報告され，その含量を高めることが要求された。そのために，オレイン酸をリノール酸に変換するΔ12不飽和化酵素のmRNAに特異的に相補・結合するアンチセンスRNAを発現させ，タンパク質への翻訳段階を阻害させたところ，オレイン酸含量は18%から最大62%にまで増加した[5]。ま

た，本酵素遺伝子のmRNA非翻訳領域を自己分解性リボザイムの遺伝子に置き換えて発現させた結果，mRNAは核から小胞体への移行が妨げられるとともに，自己消化を受けて失活し，オレイン酸含量は90%を越えた。遺伝子のサイレンシングに関しては研究が重ねられており，様々な手法が応用可能となるであろう。

2.2.3 生体システムへの影響の軽減

遺伝子組換えによって反応を導入したり失活させたりすると，各種生体反応のバランスが崩れ，生育に影響を及ぼす場合もある。例えば，不飽和化酵素は脂肪酸の不飽和度を調節することによって膜脂質の物性を制御し，温度などの環境変化やストレスに対応する役割を果たしているので，生産システム全体に与える影響を考慮しなければならない。また，同酵素の場合，シトクロムb_5及びシトクロムb_5還元酵素とともに電子伝達系を構成しているため，不飽和化酵素だけを恒常的に高発現させるとb_5が不足して[6]，他の不飽和化反応やb_5が関与する胚発生が阻害されるなど悪影響が懸念される。これらの問題は，ターゲット遺伝子の高発現・抑制の時期や発現部位を調節することによって，少なくとも部分的には解決できる。微生物であれば，細胞内に脂質が蓄積する培養後期に特異的に発現するプロモーターの制御下にターゲット遺伝子を配置することで生育阻害を起こしにくくしたり，また，植物の場合は種子特異的なプロモーターを用いることで種子形成以外のイベントに影響しないようにすることができる。

2.2.4 物質輸送系の制御

微生物で特定の脂肪酸を多量に生産するにはトリグリセリドをリピッドボディとして細胞内に蓄積させるほかに，細胞外すなわち培地中に遊離させることも可能である。培地成分との分離は必要だが，細胞からの脂質抽出工程は不要となるので，コストの削減も期待できる。

著者らは遊離脂肪酸の細胞外分泌系を酵母をモデルとして解析している[7]。遊離脂肪酸分泌変異株の遺伝学的解析の結果，分泌形質にアシルCoAシンターゼが関わっていることが分かった。この酵素は脂肪酸のCoAチオエステル化反応を触媒するとともに，細胞膜を介した脂肪酸の輸送に関与している。脂肪酸の分解に関わるβ酸化系の活性を低下させた脂肪酸高蓄積株において本遺伝子を破壊したところ，生育にほとんど影響しない状況で顕著量の脂肪酸が培地中に遊離された。今後，油糧微生物への応用が期待される。

2.2.5 タンパク質の機能改変

脂質生合成に関与する酵素の特性を変えることによって生合成経路を改変する試みもなされている。酵素改変という意味ではタンパク質工学の範疇であるが，遺伝子操作が必須である。

高等植物のプラスチドに存在する$\Delta 9$ステアロイル-ACP不飽和化酵素は上記の不飽和化酵素群とは全く構造が異なる可溶性タンパク質であり，立体構造が解明されている。その情報をもとに基質結合部位近傍に存在するアミノ酸を別のアミノ酸で置換するように遺伝子を改変したとこ

第2章　機能性脂質の分子設計

ろ，本来の基質であるステアリン酸よりも短鎖長のパルミチン酸に高い親和性を示した[8]。このようにして生合成酵素の基質特異性を改変すれば，自然界に存在しない全く新しい生合成経路を創出することも可能である。

　以上，機能性脂質の分子設計に向けて遺伝子工学的手法をどのような概念に基づいて適用させるかに重点を置いて，現在考えうる方向性の一端を述べた。このようにして作成される遺伝子組換え生物とそれらの産物は，脂質の用途を限りなく広げる可能性を秘めているが，その反面，しばしば安全性が議論される。特に，自然界に存在しない分子種を食用とする場合は，摂取する人だけでなく，子孫の世代にまでどのような影響を及ぼすかを注意深く追跡する必要があるだろう。安全であるとして，すでに市場に出されている製品もあるが，世論や市場動向をも見据えつつ，適切に対応していくことが生産者側の義務であると考えられる。

文　　献

1) 鈴木　修, *PETROTECH,* **14,** 417（1991）
2) O. Sayanova, *et al., Proc. Natl. Acad. Sci. USA,* **94,** 4211（1997）
3) B. Qi, *et al., Nat. Biotech.,* **22,** 739（2004）
4) J. G. Metz, *et al., Science,* **293,** 290（2001）
5) T. Buhr, *et al., Plant J.,* **30,** 155（2002）
6) Y. Michinaka, *et al., J. Oleo Sci.,* **50,** 359（2001）
7) Y. Michinaka, *et al., J. Biosci. Bioeng.,* **95,** 435（2003）
8) E. B. Cahoon, *et al., Proc. Natl. Acad. Sci. USA,* **94,** 4872（1997）

3 脂質のナノテクノロジー

佐藤清隆*

3.1 はじめに

現在ナノテクノロジーは，ほとんどすべての材料科学分野において，新物質の創製・新技術の創製のための戦略的な研究課題となっている。生物資源を対象にしたナノテクノロジーも，医学や薬学，食品科学の分野で戦略的に取り組むべき課題となっている。本節では，脂溶性のビタミンやペプチド，アミノ酸，脂肪酸，抗酸化剤，フレーバー，色素，補酵素などの食品素材や，脂溶性の医薬品の運搬体（キャリアー）として最近注目を集めているnm-サイズの水中油型（oil-in-water, O/W）エマルション粒子（脂質ナノ粒子とする）の研究の意義と，その物性制御に関して考察する。前者はNDS（nutraceutical delivery system），後者はDDS（drug delivery system）のための脂質ナノ粒子として位置づけられる。

本節では，はじめに医薬品と食品をターゲットにして，脂質のナノテクノロジーの研究課題を考察した後に，脂質ナノ粒子の物理化学的な特性に関する我々の最近の研究成果を紹介する。

3.2 脂質のナノテクノロジーの背景と研究課題

nm-サイズの粒径のDDSとしては，水溶性物質の場合はリポソームが従来から用いられているが，脂溶性物質の場合には，水中油型（oil-in-water, O/W）エマルションが用いられる（図1）。O/Wエマルションの分散相である油相中に，脂溶性物質を可溶化させて水中を運搬するのである。食品用のNDSの戦略として，図2に示すように製造段階における輸送・貯蔵による失活・安定性の防御，摂食段階における匂いなどのマスキング，消化・吸収段階における生体吸収性（bioavailability）という個別の課題が提起されている。とくに生体吸収性においては，小腸ある

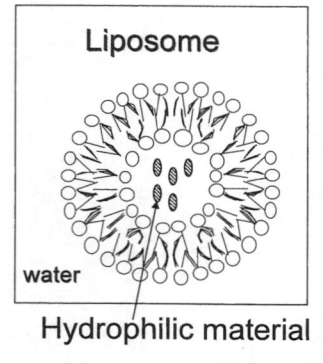

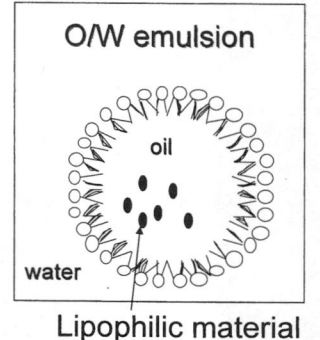

図1　2種類のナノ粒子

* Kiyotaka Sato　広島大学　大学院生物圏科学研究科　生物資源開発学専攻　教授

第2章　機能性脂質の分子設計

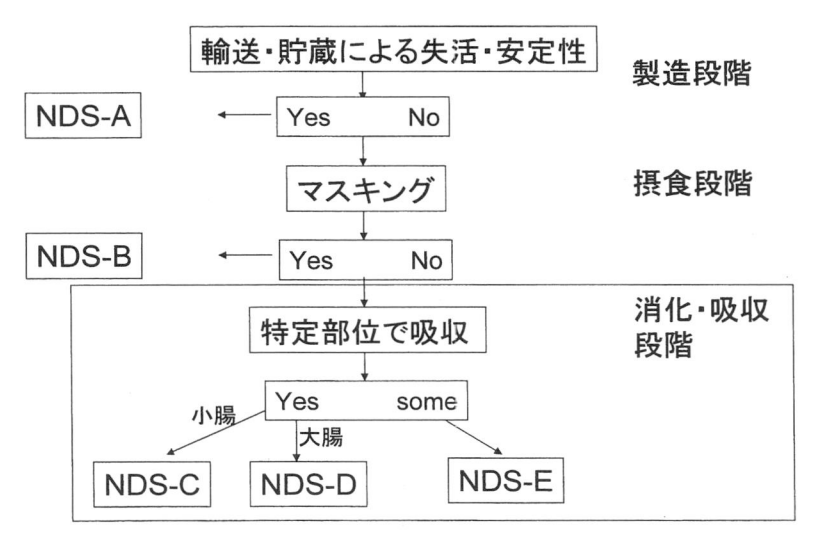

図2　NDS（Nutraceutical delivery system）の戦略課題

いは大腸などの特定部位における吸収の制御もターゲットとなる。それぞれの段階におけるナノ粒子の機能を図示すると，図3のようになる。

　実は脂溶性物質の体内動態とナノテクノロジーは，本源的に深く関与しあっている。なぜならば，脂溶性成分が生体に吸収され生体内で機能性を発現する過程で，小胞やミセルなどのナノメートルサイズの分子集合体が，重要な役割を果たしている。このようなナノサイズ粒子は，生体内で合成される両親媒性物質（バイオサーファクタント）によって，界面エネルギーが低下されるとともに，微粒子化によってエントロピー的にも安定化され，生体内のダイナミカルな構造変化によって，会合や凝集を起こ

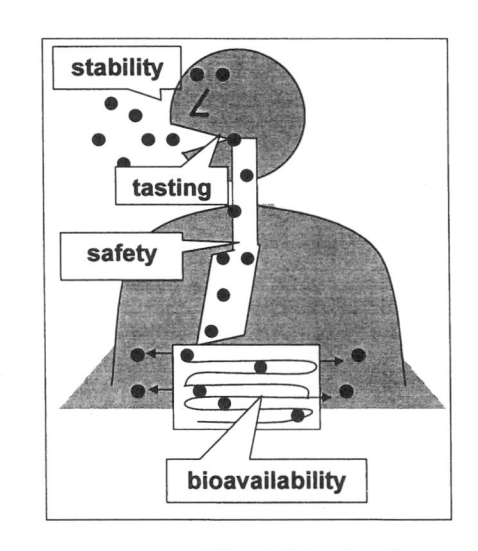

図3　NDSと環境・生体との相互作用

すことなく水溶液中に分散して，生体反応を合目的化させる役割を果たしている。すなわちナノテクノロジーは，生体が進化の過程で物理化学的な特性としてすでに獲得していたのである。

3.2.1　医薬品における脂質ナノ粒子

　医薬への応用を目指した脂質ナノ粒子に関する基礎研究が，ヨーロッパを中心にして著しく進展している。

　現在，ゲノム創薬やコンビナトリーケミストリーなどの創薬技術の進歩をうけて，従来を遥か

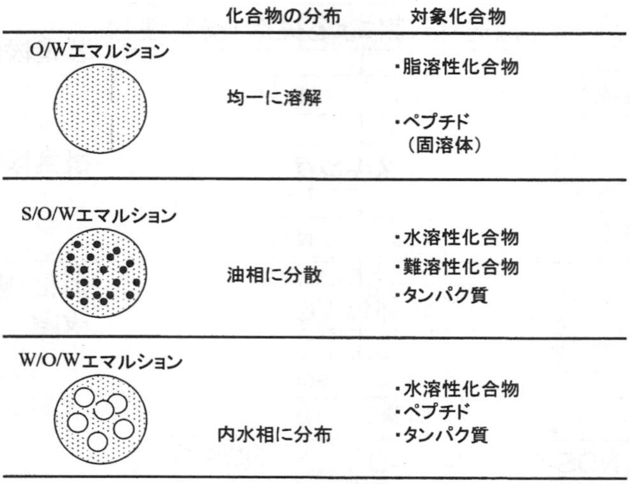

形態	化合物の分布	対象化合物
O/Wエマルション	均一に溶解	・脂溶性化合物 ・ペプチド（固溶体）
S/O/Wエマルション	油相に分散	・水溶性化合物 ・難溶性化合物 ・タンパク質
W/O/Wエマルション	内水相に分布	・水溶性化合物 ・ペプチド ・タンパク質

図4　DDSとしての脂質ナノ粒子

に上回るスピードで，新薬候補化合物の合成とスクリーニングが可能となっている。このような過程で合成される化合物は，(a) 分子量が大きくなる，(b) 水に対して難溶性を示す，(c) 脂溶性を示すという傾向にある。したがって，このような化合物を医薬品として用いる場合は，生体吸収性（バイオアベイラビリティ）を向上させる目的として，種々の製剤学的な手法を駆使する必要がある。この中で，脂溶性の高い化合物については，O/Wエマルションや自己組織化を利用した，脂質分散系製剤による可溶化の検討が行われている。Muellerらは，drug nanocrystals, solid lipid nanoparticles, nanostructured lipid carriers, lipid-drug conjugateといった技術を用い，薬物の特性に応じた製剤設計の手法を提案している[1]。さらに，化合物の合成段階での技術的な手法として，化合物の結晶多形が溶解度，溶解速度，さらには，バイオアベイラビリティに影響することが考えられることから，結晶多形の制御も非常に重要な要因となる[2]。

図4に，医薬用の脂質ナノ粒子の形態と適用化合物についてまとめた。O/Wエマルションについてはすでに述べたが，化合物が油相中に分散した状態であるS/O/Wエマルションでは，水溶性化合物，難溶性化合物及びタンパク質などが包含されている。さらに，水への溶解度が高い水溶性化合物，ペプチド及びタンパク質は，W/O/Wエマルションの形態をとることが多い。通常，脂質ナノ粒子に用いられる油脂材料としては，静脈注射剤を最終目標とした場合，植物油（大豆油，綿実油，サフラワー油，ゴマ油等），中鎖脂肪酸トリグリセライド（MCT：Medium Chain Triglyceride）があり，界面活性剤（乳化剤）には安全性の面から考えて，卵黄レシチン，大豆レシチン等が利用されている[3]。

第2章　機能性脂質の分子設計

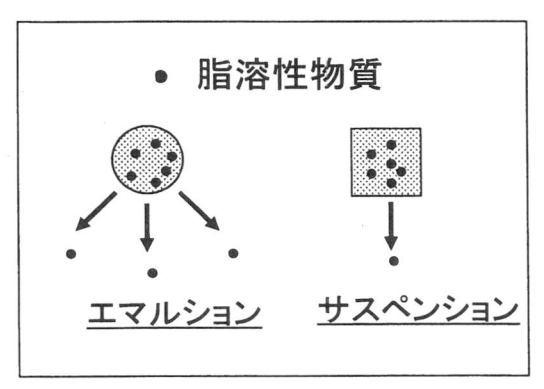

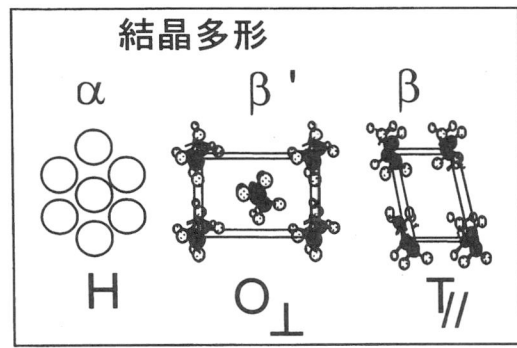

図5　脂質ナノ粒子の物性と放出速度

O/Wエマルションに関しては，1980年代からDDSとしての機能性エマルションの研究が進められている。さらに，高圧乳化機の進歩によりnm-サイズのエマルションや，高融点の脂質を利用した固体脂質ナノ粒子（Solid Lipid Nanoparticles, SLN）の研究も盛んになっている。SLNは，油相が液体の場合に比べて，薬品の放出速度が抑制されるという利点がある（図5）。さらに，準安定な結晶多形（油脂結晶で言えばαやβ'）は安定な結晶多形（β）に比べて，薬物の放出が抑制される効果が期待できる。これは，準安定多形ほど密度が低く，固体内部への脂溶性物質の包含量が多くなるのに対して，最安定多形では高密度のために固体内部から外部へとはじき出されるためと考えられる[4]。最近，これらのエマルション物性と薬品のキャリア性能に関する，興味ある研究が展開されている。

たとえばBunjesらは，脂質分散体に用いる乳化剤を最適化することにより，脂質分散体の結晶化温度を変化させることなく，結晶化後の油相（トリアシルグリセロール）の多形転移を制御する方法について検討を行った[5]。界面活性剤と脂質との間の相互作用のため，脂質分散体の中心部よりも界面から油相の多形転移が開始する。つまり，界面の内側もしくは界面に接触している脂質は，中心部と比べて，転移に必要なコンフォメーション変化が頻繁に起こっているものと

機能性脂質のフロンティア

考えられ，この界面を調整することにより，多形転移の制御が可能であるとしている。たとえば，非イオン系の界面活性剤を使用した場合では，イオン系の界面活性剤に比べて，より速くα型から安定なβ型へ転移する傾向にある。また，多形により脂質分散体中に内封される化合物量が異なるため，乳化剤を調整することにより，内封量が制御可能であるとしている。また，Jenningらは，脂質の結晶多形転移を応用して，脂質分散体中に内封したビタミンAの放出制御に関する検討を行った[6]。

ナノ粒子エマルションの生体吸収と薬物動態に関しても，さまざまな研究課題がある。たとえば，脂質による難溶性薬物の消化管への吸収性を改善する効果として，薬物の胃排出の遅延，リンパ輸送の促進，膜透過性の向上等が考えられている[7]。一方，脂質は薬物の溶解速度改善の点でも吸収性に大きな影響を及ぼす。胆汁酸分泌の促進，胆汁酸の臨界ミセル濃度の減少など，消化管内の環境を大きく変化させ，脂質中に分散させた薬物の消化管内での溶解速度を改善させる[7,8]。脂質自身は，消化管内のリパーゼ活性により加水分解され，主にモノアシルグリセロールと遊離脂肪酸に分解されるが，胆汁酸の界面活性作用による影響も大きいと考えられ，脂質中に分散させた薬物においても同様である。さらに最近では，脂質や界面活性作用を示す脂質誘導体が，cytochrome P-450活性やP-glycoproteinを介した薬物排出機構の阻害など，腸細胞の生化学的な変化を引き起こすことによる，吸収性の改善が報告されている[9]。さらに粒子径については，nm-オーダーの粒子であれば，粒子の形態を保持したままパイエル氏板から吸収されるという報告があり[10〜12]，中でもより小さな粒子は直接リンパ系へ吸収されると報告もある[13]。

以上をまとめると，医薬品用のナノ粒子の処方設計においては，注射剤，経口製剤，経鼻製剤，点眼剤，経皮製剤など，さまざまな投与経路に対応した物理化学的性質の検討が必要である[14,15]。

3.2.2 食品における脂質ナノ粒子

医薬品に比較して，ナノ粒子を食品産業に活かす試みは遅れている。その理由は，ナノ粒子作製法に起因する問題点の解決が難しいためである。たとえば高圧ホモジナイザーを用いた従来法では，せん断力により微細化するため粒子の部分的発熱による内部物質の変性や，粒子の多分散化，凝集による白濁等の問題が指摘されている。またナノ粒子は，殺菌処理や冷凍保存で構造が不安定化することも問題になっている。さらにナノサイズ粒子を機能性食品として利用する場合には，機能性成分や栄養成分を効率よく粒子に包括する技術の確立が必要である。そのためには，以下の諸問題をクリアーすることが必要である。

1）ナノ粒子化技術の開発と機能性成分の包括

nm-サイズの，均一な脂質微粒子の作成技術の確立。低分子乳化剤や，多糖類・タンパク質等の生体成分を基材とするナノ粒子作成技術の確立。さらに，栄養機能性の利用技術の開発。

第2章 機能性脂質の分子設計

2) ナノ粒子の構造と物性の制御

サイズの制御されたナノ粒子を得るための，精製分画技術の確立とその構造物性の解析，殺菌・低温保存を可能にするための耐熱・耐凍化技術の開発とその評価法の確立。

3) ナノ粒子の生体機能性や体内動態の解析

体内の目的器官において有用物質を放出する，機能性カプセル基材の開発。機能性粒子の抗酸化特性，新たな機能性を持つ有用物質の探索。

以上の諸課題を解決することが出来れば，食品の高品質化・生体調節機能の付与などの利用面での高付加価値化に加えて，食品製造面での易加工性，耐加熱殺菌性・耐凍結保存性の付与などが期待される。その結果，栄養・生理機能を包括化し，かつ流動性を制御した食品の開発により，高齢者などの嚥下動作に障害がある人々への新規食品の開発など，その技術基盤としての意義は大きい。

本節をまとめると，医薬・食品に共通する脂質ナノ粒子の研究課題として，以下の諸点が浮かび上がってくる。

〈構造発現と物性制御：ナノ粒子の特性〉

A) 脂溶性物質の包含性向上

分散相である油滴中に高い濃度で脂溶性物質を包含させること。これには，油相への溶解度と溶解速度が鍵となる。

B) 安定分散化（ゲル化の防止）

高濃度で溶解させた油相を含むエマルションが，製造中や滅菌操作中，あるいは貯蔵・低温保存・流通中の環境変化（特に低温化）に対して以下に安定に分散状態を保つこと。特にトップダウン法（後述）で作るエマルションは熱力学的に準安定状態なので，さまざまな過程を経て油水が分離する危険性があり，その防除が鍵となる（図6）。

C) 脂溶性物質の放出速度制御

これは，医薬品の場合の（B）と同じ問題である。

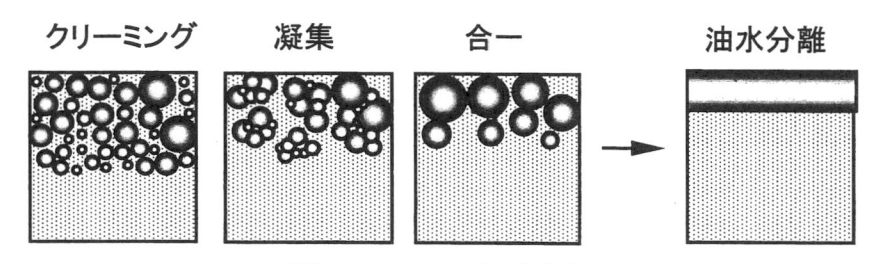

図6 脂質ナノ粒子の不安定化と油水分離過程

D) 固体粉末化（ハンドリング性の向上）

使用する状態においては，脂質ナノ粒子は水中に分散させた液状が望ましいが，製造から使用の間の保存と運搬の過程では，固体粉末化がハンドリング性という観点からは望ましい。

〈解き明かすべき課題〉

A) 油相中への高効率の溶解

脂溶性物質の溶解度の増加と過冷却・過飽和状態の維持による析出の防止。

B) 高温安定性（殺菌・滅菌工程）

高融点油脂や高融点乳化剤などを利用した，高温における乳化安定性の保持。

C) 安定分散・放出制御

粒子間相互作用や単分散性を利用した粒子凝集の防止と，油相の融解・結晶化・多形を利用した放出速度の制御。

D) 吸収効率

粒子サイズの低減や，乳化剤の選択などによる，生体への吸収効率の向上。

次節では，以上の課題の中で物理化学的な見地から脂質ナノ粒子の構造と機能を検討した，我々の最近の研究を報告する。

3.3 脂質ナノ粒子の物理化学的な特性

nm-サイズのナノ粒子の作成法には，多くのナノテクノロジーと同様に，マクロなサイズの粒子を粉砕するトップダウン法と，分子レベルの自己凝集力と自己組織化力を利用するボトムアップ法とがある（図7）。前者は，水と油と乳化剤からなる混合液に，衝撃を加えて油相の粒径を低下させる方法で，具体的には流体の衝突，超音波印加などが用いられる。一方ボトムアップ法は，乳化剤の界面活性力を利用して，O/W型あるいはW/O型のマイクロエマルションを作成する方法である[16]。ボトムアップ法で作成する脂質ナノ粒子は，水を連続相とするO/W型のマイクロエマルションである。

このようなナノ粒子は，バルク状態や粒径がμm-サイズのマイクロ粒子と比べて，本質的に異なる物理化学的性質がある。以下に最近の実験結果を中心に，この問題を考察する。

3.3.1 熱力学的効果

すでに述べたように，マイクロエマルションは粒子の界面エネルギーの低下と微粒化によるエントロピー増大効果によって，熱力学的に安定であるのに対して，トップダウン法で作るエマルションは，nm-サイズになっても熱力学的には準安定状態である。したがって，図6に示す分散性の不安定化が避けられない。これに加えて，ナノ粒子に特有な熱力学的な性質として，融点降下と溶解度上昇がある。

第 2 章 機能性脂質の分子設計

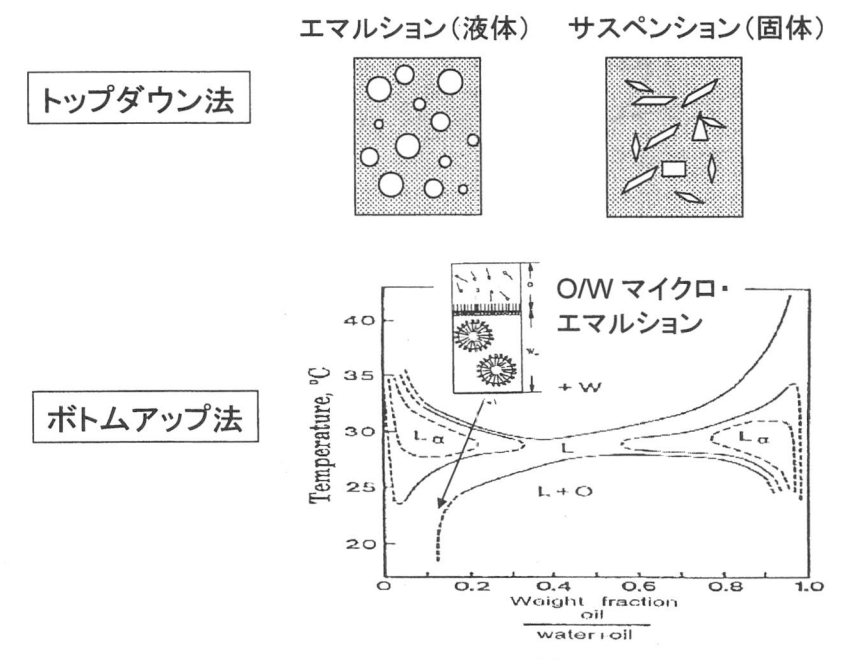

図 7 脂質ナノ粒子の製造法

いまナノ粒子の半径を r, ナノ粒子内部物質の分子体積を V, 界面エネルギーを γ とすると, ナノ粒子とバルクの化学ポテンシャル（μ）の差異は

$$\Delta\mu = \mu_{nano} - \mu_{bulk} = 2V\gamma/r \qquad [1]$$

で与えられる。この場合，半径 r のナノ粒子結晶の融点（T_r）は，バルクの融点を T_0，融解エンタルピーを ΔH_{fus} とすると，次の Gibbs-Thomson の式で与えられる。

$$T_r = T_0 \exp(-(2\gamma V)/(r\Delta H_{fus})) \qquad [2]$$

また，理想溶液と仮定した場合，温度 T におけるナノ粒子液体への物質の溶解度（X）は，次の Schroeder の式で与えられる。

$$X = \exp[(\Delta H_{fus}/r)(T_0^{-1}-T^{-1})] \qquad [3]$$

それぞれの温度変化を模式的に示すと，図 8 になる。すなわち，油相微粒子の界面エネルギーの増大により粒子内部のラプラス圧力が増加することによって，粒子全体の化学ポテンシャルが増加する。そのために，バルクやマイクロ粒子に比べて，結晶性のナノ粒子の場合はその融点が低下するとともに，液体性のナノ粒子の場合には脂溶性物質の溶解度が増加する。

問題は，定量的にどの程度水中の脂質ナノ粒子の融点の低下や，溶解度の上昇が見積もられるかである。水中の脂質ナノ粒子そのものが，乳化剤の吸着による界面エネルギーの低下により作成されるので，[1] から [3] の γ は，乳化剤の吸着しない気体中のナノ粒子よりも小さくな

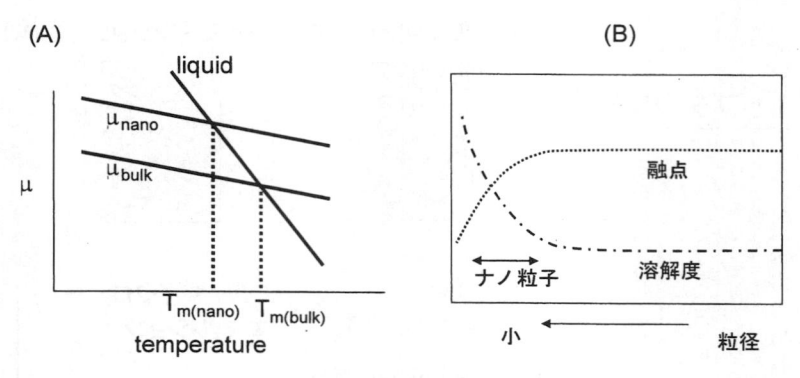

図8 ナノ粒子の融点と溶解度

り，融点低下効果や溶解度上昇効果は低減される。しかし水中に分散した油相のナノ粒子においては，曲率の増加により油水界面への乳化剤の吸着がマイクロ粒子より不十分となり，界面エネルギーが上昇するので，融点効果や溶解度上昇はマイクロ粒子よりも顕著となると思われる。この問題に関する理論的な考察はまだ不十分であるが，実験的にはWestesenらがトリミリスチンのナノ粒子を用いて融点の低下を観察した[17]。また我々も，トリラウリンにおいて同様の結果を得た[18]。

図9aには，バルクと平均粒径が365nmから65nmまでの，トリミリスチンのナノ粒子のDSC昇温曲線を示す[17]。バルクの融点は約55℃であり，平均粒径が365nmの粒子では，融点が約3℃低下する。さらに粒径が減少すると，多重融点ピークが発生するとともに，全体の温度が低下する。X線回折によれば，すべての融点はトリミリスチンの最安定多形であるβ型のものであり，多形による融点のばらつきではない。したがって，多重融点ピークは粒子の多分散性によるもので，図9bの電子顕微鏡写真にあるように，トリミリスチン微粒子のサイズは一定ではない。その中で粒径の小さなものほど融点が低くなり，逆に大きなものほど融点が相対的に高くなる。すなわち，図9aの多重融点ピークは粒子の多分散性を反映していることになる。平均粒径が65nmの場合には，最小サイズの粒子に対応する最も低い融点は35℃であり，バルクに比べて約20℃も融点が低下している。

我々はトリラウリン（LLL）を用いて，エマルションの粒径を変化させたときに油脂の融点がどのように変るのかを，放射光X線回折とDSCの同時測定によって詳細に明らかにした[18]。付言であるが，脂質ナノ粒子のような複雑・微小系の物性の解明には，構造変化のダイナミクスをその場で観察することが必要である。とくに水を含み，その中に20%程度以下の少量の油相を占めるナノ粒子中の，複雑な構造変化をモニターするためには，放射光X線（Synchrotron radiation X-ray diffraction: SR-XRD）を利用するしかない。さらに，複雑な構造変化のダイナミクスは

第2章　機能性脂質の分子設計

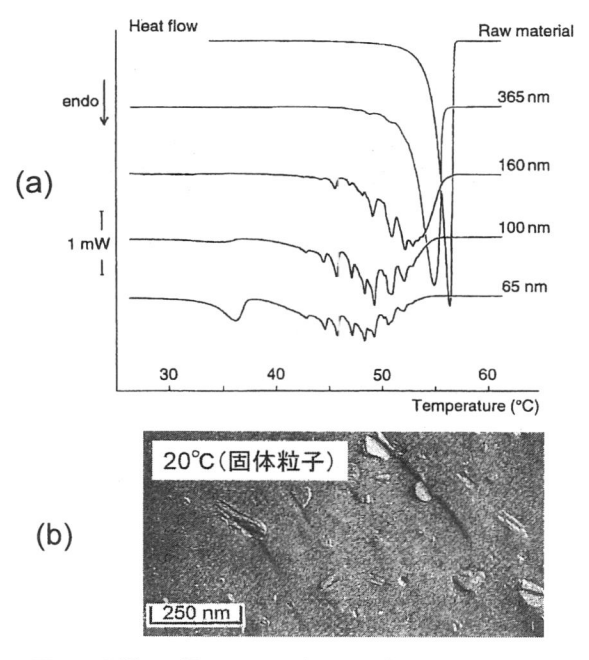

図9　脂質ナノ粒子のサイズと融点（トリパルミチン）

DSCにより鋭敏に感知できるので，DSCと放射光X線を，同時に同じサンプルで計測することが求められる（SR-XRD-DSC同時測定）。我々は，筑波にある高エネルギー加速器研究機構の放射光研究施設BL-15AやBL-9Cのビームラインを用いて，脂質ナノ粒子のSR-XRD-DSC同時測定を行っている。

図10に示すように，バルクの融液を冷却して結晶化した後に昇温すると，冷却によって結晶化したβ'多形が22.8℃でβ多形に転移した後に，46.5℃で融解している。これはDSCによる発熱・吸熱ピークと，小角・広角X線回折により明確である。これに対して，図11に示すように，油相：水相：乳化剤（ポリグリセリン脂肪酸エステル）の比率が20：60：20で作成した，平均粒径が50 nmのLLLのナノ粒子の場合には，融点は40.5℃となっている。さらに小角・広角X線回折により，β'多形からβ多形への転移は10℃前後で起こるが，これはバルクよりはるかに低い。

この融点効果は，上記に考察したナノ粒子の化学ポテンシャルの上昇によるものと考えられる。しかしそれ以外にも，微粒化により表面や内部に格子欠陥が入ることによって，結晶構造が不安定化して融点が低下することも考えられるので，より詳細な解明が求められる。

3.3.2　脂溶性物質のナノ粒子エマルションへの可溶化現象

前項で，ナノ粒子の熱力学的特性としての溶解度上昇を考察したが，我々は実験的に油相ナノ粒子への脂溶性物質の溶解（あるいは可溶化）のメカニズムを解明している。

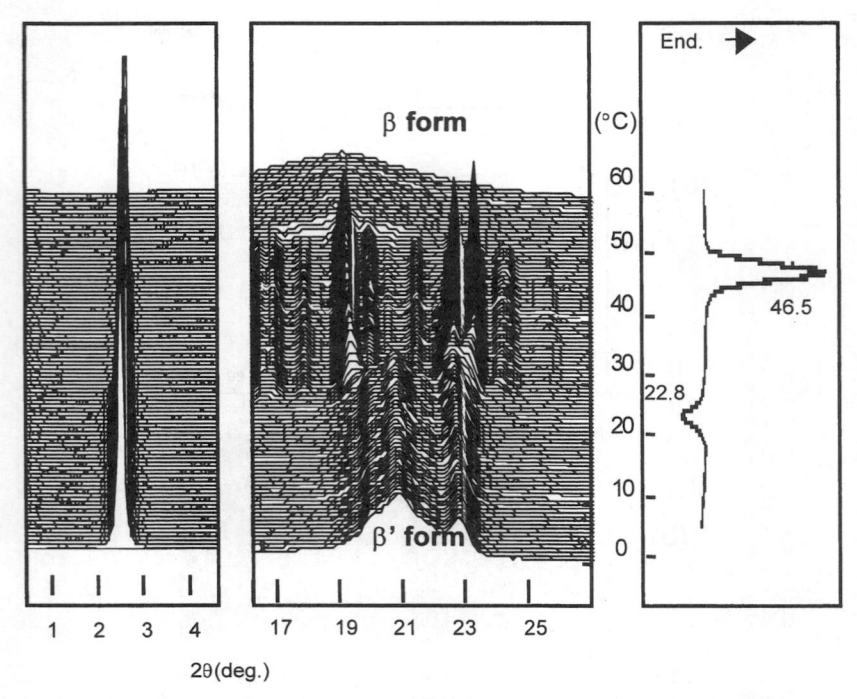

図10 バルク脂質の多形転移・融解挙動の放射光X線回折-DSC同時測定
（トリラウリン）

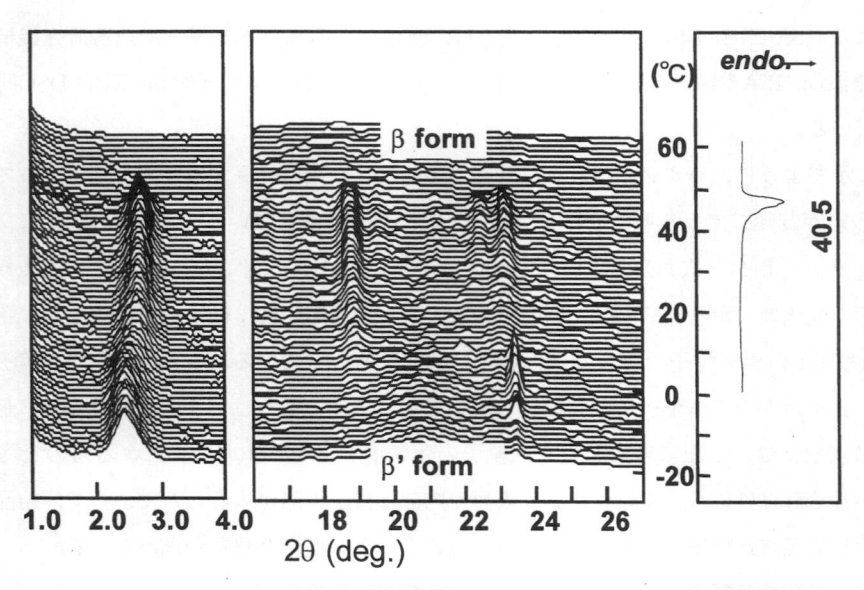

図11 脂質ナノ粒子の多形転移・融解挙動の放射光X線回折-DSC同時測定
（トリラウリン）

第2章 機能性脂質の分子設計

「可溶化」とは，コロイド科学の分野ではミセル内部への脂溶性物質の溶解をいい，ミセルを構成する乳化剤の界面膜の疎水部あるいは親水部への吸着が，可溶化の素過程と理解されている[19]。これに対してエマルションでは，分散相内部に油相が存在するので，エマルションに対する脂溶性物質の溶解には，乳化剤のつくる界面膜への「可溶化」と，油相への溶解の両者が重畳して引き起こされる。この可溶化現象がエマルションの粒径に依存してどのように変化するか，換言すれば，ナノ粒子になればバルクやマイクロ粒子よりも可溶化量が増加するかどうかが，極めて興味のある問題である。

医薬品においてエマルションをDDSとして用いる場合，粒子への医薬品化合物の包含量，すなわち可溶化量が一つの重要なポイントとなる。有用な機能を持つキャリア体が開発されているにも関わらず，可溶化量の問題から機能を発揮できないことがしばしば生じる。つまり，ナノ粒子への薬物の溶解量が希薄すぎて，実用化に至らないのである。一般的に，高活性の化合物を除いては，効能を発揮するために必要な化合物量はおおよそ10mg～100mg程度である。このような化合物をO/Wエマルションとして利用する場合は，油相に対する溶解度は1 mg/mL～10mg/mL程度必要となり，油相を含めたキャリア自身への溶解度の上昇が，重要な検討課題となってくる[15]。食品用のNDSでも，同様の問題が生じる。前述したGibbs-Thomsonの式を溶解度式に換算すれば，ナノ粒子で溶解量の増加が期待できるが，その実測が求められる。そこで我々は，大豆油を油相としてさまざまな粒径のエマルションを作成し，そこに溶解させる脂溶性物質として，長鎖脂肪酸を用いて下記の実験を行った[20]。

乳化剤（ポリグリセリン脂肪酸エステル）と大豆油と水相を1.25 wt.%，5 wt.%，93.75 wt.%の割合で混合して，高圧ホモゲナイザーを用いて，作動回数を調整することにより，平均で170nmと560nmの粒径のエマルションを作成した。長鎖脂肪酸としては，ミリスチン酸とラウリン酸を用いた。通常，油相に高融点の溶質を溶解させてエマルションを作成する場合には，溶質の融点以上で油相に溶解させた混合溶液を高温で乳化する。しかし本実験では，長鎖脂肪酸の融点以下で，長鎖脂肪酸の結晶粉末をエマルションに投入し，一定温度で撹拌しながら溶解しないで残存する粉末重量を，経時的に坪量する方法をとった。この方法によって，溶解温度とエマルションの粒径を独立に変えながら，溶解速度と溶解量（飽和濃度）を定量的に測定できる。

図12に，25℃におけるラウリン酸のエマルションへの溶解速度を示す。いずれのエマルションにおいても，時間とともにラウリン酸の溶解量は増加し，約5時間で飽和に近くなるが，図12に示すように，粒径が低下するほど溶解速度と溶解量が増加している。ラウリン酸の大豆油への溶解度は25℃では13（g/100g）であるが，図12で5時間後の溶解量からエマルション中の大豆油の重量を計算して，それをエマルション中の大豆油への溶解度に換算すると，粒径が170nmのエマルションでは16（g/100g）となる。この結果から，ミセルへの可溶化量を差し引いても，バ

ルクの溶解度に比べてナノ粒子への溶解量が増加していることが判明した。さらにラウリン酸の溶解量は，粒径の小さなエマルションの方が約50%程度増加しているが，この結果は35℃でも確認され，またミリスチン酸においても，同様の結果が確認された。一方園田は，脂溶性薬物であるパラオキシ安息香酸エステル（ブチル，プロピル，エチル）を，粒径が100nmのナノ粒子エマルションに可溶化させ，同様の可溶化量の増大を確認した[15]。

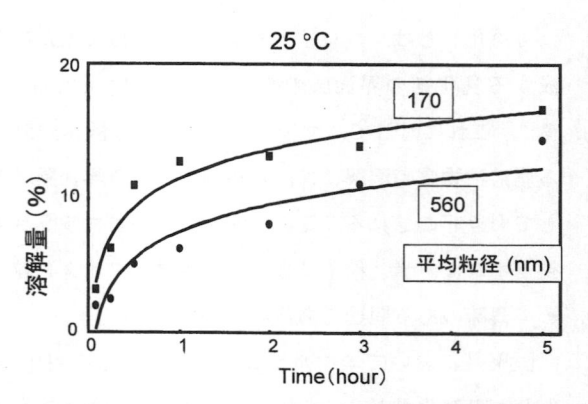

図12 大豆油のエマルションへのラウリン酸の溶解速度

ここで示した溶解過程は，水に極めて不溶な長鎖脂肪酸が，結晶粉末としてエマルションに接する過程で，水中を経てO/Wエマルションに溶解する経過をたどっている。そこで問題となるのは，結晶状態のラウリン酸がエマルションに移動する分子プロセスである（図13a）。ラウリン酸が水中のミセルへの可溶化を経てからエマルションに達するのか，モノマーのままでエマルションに達するのか，あるいはその両方なのかはまだ不明である。また，バルクと比較したエマルションへの溶解量の増加分が，エマルションの粒径の減少で引き起こされた熱力学的な効果（Gibbs-Thomson効果）と，乳化剤の作る界面膜への吸着効果のいずれに起因するのか，あるいは両者が同時に起こっているのかについても不明であり（図13b），今後の研究が待たれる。

3.3.3 速度論的効果

前項の熱力学的効果に加えて，ナノ粒子では速度論的効果も著しい特徴を示す。とくに，結晶化の抑制がその典型例である。図14に，油脂の結晶化温度がエマルションの粒径を変化させたと

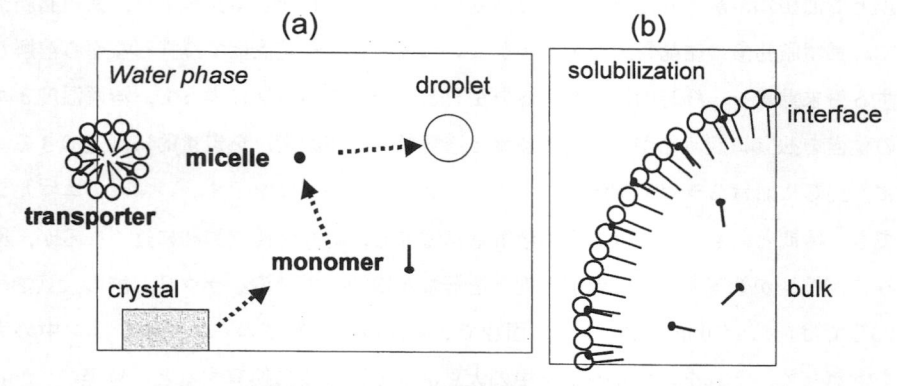

図13 液体状のナノ粒子への長鎖脂肪酸からの可溶化過程のモデル：(a) 全体のプロセス，(b) 可溶化状態

第2章 機能性脂質の分子設計

きにどのように変るのかを,トリラウリン(LLL)を用いて示す。バルクの融液を冷却すると,約19℃でDSCの発熱ピークが生じるが,これはβ'多形の結晶化のためである。平均粒径が360nmのLLLのO/Wエマルションでは,超音波音速法で調べると結晶化温度は約1℃に下がる(β'多形)。さらに平均粒径が50nmのナノ粒子では,結晶化温度は-7.6℃まで低下する。ただし,SR-XRDの解析によると,この場合に結晶化する多形はαである。

ナノ粒子におけるこのような著しい結晶化温度の低下は,結晶核形成速度の低下に起因する。そのメカニズムは,いくつか提案されている。まず,核形成を誘発する不純物の実効濃度が,ナノ粒子化することによって希薄化されるというメカニズムである。これは乳化剤と油相との間の相互作用が無視される場合には,均一核形成に近い状態がエマルションの油相で起きていると仮定するわけであるが,乳化剤の疎水基と

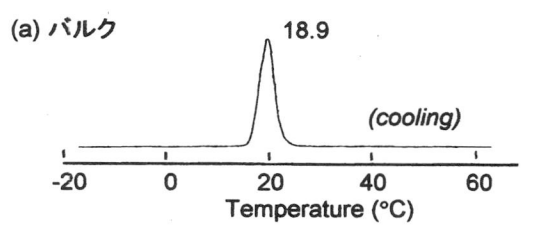

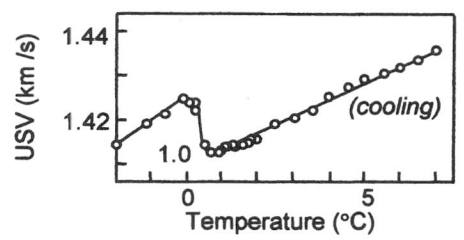

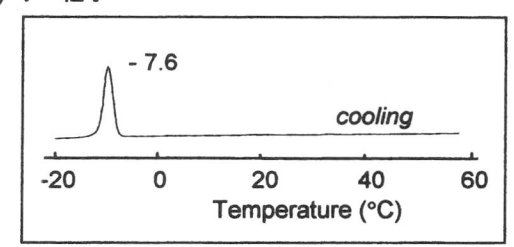

図14 トリラウリンの結晶化温度。(a)バルク(DSC測定),(b)平均粒径が360nmのマイクロ粒子(超音波音速測定,USV),(c)平均粒径が40nmのナノ粒子(DSC測定)

油脂分子との間のファンデルワールス相互作用の寄与が不明である。一方,ナノ粒子内部の分子数が減少する一方で,核形成に必要なクラスターの数が増加すると,クラスター半径が臨界結晶核半径(結晶化条件で規定される最小の安定なクラスター半径)に成長する頻度が低下するために,核形成が抑制されるという考察もある。さらに,前項の熱力学的な不安定化,すなわち融点の降下もナノ粒子で起きるので,核形成に必要な駆動力である過冷却度が減少するという効果も考えられる。

このように,ナノ粒子における核形成速度の低下の原因はまだ十分理解されていないが,いずれにしてもナノ粒子内部では過冷却が増加して,低温になるまで結晶が発生しないので,その状態の制御が望まれる。そのためにわれわれは,ナノ粒子を作成する乳化剤の疎水基を調整して,核形成を促進させる可能性を検討した[21]。

図15には,パーム油の高融点成分であるパームステアリンを,平均粒径が100nmのナノ粒子に

して冷却した場合のDSC曲線を示す。用いた乳化剤は4種類のポリグリセン脂肪酸モノエステルで、それぞれ脂肪酸はラウリン酸（10G1L），ミリスチン酸（10G1M），パルミチン酸（10G1P），ステアリン酸（10G1S）である。10G1Lの場合は，8℃で結晶化するが，脂肪酸の長さを増やすにつれて、高温で結晶化する成分の結晶化温度（図15の矢印）が増加する。すなわち，10G1Mが21℃，10G1Pが28℃，10G1Sが35℃である。すなわち，乳化剤の脂肪酸組成を変えることで，結晶化温度を約30℃変調できることが判明した。SR-XRDで測定すると，この発熱ピークは，乳化剤により核形成を誘起された，パームステアリン中のトリパルミチン成分の結晶化に起因することが明らかとなった。これはナノ粒子に特有なことで，同じパームステアリンを10G1Sで乳化したマイクロ粒子では，このような現象は見られない[22]。

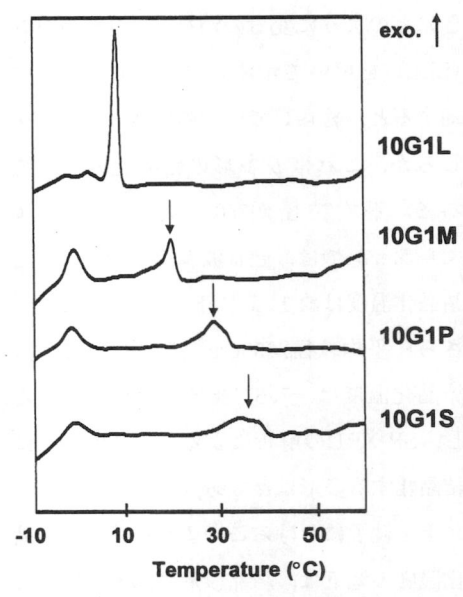

図15 パームステアリンのナノ粒子エマルション（平均粒径が100nm）の結晶化温度の乳化剤依存性。

最後に，ナノ粒子においては，結晶化だけでなく構造転移速度もバルクやマイクロ粒子と異なってくる。すでに図11に示したように，平均で50nmの粒径のLLLナノ粒子を，冷却後に昇温した場合，10℃から0℃前後でβ'多形が最安定のβ多形に転移する。また，ここには示していないが，冷却中に-10℃前後でα多形がβ'多形に変化している。このような低温における多形転移は，バルクやマイクロ粒子では起こらない。この結果から，ナノ粒子中では結晶多形転移が速やかに進行することが判明した。すでに述べたように，デリバリシステムとして固体状の脂質ナノ粒子を利用する場合は，α型やβ'型のほうがβ型より包含性がよい。その場合はβ型への転移を抑制する必要があるので，ナノ粒子における速やかな多形転移の機構を明らかにした上で，有効な方策を考える必要がある。

3.4 まとめ

望ましいナノ粒子の物性をわかりやすく表現すれば，「脂溶性物質を出来るだけ多く溶解させ，固まりにくく，またいったん固まっても融解しやすく，過酷な温度履歴でも凝集や油水分離をせずに，出来れば半透明で，生体吸収性がよい」となる。そのような物性をナノ粒子に付与するためになすべき課題は多い。本稿が，その一助となれば望外の幸せである。

第2章 機能性脂質の分子設計

　本研究は，農林水産省のプロジェクト「生物機能の革新的利用のためのナノテクノロジー・材料技術の開発」の一環として行われた。本稿執筆に当たり，田辺製薬（株）製品研究所の園田智之氏には有益な議論をしていただき，さらに図3は，2003年12月2日に開催されたサイエンスフォーラム社主催の講演会「ナノ粒子の創製と食品へのニューアプリ」における，太陽化学（株）の加藤友治氏による講演スライドを改変させていただいた。ここに，深謝いたします。

文　　献

1) R H. Mueller, C M. Keck, *J. Biotechn.*, **113**, 151 (2004).
2) A. J. Aguiar, J. Krc, A. W. Kinkel, J. C. Samyn, *J. Parm. Sci.*, **56**, 847 (1967).
3) 石井文由，日本油化学会誌，**49**, 1141 (2000).
4) 佐藤清隆，小林雅通，脂質の構造とダイナミックス，共立出版 (1992).
5) H. Bunjes, M. H. J. Koch, K. Westesen, *J. Pharm. Sci.*, **92**, 1509 (2003).
6) V. Jenning, M. Schafer-korting, S. Gohla, *J. Control. Release*, **66**, 115 (2000).
7) W. N. Charman, C. J. H. Porter, S. mithani, J. B. A. Dressman, *J. Pharm. Sci.*, **86**, 269 (1997).
8) A. J. Humberstone, W. N. Charman, *Adv. Drug Deliv. Rev.*, **25**, 103 (1997).
9) M. M. Nerurkar, P. S. Burton, R. T. Borchardt, *Pharm Res.*, **13**, 528 (1996).
10) A. J. Humberstone, C. J. H. Porter, G. A. Edwards, W. N. Charman, *J. Pharm. Sci.*, **87**, 936 (1998).
11) A. J. Humberstone, A. F. Cowman, J. Horton, W. N. Charman, *J. Pharm. Sci.*, **87**, 256 (1998).
12) K. M. Wasan, S. M. Cassidy, *J. Pharm. Sci.*, **87**, 411 (1998).
13) A. Bargoni, R. Cavalli, O. Caputo, A. Fundaròch, M. R. Gasco, G. P. Zara, *Pharm. Res.*, **15**, 745 (1998).
14) 金淳二，*Pharma Stage*, **4**, 59 (2004).
15) 園田智之，オレオサイエンス，**5**, (2005) 印刷中.
16) N. Garti, Curr. Opin. *Colloid Interface Sci.* **8**, 197 (2003).
17) H. Bunjes and K. Westesen, Influences of colloidal state on physical properties of solid fats, in Crystallization Processes in Fats and Lipids Systems, edited by N. Garti and K. Sato, Marcel Dekker, Inc., New York, pp. 457-483, (2001).
18) M. Higami, S. Ueno, T. Segawa, K. Iwanami & K. Sato, *J. Am. Oil Chem. Soc.*, **80**, 731 (2003).
19) 田中幸久，大久保剛，食品の高機能粉末・カプセル化技術，古田武，村勢則郎，安達修二，辻本進，中村哲也編，サイエンスフォーラム，pp. 86-91 (2003).
20) 蓮尾則幸，園田智之，上野聡，佐藤清隆，第43回日本油化学会年会発表，2004.11.1-2, 大阪大学コンベンションセンター
21) 園田智之，高田由紀子，上野聡，佐藤清隆，投稿中.
22) T. Sonoda, Y. Takata, S. Ueno, K. Sato, *J. Am. Oil Chem. Soc.*, **81**, 365 (2004).

4 分析法のトピックス

後藤直宏[*1]，和田 俊[*2]

4.1 はじめに

　油脂の主要構成成分であるトリアシルグリセロール（TG）は，グリセリンと3つの脂肪酸より構成されている。天然に存在する脂肪酸の種類は多く，それらの組み合わせで構成されるTGの分子種は，そのすべての組み合わせがあるとすると，脂肪酸の種類の3乗も存在することとなり，天然TG分子の種類は莫大な数となる[1]。

　ヒトは脂肪を摂取するが，その目的の1つに，各種脂肪酸が有する生理機能を獲得することが挙げられる。特に，n-6系脂肪酸やn-3系脂肪酸は体内における恒常性維持に必須であるが，体内では合成されないため，外部から取り込む必要がある。これら脂肪酸は，TGの結合位置や一緒に結合する脂肪酸の種類によって吸収性や機能発現が大きく変化することが知られている。たとえば，TGのβ位に結合したリノール酸は，α位に結合した場合より強い血中コレステロール値低下作用を示すことが知られている[2]。また，オクタン酸（中鎖脂肪酸）2分子とリノール酸1分子から構成されるTGを摂取した場合と，オクタン酸のみで構成されたTGとリノール酸のみで構成されたTGを2：1で混合した油脂を摂取した場合とでは，前者の方がリノール酸の吸収率が高いことが報告されている[2]。このように，脂肪酸のTG中での結合位置や脂肪酸との組み合わせは，TGの栄養的な質を考慮する際，非常に重要な問題となる。このように，脂肪酸の結合位置まで意識して設計され，合成された油脂は特に「構造脂質」と呼んでいる。

　ところが，これらTGの分子種の分析方法に目を移すと，TG中の脂肪酸の組み合わせに関するTG分子種分析は多くの天然油脂に対して詳細な分析が可能となってきたが，脂肪酸の結合位置まで考慮した分析方法の開発はまだまだ進展する余地があると思われる。そこで本稿では，天然油脂の機能性を考慮する際，また構造脂質（機能性脂質）の分子設計を行う際に重要な，TGの分子種分析，位置異性体分析，立体異性体分析法の現状に関してまとめ，合わせて近年のトピックスに関して紹介することとする。

4.2 分子種（Molecular Species）の分析

　TG分子種の分離にはこれまで，薄層クロマトグラフィー（TLC），ガスクロマトグラフィー（GC），液体クロマトグラフィー（HPLC）などが用いられてきた。これらクロマトグラフィーは目的によって使い分けられてきたが，近年の傾向として，HPLCによる分離が主となってい

[*1] Naohiro Gotoh　東京海洋大学　海洋食品科学科　助手
[*2] Shun Wada　東京海洋大学　海洋食品科学科　教授

第2章　機能性脂質の分子設計

る。これは，HPLCでは多くの種類の移動相，カラム，そして検出器が選択できるなど利点が大きいためと考えられる。

　HPLCによるTG分子種分析では，逆相系HPLCが用いられる。これは1977年の和田らによるパーティションナンバー（Partition Number：PN）の概念（法則）（式1）に端を発する[3]。逆相系HPLC（RP-HPLC）を用いた分子種分析では，PN（式1で示される値）が小さい順番にTG分子種の溶出が起こり，溶出時間の対数とPNの間には直線関係があることが知られている。PNは，後にPlattnerらが提唱した[4] ECN（Equivalent Carbon Number）と同じ概念のもので，現在PNとECNは同様に扱われている。

$$PN = TC - 2 \times DB \tag{1}$$

（TC：TGを構成するアシル基の総炭素数，DB：TG分子中に存在する二重結合の総数）

式（1）が意味することは，「TGの二重結合が1個増加したことにより生じる溶出時間の短縮は，TCが2個減少したために生じる溶出時間に相当する」ということである。HPLCでは硝酸銀カラムによるTG分子種分析も広く実施されてきた。この場合，分子中に存在する二重結合の総数により分離が行われ，少ない順に溶出が起こる。この際，脂肪酸の鎖長は分離に影響しない。どちらの分離方法でも，溶出時間が近いピークを持つ場合があり，分析を困難にする原因となる。これは特に，魚油や乳脂のように鎖長の異なる多くの脂肪酸種からなる油脂を分析する際に見られる。このことを避けるため，一度，硝酸銀カラム-HPLCを用い各フラクションごとに分取し，各フラクションをRP-HPLCで分析する方法[5]が詳細なTG分子種の分析法として報告されている。しかし，この方法においても脂肪酸の組み合わせのみを考慮した分析法であり，各脂肪酸の結合位置にはまったく注意が払われていない。

4.3　位置異性体（Regioisomer）の分析

　ヒトはTGを摂取すると，膵リパーゼの働きにより，小腸内でTGを，遊離脂肪酸と2-モノアシルグリセロール（2-MG，β-MG）に加水分解する。このとき膵リパーゼは，TGのα位に結合した脂肪酸のみを加水分解し，β位に結合した脂肪酸は加水分解しない。よって，膵リパーゼが認識する脂肪酸の結合位置の違いにより異性体を考える場合，仮にA，B，Cと3種類の脂肪酸が結合していたとすると，ABC（β-ABC），CAB（β-CAB），BCA（β-BCA）の3種類が存在することとなる（図1）。

　現在，位置異性体TG中の脂肪酸の結合位置，もしくは各結合位置における脂肪酸分布を知る方法としては，主に以下の方法が使用されている[6]。

① サンプル油脂中のTGを，膵リパーゼを用いて加水分解し，生成した遊離脂肪酸よりα位結合の脂肪酸分布，残った2-MGよりβ位に結合する脂肪酸分布を知る方法[7]。また，

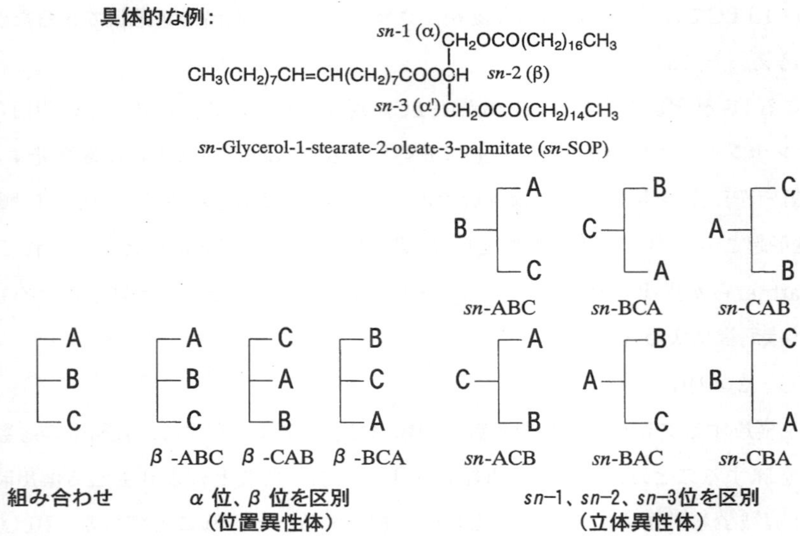

具体的な例：

sn-1 (α) CH₂OCO(CH₂)₁₆CH₃
CH₃(CH₂)₇CH=CH(CH₂)₇COOCH sn-2 (β)
sn-3 (α') CH₂OCO(CH₂)₁₄CH₃

sn-Glycerol-1-stearate-2-oleate-3-palmitate (sn-SOP)

組み合わせ　　α位、β位を区別　　　　　sn-1、sn-2、sn-3位を区別
　　　　　　　　（位置異性体）　　　　　　　（立体異性体）

β-ABC　β-CAB　β-BCA　　sn-ABC　sn-BCA　sn-CAB
　　　　　　　　　　　　　sn-ACB　sn-BAC　sn-CBA

図1　3種類（A，B，C）の脂肪酸で構成されるTGの各種異性体の種類

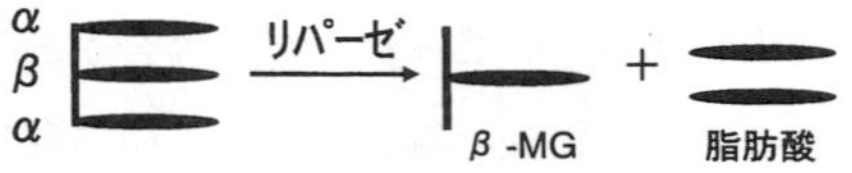

図2　位置異性体分析法の原理

HPLCによりTG分子種を分離し，各ピークを分取したのち，この方法でα位，β位に結合する脂肪酸を分析すると，各TG中における脂肪酸の結合位置を知ることが出来る（図2）。

② HPLC-APCI（大気圧化学イオン化（Atomospheic Pressure Chemical Ionization：APCI)-MS（マススペクトロメトリー）でTG分子種を分離したのち，各ピークのAPCI-MSスペクトルのイオン強度より，α位およびβ位結合脂肪酸種を知る方法[8]。一般に，α位に結合する脂肪酸ほど脱離しやすく，その脂肪酸が脱離したジアシルグリセロール（DG）に相当する強いm/zのピークを与える。この性質を利用して，各TG中のα位，β位に結合する脂肪酸を区別することが出来る。ただしこの方法では，α位およびβ位の脂肪酸分布を知ることは出来ない。

4.4　立体異性体（Stereoisomer）の分析

乳児のときに口内に存在する舌下リパーゼは，乳脂のsn-3位に特異的に結合している中鎖および短鎖脂肪酸を選択的に加水分解する。このようにsn-1, sn-2, sn-3を区別する場合，TGにA，B，Cと3種類の脂肪酸が結合していたとすると，6種類の異性体が存在することとなる

第2章　機能性脂質の分子設計

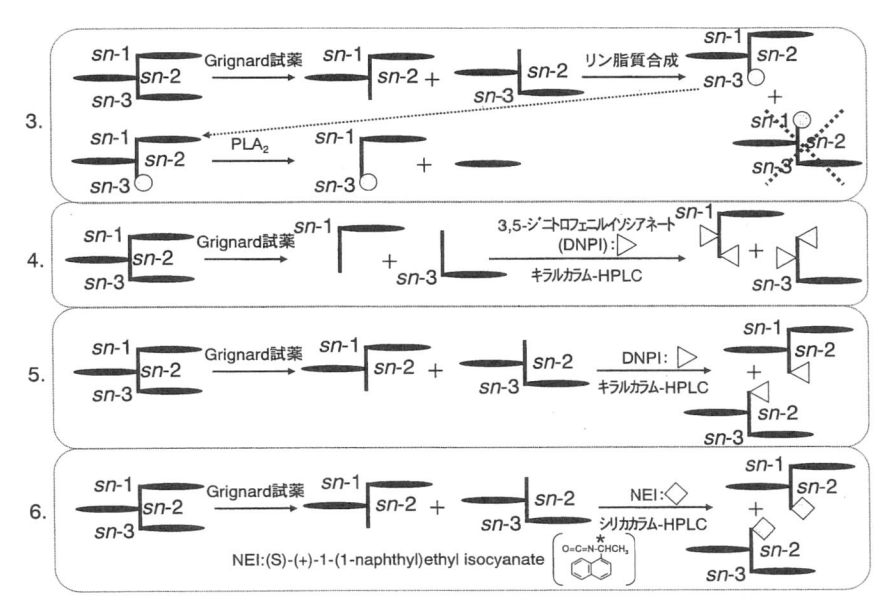

図3　各種立体特異分析法の流れ

（図1）。TG中の脂肪酸結合位置は，酵素によって厳密に見分けられ，それぞれの場所に脂肪酸が結合することは生体にとって大きな意味を持っている。

現在，立体異性体TG中の脂肪酸の結合位置，もしくは各結合位置における脂肪酸分布を知る方法としては，主に以下の方法が使用されている[6]（図3）。

① TGをGrignard試薬で分解してDGを得たのち，ホスファチジルコリン（もしくはホスファチジルフェノール）に誘導体化する。その後ホスホリパーゼA_2で加水分解し，sn-2位の脂肪酸を遊離させ，sn-1位に脂肪酸が結合したリゾリン脂質を得る。（この場合，同時に誘導体化されたsn-1位がリン酸化されたリン脂質は，酵素の特異性により加水分解されない。）これにより，sn-1位とsn-2位に結合した脂肪酸の分布を知ることが出来る。その一方で，位置異性体分析で行った膵リパーゼを用いる方法により，α位およびβ位に結合する脂肪酸の分布を求めておき，最終的には，α位の脂肪酸分布から，sn-1位の脂肪酸分布を減ずることにより，sn-3位の脂肪酸分布を決定する[9]。

② TGをGrignard試薬で分解し，TLCにより，α-モノアシルグリセロール（MG）とβ-MGに分けたのち，α-MGは3,5-ジニトロフェニルイソシアネート（DNPI）により誘導化し，キラルカラムを装備したHPLCによりsn-1-MGとsn-3-MGを分離して分取する。その後GCにより各位置の脂肪酸分布を求める。その一方で，位置異性体分析で行った膵リパーゼを用いる方法により，sn-2（β）位に結合する脂肪酸の分布を求めて，TGの各位置の脂肪酸分

布を求める[10]。

③ TGをGrignard試薬で分解してDGを得たのち，DNPIによりウレタン誘導体化し，キラルカラムを装備したHPLCにより，sn-1,2-DGとsn-2,3-DGを分離して分取する。その後GCにより脂肪酸分布を求め，その一方で，位置異性体分析で行った膵リパーゼを用いる方法により，sn-2（β）位に結合する脂肪酸の分布を求めて，各位置における脂肪酸分布を計算により求める[11]。

④ TGをGrignard試薬で分解してDGを得たのち，分子内に不斉炭素（図中では「*」で示す）を有する（S)-(+)-1-(1-ナフチル）エチルイソシアネート（NEI）でウレタン誘導体化し，シリカカラムを装備したHPLCでsn-1,2-DGとsn-2,3-DGを分離して分取する。その後GCにより脂肪酸分布を求め，その一方で，位置異性体分析で行った膵リパーゼを用いる方法により，sn-2（β）位に結合する脂肪酸の分布を求めて，各位置における脂肪酸分布を計算により求める[12]。

⑤ TGを，直接キラルカラムを装備したHPLCで分析し，sn-1，sn-2，sn-3に結合する脂肪酸を知る方法。この方法により，中鎖脂肪酸とEPAで構成された特殊なTGが分離出来たことが報告されている[13]。

4.5 標準サンプルからのアプローチ

上記の方法は，天然界のものを分析し，TG中での脂肪酸の組み合わせや分布を知るというものであるが，これらとは逆に，TGの各位置に求める脂肪酸を結合させたTG（標準サンプル）を合成し，HPLCでの位置異性体の分離条件探索やスペクトルの比較を行う研究もなされている。これは，たとえばHPLC-APCI-MSにより，TGの位置異性体分析が簡便に行われるようになったが，この方法では，HPLCにより分離された1つのピーク中に，同じ脂肪酸で構成されている位置異性体が2種類存在しても，1つの位置異性体として考えて分析するという問題を含んでいる。しかし，それらの位置異性体の標準サンプルを用いれば，使用したHPLC条件でそれらが分離可能か否かを知ることが出来る。

HPLCを用いたこの様な研究においては，位置異性体TGが主であり，立体異性体TGはほとんど対象とされていない。また，位置異性体においても，ABBタイプ（TGを構成する脂肪酸が2種類）のTGが主であったが，近年，ABCタイプ（TGを構成する脂肪酸が3種類）のTGも合成され，HPLCでの分離条件が探索されるようになってきた。ABBタイプのTGを用いた研究では，たとえば，β-PPOの（P：パルミチン酸，O：オレイン酸）とβ-POPの逆相系HPLCによる分離条件を調べる研究が行われている[14]。この研究ではこれら混合物を，Octadesyl（C18，ODS）カラム，Docosyl（C22，DCS）カラム，もしくはTriacontyl（C30，TAS）カラムを結合した

第2章　機能性脂質の分子設計

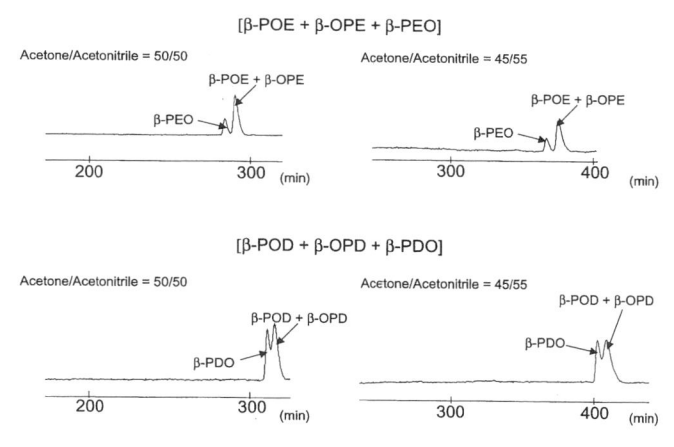

図4　ABCタイプ位置異性体混合物のHPLCによる分離

HPLCを用い，この2つの位置異性体の分離を試みている。その結果，ODSカラムでは分離することが出来なかったが，DCSおよびTASカラムにおいて良好な分離が行われたことが報告されている。ABCタイプのTGを用いた研究では，①β-POE，β-PEO，β-OPEの混合物（E：EPA），もしくは，②β-POD，β-PDO，β-OPDの混合物（D：DHA），を逆相系HPLCで分離する条件が探索されており，TASカラムを2本直列につないだ場合，それぞれの混合物が2つのピークに分離することが確認されている（図4）[1E)]。この際，①の条件では，最初に現れるピークがβ-PEOであり，2つ目のピークが，β-POEとβ-OPEの混合物であることが確認された。同様に②の条件でも2つのピークに分離し，最初に現れるピークがβ-PDOであり，2つ目のピークが，β-PODとβ-OPDの混合物であることも確認されている。ただし，2つ目のピークを分離する条件は現在のところ見出されていない。

4.6　まとめ

多くの位置異性体分析法，および立体異性体分析法が現在も開発されている。そしてこれらを使用することにより，天然物中に含まれるTG位置異性体や立体異性体の構造が明らかとなりつつある。今後，さらに簡便で正確な分析法が開発されることが望まれるであろう。

文　　献

1) 和田　俊，後藤直宏，食品機能学　脂質，丸善株式会社，p11（2004）
2) 菅野道廣，「あぶら」は訴える　油脂栄養論，講談社サイエンティフィック，p79（2000）
3) S. Wada *et al.*, *Yukagaku*, **26**, 95（1977）
4) R. D. Plattner *et al.*, *J. Am. Oil Chem. Soc.*, **54**, 511（1977）
5) P. Laakso *et al.*, *J. Am. Oil Chem. Soc.*, **68**, 213（1991）
6) 安藤靖浩，板橋　豊，化学と生物，**33**, 545（1995）
7) F. H. Mattoson *et al.*, *J. Biol. Chem.*, **219**, 735（1956）など
8) H. R. Mottram *et al.*, *Tetr. Letts.*, **37**, 8593（1996）など
9) H. Brokerhoff, *J. Lipid Res.*, **6**, 10（1965）など
10) Y. Itabashi *et al.*, *Lipids*, **21**, 413（1986）など
11) Y. Itabashi *et al.*, *J. Am. Oil Chem. Soc.*, **70**, 1177（1993）など
12) P. Laakso *et al.*, *Lipids*, **25**, 349（1990）
13) T. Yamane *et al.*, *AOCS Annual Meeting, Cinncinnati*, Abstracts, pp. 2（2004）
14) 白井展也ら，脂質栄養学，**9**, 128（2000）
15) N. Gotoh *et al.*, submitting to *Lipids*

第2編　応用編

第3章　食品分野での応用

1　機能性脂質・構造脂質

1.1　中・長鎖脂肪酸トリアシルグリセロールの栄養生理機能

青山敏明*

1.1.1　はじめに

　油脂の主成分は，3個の脂肪酸がグリセロールに結合したトリアシルグリセロールである。この脂肪酸は栄養生理学的な性質から，炭素数が8～10の「中鎖脂肪酸」と炭素数12以上の「長鎖脂肪酸」とに分類される。中鎖脂肪酸は牛乳脂肪中に4～5％含まれ乳製品に存在し，母乳の脂肪中にも1～3％含まれる。植物性固形脂ではパーム核油に約7％，ヤシ油には約14％含まれる。また，国民栄養調査結果から計算すると，日本人は1日平均0.2～0.3g程度の中鎖脂肪酸を毎日摂取していることになる。本稿では中鎖脂肪酸トリアシルグリセロール（MCT）の栄養効果だけでなく，天然に存在する中鎖脂肪酸はトリアシルグリセロール分子中に長鎖脂肪酸を含有する中・長鎖トリアシルグリセロール（MLCT）の形態で存在していることから，MLCTについても研究成果を交えながら解説する。

1.1.2　MCTの代謝的な特長

　MCTは通常の食事に含まれる油脂（長鎖脂肪酸トリアシルグリセロール，LCT）に比べて消化・吸収されやすく，さらに体内で酸化分解されやすい（図1）。

　MCTは口の中で舌リパーゼの分解を受け胃内で胃リパーゼや胃酸での分解を受け，殆どが遊離の中鎖脂肪酸として十二指腸に到達するので膵リパーゼの分解を必要としない。中鎖脂肪酸は水に親和性が高いことから，腸内で胆汁酸とミセルを形成することなく，糖質やタンパク質の分解物であるグルコースやアミノ酸と同様に，門脈を通って肝臓に直接運ばれる[1]。このためMCTは50年以上も前から，手術後患者や消化吸収機能障害患者の重要なエネルギー源として利用されてきた。

　門脈を通って肝臓に到達した中鎖脂肪酸は素早くβ酸化を受け，エネルギー源として使われ，最終的に二酸化炭素と水に分解される[2]。これは中鎖脂肪酸の代謝が長鎖脂肪酸と異なり，肝臓細胞内でミトコンドリア膜通過においてカルニチンおよびカルニチンパルミトイルトランスフェ

---

*　Toshiaki Aoyama　日清オイリオグループ㈱　研究所　理事　副所長

機能性脂質のフロンティア

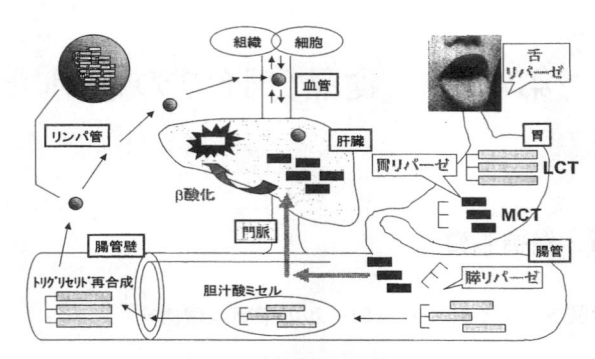

図1　MCTとLCTの消化吸収経路と代謝の違い

ラーゼI，II（CPT I，CPT II）とアシルCoAの結合が必要でないためである[3〜5]。

　これに対し，LCTは小腸内で膵リパーゼによって分解を受けるが，膵リパーゼはトリアシルグリセロールを分解する時に特異性を有しており，トリアシルグリセロールの1位と3位しか分解しない。従って，トリアシルグリセロールは遊離脂肪酸と2-モノアシルグリセロールに分解され，胆汁酸とミセルを形成して小腸粘膜細部に吸収され，そこで脂肪酸とモノアシルグリセロールはトリアシルグリセロールに再合成される。この場合においても，2位モノグリセリドが中心となり，1位，3位に遊離脂肪酸が結合していくため，2位脂肪酸はその結合位置が保持される。再合成されたトリアシルグリセロールは同時に吸収されたコレステロールやリン脂質と共にカイロミクロンを形成してリンパ系で輸送され，鎖骨下静脈という血管に合流する。このようにして，血液中に入ったトリアシルグリセロールは，全身を巡り，必要に応じて，リポプロテインリパーゼ（LPL）で分解され，組織や筋肉に蓄積される。

　以上のような中鎖脂肪酸の代謝的特長から次の効果が確認されている。中鎖脂肪酸は酸化が速いので，動物試験において中鎖脂肪酸の熱産生が長鎖脂肪酸よりも大きいことが認められ，酸素消費量と二酸化炭素排泄量から算出される食事誘発性体熱産生（DIT）の上昇が高くなることが，ヒトの試験で確認されている[6]。また，中鎖脂肪酸は門脈経由で直接肝臓に到達し速やかに代謝され，リンパ経由で全身の循環系に入っていかないため，カイロミクロンとしての血中トリアシルグリセロールの上昇がない。MCTの血中トリアシルグリセロール低下作用についても，高カイロミクロン血症患者[7]および健常者[8]で確認されている。

1.1.3　MCTの体脂肪蓄積抑制効果

　体熱産生の増大効果，あるいは食後の血中トリアシルグリセロールの上昇抑制効果をもつ中鎖脂肪酸を長期摂取すると，一般的な食用油に比べて，体脂肪蓄積抑制効果が期待できる。ラットに中鎖脂肪酸を4週間以上摂取させた試験で，内臓脂肪重量の減少がみられることが報告され，この効果は内因性脂肪組織が減少したためであると報告されている[9]。

第3章　食品分野での応用

　ヒトにおける試験では中鎖脂肪酸とともに摂取する各栄養素のバランス（質，量）が関与している可能性が示唆されたため，毎日の摂取カロリーを2,200kcalとして糖質，タンパク質及び脂質を考慮した食事とともに，少量の中鎖脂肪酸を摂取させるヒト試験が行われた[10]。試験期間を12週間に設定し，LCT（食用植物油）をコントロールして食事管理とともに中鎖脂肪酸油（MCT）10gの用量で平均BMIが24.7の被験者78名に12週間摂取させた結果，中鎖脂肪酸が体脂肪蓄積抑制効果を持つことが確認された。

1.1.4　MLCTの開発

　MCTに体脂肪蓄積抑制効果があることが，実験動物およびヒトでも報告されているが，MCTの発煙点は揚げ物の調理温度160～180℃よりも低く，LCTと混合するとフライ時に泡立ちやすいことが欠点であったため，一般の調理油としての利用は困難であった。そこで中鎖脂肪酸の優れた栄養特性を持ち，食用油として十分な加熱調理適性を有する油脂が開発された。リパーゼによるエステル交換法を用いて，中鎖脂肪酸と長鎖脂肪酸を1分子内に含有する中・長鎖トリアシルグリセロール（MLCT）にすることにより，調理適性が改善されかつ風味において一般的な食用油と全く同等の食用油が完成した[11]（第3編　素材編　第12章参照）。

1.1.5　MLCTの体脂肪蓄積抑制効果

　MLCT（油脂14g中に中鎖脂肪酸を1.6g含有）の体脂肪蓄積抑制効果をラットで調べた結果，LCTと比べてMLCTを摂取したラットで有意に体脂肪量が低下していた[12]。

　そこで，MLCTの体脂肪蓄積抑制効果をヒトで調べるため，健常人82名を用いて厳密な食事

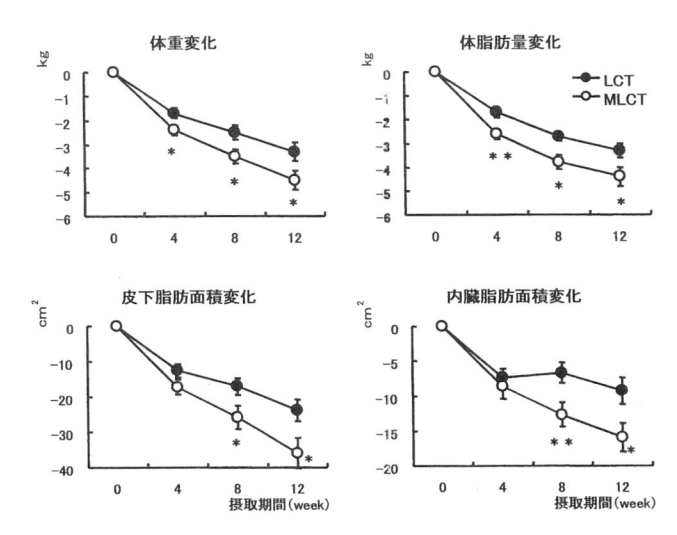

図2　MLCT摂取による，体重，体脂肪量，腹部脂肪面積の変化
82名の健常人が，12週間LCTまたはMLCTを摂取し，体重，体脂肪量，腹部脂肪面積を経時的に測定した。LCT vs MLCT　＊$P<0.05$　＊＊$P<0.01$

管理下で，3ヶ月間のダブルブラインド試験が行われた。その結果，大豆油と菜種油を7：3で単純に混合した一般的な調合油と比較して，MLCTを摂取した群で，摂取4，8，12週間後の体重，体脂肪量，皮下脂肪と内臓脂肪の面積，BMI，ウエスト，ヒップ周囲に有意な低下が見られたことが報告されている[13]（図2）。

また，MLCTの体脂肪蓄積抑制効果についてのメカニズムに関してもラットを用いた試験が報告されている[14]。MCTとMLCTをラットに強制投与して，肝臓のβ酸化系及び脂肪酸合成系酵素活性を調べた結果，MCTとMLCTとではその中鎖脂肪酸含量が7倍程度異なるにもかかわらず，MLCTはMCTと同等またはそれ以上のβ酸化系酵素活性を示した。この結果は，肝臓に入った中鎖脂肪酸だけがβ酸化され燃焼されるだけでなく，同時に周りに存在する長鎖脂肪酸も一緒に燃焼する可能性を示唆している。なお，脂肪酸合成系酵素についてはMCTに比べて上昇しない傾向と確認され，MCT投与後の脂質合成の上昇がMLCTでは起こらなかった。

さらに，ヒトにMLCT（中鎖脂肪酸20%）を与えた後で有意に高い食事誘発性体熱産生（DIT）反応が観察され，エネルギー消費量が有意に高い結果が得られた（図3）[15]。この結果も体脂肪蓄積メカニズムとして考えられる。

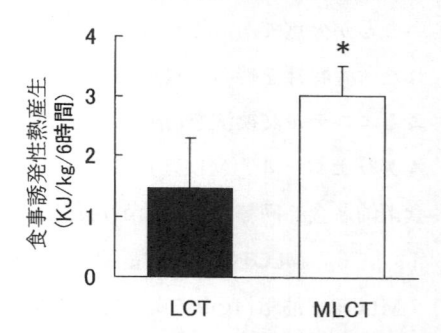

図3　MLCTとLCTののヒトの食事誘発性熱産生への影響

1.1.6　特定保健用食品としてのMLCT

特定保健用食品のガイドラインに基づき，MLCTの安全性確認のため，健常人に3倍量42gを4週間与える摂取試験を行った。その結果，肝機能や腎機能に対する悪影響は認められず，MLCTの安全性は高いことが確認された[16]。

体脂肪の低蓄積性と安全性が確認されたMLCT油は，2002年12月に「体に脂肪がつきにくい」食用油として特定保健用食品に認定され，すでに発売されている。

1.1.7　おわりに

今回，脂質代謝に焦点をあて中鎖脂肪酸の解説をしたが，他の栄養素との比較においても生体にとって重要な意味を持つと思われる。なぜなら，中鎖脂肪酸は糖質の分解物であるグルコースや蛋白質の分解物であるペプチドおよびアミノ酸と同様に門脈を経由して，直接肝臓に運ばれるが，特にグルコースとの比較において重要な役割を持つと思われる。グルコースは生体活動に必要なエネルギー源として肝臓で最初に分解されるが，実際の熱量としての効力は4kcalである。ところが，中鎖脂肪酸は約8.6kcalとグルコースに比べると2倍以上の熱量を持っている。従って，中鎖脂肪酸を使用する方が多くの熱量を確保することができ，少量で大きなエネルギー効率

第3章　食品分野での応用

を持つことになる。母乳や牛乳にも少量含まれるが，消化吸収能力がまだ弱い乳児がエネルギー価の高い脂肪を効率良く吸収することは，自身の体を短期間の内に1.5～2倍程度にしなければならい乳児にとって必要不可欠なことであり，また，成人よりも少し高い体温（37度前後）を維持しなければならないことから考えても，中鎖脂肪酸はとても良いエネルギー源であり，乳児の成長に重量な役割を果たしていると考えられる。

また，中鎖脂肪酸は2重結合を有しないため，一般には飽和脂肪酸に分類される。しかし，中鎖脂肪酸は今まで述べたように，熱産生を活発化し，食後の血清トリグリセリド濃度の上昇を抑え，さらには体脂肪になりにくい性質を持っている。従って，一般の長鎖飽和脂肪酸とは全く異なった機能を有する脂肪酸であるため，栄養生理学上の分類としては別に考える必要があると思われる。従って，今後，飽和脂肪酸においても多価不飽和脂肪酸のn-6/n-3と同様にLong（長鎖脂肪酸）とMedium（中鎖脂肪酸）の比率が必要になるであろう。

中鎖脂肪酸については，今後，医薬品として多量に摂取するだけでなく，食品として少量摂取する時代に入ったと考えられる。しかし，中鎖脂肪酸の少量摂取による栄養効果についての研究はまだ始まったばかりであり，今後さらなる事実の確認が必要である。

文　献

1) P.R. Holt, *Gastroenterology*, **53**, 961 (1967)
2) N.J. Greenberger *et al.*, *N. Eng. J. Med.*, **280**, 1045 (1969)
3) M.I. Friedman *et al.*, *Am. J. Physiol.*, **258**, R216 (1990)
4) E. Christensen *et al.*, *Biochim. Biophy. Acta*, **1004**, 187 (1989)
5) C.C. Metges *et al.*, *J. Nutr.*, **121**, 31 (1991)
6) M. Kasai *et al.*, *J. Nutr. Sci. Vitaminol.*, **48**, 536 (2002)
7) R.H. Furman *et al.*, *J. Lab. Clin. Med.*, **66**, 912 (1965)
8) C. Calabrese *et al.*, *Altern. Med. Rev.*, **4**, 23 (1999)
9) O. Noguchi *et al.*, *J. Nutr. Sci. Vitaminol.*, **48**, 524 (2002)
10) H. Tsuji *et al.*, *J. Nutr.*, **131**, 2853 (2001)
11) S. Negishi *et al.*, *Enzyme Microb. Technol.*, **32**, 66 (2003)
12) O. Noguchi *et al.*, *J. Oleo Sci.*, **51**, 699 (2002)
13) M. Kasai *et al.*, *Asia Pacific J. Clin. Nutr.*, **12**, 151 (2003)
14) H. Shinohara *et al.*, *J. Oleo Sci.*, **51**, 621 (2002)
15) T. Matsuo *et al.*, *Metabolism*, **50**, 125 (2001)
16) 野坂直久ほか，静脈経腸栄養，**17**, 99 (2002)

1.2 リン脂質

高橋是太郎[*1]，細川雅史[*2]

1.2.1 はじめに

食用油脂の主体を成すトリグリセリド（TG）[注1]は消化の過程で加水分解した後，小腸の上皮に吸収され，そこで再びTGに生合成されてリンパ管に入り，肝臓を経ずに血液中に現れる。しかし，吸収前のTG分子と血液中のTG分子とでは最早結合している脂肪酸が異なっており，そのTG分子種も長く血中にとどまっていることはない。これに対し，経口投与されたリン脂質（PL）は，そのうちの一部とはいえ，分子構造が保たれたまま血中に現れ，しかも比較的長時間[注2]にわたって同一分子種が血しょう中に存在し続けることが示唆されている[1]。このことは生体応答を持続的に制御したい場合に"構造PL"を用いれば，都合がよいことを示すものである。

一方，組織への取り込まれ方を比べても，PLの方がTGよりも明確に優れている[2]。これらに加え，"食品"という水分が主体を成す複合・混合系においては，親水基と疎水基双方の原子団を有するPLは容易に食品中に分散できる。以上のことから，例えばドコサヘキサエン酸（DHA）-TG含有食品よりDHA-PL含有食品の方がDHAの有用機能とされる抗アレルギー性，抗炎症性，抗痴呆性，抗高血圧性，抗糖尿病性，抗腫瘍性，血液性状改善性に優れることが予想される。このようなPLのTGに対する優位性を踏まえ，本稿では機能性構造PLのうち，比較的研究例が豊富なsn-2位DHA結合型PL（2-DHA-PL）及びホスファチジルセリン（PS）に着目し，その食品への応用を展望してみることにする。

1.2.2 高血圧患者への脳卒中予防食品

現時点では脳卒中易発ラット（ＳＨＲ）への経口投与実験結果にとどまっているが，図1のように，2-DHA-PLには明確な脳卒中予防効果が報告されている[3]。すなわち，PLではあっても卵黄PLのように分子内にDHAを殆ど含まないPLや，分子内にDHAを含んでいても，TG形態では脳卒中予防効果はなく，唯一DHA-PLの形態をとる場合にのみ脳卒中予防効果がみられる。このことから，高血圧症患者の脳卒中発症リスクを低減させる食品への応用が期待される。

注1）ここではIUPAC（International Union of Pure and Applied Chemistry）で推奨されているトリアシルグリセロール（TAG）の代わりに，慣用名としてのトリグリセリド（TG）を用いた。しかし，今後はなるべくIUPACで推奨されている用語が一般でも用いられるように啓蒙を図りたい。

注2）ホスファチジルセリン（PS）の場合は短いことが2004年9月の脂質栄養学会で明らかにされた[4]。

---

*1　Koretaro Takahashi　北海道大学　大学院水産科学研究科　生命資源科学専攻　教授
*2　Masashi Hosokawa　北海道大学　大学院水産科学研究科　生命資源科学専攻　助教授

第3章　食品分野での応用

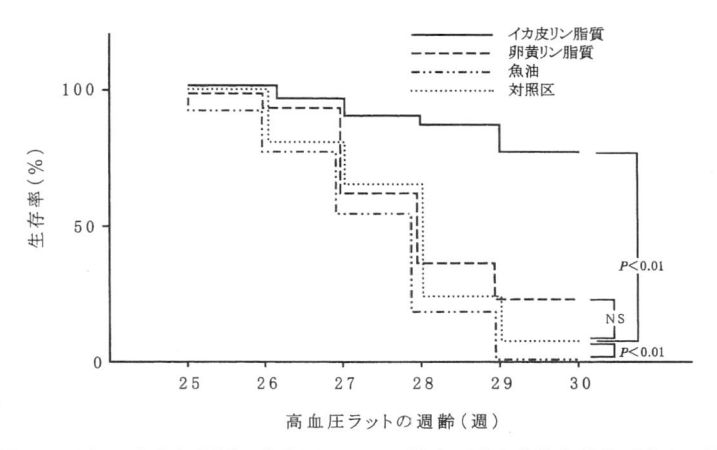

図1　イカPLを含む餌料の高血圧ラットに対する脳卒中防止効果（井上ら）[3]

1.2.3　"ガン多発家系"のための制ガン食品
(1)　2-DHA-PLによるガン顕在化エイコサノイドの産生抑制[5]

　制ガン食品といえば，キノコ由来のグルカンや海藻のフコイダンが主流を占めている。これらの制ガン作用機作は免疫附活によるとされ，植物由来の成分はしばしば「植物には動物細胞には存在しない成分が存在するが故に，基本的に異物として動物の白血球を刺激する作用をもっている」と説明されている。また植物に豊富なポリフェノール類は，活性酸素種による遺伝子の損傷や炎症を抑え，発ガンやガンの進行を抑止すると考えられている。他方，DHAやエイコサペンタエン酸（EPA）[注3]をはじめとするn-3系高度不飽和脂肪酸のガン抑止作用は，細胞膜に取り込まれたn-3系脂肪酸がn-6系脂肪酸のアラキドン酸（AA）と置き換わり，AA由来のプロスタグランジンE_2（PGE_2）や炎症性エイコサノイドの産生を低下させることに由来するといわれている。炎症が連続的になると，ガンが顕在化するが，炎症性エイコサノイドの産生を回避することによってこれをある程度防ぐことができる。また，PGE_2は血管新生，ガン細胞増殖刺激，抗腫瘍免疫抑制活性を有するので，このエイコサノイドが過剰産生されないようにすることは，ガンの進行抑止に重要な意味をもつ。ガンの抑止機構にはこの他，炭素鎖の鎖長延長酵素や不飽和化酵素が働く際に，DHAやEPAがリノール酸（LA）と拮抗してLAがAAに合成されるのを阻害することや，PGE_2及び炎症性エイコサノイドの合成酵素であるシクロキシゲナーゼを阻害することも関係していると考えられている。このような働きをもつDHAやEPAがPLの形態をとることによって，速やかにしかも持続的に細胞膜に取り込まれ，効果的にガンの顕在化を抑止す

注3）ここではIUPAC（International Union of Pure and Applied Chemistry）で推奨されているイコサペンタエン酸（IPA）の代わりに，慣用名としてのエイコサペンタエン酸（EPA）を用いた。しかし，今後はなるべくIUPACで推奨されている用語が一般でも用いられるように啓蒙を図りたい。

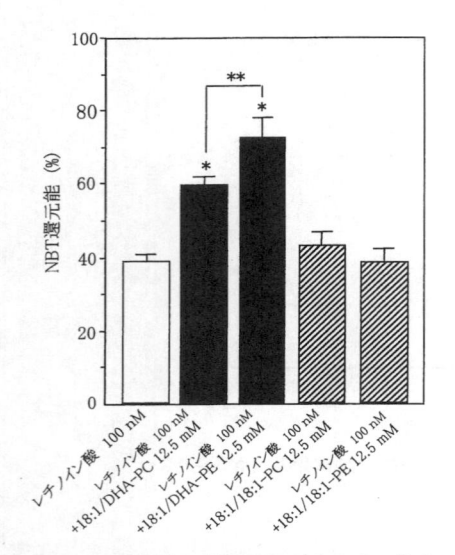

図2 HL-60細胞の分化に及ぼす高度不飽和リン脂質とレチノイン酸の併用効果[6]
*$P<0.01$ vs. コントロール

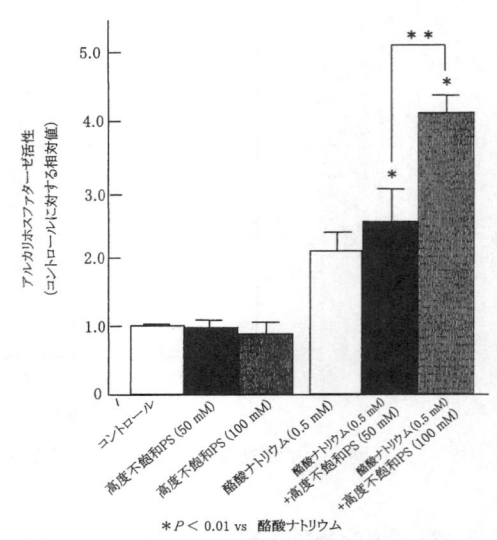

図3 ヒト結腸癌Caco-2細胞の分化に及ぼす高度不飽和ホスファチジルセリン(PS)と酪酸ナトリウムの併用効果[6]
*$P<0.01$ vs 酪酸ナトリウム

る作用機作が考えられる。しかし，現時点ではあくまでも"想像"の域を脱しておらず，ガンの顕在化抑制におけるDHA（EPA）-PLのDHA（EPA）-TGに対する優位性を明確に証明するためには本格的な介入試験が必要である。

(2) 2-DHA-PLによるガン細胞の分化誘導[6]

我々は日常的にビタミンA（レチノール）をはじめとするレチノイドを摂取している。レチノイドの一種であるレチノイン酸には浮遊性の白血病ガン細胞を顆粒球に分化させて，無秩序な増殖を抑える作用があるが，その働きは十分ではない。In vitro試験の結果ではあるが，sn-2にDHAを結合したPLは，このレチノイン酸の細胞分化誘導作用を明らかに促進し，脱ガンを促すことが知られている。すなわち，図2のようにNBT還元能をヒト前骨髄性白血病細胞（HL-60細胞）の分化の指標にした場合，2-DHA-PC（ホスファチジルコリン）及び2-DHA-PE（ホスファチジルエタノールアミン）はレチノイン酸を取り込んだHL-60細胞のNBT還元能を有意に向上させる。これに対し，sn-2のDHAが18：1（オレイン酸）やLAに置き換わると，その効果が消失する。

一方，2-DHA-PLは固着性のガン細胞に対しても，細胞分化誘導性物質に対する促進効果が認められ，例えば結腸ガン細胞（Caco-2細胞）においても，酪酸ナトリウムによる細胞分化を促進する（図3）。酪酸ナトリウムは，腸内細菌によって食物繊維からも生成されることから，2-DHA-PLが大腸ガンの抑制に貢献できる可能性がある。但し，比較的強い細胞分化誘導促進

効果をもつのは2-DHA-PS型のPLなので，ホスファチジル基転移反応によってあらかじめPCをPSに変換しておくことが望ましい。ちなみに日本油脂（株）では，制ガン目的の商品ではないが，2-DHA-PSをすでに製品化している。

一方，2-DHA-PLと細胞分化誘導剤（ジブチリルcAMP）を併用して，HL-60細胞に対する増殖抑制を生細胞数を指標として調べると，図4のように2-DHA-PLはジブチリルcAMPの増殖抑制作用をさらに高めていることがわかる。このとき，ガン細胞が無秩序に増殖する際に過剰発現する*c-myc*遺伝子のmRNAの発現量も比較的顕著に抑えられており（図5），2-DHA-PLは細胞分化誘導促進作用に加えて細胞周期をG1期からS期に移行させるときに働く*c-myc*遺伝子にも影響を与えて，ガン細胞の増殖を抑えていることが示唆される。

(3) 2-DHA-PLのリポソームドリンクによる大腸ガンの抑制

先にも述べたように，PLは親水基と疎水基を同一分子内にもつことから，水中では疎水部分が水を嫌って図6のような球状小胞になる。これをリポソームといい，内部に機能性物質や薬物を入れることが可能である。生イカ（マイカ）の皮100g中には0.3～0.5gのPLが含まれており，そのうちの30％前後を2-DHA-PLが占めている。2-DHA-PC：2-DHA-PSを4：1に混合してリポソームを調製し，Colon-20ガン細胞を植え付けたBALB/cマウスにリポソームを飲ませ続けると，図7のように腫瘍の増大を抑制した。動物実験の結果がヒトにも期待できるとは限らないが，先のガン細胞分化誘導促進能と併せて考えると，その可能性はあると考えられる。

1．2．4　現代社会から脳を守るブレインフード[注4)]

脳の健康とPSの関係を中心に膨大な研究が50年以上にもわたってなされ，その報告数は3,000件にもなるといわれている。これら多くの研究を通じて，加齢に伴う記憶力の低下（ARCD：Age Related Cognitive DeclineまたはAAMD：Age Associated Memory Defisite）の抑制に有効であること，一旦痴呆になった人に対しても，部分的にではあるが改善効果のあること，注意力や，集中力の維持，ストレス感の緩和，うつ症状や多動性症候群の改善，概日リズムの調整，コーチゾール（ストレスホルモン）に対する分泌抑制等々多くの有用機能が明らかにされてきた。これらの研究は，PSの機能発現にあって重要なのはホスホリルセリン構造にあって，脂肪酸残基部分の違いは問題でないとするものであったが，2002年にPSのうちDHA結合型のものは，PS群の学習能向上作用のうち，とくに新規場面へのすばやい対応に対して有効な分子種であり，「知能」に関与した認知能力を高めている可能性が示唆された[8)]。ごく最近，PSの脳への取り込みが調べられ，PSのミトコンドリア膜へのトラップを認めている[4)]。

注4）1997年にアメリカ合衆国シアトルで開催された第88回アメリカ油化学会（AOCS）のホスファチジルセリンと題したセッション内容が全てテープに記録されている。「ブレインフード」という名称は東京海洋大学の矢澤一良教授によって命名された。

機能性脂質のフロンティア

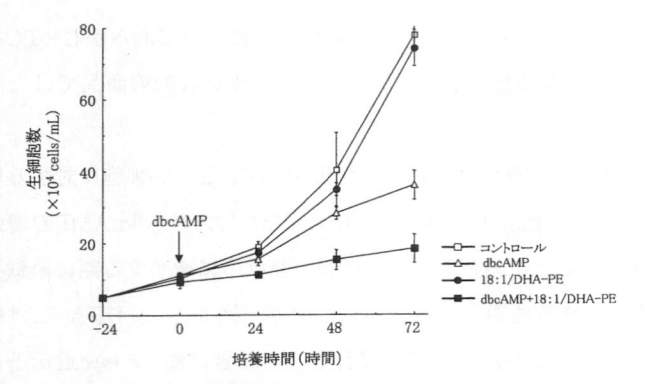

図4 ヒト白血病HL-60細胞の増殖に及ぼす高度不飽和ホスファチジルエタノールアミン(PE)とdbcAMPの併用効果[6]

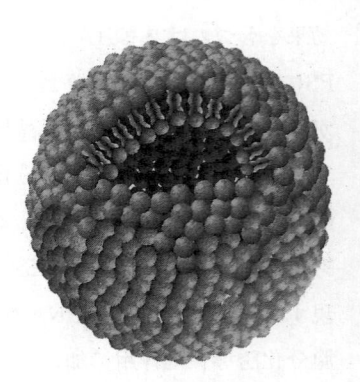

図6 リポソーム

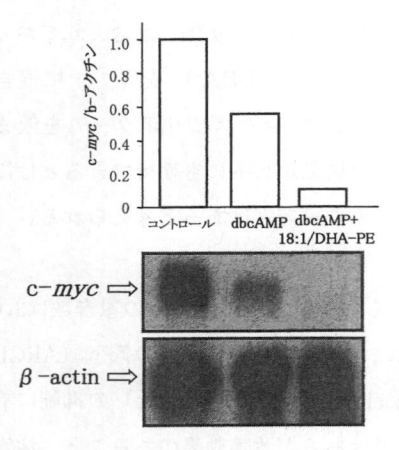

図5 c-*myc*遺伝子の発現に及ぼす高度不飽和ホスファチジルエタノールアミン(50 μM)とジブチリル cAMP (dbcAMP, 200 μM)の併用効果[6]

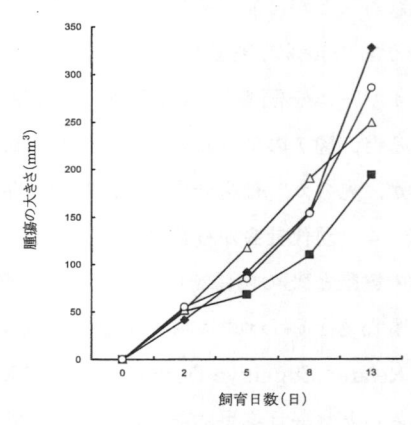

図7 2-DHA-PLリポソームによるColon-20ガン腫瘍増大の抑制[7]

■2-DHA-PLリポソーム
△キノコ菌糸体培養物
○$\frac{1}{2}$量キノコ菌糸体培養物+$\frac{1}{2}$量2-DHA-PL
◆コントロール

第3章　食品分野での応用

1.2.5　細胞の柔軟性賦与のための食品

　EPAやDHAを含む魚油を食すると，血液粘度が低下し，血液がさらさらになることが知られている[9]。このとき血しょうに粘度変化がないことから，粘度低下は血球成分の変形能の向上によるものといわれている。2-DHA-PLを豊富に含む水産PL各種をインキュベートによってヒト赤血球に取り込ませ，その変形能改善効果を調べた結果（図8），水産PLは何れも大豆PLよりも優れていることが確かめられた。先にも述べたように，DHAやEPAの機能を速やかにかつ持続的に発揮するにはTG形態よりもPL形態の方が都合がよいと考えられることから，食餌性PLによる血液性状改善が期待できる。2-DHA-PLがなぜ血球変形能を改善できるのかについては何もわかっていないが，結果として細胞骨格を柔軟にしていることは確かである。このことは次に述べる小腸上皮細胞モデルにおける細胞間経路（上皮細胞間の隙間を通る吸収形態で，タイトジャンクションとよばれる）に2-DHA-PLが与える影響においても細胞骨格が無縁ではないと推察される。

1.2.6　機能性物質に対する吸収促進

　Caco-2細胞を用いて小腸上皮細胞モデル[10]を構築し，水産PL及びその中の主たる機能性PLである，2-DHA-PL合成物のタイトジャンクション開閉への影響を調べた。その結果，タイトジャンクションから流出した蛍光試薬（ルシファーイエロー）量は，水産PL及び2-DHA-PL合成物処理群ともに大豆PL処理群よりも多く，タイトジャンクションを開ける作用が大豆PLよりも強いことが示唆された（図9）[11]。この関係は，あらかじめそれぞれのPLを初期酸化させておいてから同じ実験を行っても変わらないことから，酸化生成物量には依存しない作用機作である

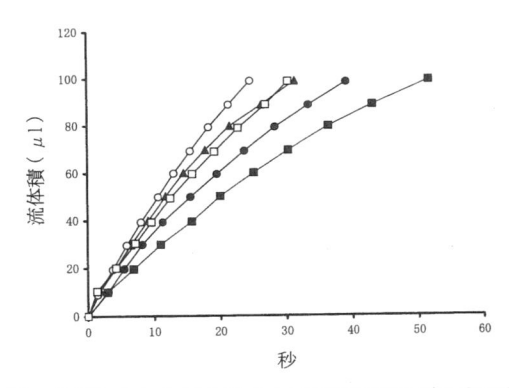

図8　各種PL処理したヒト赤血球の人工毛細血管モデル中の通過速度＊

■PL未処理赤血球；●大豆PLで処理；▲河川遡上シロサケ
♂の筋肉PLで処理；○シロサケのシラコのPLで処理；□イカ
肝臓の膜（袋）のPLで処理
＊日立原町電子工業Bloody5A使用

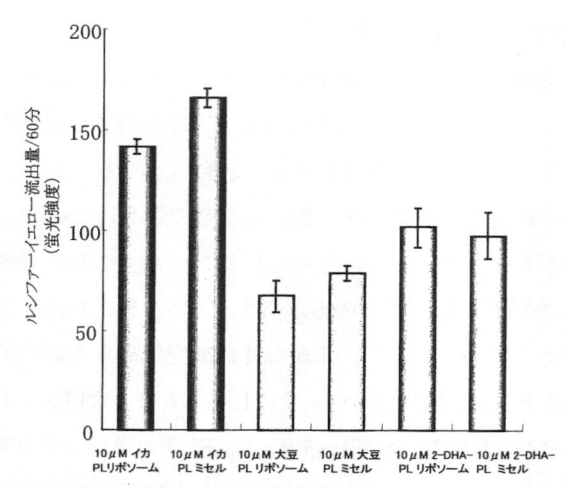

図9　小腸上皮細胞モデルにおける各種PLのタイトジャンクションを開ける効果

と考えられる[11]。1．2．4で水産PLが何らかの作用機作で細胞骨格に働きかけてその変形能を高めていることを推察した。小腸上皮細胞においても，水産PLが細胞骨格に働きかけてタイトジャンクションを開けていることが推察される。タイトジャンクションの開閉とリポソームの通り易さとは直接関係ないが，冒頭でも述べたように，経口投与されたPLは一部が分子構造を保ったまま血中に現れ，比較的長時間にわたって血しょう中に存在し続けることが強く示唆されているので[1]，何らかの形態でPLがタイトジャンクションからも吸収されることは考えられ得ることである。この点の確認は今後の研究を待ちたい。

1．2．7　おわりに

　PLは生物資源に含まれるごくありふれた物質である。そのようなものに特段の有用機能があることは考えづらいとみるむきもある。しかし，脳内情報伝達物質のアセチルコリン産生を促すためにPCが有用であることは古くから知られており，また高純度の大豆PLが抗脂肪肝作用等，とくに肝疾患に対して有効であることも以前から認知されてきた。その他，脂質代謝，腎臓病，悪阻，乾癬等の改善，抗動脈硬化剤にも用いられた経緯がある[12]。大豆PLの構成不飽和脂肪酸はLAが多く，LAに基づくエイコサノイドの体内での過剰生産が，諸疾病の発症や顕在化に直結していることが指摘されている今，エイコサノイドの原材料になるLAをいたずらに多く摂取することは望ましくない。その点n-3系脂肪酸結合型PLを用いることはエイコサノイドの過剰産生を回避できる点で理に適っている。DHA-PLは魚卵やイカがよい給源であり，EPA-PLはホタテガイの内臓やヒトデ中に豊富である。ホタテガイの内臓やヒトデは大量に，しかもほぼ通年にわたって産出されているにも拘わらず，殆ど利用価値がないことから，望ましくはEPA-PLの利

第3章　食品分野での応用

用を先ず図りたいところではある。しかし，化粧品と並んで"イメージ"が食品産業でも重視されてきており，残念ながらヒトデや内臓はいかにも分が悪い。

　わが国の健康食品産業は現在1兆円市場といわれ，アメリカ合衆国がすでに4兆円市場であることから，我国も2兆円までは伸びる潜在性があるといわれている[13]。最近カプセル形状はもとより，錠剤形状までもが食品として認められるようになった。水産PLは，その機能性さえ認知されればカプセルにして高付加価値商品として販売できるが，元来が水にも油脂にもよく混和できることから，疾病予防あるいは免疫附活訴求型の持続的な発展を望める新規食品の候補の1つとして"明らか食品"にも展開可能なものと期待される。国内においては，肥満や糖尿病，コレステロール等をターゲットにした薬理効果を期待させる商品の著しい成長がみられるが，健康志向が高まる中，抗腫瘍目的の商品が今後の健康食品市場において注目される可能性もある。DHA-PLやEPA-PLを豊富に含む水産PLは最も"つぶしの利く"素材の1つであり，大きな発展性を秘めているといえるのかもしれない。

文　献

1) C. Galli *et al., Lipids* **27**, 1005 (1992)
2) W. Wijendran *et al, Pediatr. Res.* **51**, 265 (2002)
3) 井上良計, *New Food Industry,* **43**, No.1, 22 (2001)
4) 田中康一ほか, 脂質栄養学, **13**, No.2, 125 (2004)
5) S.C. Larsson *et al., Am. J. Clin. Nutr.* **79**, 935 (2004)
6) 細川雅史ほか, 水産機能性脂質, 恒星社厚生閣, p.146 (2004)
7) 高橋是太郎ほか, 水産機能性脂質, 恒星社厚生閣, p.174 (2004)
8) 大久保　剛ほか, 脂質栄養学, **11**, No.2, 125 (2002)
9) 藤田孝夫ほか, 水産食品と栄養, p.63 (1984)
10) 清水　誠ほか, 食科工, **48**, No.9, 643 (2001)
11) 眞鍋信一郎, 北海道大学大学院水産科学研究科修士論文, p.64 (2004)
12) 高　行植, *New Food Industry,* **41**, No.7, 7 (1999)
13) 食品と開発編集部, 食品と開発, **37**, No.3, 22 (2002)

1.3 生理機能性リン脂質

日比野英彦[*]

1.3.1 リン脂質と生理機能全般

　リン脂質は生体膜の構成成分として存在する。リン脂質の重要な性質は，極性と非極性の両溶媒に親和性を持つ両親媒性による。これは分子中の脂肪酸が非極性部分を構成し，リン酸・アルコールが極性部分を構成していることによる。生理機能の発現はこの立体構造に基因している。リン脂質の生理機能の解明は最近の分子生物学の手法を用いて大きく進歩した。

　従来，リン脂質原料に利用される素材は大豆と卵黄であり，最近は，海産物抽出品や酵素変換品も使用されている。リン脂質の生理機能はホスファチジルコリン（PC）による脂質代謝調節が主体であったが，最近ではリン脂質クラスの機能解明も進み，リン脂質クラスの摂取による機能の改善や向上が一部知られ始めた。リン脂質はグリセロ型とスフィンゴ型に分類される。

　リン脂質の主体であるグリセロリン脂質はsn-3位にリン酸を介してアルコールが結合している。アルコールの種類により，コリンならPC，エタノールアミンならPE，セリンならPS，イノシトールならPIとなる。sn-1位にアシル基の代わりにアルキル基，アルケニル基：プラズマローゲン（PM）が結合していることもある。スフィンゴリン脂質はセラミドにリン酸を介してコリンが結合している。このリン脂質にはスフィンゴミエリン（SM）がある。

　リン脂質の脂質代謝調節は肝機能の改善を介する，例えばコリン欠乏食や長期アルコール摂取による脂肪肝・肝硬変の進展防止，肝臓中性脂質合成抑制[1]及び血清と肝臓コレステロール低下作用[2]が知られている。PUFA含有PCは血清コレステロールとトリアシルグリセロール（TG）濃度を低下させ，HDLコレステロール濃度を上昇させたり，乳幼児，高齢者，術後患者を対象として栄養素の消化吸収を促進する[3]食餌療法の食物添加物に利用されている[4]。アルコール性の肝硬変や線維化を治療する食品として1～3 g/日のジリノールPCの摂取が推奨されている[5]。

　SMは神経繊維の絶縁体であるミエリンの構成成分であことから脳・神経系の発達過程にある乳幼児用ミルクに平均的な母乳の含量程度添加されている。スフィンゴリン脂質の構成成分であるスフィンゴシン1-リン酸は細胞膜に存在する受容体を介して情報伝達を行う。SMには，老化によるプロテインキナーゼC活性の低下を抑制する効果があり，アルツハイマー型老年痴呆による記憶障害の予防や治療に有効な飲食物に利用されている[6]。栄養学的な利用として，SMは脂質の消化吸収機能の改善[7]，腸管神経叢を発達させ腸管運動機能の改善[8]，消化管成熟や発達促進への利用[9]やセラミド，スフィンゴ糖脂質，ガングリオシド，カルシウム，ビタミンD，ビ

---

　　[*]　Hidehiko Hibino　日本油脂㈱　食品事業部　開発主幹

タミンKを配合することにより歯周病[10]，骨粗鬆症・骨折・腰痛・リウマチなどの骨関連疾患[11]の予防と改善効果を賦与した食品を提供できる。

PMは生体組織の脂質の過酸化を抑制することから，経口投与による抗酸化食品[12]や神経細胞死を抑制するアルツハイマー型老年痴呆の予防に有効な飲食物に利用されている[13]。

1.3.2　リン脂質による中枢機能の改善

中枢神経や脳ではリン脂質が神経細胞の膜を形成し，乾燥重量中でその半分を占めている。そのためリン脂質の摂取による中枢機能を賦活する効果が期待されている。中枢組織のリン脂質にはPEやPSが多く含まれ，その構成脂肪酸にはDHAが多いのが特徴である。網膜中，例えば網膜光受容膜，網膜シナプス膜，特に視物質分子ロドプシンを含む組織のPEやPSのDHA量は35〜60％である。大脳中，皮質の1/3のDHAがPEとPSに含まれ，特にPEでは16〜29％とPUFA中で最高であり，シナプトゾームとシナプス小胞に特に多い[14]。PE量は若齢から成熟期までは増加し，それ以降は減少するので，DHAの中枢組織での含量も同じ推移をたどる。

乳由来のリン脂質を配合した食品を摂取させるとアラキドン酸（AA）を低下させることなく生体内DHA含量の蓄積が可能となり，乳幼児の脳の発達や老人の脳機能の改善に有用である[15]。

PCが中枢機能の改善に注目されたのは"コリン仮説"による。分子構造中にコリンを有するPCはコリン作動性薬として，そのコリンが中枢神経系で生合成される神経伝達物質アセチルコリン（Ach）の前駆体になることが期待されている。末梢から投与されたAchは4級アンモニウム塩であるため血液脳関門（BBB）を通過せず中枢作用は認め難い。臨床的には，Achはコリンエステレース（ChE）で速やかに分解されるため作用が一過性であり，かつ臓器選択性がないためあまり応用されることがない。さらに，脳は自らコリンを生成することは出来ず，外因的に食事性の栄養素として摂取するか，内因的に肝臓で生成されたものを利用する。コリンを大量摂取すると，腹痛，下痢，肩凝り，筋肉痛，頭痛などの症状が出ることがあるが，PCから摂取されるコリンにはこれらの副作用は見られない。末梢から投与されたPCの標識化物が脳の実質から回収されたり，経口投与すると血漿と脳内のコリン濃度を上昇させるが，脳内のAch濃度を上昇させるか否かは分析法の困難さと再現性から動物実験結果が報告により一定でない。ガンザー基底核に障害のあるラットにPCとビタミンB$_{12}$の混合物を与えると，前頭葉皮質からAchが多く検出され，記憶の習得力と保持力が改善されている[22]。

PCやPSを経口摂取した動物やヒトの記憶，睡眠，学習能などを測定すると中枢機能賦活効果が認められる。BBBを通過するDHAとコリン誘導体が結合しているPC-DHA，中枢領域で神経栄養因子として働くL-セリンを結合したPSについては後の章で詳細に紹介する。

1.3.3　リン脂質による抗アレルギー作用

DHAが結合したリン脂質には強い抗炎症作用や抗アレルギー作用があり，炎症やアレルギー

を誘発する脂質系メディエターの血小板活性化因子（PAF），プロスタグランジン，ロイコトリエン（LT）等の産生を抑制する[16]。DHAは細胞膜リン脂質のAAを置換するため，AA結合リン脂質を基質とするPAFの産生量を減少させ，さらにホスホリパーゼA_2（PLA_2）の基質になりにくいことからLT産生量も減少させる。DHA結合リン脂質，例えばPE-DHAはPLA_2によるDHAの遊離を抑制したり，細胞性PLA_2活性も阻害する[17]。PC-DHAは，AAからLTに至る生合成の初発酵素である5-リポキシゲナーゼ（LOx）活性のみを特異的に阻害することも見出されている[18]。これらの酵素に対する積極的阻害活性はEPAよりも強く，遊離のDHAでは認められない作用である。一方，DHAはその化学構造から極めて酸化を受け易く過酸化脂質やフリーラジカルを生成する。これらが生成されると直ちに抗酸化酵素系によって処理されない場合は生体組織に酸化障害が引き起こされる。DHAを含むPUFAに対する脂質過酸化反応に対する抑制効果の1つに，PE・PCによるPUFAの酸化安定化機構がある。

　PC-DHAの5-，12-，15-LOxとシクロオキシゲナーゼの酵素活性に及ぼす効果を評価した結果，アレルギーや炎症の原因物質の1つであるLT生合成の初発酵素である5-LOx活性のみを特異的に阻害することが判明した[18]。この*in vitro*の抗アレルギー作用の結果を接触性皮膚炎モデル動物で確認している。その方法は，マウスの耳介に炎症惹起物質の2，4-ジニトロフルオロベンゼンを塗布して誘発される浮腫を，経口摂取した被験物質がどの程度抑制するかで評価した。被験物質は対象をコーン油，ポジティブコントロールを柴朴湯とし，評価物質にはDHA誘導体として，遊離脂肪酸（DHA95%），TG（21%），エチルエステル（99%），PC（25%）を用いた。動物試験では，被験飼料をラットに投与し，24日後炎症惹起物質で感作誘導し，29日後に再

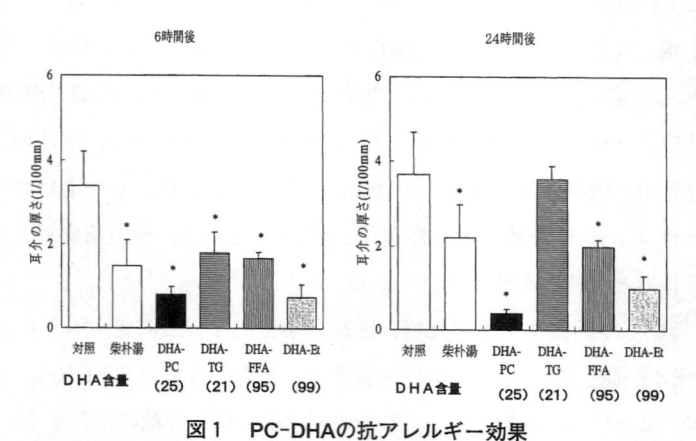

図1　PC-DHAの抗アレルギー効果
DHAが含まれる分子の種類によってマウスの耳介に誘引した浮腫を抑制する効果に差異がみられた。リン脂質に含有されたDHAがもっとも強く浮腫を抑制した。（＊：対照群に対して$p<0.01$で有意差あり）

第3章　食品分野での応用

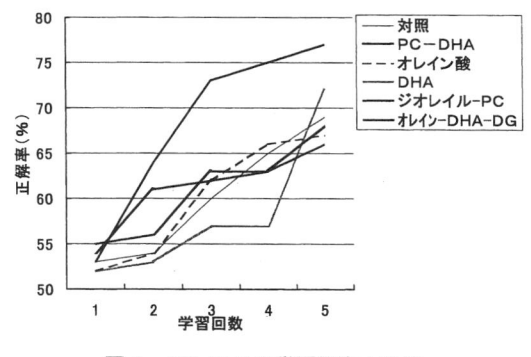

図2　PC-DHAの学習能向上効果

度惹起させて，その6時間後（即時型アレルギーの表現）と24時間後（遅延型アレルギーの表現）の耳介厚と惹起前との差を測定した（図1）。PC-DHAは対象や柴朴湯より強い抑制がかかりDHA含量が25%であるにもかかわらず，評価物質中で最も強い抑制が観察された。このPC-DHAは，惹起24時間後の耳介を採取し炎症性サイトカインのmRNA発現量を測定すると，IL-1βとINF-γの発現を抑制し，炎症細胞の浸潤と浮腫を抑制していた[19]。この結果より，PC-DHAの抗アレルギー作用はDHA分子だけに由来するものではなく，DHAがsn-2位に結合する分子構造の立体特異性に基因しているものと考えられる。PC-DHAは抗アレルギー漢方薬の柴朴湯より強い抗アレルギー効果を示した。

1.3.4　PC-DHAの睡眠時間及び学習能の改善

　PC-DHAはBBBを通過できるPCのsn-2位に脳内に存在する脂肪酸のDHAが結合していることから脳機能賦活効果が期待されている。末梢から投与されたsn-2位にDHAが結合したリゾPCが脳のリン脂質，特にPEに特異的に取り込まれることが確認されている[20]。一般に脳では，加齢やストレスによってコリンをAchに変換するコリンアセチルトランスフェレース量が減少したり，その活性が低下する。一方，Achを分解するChEの活性が亢進する。老齢ラットは海馬からのAch産生量を低下しPEのDHA量を減少させるが，鶏卵リン脂質起源のPC-DHAを摂取させると若齢ラットに近いAch量を放出しPEのDHA量を回復することが報告されている[21]。これらのことから，sn-2位DHA-PCはコリンやDHAを分子構造中に保持し，これらの成分を末梢から効率の良くBBBを通過させて脳内に取り込む輸送胆体になっていると考えられる。

　健常者の睡眠は20～25%のレム睡眠と75～80%のノンレム睡眠から構成されている。レム睡眠はAchにより制御されている。レム睡眠がリズミカルに一定量出現することが体調，特にサーカディアンリズムの維持に必要である。加齢，鬱病，ストレス，薬物・アルコール依存症等ではレム睡眠が低下しリズムに乱れが生じる。ラットの側脳室からリポソーム化したPC-DHAを投与

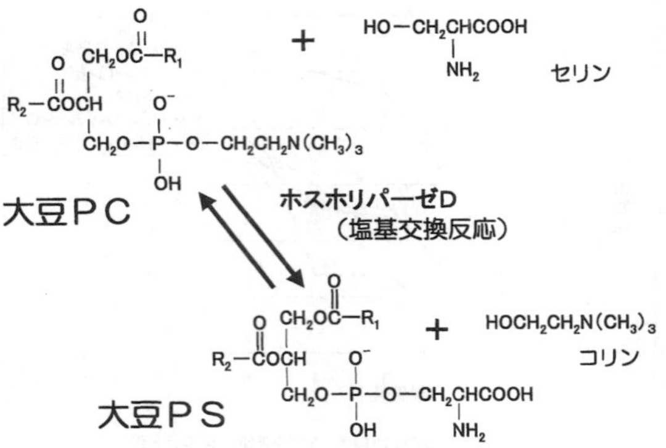

図3 塩基交換反応を利用した大豆PSの製造法

し，24時間，脳電図と筋電図を測定し覚醒，レム睡眠とノンレム睡眠に与える影響を評価した。その結果，PC-DHAは総睡眠時間とレム睡眠時間を増加させ，総睡眠時間におけるレム睡眠時間の割合を増加させた[23]。PC-DHAを4ヶ月間ヒトに服用させ睡眠に及ぼす影響をアンケート調査した。結果は寝付き，熟睡感，目覚め感に改善傾向がみられた。

ラットにおいてレム睡眠量を増加させると学習能を向上させることが知られている[24]。さらに，レム睡眠量の減少は記憶の固定過程に関与し，学習能力の衰退を起こすという仮説も提案されている[25]。ラットにPC-DHAの類縁物質や分子構造の各構成成分を腹腔より投与した後，シャトルボックスを用いてブザー音を識別させて電気ショックを回避する行動試験，即ち条件回避学習テストを実施した。その結果，PC，DHA，コリン誘導体に比べてsn-2位DHA-PCが最も高い回避率を示し，PC-DHAに学習能の改善効果が認められた[26]（図2）。

1.3.5 PSの中枢機能の改善

ヒト脳のリン脂質には10～20％のPSが存在し，PSの分子構造の構成成分であるL-セリンは神経細胞の生存促進因子である。中枢機能の本体である神経細胞は酸素とグルコースをエネルギー源として供給を受け，神経細胞同士は神経伝達物質の受給により情報交換を行い記憶の固定から高次機能を支配している。外因性のPS摂取が脳内のグルコースやAchの濃度を高めることが知られている[27]ことから中枢機能の改善が期待される。PS500mg/kgをマウスに経口投与し，投与開始30分後～4時間後までの脳内グルコース量（10^{-6}mol/g）を追跡した。その結果，脳内グルコース量は投与30分後で投与前の4倍に上昇し，その後時間と共に減少し，4時間後には投与前の濃度に戻っていた[27]。この効果は牛脳PSと大豆由来塩基交換PS（図3）でも同等であった。Ach受容体阻害剤のスコポラミンで誘発した健忘症ラットにPSを腹腔内投与すると，記憶障害が改善されている[28]。ステップスルー型受動回避試験にてマウスにPSを経口投与して記憶障害を評価した結果，試験60分前投与で，24時間後の反応潜時が有意に延長し，回復が示された[29]。マ

第 3 章　食品分野での応用

ウスに標識化したPSを静脈投与すると数分で脳細胞に到達し，大脳皮質や海馬に多く存在したことから視床下部で記憶に関連すると考えられる部位に吸収される。記憶の欠落程度の低い40～50代の人に予防的にPSを摂取するのであれば100mgでよい。老年性記憶障害を解消するには，200～300mg/日を30日間すれば細胞膜に十分ゆきわたり，その後保持レベルを100mgにする。明確に老年性記憶障害の症状が見られる高齢者には300mg/日を摂取し続けることが勧められている[30]。PSは身体的・精神的ストレスホルモン分泌を抑えるのでそれに起因する不調から心身を守ると考えられる[31]。

文　献

1) 室崎伸二ほか，特許公開平10-84879
2) 粂久枝ほか，特許公開2002-226394
3) 元賣睦美ほか，特許公開2002-167331
4) ポンロワ，イヴ，特許公表平9-502360
5) リーバーチャールズエス，特許公表平8-502042
6) 田中都ほか，特許公開2003-146883
7) 青江誠一郎ほか，特許公開平11-269074
8) 元賣睦美ほか，特許公開2003-252765
9) 松山博昭ほか，特許公開2000-350563
10) 高田幸宏ほか，特許公開2001-158735
11) 高田幸宏ほか，特許公開2001-158736
12) 中山拓生ほか，特許公開2003-12520
13) 宮沢陽夫，特許公開2004-26803
14) 原健次，EPA・DHAの生化学と応用，幸書房，p.115 (1996)
15) 米久保明得ほか，特許番号3195594
16) M. Shikano et al., *J. Immunol.*, **150**, 3523 (1993)
17) M. Shikano et al., *Biochim. Biophys. Acta.*, **1212**, 211 (1994)
18) K. Matsumoto et al., *Prostagla. Leukotri. Essent. Fatty Acids*, **49**, 861 (1993)
19) K. Morisawa et al., *J. Jpn. Oil Chem Soc.*, **49**, 59 (2000)
20) F. Thies et al., *Am. J. Physiol.*, **267**, R1273 (1994)
21) S. Faverehere et al., *Neurobiology of Aging*, **24**, 233 (2003)
22) トーマス・Hクルークほか，こうすれば記憶力は回復する，角川書店，p185 (2001)
23) H. Hibino et al., *Neuroscience Letter*, **158**, 29 (1993)
24) I. Porte-Cortes et al., *Behavioral Neuroscience*, **103**, No5, 987 (1989)
25) J. M. Siegel, *Science*, **294**, 1054 (2001)

26) H. Hibino *et al., Neuroscience Letter,* **167**, 171 (1994)
27) 酒井政士ほか，特許番号3053538
28) M. Sakai *et al., J. Nutr. Sci. Vitaminol.,* **42**, 47 (1996)
29) M. Furushiro *et al., Jap. J. Pharmacol.,* **75**, 447 (1997)
30) T. H. Crook *et al.,* "*The Memory Cure*", p92, Pocket Books, New York (1998)
31) P. Monteleone *et al., Eur. J. Pharmacol.,* **41**, 386 (1992)

1.4 糖脂質

宮澤陽夫[*]

1.4.1 はじめに

植物性食品に含まれる糖脂質は，その骨格成分の違いからグリセロ糖脂質，ステロール糖脂質，スフィンゴ糖脂質に分類され（図1），穀類，豆類，野菜類，果実類およびこれらの加工食品に特徴的な脂質成分である[1〜8]。食品成分として日常的に摂取されているにもかかわらず，その動物体内での消化吸収や生体機能についての知見は極めて少ない。その理由のひとつに，植物糖脂質の一斉分析が可能な分析法がないことが挙げられる。ここでは，最近筆者らが開発した蒸発型光散乱検出器（evaporative light scattering detector, ELSD）による糖脂質の一斉分析法と，この活用例を紹介する。次に，植物糖脂質の食品分野への応用例を述べる。

1.4.2 ELSDによる植物糖脂質の分析

ELSDは，高速液体クロマトグラフ（HPLC）用検出器の1つで，その検出原理はとてもシンプルである[9,10]。まず，カラムから出てきた溶出液をネブライザーでガス（窒素や空気など）と一緒に噴霧する。次に，霧状になった溶出液を蒸発管内で気化させ，残った溶出物（被験物質）に光を照射し，散乱光の強度を検出する（図2）。したがって，ELSDは以下の特徴がある。

（1）すべての気化しない化合物を検出できる。
（2）被験物質間の応答係数の差が比較的少ない。
（3）移動相の制約がほとんどない（ただし不揮発性の塩は使えない）。
（4）グラジエント溶出を用いても，ベースラインがほとんど変動しない。

すなわち，脂質のように特異的なUV吸収を持たない物質の検出にとくにELSDは有効であり，

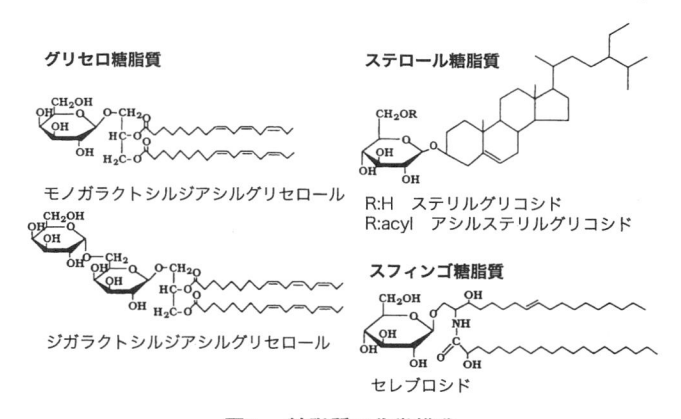

図1　糖脂質の化学構造

---

*　Teruo Miyazawa　東北大学　大学院農学研究科　生物産業創成科学専攻　教授

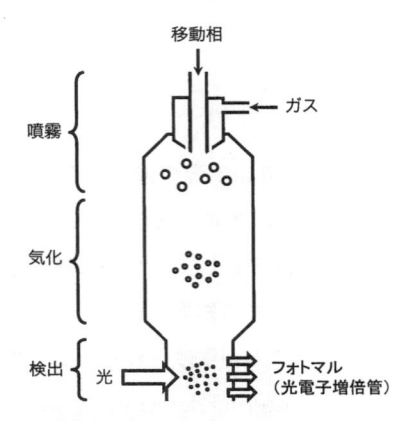

図2　蒸発型光散乱検出器（ELSD）の検出原理

その応用が過去にも検討されている[11〜15]。Christieらは，ELSDを備えたHPLC（HPLC-ELSD）で，生体サンプルの全脂質クラスの一斉分析を報告している[11]。順相シリカカラムを用いることで，3液グラジエント条件（イソオクタン/テトラヒドロフラン/2-プロパノール/クロロホルム/水）により，20分以内にコレステロールエステルからスフィンゴミエリンまでの全脂質クラスを良好に分離定量した。他の検出器でこのような極端なグラジエントを用いると，移動相組成の変化が影響してベースラインが大きく変動し，分析が困難になる。しかし，ELSDでは移動相を気化させるため，きわめて安定なベースラインが得られる。さらに脂質クラス分析の場合，1つのピーク成分には異なった構成脂肪酸をもつ多様な分子種が含まれるため，不飽和結合の非特異的な吸収では定量的に検出できない。一方，ELSDの応答は物質の質量にほぼ依存するので定量性が極めて高い。

筆者らは，HPLC-ELSD法が植物糖脂質の分析にも有効であると考え，その至適条件を検討した。そして，クロロホルム/メタノール/水系のグラジエント溶出を用いることで，植物糖脂質を明瞭に分離定量することに成功した（図3）[16]。ELSDクロマトグラム上の糖脂質の各ピークは，ESI/TOF/MSで構造を確認した（図4）。この方法を用いて，穀類，豆類，野菜類，果実類などの植物性食品の糖脂質含量を調べたところ，我々日本人は1日に約600mgの植物性糖脂質を摂取していることがわかった（表1）。この量は1日の脂質摂取量の1％程度に相当した。したがって，植物糖脂質は栄養機能成分として無視できないと考えられ，食品成分としての植物糖脂質の働きに興味が持たれた。

1.4.3　HPLC-ELSDの活用例①：グリセロ糖脂質の消化管内動態の解明に向けて

主要な植物糖脂質であるグリセロ糖脂質（モノガラクトシルジアシルグリセロール（MGDG）とジガラクトシルジアシルグリセロール（DGDG；図1）は，葉緑体の脂質の約80％を占め，地

第3章　食品分野での応用

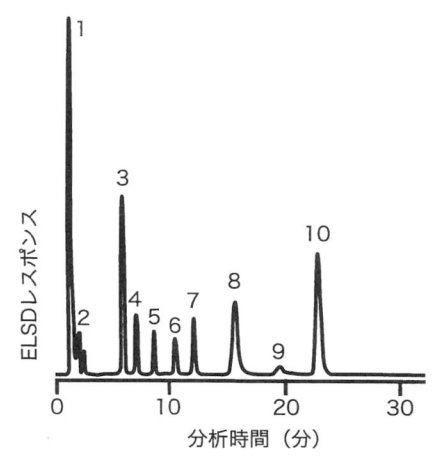

1，中性脂質；2，遊離脂肪酸；3，アシルステリルグリコシド；4，モノガラクトシルジアシルグリセロール；5，ステリルグリコシド；6，セレブロシド；7，ジガラクトシルジアシルグリセロール；8，ホスファチジルエタノールアミン；9，ホスファチジルイノシトール；10，ホスファチジルコリン

図3　植物糖脂質のHPLC-ELSDクロマトグラム[16]
トマトの総脂質（140μg）をHPLC-ELSDで分析。

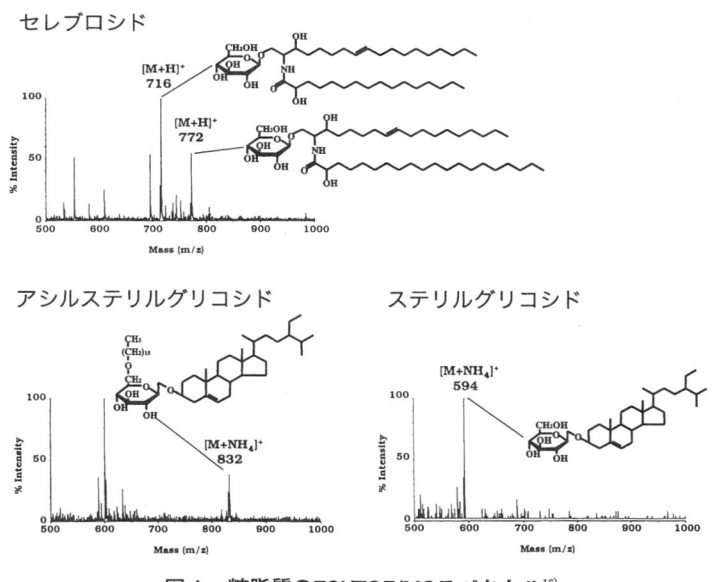

図4　糖脂質のESI/TOF/MSスペクトル[16]

球上でもっとも多量に存在する極性脂質である。しかし，経口的に摂取されたグリセロ糖脂質の消化吸収は，これまであまりよく知られていなかった。そこで，ラットにグリセロ糖脂質を経口投与したときの消化管内動態をHPLC-ELSD法で調べた[17]。その結果，小腸内でグリセロ糖脂質

表1　日本人の糖脂質摂取量

	平均摂取量*	ASG	SG	CMH	MGDG	DGDG	糖脂質の合計
	(g/日/人)			(mg/日/人)			
米	203.4	48.0	3.9	5.1	1.4	1.2	59.7
小麦	116.0	29.6	6.3	24.4	46.5	155.6	262.5
大麦	1.3	0.5	0.5	0.1	0.2	2.3	3.6
トウモロコシ	2.6	0.4	0.1	0.3	1.2	2.0	4.0
甘藷	14.4	2.2	0.8	2.0	1.4	3.2	9.7
馬鈴薯	49.0	2.6	0.3	1.5	1.0	2.3	7.6
大豆	18.4	7.0	2.1	1.5	0.0	0.9	11.5
その他の豆類	8.6	4.2	0.3	1.0	1.2	3.0	9.7
緑黄色野菜	41.1	7.7	32.0	2.3	5.4	25.0	72.5
その他の野菜	292.2	26.3	15.8	7.9	22.8	18.4	91.3
ミカン	21.6	2.7	0.8	1.0	1.2	0.2	6.0
リンゴ	29.3	0.4	0.9	2.1	0.2	0.3	4.0
その他の果実	99.2	9.2	1.8	3.6	5.6	3.6	23.8
合計		140.9	65.6	52.9	88.2	218.3	565.9

＊平成8年度　食料需給表（農林水産臣官房調査課）による
ASG，アシルステリルグリコシド；SG，ステリルグリコシド；CMH，セラミドモノヘキソシド（セレブロシド）；MGDG，モノガラクトシルジアシルグリセロール；DGDG，ジガラクトシルジアシルグリセロール

の脂肪酸のエステル結合はすみやかに加水分解されることがわかった。一方，従来の仮説と大きく異なり，グリセロ糖脂質のガラクトースとグリセロールのガラクトシド結合は小腸内で安定であり，脱アシル化物であるガラクトシルグリセロールとして盲腸にまで到達することがわかった。したがって，グリセロ糖脂質の盲腸内環境への影響が新たな機能として考えられた（図5，6）。

1.4.4　HPLC-ELSDの活用例②：セレブロシド公定分析法の確立に向けて

植物糖脂質のうちスフィンゴ糖脂質は，スフィンゴイド塩基，脂肪酸，糖を構成成分とする脂質群で，動植物界に広く分布する。植物スフィンゴ糖脂質には，セレブロシド（セラミドモノヘキソシド；図1）やオリゴグリコシルセラミドなどがある。分布量の多い代表的なものはセレブロシドである。最近，皮膚の角質層に含まれるスフィンゴ脂質の含量と肌荒れに逆相関が報告されている[18]。植物セレブロシドはヒトの皮膚内部からの水分蒸発を防止すると考えられ，ハンドクリームなどにスキンケア因子として添加されるようになった。また食品分野では，セレブロシドの抗エラスターゼ作用を期待して，セレブロシド配合食品や飲料なども販売され始めた。このように，「植物セレブロシド配合」と記された製品が，広く市場展開されるようになっている。

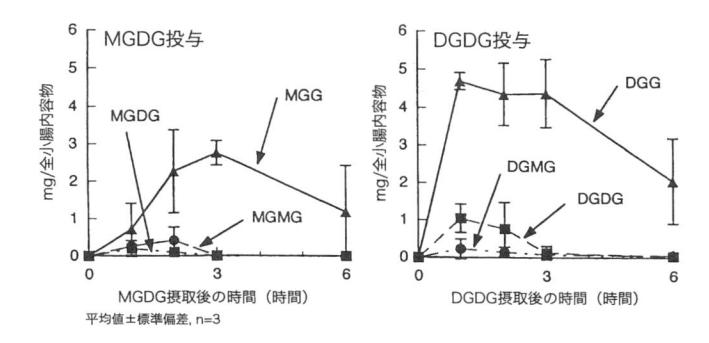

第3章　食品分野での応用

図5　ラットに経口投与したグリセロ糖脂質の経時変化[17]

MGMG, モノガラクトシルモノアシルグリセロール; DGMG, ジガラクトシルモノアシルグリセロール; MGG, モノガラクトシルグリセロール; DGG, ジガラクトシルグリセロール

モノガラクトシルジアシルグリセロール（MGDG）およびジガラクトシルジアシルグリセロール（DGDG）をラットに経口投与（20mg/ラット）し，消化管内のグリセロ糖脂質と分解産物を経時的に測定。

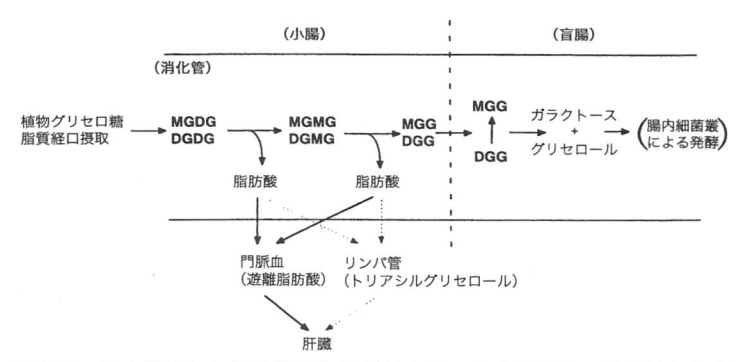

MGDG，モノガラクトシルジアシルグリセロール：DGDG，ジガラクトシルジアシルグリセロール；MGMG，モノガラクトシルモノアシルグリセロール；DGMG，ジガラクトシルモノアシルグリセロール；MGG，モノガラクトシルグリセロール；DGG，ジガラクトシルグリセロール

図6　グリセロ糖脂質の消化管内動態[17]

しかし，製品中のセレブロシド含量の測定については特定の方法が無く，その含量保証を行うことが大きな課題であった。そこで，上述のHPLC-ELSDの分析条件を再考し，分析精度の優れたセレブロシド定量法を確立した（図7）[19]。この分析プロトコールに基づき，3種の植物セレブロシド製品について5機関による合同分析を行った。その結果，セレブロシド定量値の変動係数は6.3～10.5％の範囲であり（表2），各機関におけるELSDやHPLC装置の違いを考慮すれば，良好な変動係数であると考えられた。したがって，本法をセレブロシド定量法として公定化することは十分に可能と考えられた。

139

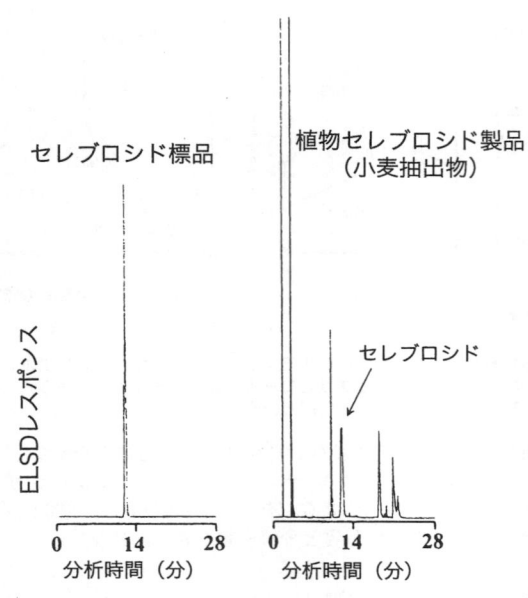

図7 セレブロシド標品と植物セレブロシド製品のHPLC-ELSDクロマトグラム[19]

表2 3種の植物セレブロシド製品のセレブロシド含量（5機関による合同分析）[19]

植物セレブロシド製品	機関					平均値	変動係数
	A	B	C	D	E		
	%(重量/重量)						
1	4.40±0.13	4.32±0.17	4.25±0.12	4.10±0.12	4.85±0.09	4.38±0.28	6.48
2	2.13±0.19	2.20±0.13	2.08±0.10	2.25±0.20	2.44±0.07	2.22±0.14	6.29
3	0.25±0.02	0.26±0.04	0.32±0.02	0.29±0.04	0.31±0.03	0.28±0.03	10.47

平均値±標準偏差，n＝5
サンプル1，2　小麦抽出物；サンプル3　小麦胚芽抽出物

1.4.5　植物糖脂質の食品分野への応用

　植物糖脂質（主にグリセロ糖脂質とステロール糖脂質）は乳化剤としての利用例があるものの，食品分野への応用例は未だ少ない。例外として，スフィンゴ糖脂質であるセレブロシドは，上述した皮膚の保湿保護作用以外にも，発茸促進[20]，水浸ストレス性腫瘍への抵抗性[21]，海洋生物の付着忌避[22]，カルシウムイオン透過の促進[23]などの様々な生物活性が見出されている。また，アトピー性皮膚炎の緩和[24]やメラニン色素生成抑制[25]などの作用も明らかにされつつあり，機能性食品素材や化粧品素材として注目され始めている。今後，セレブロシド以外の他の植物糖脂質の機能性の解明が待たれる。

第3章 食品分野での応用

1.4.6 おわりに

植物糖脂質の分析法と食品分野への活用について概説した。糖脂質は，食品から1日に数百ミリグラムが摂取されると見積もられるため，その潜在的な生理作用の発見，機能性食品成分としての活用など，今後，さらにこの研究領域の進展が期待される。

文　　献

1) Sastry, P.S. Glycosyl glycerides, Adv., *Lipid Res.*, **12**, 251-310 (1974).
2) Miyazawa, T., Ito, S. and Fujino, Y. Isolation of cerebroside from pea seeds, *Agric. Biol. Chem.*, **38**, 1387-1391 (1974).
3) Miyazawa, T., Ito, S. and Fujino, Y. Sterol lipids isolated from pea seeds, *Cereal Chem.*, **51**, 623-629 (1974).
4) Miyazawa, T. and Fujino, Y. Occurrence of a novel glycolipid: tetragalactosyldiacylglycerol in rice bran, *Agric. Biol. Chem.*, **42**, 1979-1980 (1978).
5) 宮澤陽夫，藤野安彦，米糠のグリセロ糖脂質の構成分と分子種，農化, **52**, 37-43 (1978).
6) Fujino, Y. and Miyazawa, T. Chemical structures of mono-, di-, tri- and tetra-glycosylglycerides in rice bran, *Biochim. Biophys. Acta*, **572** 442-451 (1979).
7) Harwood, J.L. Plant acyl lipids: structure, distribution, and analysis, in *The Biochemistry of Plants* (Stumpf P.K. and Conn, E.E., eds) Vol.4, pp. 1-55, Academic Press, New York (1980).
8) Fujino, Y. Lipids in cereals, *Yukagaku*, **32**, 67-81 (1983).
9) Charlesworth, J.M. Evaporative analyser as a mass detector for liquid chromatography, *Anal. Chem.*, **50**, 1414-1420 (1978).
10) Stolyhwo, A., Colin, H. and Guiochon, G. Use of light scattering as a detector principle in liquid chromatography, *J. Chromatogr.*, **265**, 1-18 (1983).
11) Christie, W.W. Rapid separation and quantification of lipid classes by high performance liquid chromatography and mass (light-scattering) detection, *J. Lipid Res.*, **26**, 507-512 (1985).
12) Olsson, N.U., Harding, A.J., Harper, C. and Salem, N.Jr. High-performance liquid chromatography method with light-scattering detection for measurements of lipid class composition: analysis of brains from alcoholics, *J. Chromatogr. B*, **681**, 213-218 (1996).
13) Picchioni, G.A., Watada, A.E. and Whitaker, B.D. Quantitative high-performance liquid chromatography analysis of plant phospholipids and glycolipids using light-scattering detection, *Lipids*, **31**, 217-221 (1996)
14) Homan, R. and Anderson, M.K. Rapid Separation and quantitation of combined neutral and polar lipid classes by high-performance liquid chromatography and evaporative light-

scattering mass detection, *J. Chromatogr. B*, **708**, 21-26 (1998).

15) Kimura, T., Nakagawa, K., Saito, Y., Yamagishi, K., Suzuki, M., Shinmoto, H. and Miyazawa, T. Determination of 1-deoxynojirimycin in mulberry leaves using hydrophilic interaction chromatography and evaporative light scattering detection, *J. Agric. Food Chem.*, **52**, 1415-1418 (2004).

16) Sugawara, T. and Miyazawa, T. Separation and determination of glycolipids from edible plant sources by high-performance liquid chromatography and evaporative light-scattering detection, *Lipids*, **34**, 1231-1237 (1999).

17) Sugawara, T. and Miyazawa, T. Digestion of plant monogalactosyldiacylglycerol and digalactosyldiacylglycerol in rat alimentary canal, *J. Nutr. Biochem.*, **11**, 147-152 (2000).

18) Imokawa, G. Structure and function of intercellular lipids in the stratum corneum, *Yukagaku*, **44**, 751-766 (1995).

19) Kashima, M., Nakagawa, K., Sugawara, T., Miyazawa, T., Murakami, C., Miyashita, R., Ono J., Deschamps, M.S. and Chaminade, P. Method for quantitative determination of cerebroside in "Plant Ceramide" foodstuffs by high performance liquid chromatography with evaporative light scattering detection, *J. Oleo Sci.*, **51**, 347-354 (2002).

20) Kawai, G., Ohnishi, M., Fujino Y., and Ikeda, Y. Stimulatory effect of certain plant sphingolipids on fruiting of schizophyllum commune, *J. Biol. Chem.*, **261**, 779-784 (1986).

21) Okuyama, E., and Yamazaki, M. The principles of tetragonia tetragonoides having anti-ulcerogenic activity. II. isolation and structure of cerebrosides, *Chem. Pharm. Bull.*, **31**, 2209-2219 (1983).

22) Yoshioka, A., Etoh, H., Yagi, A., Sakata, K. and Ina, K. Isolation of flavonoids and cerebrosides from the bark of Prunus jamasakura as repellents against the blue mussel, *Mytilus edulis, Agric. Biol. Chem.*, **54**, 3355-3356 (1990).

23) Shibuya, H., Kawashima, K., Sakagami, M., Kawanishi, H., Shimomura, M., Ohashi, K. and Kitagawa, I. Sphingolipids and glycerolipids. I. chemical structures and ionophoretic activities of soya-cerebrosides I and II from soybean, *Chem. Pharm. Bull.*, **38**, 2933-2938 (1990).

24) Chamlin, S.L., Kao, J., Frieden, I.J., Sheu, M.Y., Fowler, A.J., Fluhr, J.W., Williams, M.L. and Elias, P.M. Ceramide-dominant barrier repair lipids alleviate childhood atopic dermatitis: changes in barrier function provide a sensitive indicator of disease activity, *J. Am. Acad. Dermatol.*, **47**, 198-208 (2002).

25) Kim, D.S., Kim, S.Y., Chung, J.H., Kim, K.H., Eun, H.C. and Park, K.C. Delayed ERK activation by ceramide reduces melanin synthesis in human melanocytes, *Cell. Signal.*, **14**, 779-785 (2002).

1.5 共役脂肪酸

柳田晃良[*]

1.5.1 はじめに

　食生活や運動不足などにより，日本人成人の20-30%は肥満（BMI 25%以上）の状態にあり，それに伴い生活習慣病（癌，高脂血症，動脈硬化，糖尿病，高血圧）が増加している。生活習慣病の3-6割が肥満に起因していることから，肥満や生活習慣病の予防・改善をターゲットにした食品成分，とくに機能性脂質の研究・開発が盛んに行われている。本項では，最近注目されている脂肪酸の1つである共役リノール酸（CLA）とCLA以外の長鎖共役脂肪酸の肥満と生活習慣病に及ぼす影響についての知見を紹介する。なお，CLAに関しては他の成書や総説も参照されたい[1~6]。

1.5.2 CLAの生理機能

　CLAとは：CLAはリノール酸と同じく炭素数18個で二重結合を2個有する脂肪酸であるが，二重結合が隣り合わせに存在する共役型構造をとることを特徴とする。それら二重結合の位置および幾何型（c：シス，t：トランス）の違いにより，理論的には28種のCLA異性体が存在する。自然界では，CLAは反芻動物第一胃内に存在する嫌気性細菌のリノール酸イソメラーゼによる生体内水素添加経路により生成する。したがって，食品としてのCLAの供給源は，反芻動物由来の乳製品あるいは獣肉類が挙げられる。ヒトのCLA摂取量は欧州では約0.5~1.5g/日，米では0.2~0.3g/日，日本では0.2g/日程度である[7]。これら食品中に含まれるCLAの殆どは9c,11t-CLAであるが，研究用やサプリメントとして市販されているCLAはリノール酸のアルカリ異性化によって合成されており，9c,11t-CLAに加え10t,12c-CLAが同程度含まれている（図1）。最近，各CLA異性体を精製する方法が確立したことから，CLA混合物を用いた研究から各異性体を用いた研究へと進み，それぞれの異性体が異なる栄養生理作用を持つことが見いだされている。

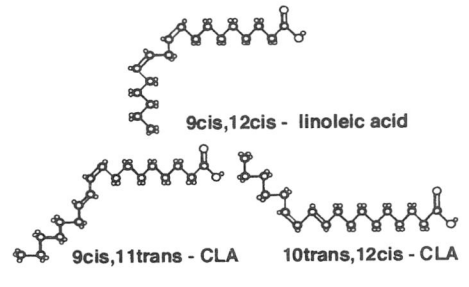

図1　リノール酸およびCLA異性体

---

[*] Teruyoshi Yanagita　佐賀大学　農学部　応用生物科学科　学科長・教授

1.5.3 CLAの栄養生理作用

(1) 抗ガン作用

　1930年代に同定されていたCLAが栄養生理学的に重要であると認識されたのは，1970年後半Parizaらが加熱調理した牛肉中の発癌抑制物質として再発見したことに始まる[5]。現在まで，皮膚癌，大腸癌，胃癌および乳癌などの様々な種類の発癌への抑制効果が示されているが，癌細胞の種類や評価系の違い（動物，培養癌細胞）によって，生理活性の発揮される程度が9c,11t-CLAと10t,12c-CLAで異なるようである。作用機序に関しては，エイコサノイド産生及び免疫増強，アポトーシスの誘導，ガン遺伝子発現の抑制，酸化促進説などの関与が示唆されている[5〜11]。PPARrを介する機構も示唆されている。

(2) 体脂肪低下作用

　CLAの体脂肪低減作用に関する本格的研究は1990年代以降行われている。ParkらがCLA添加した飼料ではマウスの体脂肪は50〜60%減少することを見出した[12]。我々は肥満ラットにおけるCLAの効果を検討し，とくに内蔵脂肪の減少が顕著であることを報告した（図2）[13]。その作用機序としては，肝，筋肉，脂肪組織中での脂肪酸合成系の抑制と脂肪酸β酸化系の亢進およびエネルギー代謝亢進作用が関与しているようである[14,15]。さらに，肥満ラットにおける肝臓脂質蓄積の低下作用や高脂血症低下作用[1〜4]およびヒト肝臓由来HepG2細胞からの脂質分泌抑制作用[16]は10t,12c-CLAが活性本体であることも認められている。その他にもCLAの抗肥満作用の研究においては，セサミンなど他の食品機能性成分との併用効果も検討されている[17]。今後この領域での成果が期待される。

　これまでの知見を総合すると，CLAによる体脂肪の低下機序としては，①脂肪細胞の脂質分解の亢進，②肪酸酸化やエネルギー消費量の増加等（β-酸化および非共役タンパク質の活性化），③脂肪細胞の増殖阻害，④脂肪細胞サイズの低下，⑤アポトーシスなどが考えられている。

(3) CLAの代謝[18〜20]

　各CLA異性体の代謝的運命については十分解明されていないが，9c,11t-CLAは共役20：3に

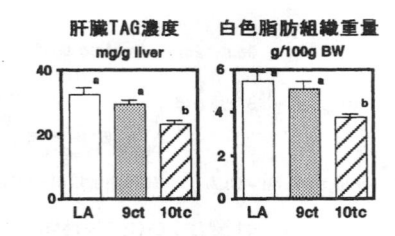

図2　CLA異性体が肥満ラットの病態発症に及ぼす影響
　　　[ab]p＜0.05で有意差有り
　　　TAG：トリアシルグリセロール

第3章 食品分野での応用

代謝されやすく，10t, 12c-CLAは共役16：2，共役18：3に代謝されやすいようである。CLAはリノール酸からアラキドン酸への代謝に干渉し，エイコサノイド産生を抑制する。ステアロイルCoA不飽和化酵素の阻害作用を示す[20]。脳脂質への取り込みも観察される。

(4) CLAの新規な生理作用：血圧上昇抑制作用

CLAは多くの生活習慣病の予防・改善作用を示すことが知られているが[21〜23]，著者らは新規な生理作用として，病態ラット（肥満やSHRラット）の高血圧発症に対してCLAが抑制作用を示すことを最近発見した（図3）。高血圧抑制の機序には，昇圧性アディポサイトカイン（アンジオテンシノーゲン，レプチン）の産生抑制や[24]，高血圧の危険因子であるインスリン抵抗性を改善するアディポサイトカイン（アディポネクチン）の産生亢進[25,26]が関与しているものと考えられる。

(5) CLAの生理作用評価における問題点

動物種によってCLAの生理作用の応答性が異なることが認められている。例えば，抗肥満作用に関しては肥満モデルOLETFラットでは顕著な体脂肪減少効果が見られるが，通常ラットや糖尿病モデルZuckerラットでは応答性が低いか効果が認められない。またマウスではCLA（特に10t, 12c-CLA）により劇的な体脂肪の減少とともにリポジストロフィーに類似した脂肪肝と高インシュリン血症の合併が報告されており[27]，OLETFラットにおける肝臓脂質濃度低下作用[1]やZuckerラットにおける糖尿病改善作用や脂肪肝の改善[24,28]とは相反する現象である。最近，低脂肪食（4％）の場合，0.1％ CLA添加では肝肥大やインスリン濃度の上昇なしに体脂肪減少効果が発揮されるが，1％ CLA添加ではリポジストロフィー様病態を示すことが認められている[29]。すなわち，マウスにおけるリポジストロフィー様病態は食事脂肪含量に対してCLAの比率が高すぎることに起因するようである。実験条件や動物種によるCLAの応答の違いや機序を知ることは臨床応用にあたって解決すべき課題の1つである。

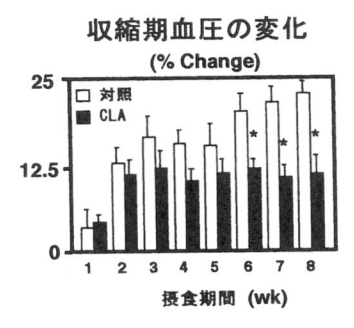

図3 CLAが糖尿病Zuckerラットの収縮期血圧に与える影響
 *$p<0.05$で有意差有り

(6) ヒトでの臨床効果

正常体重や肥満のヒトを対象とした研究が行われており，CLA補足が体脂肪や脂質代謝の改善作用を示すことが認められている。Gudmundsenら[30]やVessbyら[31]のグループは3ヶ月間1.8～4.2g/日摂取することにより体重，体脂肪または座位腹部厚径が有意に減少することを報告している。しかし，一部の報告では有効性を認めておらず，投与量，投与期間，投与対象者などについて詳細な検討が必要である。CLAの食品としての安全性については，殆どの研究において問題がないことが報告されてきたが，スウェーデンの研究ではマウスで見られたような血中インスリン濃度の上昇がヒトでも起こる可能性が指摘されている[32]。同じグループの臨床試験の中には，血中インスリン濃度の上昇なしに抗肥満作用を示したという報告もある[31]。また，同グループはCLAにより非酵素的脂質過酸化の指標である8-isoprostaglandin (PG) F2aが尿中と血液で増加し，酵素的脂質過酸化の指標である15-keto-dihydro-PGF2aが尿中で増加することを報告している[33]。しかし，他の生体脂質過酸化マーカーである血中マロンジアルデヒド濃度や血清α-トコフェロール濃度への影響は認めていない。生体酸化は細胞機能に障害を与える可能性があるが，プロスタグランジン関連脂質過酸化物の増加がヒトの健康に影響を与える程度であるかは今後の課題である。人種による応答性の違いがあるかの検討は今後の課題である。一方，多くの臨床研究ではCLAの影響の有無に関わらず肝機能パラメータなどに異常は報告されていない[34,35]。

他の作用として，免疫作用に関してB型肝炎の抗体産生能が増加する可能性が示唆されている。発癌抑制作用に関しては，病態治療の緊急性や投薬状況の問題などから臨床実験の報告はまだないが，疫学研究により乳癌発症を抑制する可能性も示唆されている。今後，広範な臨床試験が行われることを期待する。

1.5.4 CLA以外の共役長鎖脂肪酸の生理機能

(1) 共役トリエン酸の生理作用

共役リノレン酸（CLNA）は共役二重結合を持つリノレン酸（18：3）の幾何及び位置異性体の総称で，一部の植物の種子に含まれる。ニガウリ種子及び桐油には9c,11t,13t-18：3，ザクロ種子には9t,11c,13t-18：3，キササゲには9t,11t,13c-18：3，キンセンカには8t,10t,12c-18：3がそれぞれ30-70％と高い割合で含有している。また，種の乳酸菌を用いてα-リノレン酸やγ-リノレン酸からのCLNAの生産も可能である。CLNAの生理作用に関しては，主に抗癌作用と脂質代謝調節作用の面から研究が行われており[36~38]，CLNAが体脂肪を有意に減少させることがマウスやニワトリで報告されている。また，過剰なアポB100分泌は動脈硬化症の危険因子の1つであるが，α-リノレン酸と比較して9c,11t,13c-18：3がアポリポタンパク質B100の分泌を低下させることをヒト肝由来HepG2細胞で認めている（柳田ら，未発表）。これらの報告はCLNA

が抗動脈硬化的の作用する可能性を示唆している。

一方，CLNAの抗ガン作用に関しても[38,39]，ニガウリ種子油（主成分 9 c11t13t-18：3）やザクロ，桐およびキササゲ種子油にリラットの薬物誘発ガン抑制，殺ガン細胞作用が見出されている。

(2) 共役テトラエン酸やペンタエン酸

共役二重結合を4つもつパリナリン酸（9 c,11t,13t,15t-18：4）や共役二重結合を持つテトラエン酸やペンタエン酸も抗ガン作用をもつことが報告されている[36]。

1.5.5 おわりに

これまで述べてきたように，共役長鎖脂肪酸は生活習慣病を予防しうる特異な栄養生理機能を備えた機能性食品素材の候補である。今後CLAや他の共役脂肪酸が信頼のもとに人々に活用されるには安全性を含めた広範な研究が必要である。今後の研究の成果が期待される。

文　献

1) 柳田晃良，永尾晃治，肥満研究, **9**, 90 (2003)
2) 柳田晃良，永尾晃治，食品工業, **46**, 25 (2003)
3) 永尾晃治，柳田晃良，日本栄養食糧学会誌, **57**, 105 (2004)
4) Yanagita T. *et al., Advances in Conjugated Linoleic Acid Research Vol 3. (eds. Y Yurawecz MP et al) in press*, AOCS Press, Illinois (2004)
5) Pariza M, *et al., Progress in Lipid Res.* **40**, 283 (2001)
6) Beruly MA., *Annu Rev Nutr* **22**, 505 (2002)
7) Kelly GS., *Alternative Med. Review* **6**, 367 (2001)
8) Ip C., *Cancer Res* **54**, 1212 (1994)
9) Atkinson RL. *et al., Advances in Conjugated Linoleic Acid Research Vol 1. (eds. Y Yurawecz MP et al)* pp340, AOCS Press, Illinois (1999)
10) Belury MA., *et al., J Nutr.* **133**, 257S (2003)
11) Yamasaki M, *et al., J Nutr* **133**, 784 (2003)
12) Park Y, *et al., Lipids* **32**, 853 (1997)
13) Rahman SM *et al., Nutrition* **17**, 385 (2001)
14) Wang YM, *et al,. J Oleo Sci* **52**, 121 (2003)
15) Nagao K *et al., Nutrition* **19**, 652 (2003)
16) Yotsumoto H *et al., Food Res Int* **31**, 403 (1999)
17) Sugano M *et al., Biosci Biotechnol Biochem* **65**, 2535 (2001)
18) Alasnier C., *et al., J Nutr. Biochem.* **13**, 337 (2002)

19) Banni S., *Curr Op. Lipid* **13**, 261 (2002)
20) Park Y *et al.*, *Biochim Biophys Acta.* **1486**, 285 (2000)
21) Houseknecht KL *et al.*, *Biochem Biophys Res Commun* **244**, 678 (1998)
22) Blankson H. *et al.*, *J Nutr.* **130**, 2943 (2000)
23) Eyjolfson V *et al.*, Med Sci Sports Exerc. **36** (5), 814 (2004)
24) Nagao K *et al.*, *Biochem Biophys Res Commun* **306**, 134 (2003)
25) Nagao K *et al.*, *Biochem Biophys Res Commun* **310**, 562 (2003)
26) Inoue N *et al.*, *Biochem Biophys Res Commun* **323**, 679 (2003)
27) Tsuboyama-Kasaoka N *et al.*, *Diabetes* **49**, 1534 (2000)
28) Nagao K *et al.*, *J. Nutr. In press* (2004)
29) Tsuboyama-Kasaoka N *et al.*, *J Nutr* **133**, 1793 (2003)
30) Thom E, *et al.*, *J Int Med Res* **29**, 392 (2001)
31) Smedman A, *et al.*, *Lipids* **36**, 773 (2001)
32) Basu S *et al.*, *Clin. Sci.* (London) **99**, 511 (2000).
33) Riserus U *et al.*, *Circulation* **106**, 1925 (2002)
34) Riserus U *et al.*, *Int J Obesity* **25**, 1129 (2001)
35) Albers R *et al.*, *Eur J Clin Nutr* **57**, 595 (2003)
36) 宮澤陽夫ら, 食品工業, **46** (1), 23 (2003)
37) Koba K., *et al.*, *Lipids* **37**, 343 (2002)
38) 宮下和夫, 食品工業, **46** (1), 36 (2003)
39) Igarashi M, *et al.*, *Cancer Lett* **148**, 173 (2000)

1.6 植物ステロール，スタノール

濱田忠輝[*1]，池田郁男[*2]

1.6.1 はじめに

　植物ステロールは植物の細胞膜を構成する成分であり，主にβ-シトステロール，カンペステロールおよびスチグマステロールなどがある。これらの植物ステロールはコレステロールと化学構造が類似しているが，側鎖部分が異なっている。ステロール骨格内の二重結合が飽和型となったものは植物スタノールと呼ばれ天然に微量存在する（図1）。日本人は，植物性食品を通して植物ステロールを1日当たりおよそ200〜400mg程度摂取している[1]。摂取した植物ステロールの吸収率は，コレステロールがおよそ50％であるのに対してβ-シトステロールで4〜7％，カンペステロールでは10〜15％程度とかなり低い[2]。また，植物スタノールの吸収率はさらに低く，β-シトスタノールの場合では1％程度である[3]。

　植物ステロールおよび植物スタノールは必須の栄養成分ではないが，これらは小腸からのコレステロールの吸収を阻害し，血清総コレステロールおよび低密度リポタンパク質（LDL）コレステロール濃度を低下させる作用があり，機能性食品素材としての利用が広がりつつある。現在では，食用油やマーガリンに添加した形で実用化され，特定保健用食品として認可されているも

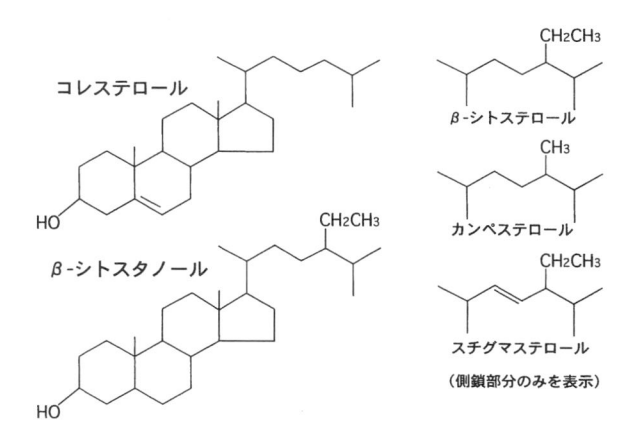

図1　植物ステロールの構造
代表的な植物ステロール（β-シトステロール，カンペステロール，スチグマステロール）はコレステロールと側鎖部分が異なっている。
ステロール骨格内の2重結合が飽和型のものは植物スタノールと呼ばれる。

---

*1　Tadateru Hamada　九州大学　大学院生物資源環境科学府　生物機能科学専攻
*2　Ikuo Ikeda　九州大学　大学院農学研究院　生物機能科学部門栄養化学分野　助教授

表1 植物ステロールおよび植物スタノールの摂取量とLDL-コレステロール低下率の関係*

植物ステロールあるいは 植物スタノールの摂取（g/日）	LDL-コレステロール低下率（%）
0.7-1.1	6.7（ 4.9- 8.6）
1.5-1.9	8.5（ 7.0-10.1）
2.0-2.4	8.9（ 7.4-10.5）
≧2.5	11.3（10.2-12.3）

*データは植物ステロールあるいは植物スタノールの血清コレステロール濃度低下作用を調べた39の臨床試験結果を集計したもの。文献7より改変。

のもある。本稿では，植物ステロールおよび植物スタノールの血清コレステロール濃度低下に対する有効性と安全性を中心に概説する。

1.6.2 血清コレステロール濃度低下に対する植物ステロールおよび植物スタノールの有効性

植物ステロールによる血清コレステロール濃度低下作用が報告されたのは50年以上前にさかのぼる。1970年以前に行われた試験では1日当たり10～15gという極めて多量の植物ステロール摂取により，血清総コレステロール濃度がおよそ10～20%低下すると報告された[4]。その後に，Leesらにより実施された試験では，1日当たり3g程度の摂取でも血清コレステロール濃度が10～20%低下することが報告されている[5]。植物ステロールは当初，医薬品目的で開発が進められ利用されてきた。しかし，有効な血清コレステロール濃度低下を得るためにはグラムオーダーの服用が必要であること，さらに，より強力な血清コレステロール濃度低下薬としてコレステロール合成阻害剤が開発されたことなどにより，医薬品としてはほとんど利用されることはなくなった。

後述するように，植物ステロールおよびスタノールは安全性の高い植物成分であることから，その後，これらを機能性食品素材として利用する試みが積極的に行われた。植物ステロールおよびスタノールは水には溶けず，油にも難溶であり，食品へ応用する際のネックとなっていた。そこで脂肪酸とエステル結合したエステル型植物ステロールおよびスタノールが開発された。これらは油への溶解性が高く，しかも遊離型と同等の血清コレステロール濃度低下作用を持つと報告されている[6]。

これまでに実施された臨床試験の結果から，植物ステロールあるいはスタノールは1日当たり2gの摂取によってLDL-コレステロール濃度を10%程度低下させると考えられ，およそ2.5g/day程度までの摂取で用量依存的な血清コレステロール濃度低下が認められる[7]（表1）。低用量で効果を調べた報告では，植物ステロールエステル1.33g/day（遊離型植物ステロール換算で0.83g/day）の摂取により血清総コレステロール濃度4.9%，LDL-コレステロール濃度6.7%の低下を認め[8]，また，植物スタノールエステル1.4g/day（遊離型植物スタノール換算で

0.8g/day）の摂取により血清総コレステロール濃度6.8％，LDLコレステロール濃度5.6％の低下を認めた[9]。これらの臨床試験では，植物ステロールおよびスタノールをバター，スプレッドあるいはマーガリンに添加している。このように，植物ステロールおよびスタノールを食品として利用する場合，油への溶解性の問題からエステル型が用いられることが多い。このほか，遊離型植物ステロールをジアシルグリセロールに溶解した場合では，0.4g/dayの摂取で血清総コレステロール濃度4％，LDL-コレステロール濃度8％の低下を認めたとの報告がある[10]。したがって，摂取形態によっては，1g/day以下の植物ステロール摂取でも有効に作用する場合があると考えられる。

また，植物ステロールおよびスタノールの有効な適用例としてコレステロール合成阻害剤との併用が試みられている。Blairらの行った試験では，LDL-コレステロール値が130mg以上のコレステロール合成阻害薬服用者に対して，遊離型換算で3g/dayの植物スタノールを摂取させたところ，コレステロール合成阻害剤のみを服用した被験者よりもさらに10％のLDL-コレステロール濃度低下が認められた[11]。今後，植物ステロールおよびスタノールの利用は，このような薬剤との併用という観点からもその利用が広がると期待される。

1.6.3 植物ステロールおよび植物スタノールによるコレステロール濃度低下機構

植物ステロールを摂取すると糞便中へのコレステロール排泄が増加することから，植物ステロールによる血清コレステロール濃度低下効果は，小腸でのコレステロール吸収阻害によると考えられる。

食事中でコレステロールは遊離型あるいはエステル型として存在するが，これらは胃や十二指腸において，トリグリセリドやリン脂質などの脂質成分と共に乳化され，脂質エマルションを形成する。コレステロールエステルは膵液中のカルボキシエステルリパーゼ（コレステロールエステラーゼ）によって遊離コレステロールと脂肪酸に加水分解される。これらはトリグリセリドやリン脂質の加水分解物や胆汁酸と共に胆汁酸ミセルを形成し溶解する。コレステロールはミセルに溶解して初めて小腸上皮細胞表面に近づくことが可能となり，そこで単分子として放出され小腸上皮細胞へ取り込まれる。

植物ステロールの吸収機構もコレステロールと同様と考えられている。しかし，植物ステロールはミセル溶解後に単分子として放出されにくい性質を持っている。これは，植物ステロールとミセルの親和性が大きく，ミセル内に植物ステロールが強く保持されるためであり，このことが植物ステロールの難吸収性の一因となる[12]。胆汁酸ミセルへのコレステロールおよび植物ステロールの溶解量には限界がある。従って，コレステロールと植物ステロールが小腸内腔に共存すると，ミセルに植物ステロールが溶解するため，相対的にコレステロールの溶解量が減少する。植物ステロールはほとんど吸収されずミセルに残存するため，コレステロールのミセル溶解が制限

機能性脂質のフロンティア

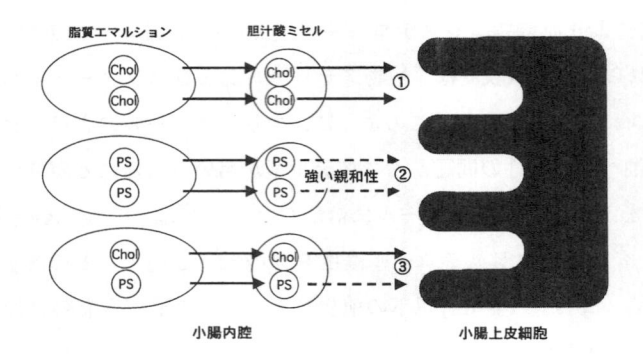

図2　植物ステロールによるコレステロール吸収阻害機構
脂質エマルション中のコレステロール（Chol）および植物ステロール（PS）は小腸内腔で胆汁酸ミセルに溶解する。ミセルに溶解したCholおよびPSは単分子としてミセルから放出され小腸上皮細胞へ取り込まれるが，PSはミセルと強い親和性で結合しているため，単分子としての放出効率がCholよりも低く，難吸収性である（①，②）。CholおよびPSが共存する場合，ミセル中にPSが溶解し保持されるため，Cholのミセル溶解量が相対的に減少しCholの吸収量が減少する（③）。

される状態が続く。コレステロールが吸収されるためにはミセルへの溶解が必須であるため，結果としてコレステロールの吸収量が減少することとなる[12]（図2）。

　植物スタノールも同様の機構により，コレステロール吸収を阻害する。ラットを用いた報告では，植物スタノールは植物ステロールよりも強力なコレステロール吸収阻害作用を示す[13]。これは，植物スタノールが植物ステロールよりもさらにミセルとの親和性が強いために，胆汁酸ミセルへの残存量が多く，コレステロールのミセル溶解阻害効果がより強いためであると考えられている。しかしながら，ヒトでの臨床試験の結果からは植物スタノールおよび植物ステロールの血清コレステロール濃度低下作用に顕著な違いは認められておらず，これらはほぼ同等の効果を示すと認識されている。

　また，植物ステロールやスタノールのエステルを摂取した場合では，小腸内腔において脂質エマルションを形成後，カルボキシエステルリパーゼにより遊離型植物ステロールと脂肪酸に加水分解され，上述の機構に従ってコレステロール吸収を阻害する[14]。

　植物ステロールおよびスタノールによる血清コレステロール濃度低下作用は，小腸内におけるコレステロールのミセル溶解抑制に伴うコレステロール吸収阻害によりもたらされるので，有効な効果を得るためには，食事と共に摂取することが望ましいと考えられる。このため，ほとんどの臨床試験では1日当たりの摂取量を2～3回の食事に分けて摂取させ，その有効性を調べている。しかし，Platらは2.5gの植物スタノールエステルを昼食時のみの1回で摂取する場合と，毎食時の3回に分けて摂取する場合とでLDL-コレステロール濃度低下作用に違いが認められなか

第3章 食品分野での応用

ったと報告している[15]。この結果の解釈は難しい。植物スタノールの有効性は必ずしも食事と共に摂取しなくても現れるとの考え方もできる。この場合では，植物ステロールの血清コレステロール濃度低下作用が，これまで考えられているコレステロールのミセル溶解阻害以外のメカニズムでもたらされている可能性も推察される。しかし，昼食時に大量の植物ステロールを摂取することで内因性コレステロールの強い吸収阻害がもたらされ，必ずしも3回に分けて摂取する必要性がない可能性も考えられる。いずれにしても，他のメカニズムを考えるのであれば証明する必要がある。

1.6.4 植物ステロールおよび植物スタノールの摂取と安全性

植物ステロールおよびスタノールの摂取による副作用はほとんど報告されておらず，安全性には問題ないと考えられる。しかし，植物ステロールおよび植物スタノールの摂取により脂溶性ビタミンであるα-トコフェロール，α-カロテン，β-カロテンおよびリコペンの血清濃度が低下することが報告されている[7]。α-トコフェロール，α-カロテン，リコペンについては血清総コレステロール濃度とほぼ比例して低下しており，植物ステロール摂取により血中での脂溶性ビタミンの輸送担体であるLDL濃度が低下するためとする考えがある[7]。しかし，β-カロテンに関しては，血清コレステロール濃度低下レベルよりもさらに低下することから，植物ステロールにより吸収が阻害される可能性が指摘されているが，その詳細は明らかにされていない。現在のところ，これら血清脂溶性ビタミン濃度の低下が原因となる副作用は報告されていないが，植物ステロールおよびスタノールの消費の拡大が考えられることから，今後，これらによる血清脂溶性ビタミン濃度低下機構の解明が必須である。

また，通常のヒトでは植物ステロールおよびスタノールは難吸収性であり，体内に蓄積しないが，稀な遺伝的疾患であるβ-シトステロール血症では体内に植物ステロールの蓄積がみられる[2]。この患者では，β-シトステロールの吸収率が健常者の3～5倍高く，さらに，体内に取り込まれた植物ステロールの排泄能力が低下していることが明らかにされている[2]。このため，血清β-シトステロール濃度は健常者のおよそ15～70倍に達する。さらに，この患者では植物ステロールとコレステロールの細胞内から細胞外への輸送を担うとされるATP binding cassette transporter G5およびG8（ABCG5，G8）遺伝子に変異があることが報告された[16,17]。ABCG5，G8は小腸および肝臓で発現している膜タンパク質であり，小腸では植物ステロールおよびコレステロールの吸収に対して抑制的に，肝臓からの排泄経路に対しては促進的な機能を持つと推測されている。この患者では植物ステロールだけでなくコレステロールの吸収も高く，幼少期から動脈硬化が進展する。動脈硬化病変部にはコレステロールだけでなく植物ステロールの蓄積も観察される。しかし，健常者では血清植物ステロール濃度は極めて低く，実質的な問題とはならない。

1.6.5 おわりに

　植物ステロールおよびスタノールの血清コレステロール濃度低下作用を利用した機能性食品は，今後も増加すると考えられる。さらに，コレステロール合成阻害剤との併用といった新たな活用方法も積極的に行われると期待される。植物ステロールおよびスタノールは共に，機能性食品素材としては有効性，安全性の両面において優れている。植物ステロールも植物スタノールもヒトでの蓄積量は微量であるが，より生体内への吸収が少ない植物スタノールの方が安全性の面で好ましい可能性がある。しかし，植物スタノールは天然には極めて微量しか存在しないため，植物ステロールを水素添加し合成する必要があり，この点は食品素材として利用する際の課題となる。植物ステロールおよびスタノール摂取の副次的な作用として認められる血清脂溶性ビタミン濃度の低下は，未だ，はっきりとしたメカニズムの解明がなされておらず，植物ステロールおよびスタノールをより安全で有効に利用するためには，詳細な研究が望まれる。

文　　献

1) 中島克子ほか，臨床栄養，**58**，263（1981）
2) G. Salen et al., *J. Lipid Res.*, **33**, 945 (1992)
3) F. Czubayko et al., *J. Lipid Res.*, **32**, 1861 (1991)
4) P. J. Jones et al., *Nutr. Rev.*, **59**, (1, pt 1), 21 (2001)
5) A. M. Lees et al., *Atherosclerosis*, **28**, 325 (1977)
6) T. T. Nguyen et al., *J. Nutr.*, **129**, 2109 (1999)
7) B. Martijn et al., *Mayo Clin. Proc.*, **78**, 965 (2003)
8) H. F. Hendriks et al., *Eur. J. Clin. Nutr.*, **53**, 319 (1999)
9) M. A. Hallikainen et al., *J. Nutr.*, **130**, 767 (2000)
10) 後藤直宏ほか，日本油化学会誌，**48**，235（1999）
11) S. N. Blair et al., *Am. J. Cardiol.*, **86**, 46 (2000)
12) I. Ikeda et al., *J. Lipid Res.*, **29**, 1583 (1988)
13) M. Sugano et al., *J. Nutr.*, **107**, 2011 (1977)
14) M. Nissinen et al., *Am. J. Physiol.*, **282**, G1009 (2002)
15) J. Plat et al., *Eur. J. Clin. Nutr.*, **54**, 671 (2000)
16) K. E. Berge et al., *Science*, **290**, 1771 (2000)
17) K. Lu et al., *Trends Endocrinol. Metab.*, **12**, 314 (2001)

1.7 胆汁酸の生理機能

佐藤隆一郎*

　生体からの唯一のコレステロール排出経路は，肝臓においてコレステロールを胆汁酸へと異化し，これを胆汁として小腸に分泌する経路である。肝臓で合成される胆汁酸を一次胆汁酸と呼び，小腸に分泌された後に腸内細菌により代謝された二次胆汁酸と区別される。一次胆汁酸には，コール酸，ケノデオキシコール酸，二次胆汁酸には，デオキシコール酸，リソコール酸がある。小腸上部から分泌された胆汁酸の90-95％は，小腸下部において胆汁酸トランスポーターにより再吸収され，再び肝臓へと戻る。このサイクルを腸肝循環と呼ぶ。ヒトでは1日に6～12回の循環があると見積もられている。胆汁酸は合成後にタウリンあるいはグリシンと結合した抱合胆汁酸となり，胆嚢中に濃縮され，十二指腸に分泌される。ヒトでは他の動物種と異なり，抱合胆汁酸の大半はグリシン抱合体である。

1.7.1　機能分子としての胆汁酸

　胆汁酸は十二指腸に分泌された後に，食事由来の脂肪とミセルを形成し，その消化吸収を助ける。従って，脂溶性ビタミン等の脂質成分の吸収に不可欠な役割を果たす。また小腸下部の回腸において，胆汁酸はその90％以上が再吸収されるが，残りは糞便中へ排泄されることから，コレステロールの体外排泄分子として機能している。この様な機能に加えて，胆汁酸が新たな生理活性を持ち機能することがここ数年の研究から明らかにされている[1]。我々ヒトは，脂溶性ビタミン，ステロイドホルモン等を結合し，応答遺伝子の発現を制御する核内受容体を48種類有している。これら核内受容体は相同性の高い共通の構造を維持しており，それぞれの蛋白質のC末端側に特異的なリガンドを結合するリガンド結合部位を持つ。胆汁酸を特異的リガンドとして結合する新規核内受容体がFXR（Farnesoid X Receptor）である。FXRは当初，コレステロール合成の中間体であるFarnesoidをリガンドとするものと考えられ，この様に命名されたが，その後真のリガンドは胆汁酸であることが確かめられた。さらに胆汁酸は細胞内のMAP kinaseを活性化することが報告されており，FXR活性化とMAP kinase活性化の2つの経路により細胞内応答を制御している。

1.7.2　胆汁酸の体内循環

　肝実質細胞で合成された胆汁酸は，胆管への胆汁酸排出を担うABCトランスポーター Bsep（Bile Salt Export Pump）の働きにより排出され，胆嚢へと運ばれ，十二指腸に分泌される（図1）。小腸下部回腸に至った後に，回腸特異的に発現する胆汁酸トランスポーター IBAT（Ileal

---

＊　Ryuichiro Sato　東京大学　大学院農学生命科学研究科　応用生命化学専攻　助教授

機能性脂質のフロンティア

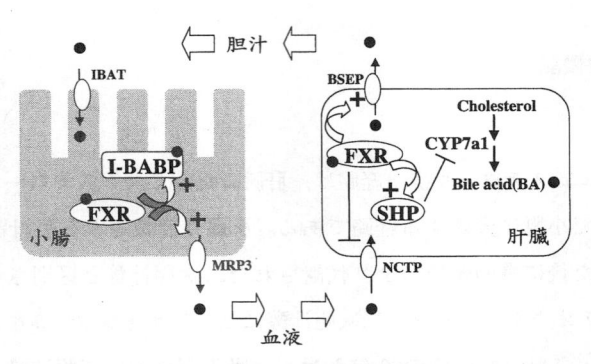

図1　胆汁酸の腸肝循環と細胞内での機能

Bile Acid Transporter) により小腸上皮細胞内へと取り込まれる。IBATは7回（もしくは9回）膜貫通型の膜タンパク質で，抱合型の胆汁酸の輸送を行う。通常，脱抱合型の胆汁酸は疎水性が高いのでそのまま細胞内へと取り込まれるが，抱合型はIBATを介してのみ細胞内へと取り込まれる。小腸上皮細胞内では，胆汁酸結合蛋白質Ⅰ-BABP (Ileal Bile Acid-Binding Protein) にトラップされる。胆汁酸そのものは界面活性作用があり，細胞内では結合蛋白質がその作用をマスクしているものと考えられる。小腸細胞の血流側に位置するABCトランスポーター MRP 3 により排出された胆汁酸は血流に乗り，肝臓において胆汁酸トランスポーター NTCP (Na Taurocholate Cotransporter Polypeptide) により取り込まれる。

1.7.3　FXR活性化を介した生理作用

　ステロイドホルモン等を結合し，応答遺伝子の発現を調節する核内受容体はファミリーを形成し，ヒトでは48種類存在する。基本骨格として，N末端側にDNA結合領域，C末端側にリガンド結合領域を有する。核内受容体は，ホルモン，ビタミン作用のメディエーターとして機能する転写因子と考えられていたが，最近になり脂質代謝の中間産物等をリガンドとする核内受容体の存在が明らかにされ注目されている（図2）。PPAR (Peroxisome Proliferator Activated Receptor) は脂肪酸誘導体，FXRは胆汁酸を，LXR (Liver X Receptor) は酸化コレステロール，HNF-4 (Hepatocyte Nuclear Factor) は脂肪酸CoAをリガンドとして活性化し，脂質代謝調節に深く関与している。PPARにはα, δ, γのサブタイプが存在し，αは肝臓において脂肪酸のβ酸化に関与する遺伝子群の発現を亢進させ，脂肪酸分解を制御する。PPARαの合成リガンドは，脂質代謝改善薬として用いられている。γは脂肪細胞で発現が高く，脂肪細胞分化のマスターレギュレーターとして機能し，脂肪細胞特異的遺伝子発現を制御している。FXRは小腸，肝臓で発現し，小腸においては胆汁酸トランスポーターにより取り込まれた胆汁酸を結合する胆汁酸結合蛋白質の発現を上昇させ，肝臓においては胆汁酸合成の律速酵素の発現を負に制御している。LXRは肝臓においては，胆汁酸合成の律速酵素の発現を促進し，体の各所においては

第3章 食品分野での応用

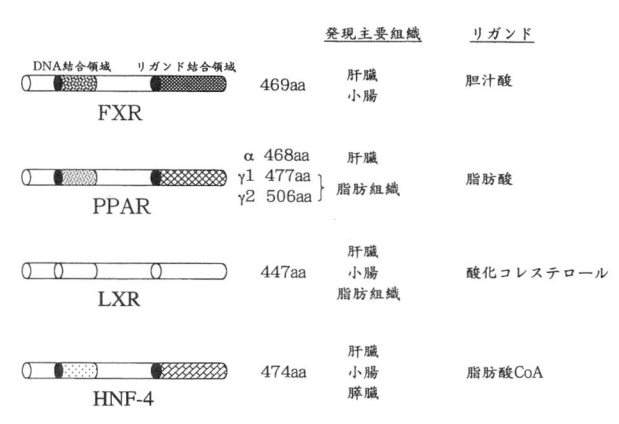

図2 脂質代謝調節に関与する核内受容体
各種核内受容体の簡略化した分子構造，アミノ酸数，発現組織，リガンドについて列挙した。PPAR，FXR，LXRは応答遺伝子上の認識塩基配列に核内受容体RXRとヘテロ二量体を形成して結合するが，HNF-4はホモ二量体で認識塩基配列に結合する。

ABCトランスポーター群の発現を亢進する。特にABCA1の発現を良く制御しており，ABCA1（12回膜貫通）が細胞表面において，血液中のアポA-1を介したHDL産生の調節に深く関わっている。従って，LXRは細胞内のコレステロール量が多くなるとその一部が酸化コレステロールになり活性化され，コレステロールを胆汁酸へと異化したり，細胞内コレステロールをHDLの形で細胞外へと排出してコレステロール恒常性を維持している。

FXRは胆汁酸分子の中ではケノデオキシコール酸（CDCA）により強く活性化を受けるが，ケノデオキシコール酸の光学異性体であるウルソデオキシコール酸にはほとんど反応しない。FXRは核内受容体RXRとヘテロ2量体を形成して，ヒトⅠ-BABP遺伝子のプロモーター上のIR-1（Inverted Repeat-1）配列（5'-AGGTCAxTGACCT-3'）に結合し，回腸においてⅠ-BABP遺伝子の転写を正に制御する。また，肝臓においては核内受容体の1種であるSHP（Small Heterodimer Partner）の発現を正に制御する[2]。SHPはリガンドの同定されていない，オーファン受容体の1つで，DNA結合領域を欠くために，それ単独では転写調節活性はない。しかし種々の核内受容体と結合活性を持ち，それらの核内受容体の転写活性を主に負に制御する。肝臓においてコレステロールから胆汁酸への異化が亢進すると，最終産物である胆汁酸がFXRを活性化し，SHPの発現を増加させ，これが別の核内受容体LRH-1（Liver Receptor Homolog）の活性を抑止する。LRH-1は胆汁酸合成経路の律即酵素遺伝CYP7a1の発現を制御しており，これが抑制されることによりCYP7a1発現が抑制され，胆汁酸合成は低下する。こうして胆汁酸によるFXRを介した胆汁酸合成のネガティブフィードバック機構が成立している[3,4]。

肝臓においてFXRは，BSEPの発現を亢進して胆管への胆汁酸は移出を増加させると同時に，

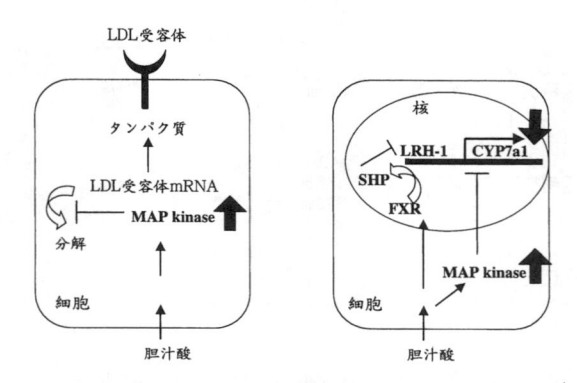

図3 胆汁酸のMAP kinase経路を介した機能
LDL受容体，CYP 7 a 1の発現調節機構

NTCPの発現を抑制して血液中からの胆汁酸取り込みを減少させ，肝実質細胞への胆汁酸の過剰な蓄積を防止するように働いている。

1.7.4　胆汁酸のMAP kinase経路を介した生理作用

　胆汁酸がLDL受容体遺伝子発現を促進するという事実に基づき，筆者らはその機構解析を行った。その結果，LDL受容体mRNAが非常に早い速度で分解されること，そして胆汁酸は細胞内のMAP kinase経路を活性化し，この分解を抑制する機構[5]を明らかにした（図3）。また，上述したように，胆汁酸はFXRを活性化し，SHP発現を増加させCYP 7 a 1 発現を抑制させるが，驚いたことにSHPノックアウトマウスでも胆汁酸はCYP 7 a 1発現を低下させた[6,7]。この機構は，同じくMAP kinase経路を介したものであると予想されている。この様に，胆汁酸は細胞内シグナル伝達系を介してその生理作用を発揮している。

1.7.5　食品分野での応用

　胆汁酸を直接，食品に添加して新たな機能を付加した機能性食品を創製することは，胆汁酸の持つ界面活性作用を考えても難しいと考えられる。従って，胆汁酸様の生理活性を持つ食品成分を探索し，これを利用することが考えられる。また，胆汁酸はコレステロールの異化産物であることから，この異化を促進する成分を用いてコレステロール代謝を改善する試みも有効であろう。

(1) 小腸における胆汁酸取り込みを抑制

　上述したとおり，十二指腸に分泌された胆汁酸の90％以上は回腸においてIBATにより再吸収される。この吸収を低下させ，胆汁酸の糞便中への排出を高めることにより，胆汁酸自らのネガティブフィードバック機構による胆汁酸合成抑制は解除され，継続的にコレステロールから胆汁酸への異化が進行し，コレステロール代謝改善が期待される。事実，IBAT阻害剤が開発され，血清コレステロール値の改善等が確認されている。また食物繊維に認められるコレステロール代

謝改善効果の一部は，食物繊維が胆汁酸を強固に結合することに起因していると考えられる。食品成分の中には，胆汁酸と競合してIBATによる胆汁酸吸収を低下させる成分，あるいは直接作用してトランスポーター活性を減弱させる成分，胆汁酸と複合体を形成してトランスポーターによる吸収を阻害する成分などの存在が想定される。

(2) FXRの活性化成分

FXRの合成リガンドならびに樹脂抽出天然物には，FXRを活性化し，その結果として血清脂質濃度を改善する効果が知られている。この機序の詳細は不明だが，FXRの応答遺伝子であるSHPが種々の核内受容体活性を調節する事実から，SHPの機能を介した機構が考えられる。核内受容体の中には複数の構造の異なる生体化合物をリガンドにする例もあることから，食品中の脂溶性成分にFXRリガンド活性を有し，脂質代謝改善効果を持つものが存在する可能性は否定できない。

(3) 胆汁酸のMAP kinase経路を介した生理作用を代替する食品成分

胆汁酸がLDL受容体遺伝子発現を亢進することから，胆汁酸の機能を模した作用を持つ食品成分には脂質代謝改善効果が期待できる。しかし，直接MAP kinase経路を活性化する成分はその作用が広範であり，例えLDL受容体遺伝子発現を亢進したとしても不的確である。MAP kinase経路の下流にあり，直接LDL受容体mRNAの寿命を延長させる機能分子を明らかにし，この機能を促進する成分には効果が期待できる。

以上，新たな生理活性が見出された胆汁酸の最近の知見と，食品への応用についてまとめた。食品成分探索には，さらに胆汁酸の機能の詳細を分子レベルで明らかにすることが前提として必要である。その様な知見に基づき秀逸なアッセイ系を構築する事により，食品中の新たな有効成分発見が可能になると思われる。

文　　献

1) 佐藤隆一郎，化学と生物，**42**，300（2004）
2) J. Grober et al, J.Biol.Chem., **274**, 29749（1999）
3) T. T. Lu et al., Mol. Cell, **6**, 507（2000）
4) B. Goodwin et al., Mol. Cell, **6**, 517（2000）
5) M. Nakahara et al, J.Biol.Chem., **277**, 37229（2002）
6) T. A. Kerr et al., Develop. Cell, **2**, 713（2002）
7) L. Wang et al., Develop. Cell, **2**, 721（2002）

2 乳化剤

2.1 ポリグリセリン脂肪酸エステル

栗山重平[*1]，阪本光宏[*2]

2.1.1 はじめに

ポリグリセリン脂肪酸エステル（以下ポリグリセリンエステル）は，グリセリンの重合体であるポリグリセリンのOH基に，食用油脂由来の脂肪酸がエステル結合した化合物であり，ポリグリセリンの重合度，エステル化度，脂肪酸の種類，さらには結合した脂肪酸の組み合わせを適切に選択することで，親水性から親油性まで様々なポリグリセリンエステルを設計できる（図1）。そして，安全性が高く基本性能にも優れたポリグリセリンエステルは，食品用乳化剤として広範な食品に利用されている[1〜4]。

親水性のポリグリセリンエステルは，コーヒークリームやホイップクリームなどにO/W乳化剤として主に利用されている。その他にも，ケーキバッターの起泡安定，パンの体積増加などの目的でも利用されている[1,5,6]。親油性のポリグリセリンエステルは，W/O乳化，チョコレートの粘度低下，レシチンの可溶化などの効果に優れており，マーガリンやショートニング，離型油など，主に加工油脂分野で利用されている[1,7]。最近では，2種以上の特定の脂肪酸組成を持つポリグリセリン混合脂肪酸エステルに液体油の結晶化抑制効果，固体脂の結晶調整効果が見出され，フライ油やマーガリンなど結晶の制御が望まれる油脂食品への応用が進んでいる[8〜10]。

本節では，油脂の改質効果に優れる親油性ポリグリセリンエステルについて，最新の機能と油脂食品への応用を紹介する。

2.1.2 ショートニングの吸卵性向上

小麦粉，砂糖，卵，ショートニングなどを使用するケーキやビスケット類を製造する際には，

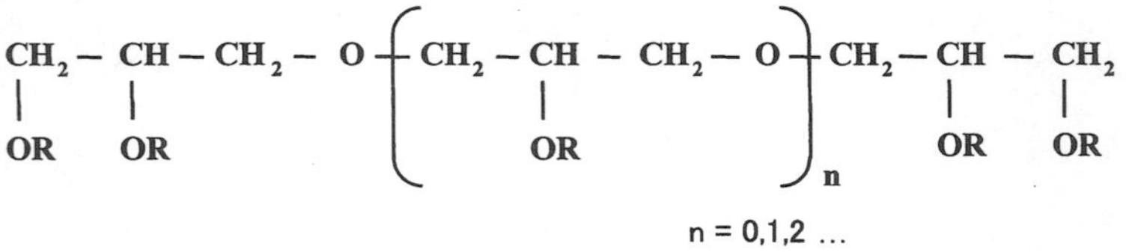

$$CH_2-CH-CH_2-O\left(CH_2-CH-CH_2-O\right)_n CH_2-CH-CH_2$$
$$|\qquad |\qquad\qquad\qquad |\qquad\qquad\qquad\qquad |\qquad |$$
$$OR\quad OR\qquad\qquad OR\qquad\qquad\qquad OR\quad OR$$

n = 0, 1, 2 …
R = 水素原子，脂肪酸残基

図1　ポリグリセリン脂肪酸エステルの化学構造

[*1] Juhei Kuriyama　阪本薬品工業㈱　研究所　副主任研究員
[*2] Mitsuhiro Sakamoto　阪本薬品工業㈱　研究所　主任研究員（食材グループ　グループリーダー）

第3章　食品分野での応用

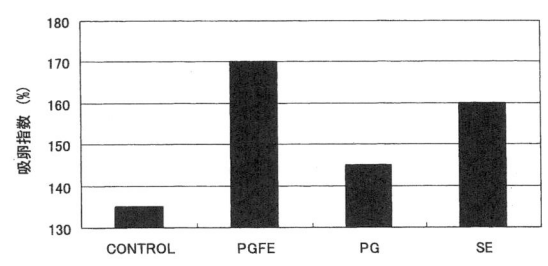

図2　油脂に対する吸卵性の比較
油脂：大豆硬化油／パーム油／大豆白絞油＝65/10/25
卵：冷凍全卵，乳化剤0.5％添加，オーバーラン終了後に測定
吸卵指数（％）＝（混和した卵の量／油脂の量）×100
PGFE：デカグリセリンエルカ酸エステル（HLB 2）
PG：プロピレングリコールエステル，SE：ショ糖エステル

図3　バターケーキの断面比較
油脂：大豆硬化油／パーム油／大豆白絞油＝65/10/25
添加量0.5％
油脂／上白糖／全卵／薄力粉（1/1/1/1）を
シュガーバッター法で混練後，焼成
PGFE：デカグリセリンエルカ酸エステル（HLB 2）

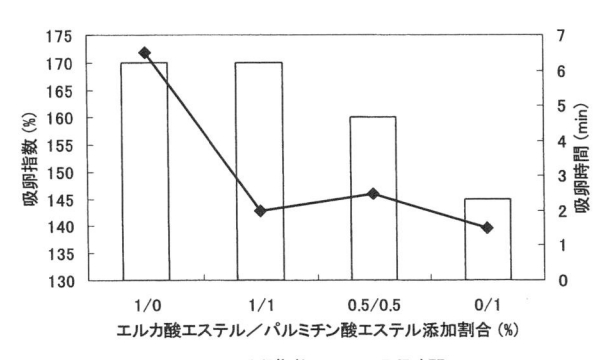

図4　吸卵指数と吸卵時間の関係
油脂：大豆硬化油／パーム油／大豆白絞油＝65/10/25
卵：冷凍全卵
吸卵指数（％）＝（混和した卵の量／油脂の量）×100
吸卵時間：油脂／卵（1/1）が均一に混ざり合うまでの時間

生地を作る過程で卵が分離せずに均一な状態に分散していることが重要とされている。卵が分離すると焼成後のボリュームや風味に悪影響を及ぼすことから，加える卵の量も制限される。卵をより多く加えるとケーキ類の口当たりが軽いものとなるが，ショートニングの吸卵性（ショートニングが卵を吸収保持する力）が低いと卵を多く加えることも，生地中に均一に分散させることもできない。親油性ポリグリセリンエステルには，ショートニングの吸卵性を向上させる効果があり，特に，デカグリセリンにエルカ酸をエステル化したデカグリセリンエルカ酸エステル（HLB2）が優れている。その効果は図2に示した様に，従来，吸卵性の向上に有効とされてきたプロピレングリコールエステルやショ糖エステルよりも高く，油脂に対して170％もの卵を吸収，保持できる。このデカグリセリンエルカ酸エステルを添加したショートニングを用いて，通常の配合（ショートニング/卵/砂糖/小麦粉＝1/1/1/1）でバターケーキを焼成すると，その断面は起泡が均一に分散し，きめの細かいケーキ組織となる（図3）。

また，親油性のデカグリセリンパルミチン酸エステル（HLB3）には，ショートニングの吸卵速度を向上させる効果がある。バターケーキなどを作る際，3～4回に分けて徐々に卵を加えるが，卵の添加時間が生地作成の大半を占めることとなる。デカグリセリンパルミチン酸エステルを0.5％添加した油脂（大豆硬化油/パーム油/大豆白絞油＝65/10/25）を使用すると，同量の卵を吸収する時間が1/6まで短縮する。

これら2つの親油性ポリグリセリンエステルの効果は互いに影響を及ぼさないため，併用することでショートニングの吸卵量と吸卵速度を同時に向上させることもできる（図4）。この併用効果は，卵を多く配合することによる品質の改良や新商品の開発のみならず，製造工程の短縮化や大量生産にも繋がる。

2.1.3 魚油の固化防止

魚油は，DHA（ドコサヘキサエン酸），EPA（エイコサペンタエン酸）などの長鎖高度不飽和脂肪酸を多く含み，陸上の動植物油に比べて特徴的な組成を持つ。その硬化油は，他には見られない物性を持つため，業務用のマーガリンやショートニングの原料油脂として幅広く食品に利用されている[11]。通常，魚油は液体であるが，同等のヨウ素価を持つ植物油脂と比べて，低温で結晶が析出し易く，精製前の粗魚油（原油）では，冬場での固化が問題となり流動性の向上が求められている。

植物油脂の結晶制御には，親油性のポリグリセリン混合脂肪酸エステルが優れた効果を持つことが知られており，その効果はポリグリセリンエステルの構成脂肪酸に大きく依存し，対象となる油脂の種類によっても異なってくる。筆者らは，これまでパームオレインを対象としたTHL-15（商品名），ナタネ油を対象としたTHL-17（商品名）を開発している[9]。

そこで，粗魚油に対しても効果のあるポリグリセリンエステルを検討したところ，上記2品と

第3章　食品分野での応用

は異なる脂肪酸組成を持つ親油性ポリグリセリン混合脂肪酸エステル（HLB4）に高い流動性保持効果が認められた。これを粗魚油に0.1〜0.5％添加すると、5℃の低温下でも1ヶ月以上固化を防止した（図5）。魚油は加熱安定性と酸化安定性が極めて低く、重合しやすい油脂であるが、親油性ポリグリセリンエステルを添加すると、加温することなく流動性を保持し、劣化を防止できる。

2.1.4　植物ステロールの析出防止

植物油脂の不けん化物である植物ステロールは、高脂血症の治療薬として古くから知られていたが、最近、血漿中のコレステロール濃度を低下させる機能性素材として、食品への応用が注目されている[12]。これまで、マーガリンや食用油脂への利用が進められてきたが、植物ステロールは油脂への溶解度が1.5％程度と低いため、少量しか添加できなかった。さらに、低温で保存した場合には数時間後に植物ステロールの結晶が析出し、白濁や沈殿が生じる。このような問題を改善できるのは、長鎖飽和脂肪酸、及び長鎖不飽和脂肪酸を組み合わせた親油性のポリグリセリン混合脂肪酸エステル（HLB2.5）で、植物ステロールの結晶化を抑制する。図6に示したように、植物ステロールを1.5％含有した食用油脂に親油性ポリグリセリンエステルを添加すると、結晶の析出を長時間遅延する。

また、最近、植物ステロールの油脂への溶解性を向上させるため、脂肪酸をエステル結合した植物ステロールエステルが注目されている。植物ステロールエステルは植物ステロールの数倍量を油脂へ溶解させることができるが、親油性のポリグリセリン混合脂肪酸エステル（HLB2）を添加することにより、同様に結晶の析出を防止し、溶解量をさらに増加させることができる。図7に示したように、植物ステロールエステルを10％配合したキャノーラ油は、ポリグリセリンエステルの添加により結晶の析出が大幅に遅延され、その状態も無添加に比べて極めて良好であった（図8）。この様に、親油性ポリグリセリンエステルの添加により、植物ステロール、植物ステロールエステルを高配合した健康オイルや油脂食品の開発が可能となる。

2.1.5　マヨネーズの冷凍耐性の向上

マヨネーズは油分を65％以上含有し、食用油脂、醸造酢、卵を必須成分としたO/W乳化食品である。マヨネーズは常温で保存する場合には安定であるが、冷凍条件下では直ちに油水分離を起こす。これは、マヨネーズ中の油脂が結晶化することで油滴の合一、乳化破壊を引き起こすためである。マヨネーズの乳化は卵黄や全卵によって行われるが、代わりに親水性のポリグリセリンエステルを用いると乳化膜がより強固となり、マヨネーズ（マヨネーズ風ドレッシング）の冷凍耐性が向上することは知られていた[1,13]。

これまでは、冬期や家庭用冷凍庫などを想定した温度（5℃〜−15℃）で安定なマヨネーズが求められたが、最近では冷凍食品への利用が進んだことにより、より低い温度（−20℃以下）に

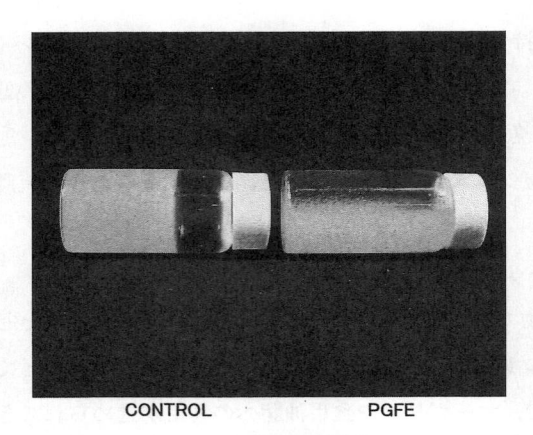

図5 魚油の状態比較
添加量0.1%，保存温度5℃，30日後の状態
PGFE：デカグリセリンエルカ酸エステル（HLB 4）

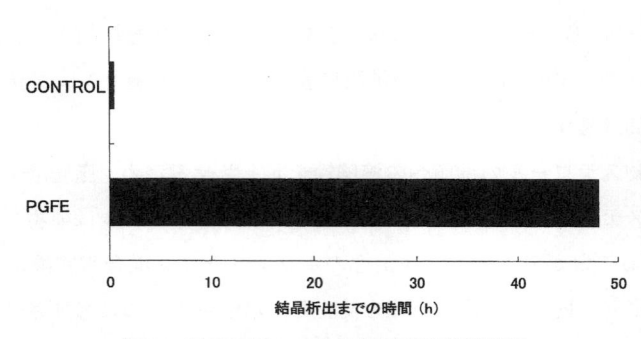

図6 植物ステロールの結晶析出抑制効果
食用油脂（植物ステロール1.5%含有）中にPGFEを1.0%添加，保存温度0℃
PGFE：ポリグリセリン混合脂肪酸エステル（HLB2.5）

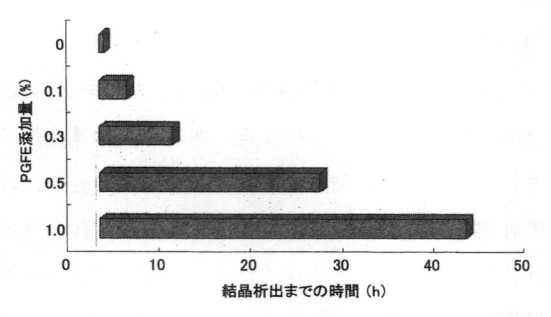

図7 植物ステロールエステルに対する結晶析出抑制効果
油脂：キャノーラサラダ油，植物ステロールエステル添加量10%
保存温度5℃
PGFE：ポリグリセリン混合脂肪酸エステル（HLB 2）

第3章　食品分野での応用

図8　植物ステロールエステルの状態比較
　　油脂：キャノーラサラダ油
　　植物ステロールエステル添加量10%
　　PGFE添加量1.0%，保存温度5℃
　　7日後の状態
　　PGFE：ポリグリセリン混合脂肪酸
　　エステル（HLB 2）

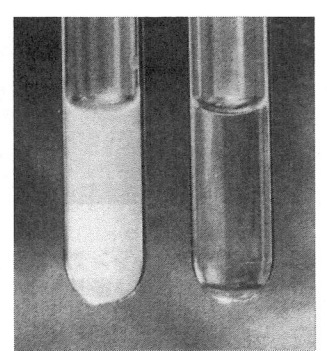

表1　THL-17含有マヨネーズ風ドレッシングの配合

	THL-17配合
大豆サラダ油（1.0%THL-17含有）	75.0 %
6%酢酸	11.0 %
食塩	1.5 %
キサンタンガム	0.13%
水	11.37%
乳化剤（MSW-7S）	1.0 %

MSW-7S：デカグリセリンモノステアレート

図9　マヨネーズ風ドレッシングの状態比較
　　−20℃，3ヶ月保存，室温2時間解凍後の状態

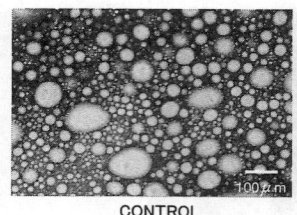

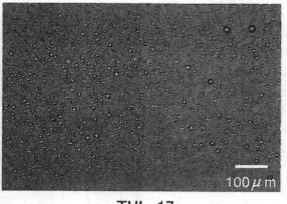

図10　マヨネーズ風ドレッシングの顕微鏡写真
-20℃，3ヶ月保存，室温2時間解凍後の状態

おいて長期間（数ヶ月間）安定であることが必要とされている。以前より，油脂の結晶化抑制効果のある乳化剤を用いて，冷凍耐性をさらに向上させる試みは行われていた。筆者らは，マヨネーズの原料油脂であるナタネ油などの液体油に対して，優れた結晶化抑制効果を示すTHL-17を用いて，マヨネーズの冷凍耐性を検討した。表1に示した処方でマヨネーズを調製し，-20℃で3ヶ月間冷凍保存後，解凍した状態を比較した。図9に示した様に，THL-17を添加したマヨネーズは分離することはなく，乳化粒子径も冷凍前と全く変化が見られなかった（図10）。また，THL-17を添加したマヨネーズは6ヶ月以上の冷凍保存にも耐えることも確認した。この様な効果はこれまでの乳化剤を用いた技術では成し得なかった領域であり，冷凍食品へ使用するにも十分なものである。すでに，THL-17のマヨネーズやドレッシング類への利用は進んでいる。

2.1.6　おわりに

以上，親油性ポリグリセリンエステルの油脂の改質効果を利用した油脂食品への応用を紹介した。ポリグリセリンエステルは，他の乳化剤よりも構造が多様であり，特に，親油性ポリグリセリンエステルは，構成脂肪酸の種類や組み合わせの自由度が高い。それゆえ，更なる機能性を秘めており，新しい親油性ポリグリセリンエステルの開発の余地は十分考えられる。優れた機能を持った親油性ポリグリセリンエステルが食品分野だけに留まらず，化粧品や医薬品など多分野へも利用されることを期待する。

文　献

1) 松下和男，ポリグリセリンエステル，阪本薬品工業㈱，p.133-161（1994）
2) 松下和男，塩山浩，油化学，**35**，71-79（1986）
3) A.Miyamoto, M.Matsushita, *New Food Ind.*, **30**（11），12-18（1988）

4) 宮本敦之, 月間フードケミカル, 36-38（1994-6）
5) 宮本佳郎, 阪本光宏, 月間フードケミカル, 23-27（2001-2）
6) 宮本佳郎, 阪本光宏, 前田智子, 森田尚文, 日食工誌, **49**, 534-539（2002）
7) 阪本光宏, 機能性脂質の新展開, シーエムシー出版, p.206-214（2001）
8) 栗山重平, 阪本光宏, 月間フードケミカル, 76-80（1999-5）
9) 阪本光宏, 食品とガラス化・結晶化技術, サイエンスフォーラム社, p.121-126（2000）
10) J. Kuriyama, Y. Miyamoto, M. Sakamoto, *J. Oleo Sci.*, **50**, 831-838（2001）
11) 藤田哲, 食用油脂, 幸書房, p.24-31（2000）
12) 日比野英彦, 油化学, **46**, 1127-1136（1997）
13) 渡辺隆夫, 食品開発と界面活性剤, 光琳, p.123-127（1990）

2.2　ショ糖脂肪酸エステルの食品への応用

松田孝二[*]

2.2.1　はじめに

　ショ糖脂肪酸エステルは通称シュガーエステル（以下ＳＥと略）と称され，1959年に食品添加物として認可されて以来，安全かつ高機能な乳化剤として，広範な食品への応用が進められてきている。

　SEは，ショ糖と脂肪酸メチルエステルとをエステル交換反応で製造される乳化剤である。

　他の食品用乳化剤が直接エステル化反応で製造されるのと異なり，比較的穏和な反応で製造される為，製品特性として，色が白く，異味，異臭が少ない等のメリットが発現される。

　SEは，8個の水酸基をもつショ糖を親水基としたもので，エステル化度と脂肪酸種の組み合わせにより，多様な種類が可能である。ショ糖の強い親水性の為，通常の条件では曇り点を持たず，その相挙動はイオン性界面活性剤に近いことが知られている。

　脂肪酸が1つエステル化したショ糖モノエステルは親水性が高く（HLBが高く），水によく溶解し，表面張力低下能，起泡力，可溶化力，分散力，浸透力が強い性質を有する。更に同じショ糖のモノエステルでも脂肪酸の種類によってその性質も異なる。

　SEの表面張力の挙動をみると，乳化剤としての特殊性が理解できる。例えばショ糖モノパルミチン酸の表面張力は，ポリオキシエチレン系乳化剤の場合とは，明らかに異なる。すなわちSEでは，乳化剤濃度が増加しているにも関わらず，表面張力の低下は見られない。すなわち，この領域では，ショ糖モノパルミチン酸エステル分子は，バルクの水中に単分子分散している方が熱力学的に安定であることを示している。これは，ショ糖という親水基が，溶媒の水に対して強い親和性を有していることに起因するものと考えられる[1]。

　一方，脂肪酸がより多くショ糖にエステル化したショ糖ポリエステルでは，親油性の性質を有する為，油脂の結晶調整機能を代表として，チョコレート，ショートニング，マーガリン等の油脂系食品において，広く使用されている。

　以下，SEが有する代表的な特性を界面制御の面から詳細に記述する。

2.2.2　静菌性

　ミルクコーヒーは，コールドでもホットでも飲用できる通年型の飲料であり，現在では清涼飲料市場の約1/4を占めている。歴史的にみると1970年代に缶コーヒーを加温販売するホットベンダーが登場すると，それまで問題にならなかった耐熱性芽胞菌による変敗が発生するようになった。レトルト殺菌でも死滅しない強耐熱性の芽胞菌が缶コーヒー中に生存しており，これら菌

---

　[*]　Koji Matsuda　三菱化学フーズ㈱　GEプロジェクト部　部長

第3章　食品分野での応用

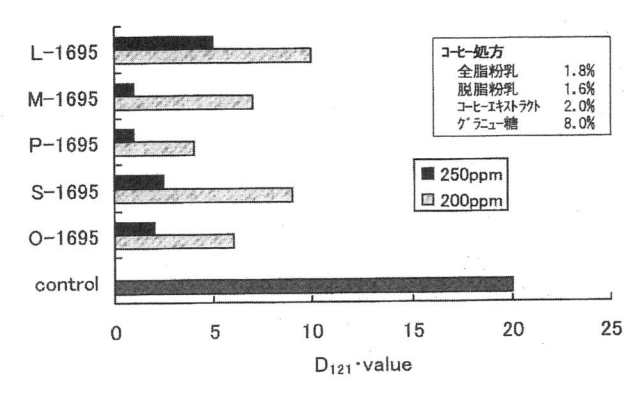

図1　ミルクコーヒーにおけるCl.thermaceticum芽胞の耐熱性に対する
ショ糖脂肪酸エステルの効果　〜脂肪酸の種類による影響〜

種の生育適温である55℃近辺に加温されることで生育したのが原因であった。

レトルト殺菌されるミルクコーヒーの典型的な変敗は，非膨張型で酸を生成する，「フラットサワー型変敗」と呼ばれる。主たる原因菌は耐熱性高温細菌である。耐熱性ではM.themacetica芽胞のD値は最も強く，その汚染原因は主として砂糖と考えられている。

SEは，全ての芽胞細菌を抑制する訳ではなく，芽胞菌の中でも耐熱性の強いものに有効である。SE組成中，モノエステルの静菌性がジエステル，トリエステルに比べて著しく強く，構成脂肪酸別ではパルミチン酸エステルが最も強い。ミルクコーヒーにおける各種SEの静菌力を比較したデーターからも明らかである（図1）。

ショ糖モノパルミチン酸エステルは，微生物菌体表面の膜蛋白質，糖脂質との相性が高い為に，物理的なる吸着量が高く，その結果，芽胞の発芽を阻止（発芽の為の酵素阻害）していると推測されている。

2.2.3　乳化性，分散性

乳化剤は，水と油脂を乳化する為に欠くことの出来ない物質である。一般に乳化のし易さと乳化の安定化目的で使用されるが，近年は，後者の目的で使用される場合が多い。

ホイップクリームを例に乳化剤（特にSE）の機能について考えた場合，大きく3つが存在する。その1つが乳化を安定にさせる効果であり，更に攪拌等により適度に乳化を破壊する効果（解乳化）最後に気泡を安定に取り込む機能である[2]。コーヒークリームでは，ホイップをしても気泡は入らず，界面膜が物理的に強固であることが必要であり，耐熱性，冷凍耐性も要求されるケースもある。コーヒークリームでは，使用する成分をいかに安定化するかを考えた上で，各々の成分に有効な乳化剤を添加する。親水性のSEは水和目的として，親油性のSEは油脂の結晶調整の目的で使用される例が多い。一方ホイップクリームでは，先の様に解乳化を起こす乳化

剤が必要となる。解乳化には，不飽和脂肪酸のエステルが有効であり，この有無が大きく異なる点である。一般に解乳化には，オレイン酸モノグリセリドが有効であるが，極少量（0.02-0.05％）で効果を発現する為にコントロールしにくいという欠点がある。その点，不飽和脂肪酸のSE（例えばショ糖エルカ酸ポリエステル）はマイルドな解乳化性を示す優れた乳化剤である。

SEは，例えば炭酸カルシウムの様な，水不溶粉体の水への分散性も向上させる。佐々木らは，炭酸カルシウムを水溶液中に安定に分散させる技術において，高親水性のSEが，粒子表面に2重層を形成し，それにより表面が親水化され安定性に寄与することを示している[3]。更に最近，親水性SEにアニオン性食品用乳化剤（有機酸モノグリセリド）を共存させることによる，静電的反発を強化し，分散を更に安定にする技術も開発されている。

2.2.4 滑沢性

SEの滑沢性の特徴をまとめると，以下の様になる。

① 原料粉体の固結を防止し，粉体の流動性と打錠機への給送を改善して充填性を改善する。
② 原料粉体と打錠機の摩擦を減少させて，打錠機からの圧縮，放出を容易にする。
③ タブレットに硬さと光沢を与え，滑らかな舌触りにする。
④ 不良品の発生を防ぎ，収率を向上する。
⑤ 水分散性を改善する。

更に，SEは医薬分野において実績のある，ステアリン酸マグネシウムに比較して以下の様な特徴を有する。

① SEは非イオン性のマイルドな滑沢剤であり，医薬品との反応性に関する心配がいらない。
② SEは無味，無臭に近く，多くのタイプ（例えばプレーン，フルーツ系他）で使用可能。
③ SEは，展延しにくく，滑沢性能が持続し，安定した錠剤の強度，安定した薬剤の溶出速度，放出速度が得られる[4]。

SEの滑沢性能は，SEを構成する脂肪酸，エステル化度，粒度分布に大きく影響する。これまでの所，脂肪酸がステアリン酸，ベヘニン酸等の長鎖飽和脂肪酸で，エステル化度が平均3以上で，粒度分布的には平均10-20μmの微粒子が効果的であり，標準的な添加量は2％前後となる。

2.2.5 澱粉複合体形成，蛋白質吸着（図2）

乳化剤がデンプンと複合体形成することは広く知られている。これは，ヨウ素デンプン反応と同様にヘリックス構造を取ったアミロース鎖の中に乳化剤の疎水基である脂肪酸が吸着されることで複合体を形成すると言われている。SEの中では，脂肪酸種がパルミチン酸，ステアリン酸等の長鎖飽和脂肪酸であって，これらのモノエステルが複合体形成能が強いことが知られている。複合体形成能とアミロースの老化防止能との相関性が認められ，ベーカリー製品では広く使用されている。

第3章　食品分野での応用

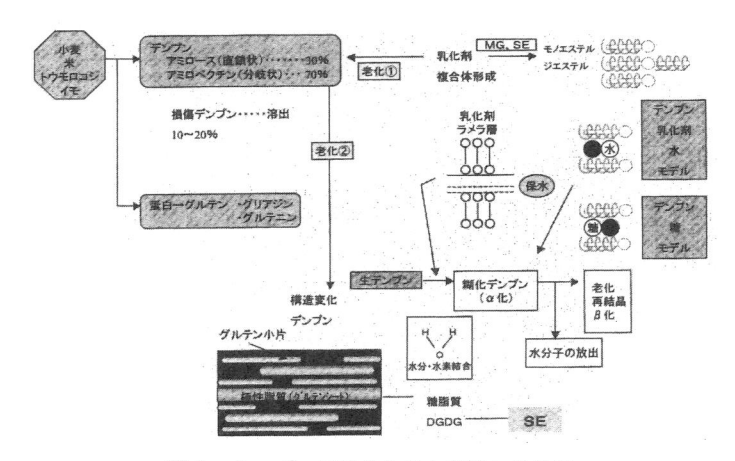

図2　シュガーエステルの小麦粉への作用

　アミロースと乳化剤は，複合体を形成するが，実際のデンプンはデンプン粒の形で存在することが多いので，デンプンに対する乳化剤の効果は複合体形成とデンプン粒に対する効果との複合的なものになる。デンプン粒に対しては，乳化剤はその表面に吸着しデンプン粒の水和水を減少させ，膨潤を抑え糊化温度を上昇させる。

　また，小麦粉製品においては形成したグルテン間の摩擦を減少し滑りをよくするためにパン生地の伸展性を向上させ，焼成時の体積向上や食感の改善に有効に働く。イオン性界面活性剤はタンパク質であるグルテンに静電的に結合するため，特に有効である。小麦粉にはdigalactosyl-diglycerolと呼ばれる天然の糖脂質が含まれ，これが乳化剤と同様にグルテンの滑りを向上させることが知られているが，同じ糖脂質であるSEは構造が似ているため，非イオン性であるが効果が強い。その他SEは，ケーキ生地の気泡の安定化やケーキの木目の細かさ等に有効である。

2．2．6　油脂の結晶調整作用

　食用油脂の主成分であるトリアシルグリセリンは，グリセリンに3分子の脂肪酸がエステル結合したもので，その脂肪酸の種類によって多くの分子種が存在する。油脂を含有する食品にあっては，その製造プロセス，性状，安定性等は油脂を構成する成分である液体の成分（液油）と結晶化した成分（固体脂）の割合，固体脂の形状，分散度，多形等に大きく左右される。SEは，結晶化を促進あるいは遅延させ，更に生成する結晶の大きさを微細化させたり，保管，流通時の粗大化を抑制させる効果を有することが知られている[5〜7]（図3）。

　これらの効果は，ショートニングやチョコレートもしくはカレールーといった固体脂を含有する食品の品質向上に役立っている。最近は，O/Wエマルション中の油脂の結晶制御について多く研究されている。SEの油脂結晶の遅延，成長の抑制効果は，使用する油脂の脂肪酸と乳化剤分子の脂肪酸が類似の時に，アシル鎖間の相互作用から影響度が高いことが認められている。

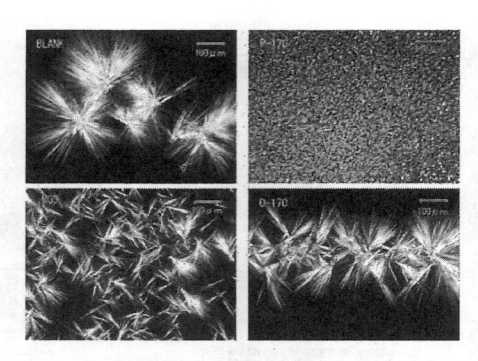

図3 ショ糖脂肪酸エステルの油脂結晶調整機能
植物硬化脂 融点37℃，乳化剤0.3%，溶解後
スライドグラス上で35℃，3日静置。

　また，SEが他乳化剤より油脂結晶調整作用が高い理由として，親水基のショ糖の構造が他に比較してバルキーかつリジッドであるからではないかと考えられている。

2.2.7 おわりに

　SEはショ糖の脂肪酸エステルであって，多くの場合にショ糖の性質が支配的となる。その為，酸や塩類の存在する系，高熱や冷凍といった過酷な条件下ではSEの構造が不安定になり，機能低下を招くケースが実在する。この様な場合にはポリグリセリン脂肪酸エステルの併用が効果的である。食品の成分，製造工程，流通といった種々の条件を考え，目的にあった乳化剤の使用方法を選定することが肝要である。

文　　献

1) 高木，平井，藤沼，藤松，宇佐美，小笠原，笠原，結城，油化学，**44**（3），207（1995）
2) 野田正幸，調理科学，**21**（3），142-153（1988）
3) 佐々木，本多，小笠原，高橋，雪印乳業研究報告，**92**，82（1990）
4) 柴田，島田，米澤，砂田，大友，笠原，薬剤学，**62**（4），133-145（2002）
5) A. Yuki, K. Matsuda, A. Nishimura, *J. Jpn. Oil Chem. Soc.*, **39**, 236（1990）
6) 葛城，金子，佐藤，日本油化学会誌，**49**（3），255（2000）
7) 小久保，松田，葛城，日本油化学会誌，**45**（10），239-249（1996）

2.3 モノグリセリド及び有機酸モノグリセリド，ジグリセリン脂肪酸エステル

高橋康明*

2.3.1 はじめに

わが国では1959年に蒸留グリセリンモノ脂肪酸エステル（以下モノグリセリド）の製造が開始され，表1に示す通り現在ではモノグリセリドは9,000トン/年の需要量を誇る代表的食品用乳化剤となっている。またモノグリセリドの酢酸，乳酸，コハク酸，クエン酸およびジアセチル酒石酸の各誘導体である有機酸モノグリセリドも1981年に成分規格一部改正により『グリセリン脂肪酸エステル』の範疇に加えられており，1,000トン/年まで伸長してきている。

またポリグリセリン脂肪酸エステルも同じく1981年に『グリセリン脂肪酸エステル』の範疇に加えられており，現在は1,350トン/年の需要となっている。なかでもポリグリセリン脂肪酸エステルの1つであるジグリセリン脂肪酸エステルについては，親水基としてのジグリセリンを高純度化でき，主成分であるモノエステルも高純度化が可能であることから，他の乳化剤にはない様々な機能が見出されてきている。

本節では，モノグリセリド及びその有機酸誘導体，さらにジグリセリン脂肪酸エステルについてその特徴と応用について述べる。

2.3.2 モノグリセリド

モノグリセリドの工業的製造方法はグリセリンと脂肪酸のエステル化法と，グリセリンと油脂のエステル交換法がある。エステル化法では任意に脂肪酸の選択が可能であることが特徴であ

表1　乳化剤の需要内訳

品目	需要量 (t/年)	売上高 (千円/年)	平均単価 (円/kg)
グリセリン脂肪酸エステル	11,350	6,695,000	
モノグリセリド	9,000	3,600,000	400
有機酸モノグリ	1,000	800,000	800
ポリグリセライド	1,350	2,295,000	1,700
ソルビタン脂肪酸エステル	1,500	1,050,000	700
ＰＧ脂肪酸エステル	1,000	800,000	800
ショ糖脂肪酸エステル	4,200	8,400,000	2,000
レシチン	7,780	4,550,000	
大豆レシチン	6,500	1,950,000	300
卵黄レシチン	80	800,000	10,000
高純度レシチン	1,200	1,800,000	1,500
計	25,830	21,495,000	

食品化学新聞（2004年1月15日）

* Yasuaki Takahashi　理研ビタミン㈱　食品改良剤開発部　技術第3グループ

表2　有機酸モノグリセリド

正式名称	略称	製品名（理研ビタミン㈱製）
グリセリン酢酸脂肪酸エステル	酢酸モノグリ，アセチル化モノグリ，アセチンファット	ポエムG-002 ポエムG-508
グリセリン乳酸脂肪酸エステル	乳酸モノグリ	－
グリセリンクエン酸脂肪酸エステル	クエン酸モノグリ	ポエムK-30 ポエムK-37V
グリセリンコハク酸脂肪酸エステル	コハク酸モノグリ	ポエムB-10
グリセリンジアセチル酒石酸脂肪酸エステル	ジアセチル酒石酸モノグリ	ポエムW-10

り，エステル交換法は水の生成が無く油脂中のグリセリンも活用でき，風味も良好であることを特徴とする。これらの高温反応終了段階ではモノグリセリドのほか，ジ・トリグリセリド，遊離グリセリン・脂肪酸も含んでおり，組成比率はFeuge, Bailyらの無差別分布則に従う。主成分のモノグリセリド含量は40～50％が限界とされている[1]。

この反応終了物からグリセリン，脂肪酸を除いたものを一般に反応モノグリセリド，また更に分子蒸留によってモノグリセリド成分を高純度に濃縮（純度90％以上のものが流通）したものを蒸留モノグリセリドという。

モノグリセリドは基本的な乳化剤として長年使用されてきており，ここ数年では市場に大きな変化や特段の新規用途開発は見られない。しかし最近は，パーム，菜種，大豆などの植物由来原料のみを用いて製造されたモノグリセリドの需要が増加している傾向にある。

モノグリセリドの用途としては多種多様な食品系に応用されている。例えば澱粉との強い複合体形成能を持つことが知られており，硬化ラード由来脂肪酸のモノグリセリドではアミロース複合体形成能が92と大変高い数値を示す[2]。この性質を利用し，パンの老化防止やインスタントマッシュポテトの食感改良に利用される。

また油脂中にモノグリセリドを微細なβ型結晶として分散させたり，モノグリセリドとプロピレングリコール脂肪酸エステルなどのα型結晶性乳化剤とを併用させることにより，ケーキやバッター液の起泡剤としても用いられている。なおモノグリセリドのα結晶性を維持させ起泡性を持たせるために，プロピレングリコール脂肪酸エステルと等モル混合物を溶融後冷却させ，いわゆる結合クリスタル（Conjoined Crystal）を形成させる方法はKuhrtらにより示されている[3]。

モノグリセリドはHLBが一般的には3～5であり親油性乳化剤に分類されることから，レシチンとの併用によりマーガリン等のW/O乳化に使用される。しかし一方でモノグリセリドは水和により実質HLBが7になるとも言われており[4]，更にタンパク質とも複合体を形成するため安定

なO/W乳化剤として他の乳化剤との併用によりポーションクリームやアイスクリームにも使われる。

モノグリセリドには消泡作用もあり，現在最も良く使用されているのは豆腐の製造工程での大豆磨砕物（呉）加熱時に発生する大豆サポニンによる発泡を抑える用途である。

2.3.3 有機酸モノグリセリド

日本で食品用途に使用できる有機酸モノグリセリドの種類を表2に示す。

酢酸モノグリは非常に伸展性，可塑性に富み，ガムベースとの相溶性が高いので可塑剤として使用されている。またGarrettらの消泡理論によるオイルレンズの展延性[5]も大きいと想定され，消泡剤としての性能も大変高く，ピックル液や飲料などの泡消しに他の乳化剤との併用で使用されている。その他α結晶保持効果を利用して粉末クリームの起泡剤としても利用される。

乳酸モノグリは乳化性能よりも起泡剤として効果があり，粉末クリームやケーキ用ショートニング起泡剤に用いられる。しかしプロピレングリコール脂肪酸エステルなどでも同様の効果を持つことに加え，安定性も悪いため，乳酸モノグリの需要は僅かである。

クエン酸モノグリはO/W乳化作用が強く，また耐酸性に優れている。現在，主にホイップクリームやコーヒーポーションクリームなどの乳製品用乳化剤として使用されている。一方油脂の抗酸化剤のシナージストとしての効果もあり，これはキレート作用により油脂中の重金属（鉄など）捕捉がなされる事が一因である。さらに通常油脂には溶解しないが抗酸化作用の大変強いポリフェノールやアスコルビン酸なども，ポリグリセリン縮合リシノレイン酸エステルとクエン酸モノグリを併用することにより清澄に可溶化し，油脂の安定性を大幅に向上出来るなど新たな知見も出てきている[6]。

コハク酸モノグリはパン用の生地改良剤としてアメリカで開発された乳化剤であり，日本においても伸長を続けている。パンの主成分の1つであるグルテンに対し作用することでパン生地をより展延しやすくし，機械耐性を向上させるとともにボリュームもアップさせる。出来たパンはふっくらとしており歯切れも良い。

コハク酸モノグリの，製パン各工程での蛋白質および澱粉への結合量についてはStetanisによ

表3　製パン各工程におけるコハク酸モノグリ結合量

製パン工程段階	未反応または緩い結合	水可溶性区分	タンパク質	デンプン
中種生地	92.3	7.4	0.3	0
本捏生地	29.8	7.8	56.6	5.8
パ　ン	28.4	0	10.3	61.3

り認められており[7]，表3に示す通り本捏段階で蛋白質に結合してドウコンディショナーとしての効果を表し，焼成段階では蛋白から離れ澱粉と結合することにより老化防止効果を与える。

ジアセチル酒石酸モノグリにも同様にグルテンへの作用力があるため従来使用されてきており，この場合はグルテンの弾性を上げることによるドウコンディショナー効果となる。

コハク酸モノグリやジアセチル酒石酸モノグリ，クエン酸モノグリといった分子中にフリーのカルボキシル基を備えている有機酸モノグリはアニオン性乳化剤として働き，これらは静電結合により容易に蛋白質との複合体を形成して油水界面に強固に吸着するため，適量を使用することにより非イオン性乳化剤単独よりもエマルションの安定性を高めることが出来る[8]。このため最近では飲料等への使用も増加してきている。

2.3.4 ジグリセリン脂肪酸エステル

1981年に有機酸モノグリとともに，ポリグリセリン脂肪酸エステルがグリセリン脂肪酸エステルの範疇として認可されて以来，現在までもなおグリセリン重合度分布の狭いポリグリセリンを得るため等の製法改良や用途開発などが活発に行われている。ポリグリセリンエステルは非常に広範囲なHLBを取ることができ，似たようなHLB範囲を持ったショ糖脂肪酸エステルに比べても耐酸性・耐塩性の高い乳化剤[9]として，例えばデカグリセリンモノステアレートやデカグリセリンモノオレート，デカグリセリンモノラウレートはO/W乳化や可溶化剤として用いられたり，ポリグリセリン縮合リシノレイン酸エステルはW/O乳化やチョコレートの粘度低下剤に利用されている。更にその他のポリグリセリンエステルも消泡剤，分散剤，結晶調整剤などに幅広く用いられている。

ポリグリセリンエステルの中でも重合度の最も低いジグリセリン脂肪酸エステルについては，分子蒸留技術により，原料であるジグリセリンの高純度化と，更にジグリセリン脂肪酸エステルからモノエステルを高純度蒸留品として得ることも可能であり，これにより従来の乳化剤にない様々な機能が見出され，最近特に注目されている乳化剤の1つである。また表4に当社製品一例を示す。

蒸留ジグリセリン脂肪酸モノエステルはHLBとしては8前後となり，油水両親媒性を持ち合わせた乳化剤であるが，モノグリセリドと比較して高い界面張力低下能を示す[10]（図1）。さらにモノエステルを高純度に含有するという特異性からポリソルベートに匹敵する大変強い界面活性能を持つことが判っている[10]。

このような性質から，例えば製菓用油脂に使用することにより自己乳化性を付与し，低温度域（10℃前後）でも充分な界面活性能を発揮し，気泡の安定化を図り，卵黄の活性不足を補うことができる[11]。写真1はその自己乳化性油脂を使用したケーキの電子顕微鏡写真で，より均一な気泡構造を与えることが示されている。

第3章　食品分野での応用

表4　蒸留ジグリセリン脂肪酸モノエステル

正式名称	製品名（理研ビタミン㈱製）
ジグリセリンモノミリステート	ポエムDM-100
ジグリセリンモノパルミテート	ポエムDP-95RF
ジグリセリンモノステアレート	ポエムDS-100A
ジグリセリンモノオレート	ポエムDO-100V

図1　界面張力低下能（25℃）

自己乳化性油脂未使用　　　　　自己乳化性油脂使用

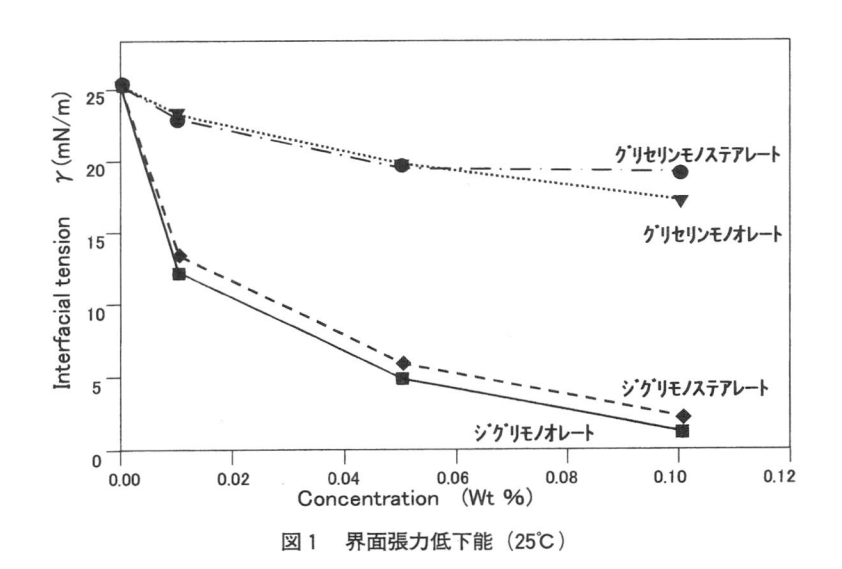

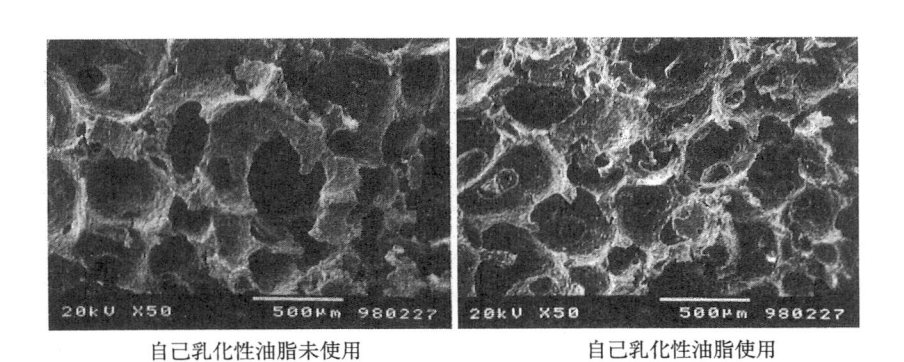

写真1　気泡の安定化作用

表5 有芽胞好酸性菌に対する効果[11]

【方法】
滅菌ガラス瓶にニアウォーター
(PH3.5)を無菌下で100mL採取
　　　↓
所定量のDIGMMを添加し，溶解
　　　↓
Alicyclobacillus cycloheptanicus
(IFO15310)の芽胞懸濁液を接種
($1.7×10^2$ spores/1 mL当り)
　　　↓
30℃で保存後，ニアウォーター
1 mL当り菌数を測定

【結果】

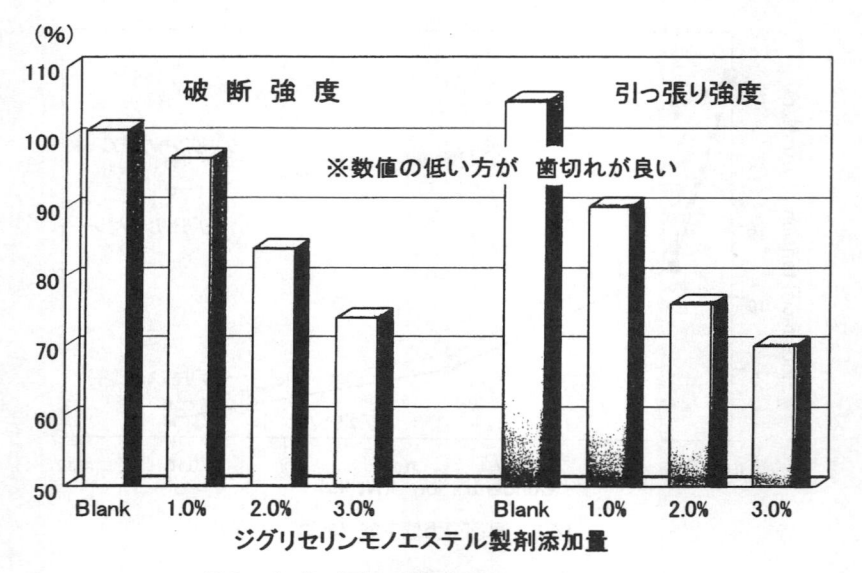

DIGMM	菌数測定結果	
	3日後	7日後
0 ppm	$2.8×10^4$	$7.6×10^4$
2 ppm	$4.2×10^1$	$4.6×10^1$
3 ppm	$2.9×10^1$	$3.4×10^1$
5 ppm	$3.3×10^1$	$4.0×10^1$

図2　食パン(耳)の破断強度と引っ張り強度[11]

　また蒸留ジグリセリン脂肪酸モノエステルは静菌効果を持つこともわかっており，例えばジグリセリンモノパルミテートは耐熱性芽胞形成高温菌に，ジグリセリンモノミリステート（以下DIGMM）はグラム陽性細菌や有芽胞好酸性菌等に効果を示す。表5に一例としてDIGMMのニアウォーター飲料中での*Alicyclobacillus cycloheptanicus*（有芽胞好酸性菌）増殖抑制効果を記す。
　蒸留ジグリセリン脂肪酸モノエステルは食品に新しい食感を付与することもできる。例えば，調理パン，ハンバーガー，中華まんなどレンジアップして食べるものではパンに特有のゴム感が出るが，このときに歯切れを良くする効果を与えることができる。例としてジグリセリン脂肪酸モノエステル製剤を添加したときのパンの耳の歯切れ向上を破断強度及び引っ張り強度で示した

(図2)。

また蒸留ジグリセリン脂肪酸モノエステルには他にもα結晶保持効果など数多くの効果をもたらすことができ，ケーキやマーガリン，ショートニングなどの起泡性改良，W/O食品の口どけ・風味改善，ピックル液の消泡剤，缶飲料の静菌などこれまでにない特徴的な機能を持った食品を製造することができる。今後とも更なる用途開発が期待される乳化剤である。

2.3.5 おわりに

モノグリセリドは歴史が古いものの，今日でも最も一般的に使用されている乳化剤のうちの1つであり，今後更なる用途開発を単独で達成しようとするには難があるが，他種類の乳化剤との組合せで多様化するニーズに応える可能性は未だ十分に残されており，今後とも検討価値の高い乳化剤といえよう。

また有機酸モノグリ，特に蒸留ジグリセリン脂肪酸エステルは我が国では比較的歴史が浅く，用途拡大の途上にあるもので将来的により伸長していく可能性を持った商材ではないかと思われる。筆者も食品の食感改良や安定性等に重要な役割を果たす，これら乳化剤の用途開発を通じて市場に貢献していきたいと考えている。

文　献

1) 夕田光治ほか，食品乳化剤と乳化技術，工業技術会，p.96（1995）
2) 日高徹，食品用乳化剤　第2版，幸書房，p.114（1991）
3) Kuhrt, N. H., Broxholm, R. A., and Blum, P., *J. Am. Oil. Chem. Soc.*, **40**, No.12, 725（1963）
4) 日高徹，食品用乳化剤　第2版，幸書房，p.95（1991）
5) 田村隆光，表面，**38**，482（2000）
6) 日本公開特許公報，2001-131572
7) De Stetanis, *Cereal Chem.*, **54**, 13（1977）
8) 藤田哲，食品加工技術，**19**，No.2，73（1999）
9) 葛城俊哉ほか，*FFI Journal*，**180**，35（1999）
10) J. Holstborg, *et al.*, *Colloids and Surfaces B*, **12**, 383（1990）
11) 村上斎，月刊フードケミカル，No.2，39（2001）

第4章　医療・医薬品分野での応用

1　高脂血症治療薬の現状

宮崎哲朗*

1.1　はじめに

　高脂血症は生活習慣病の1つであり，心筋梗塞，脳血管疾患等の動脈硬化性疾患の原因となる。食事療法に続いて薬剤による治療でlow density lipoprotein（LDL）コレステロールを低下させることにより動脈硬化性疾患の発症，総死亡の抑制が可能となることが明らかになっている[1]。またLDLコレステロールの低下により，冠動脈硬化性病変の進展が抑制される可能性も示されている[2]。近年，内臓肥満，インスリン抵抗性を基盤とするメタボリックシンドロームと呼ばれる概念が注目され，その要素である低high density lipoprotein（HDL）コレステロール血症，高中性脂肪血症に対するアプローチも重要視されつつある[3]。
　本節では，現在我が国で用いられている抗高脂血症薬と，その抗動脈硬化薬としての位置付けについて概説する。

1.2　抗高脂血症薬の役割

　現在，高脂血症の治療には表1に示すような，様々な薬剤が使用されている。抗高脂血症薬の使用目的は，その作用する脂質，作用機序によらず抗動脈硬化作用による心血管疾患の発症抑制に他ならない。近年の動脈硬化抑制治療の中心はLDLコレステロール制御であり，様々な大規模スタディにおいてLDLコレステロール低下が心血管事故を抑制する事が証明されている[1]。このLDLプールの低下のためには，LDLの合成抑制，異化亢進の2通りがある。どちらの経路を抑制した場合であっても，血中LDLコレステロールの低下は末梢組織へのLDLコレステロール供給を低下させ動脈硬化抑制的に働く。
　血中を循環する脂質は，ほぼリポ蛋白の形で存在する。内臓肥満，インスリン抵抗性の存在下で発症した低HDLコレステロール血症，抗中性脂肪血症は，それ自身冠危険因子であると同時に，小粒子LDL，レムナントリポ蛋白等の動脈硬化促進的なリポ蛋白を増加させる。LDL（特に小粒子LDL），レムナントリポ蛋白は末梢血管の内皮下に侵入しマクロファージに貪食され

　＊　Tetsuro Miyazaki　順天堂大学　循環器内科

第4章 医療・医薬品分野での応用

表1 抗高脂血症薬の分類

分類	一般名
HMG-CoA還元酵素阻害剤	プラバスタチン，シンバスタチン，フルバスタチン，アトルバスタチン，ピタバスタチン
フィブラート系薬剤	クロフィブラート，クリノフィブラート，シンフィブラート，ベザフィブラート，フェノフィブラート
プロブコール製剤	プロブコール
陰イオン交換樹脂	コレスチラミン，コレスチミド
脂質系薬剤　植物ステロール	ソイステロール，β-シトステロール，γ-オリザノール
多価不飽和脂肪酸誘導体	メリナミド，リノール酸エチル，イコサペント酸エチル
リン脂質	ポリエンホスファチジルコリン
胆汁酸	ウルソデオキシコール酸
ビタミン系薬剤　ビタミンB2	リボフラビン
ビタミンB3	パンテシン
ビタミンB4	ニコチン酸，ニコモール，ニセリトロール，イノシトール-ヘキサニコチネート
ビタミンE	ニコチン酸トコフェロール

る。特に酸化のような修飾を受けた変性LDLは，無制限に貪食される事によりマクロファージを脂質で充満した泡沫化細胞へ変え，動脈硬化巣を形成していく[4]。メタボリックシンドロームと呼ばれる病態では，LDLプールといったLDLの量だけではなく，リポ蛋白の質も是正する事が重要になってくる。

またコレステロール逆転送系はHDLを中心に，動脈硬化巣を含む末梢組織から余分なコレステロールを引き抜き肝臓へ輸送する役割を担っている。このためHDLの機能低下（HDLコレステロールの低下）を含むコレステロール逆転送系の機能低下は，動脈硬化進展に関与すると考えられる。

以上をまとめると，抗動脈硬化薬としての抗高脂血症薬の主な役割として，①LDLプールの低下，②動脈硬化惹起性のリポ蛋白（小粒子LDL，レムナントリポ蛋白）の低下，③LDL変性（酸化）の抑制，④コレステロール逆転送系の活性化があげられる。表2では各高脂血症薬を主たる目的別に分類した。

1.3 抗高脂血症薬の実際

この項では，我が国の臨床で実際に使われている抗高脂血症薬のエビデンス及び作用機序を，個別に紹介する。

1.3.1 HMG-CoA還元酵素阻害剤（スタチン）

スタチンは，現在臨床で使用される薬剤の中で最もLDLコレステロール低下作用が強い薬剤

表2 抗高脂血症薬の役割による分類

目標	作用機序	薬品名
LDLコレステロール低下	異化亢進	HMG-CoA還元酵素阻害剤 陰イオン交換樹脂 プロブコール
	合成抑制	HMG-CoA還元酵素阻害剤
中性脂肪低下	異化亢進	フィブラート系薬剤 ニコチン酸系薬剤
	合成抑制	フィブラート系薬剤
		EPA ニコチン酸系薬剤
LDL変性抑制	抗酸化作用	プロブコール ビタミンE
	小粒子化抑制	フィブラート系薬剤
コレステロール逆転送系活性化	アポA1産生促進	フィブラート系薬剤
	コレステロールエステル転送蛋白活性化	プロブコール
動脈硬化惹起性リポ蛋白産生抑制	レムナント低下	フィブラート系薬剤
その他の効果	直接的多面的効果（抗炎症効果，抗凝固効果，抗酸化効果，内皮機能改善効果）	HMG-CoA還元酵素阻害剤

であり，その種類にもよるが約20%から60%の低下率を示す[5]。また冠動脈硬化症を含む動脈硬化性疾患の1次，2次予防のいずれにおいても，スタチンによるLDLコレステロール抑制が有用である事が知られている。スタチンは肝臓でのコレステロール合成経路でのHMG-CoA還元酵素を阻害する事により，コレステロール合成を抑制する。さらに肝臓におけるコレステロール減少に伴うLDL受容体の活性化を導く事によりLDLコレステロールの異化を促進する。欧米ならびに日本の動脈硬化性疾患のガイドラインでは，よりLDLコレステロールを下げる事が重要とされているが，元来LDLコレステロールがそれほど高くない我が国でのLDL低下療法の意義については今後も慎重な検討が必要であろう。さらにスタチンを治療に用いる上での最大の注意事項は副作用である。横紋筋融解症，肝腎機能障害が有名であり，特に他の抗高脂血症薬との併用や高齢者での使用では十分な監視が必要である。

また近年，スタチンの多面的直接作用（pleiotropic effect）と呼ばれる，LDLコレステロール低下作用とは独立した抗動脈硬化作用（抗炎症作用，抗酸化作用，抗凝固作用，内皮機能改善等）が注目されており，そのメカニズムや臨床的意義が検討されている[6]。

1.3.2 フィブラート系薬剤

フィブラート系薬剤の主な作用機序は，核内受容体であるperoxisome proliferators-activated receptor α （PPARα）のリガンドとしてPPARαを活性化する事により脂肪酸のβ酸化を促進

する事である。この結果，肝臓での中性脂肪産生が減少し，引き続く超低比重リポ蛋白（VLDL）の合成低下を導く。またPPARαの活性化は，中性脂肪の加水分解酵素であるリポ蛋白リパーゼの活性を亢進し，VLDLからLDLへの転化が促進される。これらは中性脂肪を過剰に持つLDLに起因する小粒子LDL，レムナントリポ蛋白等の動脈硬化惹起性リポ蛋白を低下させ，動脈硬化抑制に寄与すると考えられている。さらにPPARαの活性化により抗動脈硬化作用を有するHDLコレステロールの増加を導く事も知られている[7]。フィブラート系薬剤を用いた大規模臨床試験を検討すると，高中性脂肪血症，低HDLコレステロール血症を改善する事が，LDLコレステロール是正と独立して冠血管疾患を予防する可能性を示唆しているが，異なった結果を示すものもあり，フィブラート系薬剤の抗動脈硬化は十分確立されていない[8]。

1.3.3 プロブコール

プロブコールは抗酸化剤であるbutylated hydroxytolueneが2つ結合した形の脂溶性化合物であり，抗酸化剤として開発されたが，後にコレステロール低下作用を持つ事が明らかになったという経緯がある。プロブコールの主たる作用は抗酸化作用であり，LDLの酸化が抑制される事が報告されている[9]。また家族性高コレステロール血症のホモ接合体の症例に対してもコレステロール低下作用を示す事から，スタチンや後述の陰イオン交換樹脂とは異なったLDL受容体経路を介さないコレステロール低下機序を持つものと考えられている。また末梢組織から肝臓へのコレステロール輸送に関与するコレステロール逆転送系酵素であるコレステロールエステル転送蛋白（CETP）を活性化する事により，抗動脈硬化作用を示すとの報告もある。臨床試験としては冠動脈疾患に対する経皮的冠動脈治療術後の再狭窄（再発）が，プロブコールによって抑制されたとの報告がある[10]。

1.3.4 陰イオン交換樹脂

陰イオン交換樹脂はCl$^-$を持ち，腸管内でCl$^-$を胆汁酸等の陰イオン化した物質と置換する事によって，強力な胆汁酸吸着作用を示す。陰イオン交換樹脂自身は吸収されないため，胆汁酸を吸着したまま糞便中に排泄される。このようにして胆汁酸の腸管循環が阻害されると，肝臓におけるcholesterol-7α-hydroxylaseの活性が亢進し，コレステロールから胆汁酸への異化が促進される。肝臓におけるコレステロールの低下は，スタチンと同様にLDL受容体の活性化を導き，血中のLDLコレステロールの低下を誘導する。しかしスタチンと異なり，肝臓でのコレステロール低下はHMG-CoA還元酵素活性を高めコレステロール合成を促進させるため，コレステロール低下作用の一部は相殺されてしまう[11]。陰イオン交換樹脂は，それ自体が体内に吸収される事がないため副作用が少ないといわれており，また動脈硬化症の1次2次予防に効果があったとする報告も存在する[12]。しかし1回の服用量が多く内服しにくい等の欠点があることや，スタチンの強力なLDL低下効果から，近年ではスタチンに取って代わられた感がある。

1.3.5 エイコサペンタエン酸（EPA）

グリーンランドのイヌイットが魚肉，海獣肉の消費量が多く，虚血性心疾患の死亡率が少ない事から，魚肉を主食とする海獣肉中に多く含まれるEPAが，抗動脈硬化作用を持つ可能性が検討された[13]。必須脂肪酸である不飽和脂肪酸は，そのメチル基末端から最初の二重結合までの炭素数に応じてω-3，ω-6，ω-9の3系統に分類される。EPAはαリノレン酸，ドコサヘキサエン酸とともにω-3系に属する。ω-3系は多くは魚油に含まれ健常者でも高脂血症患者でも中性脂肪を低下させる。ω-3系脂肪酸が，肝臓での脂肪酸合成を抑制しVLDLの合成低下に働く可能性が示唆されている。またEPAによる血小板凝集抑制，赤血球変形能の亢進，血液粘度の低下が血栓を予防し，脳血管疾患予防に寄与する可能性が考えられている。さらにEPAはPPARαのリガンドとしてフィブラート系薬剤と同様の働きをする可能性も示唆されている[14]。

1.3.6 ニコチン酸（ナイアシン）とその誘導体

水溶性ビタミンBの一種であるニコチン酸は，酸化，還元の補酵素NAD，NADHを構成する。ニコチン酸とその誘導体は，adenylate cyclase活性を抑制し，protein kinase A系によるホルモン感受性リパーゼ活性を抑制する事により，末梢脂肪細胞における脂肪分解と脂肪酸の産生を抑制する。中性脂肪合成の前駆物質である遊離脂肪酸の減少は，肝臓でのリポ蛋白合成を抑制，またリポ蛋白リパーゼ活性を亢進し中性脂肪異化を促進する。ニコチン酸の血清脂質改善作用は強くなく単独での適応は軽症例が中心である。しかし前述の他剤との併用による相乗効果が報告されており，重症高脂血症の併用剤としての意義は高い。特にスタチン，フィブラート系の両薬剤との併用では，LDLコレステロール，中性脂肪の低下のみならずHDLコレステロールの増加を認め冠動脈疾患の予防についても効果が認められている[15]。

1.3.7 その他の薬剤および抗酸化物質

(1) ビタミンE

ビタミンEはα-，β-，γ-，δ-トコフェロールと，それらに対応するトコトリエノール類の計8種類の同族体である。ビタミンEは多価不飽和脂肪酸を含む食品の酸化を防ぐ成分として知られているが，生体内でも生体膜やリポ蛋白に存在し，その酸化を抑制している。ビタミンEが動脈硬化促進因子である酸化LDLの生成を抑制する事は知られているが，冠動脈硬化症といった動脈硬化症を抑制するかどうかは明確ではない。糖尿病，冠動脈疾患患者といった高リスクの集団を対象とした大規模スタディでは，冠動脈疾患の発症に有意差は無く，ビタミンEの効果に疑問が呈されている[16]。

(2) ビタミンC（アスコルビン酸）

ビタミンCは優れた水溶性の抗酸化物であり，動脈硬化の予防だけでなく，白内障，癌，早発性痴呆等の多くの疾病の予防に効果のあることが示唆されている。Finnish Studyではビタミン

第4章 医療・医薬品分野での応用

C摂取量が多い女性では，冠動脈疾患の相対危険度が減る事が示されたが，ビタミンCの動脈硬化疾患予防効果については無かったとする報告も多い[17]。

(3) カロチノイド

カロチノイドは黄色，橙色を呈する色素で，自然界には600種類以上のカロチノイドが存在している。血液中ではβ-カロチンやリコピンの75-80%程度がLDLで運ばれており，LDLの酸化変性の抑制に関与しているのではないかと考えられている。種々のカロチノイドにおける臨床効果をみた研究が存在するが，それらの見解は一定ではない。

(4) ポリフェノール

ポリフェノールには強い抗酸化作用を示すものが多く，赤ワイン，チョコレート，茶などのポリフェノールを含有する食品を摂取後，血液中のLDLの被酸化性を測定した研究では，いずれも被酸化性の低下を認め抗酸化作用の存在が示唆された[18]。ポリフェノールの一種であるフラボノイドの摂取量と多い群で冠動脈疾患発症率，死亡率が低い事が報告されている[19]。

1.4 おわりに

抗高脂血症薬の治療目的は，高LDLコレステロール血症，低HDL血症，高中性脂肪血症といった脂質異常の是正だけではない。脂質異常の改善を介した動脈硬化性疾患の発症進展の抑制こそが最大の目的である。そのため本項で述べたように，今後臨床的に有用な抗高脂血症治療薬は脂質の量的変化だけではなく，質的な改善を有する事が必要となる。これらの条件を満たすために，複数の抗高脂血症薬の併用や，食事から摂取する抗動脈硬化物質との相乗効果についても検討されるべきであろう。またスタチンのように脂質代謝を介さない直接的な抗動脈硬化を示す薬剤も認められるようになったことから，古典的な薬剤の見直しも必要である。食生活の欧米化に伴い，我が国でも高脂血症および引き続いておこる動脈硬化性疾患の増加が予想される事から，適正な抗高脂血症薬の開発，使用が重要となってくる。

文　献

1) Bucher HC, Griffith LE, Guyatt GH, Systematic review on the risk and benefit of different cholesterol-lowering interventions. *Arterioscler Thromb Vasc Biol.* **19**, 187-195 (1999)
2) Ballantyne CM, Herd JA, Dunn JK, Jones PH, Farmer JA, Gotto AM, Jr. Effects of lipid lowering therapy on progression of coronary and carotid artery disease. *Curr Opin Lipidol.* **8**, 354-361 (1997)

3) Executive Summary of The Third Report of The National Cholesterol Education Program (NCEP) Expert Panel on Detection, Evaluation, And Treatment of High Blood Cholesterol In Adults (Adult Treatment Panel III). *Jama.* **285,** 2486-2497 (2001)
4) Brown MS, Goldstein JL, Lipoprotein metabolism in the macrophage: implications for cholesterol deposition in atherosclerosis. *Annu Rev Biochem.* **52,** 223-261 (1983)
5) Kajinami K, Mabuchi H, Saito Y, NK-104: a novel synthetic HMG-CoA reductase inhibitor. *Expert Opin Investig Drugs.* **9,** 2653-2661 (2000)
6) Davignon J, Laaksonen R, Low-density lipoprotein-independent effects of statins. *Curr Opin Lipidol.* **10,** 543-559 (1999)
7) Staels B, Dallongeville J, Auwerx J, Schoonjans K, Leitersdorf E, Fruchart JC, Mechanism of action of fibrates on lipid and lipoprotein metabolism. *Circulation.* **98,** 2088-2093 (1998)
8) Rubins HB, Robins SJ, Collins D, Fye CL, Anderson JW, Elam MB, Faas FH, Linares E, Schaefer EJ, Schectman G, Wilt TJ, Wittes J, Gemfibrozil for the secondary prevention of coronary heart disease in men with low levels of high-density lipoprotein cholesterol. Veterans Affairs High-Density Lipoprotein Cholesterol Intervention Trial Study Group. *N Engl J Med.* **341,** 410-418 (1999)
9) Parthasarathy S, Young SG, Witztum JL, Pittman RC, Steinberg D, Probucol inhibits oxidative modification of low density lipoprotein. *J Clin Invest.* **77,** 641-644 (1986)
10) Yokoi H, Daida H, Kuwabara Y, Nishikawa H, Takatsu F, Tomihara H, Nakata Y, Kutsumi Y, Ohshima S, Nishiyama S, Seki A, Kato K, Nishimura S, Kanoh T, Yamaguchi H, Effectiveness of an antioxidant in preventing restenosis after percutaneous transluminal coronary angioplasty: the Probucol Angioplasty Restenosis Trial. *J Am Coll Cardiol.* **30,** 855-862 (1997)
11) Heel RC, Brogden RN, Pakes GE, Speight TM, Avery GS, Colestipol: a review of its pharmacological properties and therapeutic efficacy in patients with hypercholesterolaemia. *Drugs.* **19,** 161-180 (1980)
12) Watts GF, Lewis B, Brunt JN, Lewis ES, Coltart DJ, Smith LD, Mann JI, Swan AV, Effects on coronary artery disease of lipid-lowering diet, or diet plus cholestyramine, in the St Thomas' Atherosclerosis Regression Study (STARS). *Lancet.* **339,** 563-569 (1992)
13) Dyerberg J, Bang HO, Stoffersen E, Moncada S, Vane JR, Eicosapentaenoic acid and prevention of thrombosis and atherosclerosis? *Lancet.* **2,** 117-119 (1978)
14) Inoue I, Shino K, Noji S, Awata T, Katayama S. Expression of peroxisome proliferator-activated receptor alpha (PPAR alpha) in primary cultures of human vascular endothelial cells. *Biochem Biophys Res Commun.* **246,** 370-374 (1998)
15) Brown BG, Zhao XQ, Chait A, Fisher LD, Cheung MC, Morse JS, Dowdy AA, Marino EK, Bolson EL, Alaupovic P, Frohlich J, Albers JJ, Simvastatin and niacin, antioxidant vitamins, or the combination for the prevention of coronary disease. *N Engl J Med.* **345,** 1583-1592 (2001)
16) Yusuf S, Dagenais G, Pogue J, Bosch J, Sleight P. Vitamin E supplementation and cardiovascular events in high-risk patients, The Heart Outcomes Prevention Evaluation

Study Investigators. *N Engl J Med.* **342**, 154-160 (2000)
17) Knekt P, Reunanen A, Jarvinen R, Seppanen R, Heliovaara M, Aromaa A, Antioxidant vitamin intake and coronary mortality in a longitudinal population study. *Am J Epidemiol.* **139**, 1180-1189 (1994)
18) Kondo K, Matsumoto A, Kurata H, Tanahashi H, Koda H, Amachi T, Itakura H, Inhibition of oxidation of low-density lipoprotein with red wine. *Lancet.* **344**, 1152 (1994)
19) Hertog MG, Feskens EJ, Hollman PC, Katan MB, Kromhout D. Dietary antioxidant flavonoids and risk of coronary heart disease: the Zutphen Elderly Study. *Lancet.* **342**, 1007-1011 (1993)

2 リン脂質二分子膜小胞体を利用した赤血球代替物

武岡真司*

2.1 人工赤血球，赤血球代替物とは

人工血液や人工赤血球という言葉がよく使用されているが，これらは厳密には不適切である。血液には血漿成分と血球成分があり，血球成分には赤血球，血小板や白血球があり，それぞれ重要な機能を担っている。人工赤血球は人工的に作った赤血球との印象を与えるが，現在開発されているのは赤血球の酸素を運搬する機能のみを代替する赤血球代替物，あるいは人工酸素運搬体である。そして，赤血球代替物は，酸素運搬機能を持つ薬剤（ヘモグロビンやヘムなど）を担持した状態で血中に長く留まって機能を発現する様に設計されたドラッグデリバリーシステムとみなすことができる。しかし，赤血球代替物は，例えば出血などによって体内の循環赤血球数が半分以下になった場合に赤血球の酸素運搬機能を補うために投与するのであるから，通常の薬剤よりも3桁程度も高濃度に血中投与するため，安全性には細心の注意が必要である。その特徴は，血液適合性が高い/酸素運搬量が充分/血液型不適合なし/感染源のリスクが極めて少ない/長期保存可能/備蓄により緊急時に即応可能/溶液物性（粘度，浸透圧，粒子径，酸素親和度など）の調節可能など であり，後述の通りヘモグロビンをカプセル化したことによって始めて可能となった項目もある。

そして，その具体的な用途としては，外科手術時の出血に対する輸血用血液の代替やつなぎ/医療行政の遅れている国や地域での，或いは災害時の外傷出血に対する緊急輸血用血液の代替や病院搬送までのつなぎ/人工心肺などの体外循環用血液希釈液が赤血球代替物としての当面の用途であろう。あるいは，赤血球よりも小粒子径である特徴を活かした，心筋梗塞，脳梗塞，肺疾患などによる虚血部位への循環液/癌治療用助剤/移植用臓器灌流保存液/臓器培養用循環液/脳手術用循環液/敗血症や急性貧血症の治療薬/一酸化炭素やシアンガスなど，中毒の解毒剤/獣医領域における輸血の代替など，安全な酸素運搬体の用途は更に拡大するであろう。そして，我が国では筆者の所属する早稲田大学-慶應義塾大学共同プロジェクト，厚生労働科学研究班，企業連合体（㈱オキシジェニクス，ニプロ㈱など）が役割を分担しながら，ヘモグロビンをポリエチレングリコール鎖にて修飾したリン脂質二分子膜小胞体（リポソーム）に内包させた"ヘモグロビン小胞体"の開発を加速させている。

2.2 ヘモグロビン小胞体の特徴

赤血球と類似構造のヘモグロビン小胞体（図1）は，安全度と機能が最も高い酸素運搬体と考

---

* Shinji Takeoka　早稲田大学　理工学部　助教授

第4章　医療・医薬品分野での応用

① 高純度Hb
　ウィルス不活化 / 除去
　型物質なし

② Hb小胞体の高性能化 (他の類似型より優れる)
　被覆膜厚 5～10 nm
　Hb濃度35 g/dL (Hb分子 約3万個)

③ 新規合成 負電荷脂質
　血小板活性 / 補体活性 / キニン系活性なし

④ PEG修飾 (必要最低限の導入量0.3mol%を設定)
・窒素雰囲気下、20～25℃で2年間の保存可
・投与後の血中分散安定度、血液適合性
・血中滞留時間の延長

250 nm

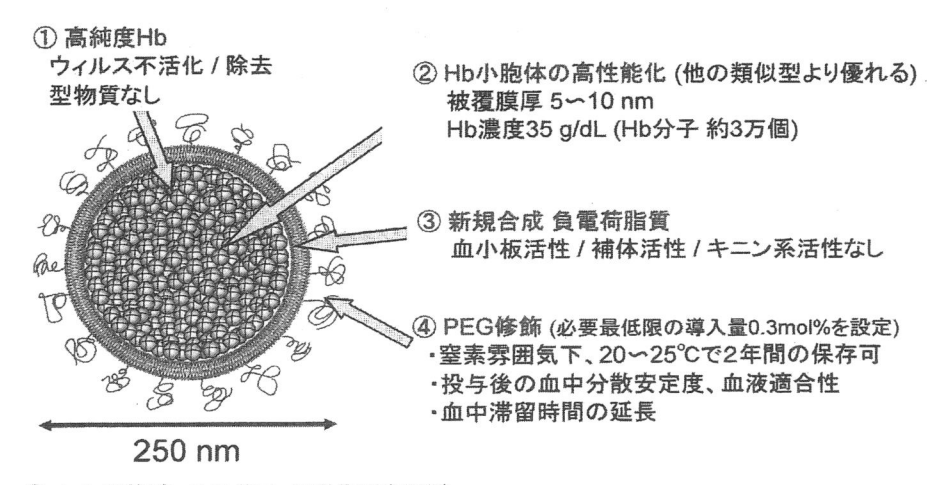

⑤ セル型構造：分子状Hbの副作用を回避
⑥ 最適粒子径：血中滞留時間、臓器分布、除菌処理に有利
⑦ ヒト組換え型rHSAによる膠質浸透圧の調整

図1　ヘモグロビン小胞体の特徴

えられている[1,2]。現段階では期限切れの献血血液から精製したヘモグロビンの有効利用が進められているが、将来的には遺伝子組換えヒトヘモグロビンを使用する計画が進んでいる。赤血球からヘモグロビンを精製する際に、血液型を決める型物質やヘモグロビン以外の蛋白質、ウイルス（もし含まれたとしても）が加熱やフィルター処理にて除去されている[3,4]。この際、一酸化炭素化ヘモグロビンの安定性を利用した工程を特徴としている[5]。他方、膜成分である混合リン脂質には分散安定剤としてポリエチレングリコール（PEG）結合脂質が含まれており、予め分子集合制御技術によって目的サイズの約2倍の空小胞体とし[6]、精製した濃厚ヘモグロビン溶液（約40g/dL）にこれを分散、均一な貫通孔を持つメンブランフィルターに高圧透過（エクストルージョン法）させて、目的サイズのヘモグロビン小胞体が調製される。その際、ヘモグロビン溶液のpH、イオン強度、温度、圧力、そして孔サイズの組合せが重要なパラメーターであり、その厳密な設定によって内包効率が決まる[7,8]。そして、ヘモグロビン小胞体は、未内包ヘモグロビンの限外ろ過処理による除去操作、脱一酸化炭素化処理、脱酸素化処理を経て容器に密閉される。この状態で室温で2年間の液状保存（赤血球製剤では採血後3週間の冷蔵保存）が保証される[9]。乾燥粉末では更に長期間の保存が可能であり、人工物の大きな長所となっている。

2.3　ヘモグロビン小胞体の性状と評価試験

　ヘモグロビン小胞体の性状を表1にまとめた[10]。洗浄赤血球と同様、膠質浸透圧はほとんどゼ

表1 ヘモグロビン小胞体の物理化学的特徴（5％アルブミンに分散）

	HbV (20％アルブミン製剤と混合)	ヒト血液 (赤血球)	分析法
粒径（nm）	220-280	(8000)	光散乱
P_{50}（Torr）	27-34[a]	26-28	ヘモックスアナライザー
[Hb]（g/dL）	10±0.5(8.6±0.4)	12-17	シアノメトHb法
[総脂質]（g/dL）	5.3-5.9(4.6-5.4)	1.8-2.5[b]	Molibuden-blue法
[Hb]/[総脂質]（g/g）	1.6-2.1	6.7[c]	-
[PEG-脂質]（mol%）	0.3	-	^{1}H-NMR
metHb（%）	<3	<0.5	シアノメトHb法
粘度（cP at230 s^{-1}）	2-3 (3-4)	3-4	キャピラリー粘度計
晶質浸透圧（mOsm）	300	ca. 300	（生理塩水に分散）
膠質浸透圧（Torr）	0 (20)	20-25	膠質浸透圧計（Wescor社）
pH（37℃）	7.4	7.2-7.4	pHメータ
エンドトキシン（EU/mL）	<0.1	-	LAL法の変法
パイロジェン	検出なし	-	兎発熱試験

[a]調節可，[b]赤血球膜の全成分，[c]Hbと膜成分の重量比

ロである。膠質浸透圧の調節が必要な場合にはアルブミン製剤（将来的には遺伝子組換えヒト血清アルブミン）などの代用血漿剤を併用する。粒径は除菌工程などを考慮して赤血球の約30分の1の250nm程度である。通常の遠心分離（2,700g，30min）では赤血球は沈殿するが，ヘモグロビン小胞体は沈殿しない。赤血球と分離できる利点の反面，血液分析に影響を及ぼすので高分子の添加や超遠心分離操作（50,000g，20min）にて沈殿させて血漿成分の生化学検査を行う[11]。また，酸素親和度はアロステリック因子，ピリドキサール 5'-リン酸の共封入により赤血球と同様の値に調節されている。飽和型のジパルミトイルホスファチジルコリンとコレステロールを主成分とした物理化学的に安定な膜とし，内包効率の向上や小胞体間の凝集を抑える負電荷脂質としてアミノ酸型負電荷脂質（1,5-O-dihexadecyl-N-succinyl-L-glutamate）が含まれている。更に，分子量5000のポリエチレングリコール結合ジステアロトイルホスファチジルエタノールアミンの導入によって常温で2年間液状保存を可能とし，血流中での適当な血中滞留時間，補体・血小板・白血球への影響が殆どないなど，従来のリポソーム製剤にて指摘されてきた課題が解決されている[12〜14]。エンドトキシンは小胞体膜と相互作用するために正確な定量や除去が困難であったが，それらの解決もできている[15]。

2.4 動物試験におけるヘモグロビン小胞体の安全性と効果

ヘモグロビン小胞体の安全性と有効性を検討するための動物試験項目が細かく提示され，それに沿った試験が厚生労働科学研究にて進められている[16]。血中半減期は，投与量，粒子径，PEG修飾など表面状態や小胞体の膜流動性に依存するが，ラット25％^{99m}Tc標識ヘモグロビン小胞体

第 4 章　医療・医薬品分野での応用

負荷試験では，血中半減期は35時間程度であった。ヘモグロビン小胞体は主として肝臓のクッパー細胞と脾臓のマクロファージに捕捉され，老廃赤血球などの代謝と同様の経路を辿るであろう。ラット20mL/kg負荷投与試験により細網内皮系での代謝過程，血液生化学検査を実施したところ，肝臓と脾臓の重量は一過性に増大し，貪食細胞に取り込まれたヘモグロビン小胞体は1週間後には殆ど消失した。また，血液生化学検査を詳細に行ったところ，リパーゼやコレステロール値の一過性の有意な亢進以外の変動は認められなかった[17]。ラット40%血液交換・長期生存試験では，ヘマトクリット値は7日後に前値に復し[18]，ラット（10mL/kg/日）で14日間連続の投与ならびにその後の14日間生存試験では，全例（14例）生存し体重も増加し続けた。生化学検査では脂質成分とリパーゼの亢進以外には変動を認めず，14日後にはいずれも正常値に戻った[19]ことから，極めて安全度の高い製剤であることが明らかとなった。活性酸素によってヘモグロビンはフェリル体やメト体となって酸素結合能を失い鉄イオンが遊離するが，ヘモグロビン小胞体はこれらを閉じ込めたまま，赤血球と同様に主として脾臓にて代謝される点も安全性が高い理由となろう[20]。肝臓の微小循環動態観察では，ヘモグロビンをそのまま投与すると内因性COの消去による類洞血管の収縮，ビリルビンの過剰生成と胆汁分泌機能の低下が認められたが，ヘモグロビン小胞体ではその様な作用は観測されなかった[21,22]。

ラット40%脱血ショック・同量投与による回復試験では，生理食塩水，メトヘモグロビン小胞体分散液と比較して有意な酸素運搬効果を確認し，これは同ヘモグロビン濃度の赤血球分散液と同等であった[23]。また，ラット全血液量の90%をヘモグロビン小胞体のアルブミン分散液にて交換した場合には，血行動態，血液ガスパラメーター，組織酸素分圧ともに維持され，アルブミン溶液にて交換した場合と比較して顕著な有効性を示した[24]。修飾ヘモグロビンに認められる抵抗血管の収縮と血圧亢進の現象は全く認めなかった[25]。現在，試料の安全性とともに有効性も証明しうる動物モデルとして，ビーグル犬の脾摘後50%の脱血によりショックを作成，一定時間経過した後にヘモグロビン小胞体のアルブミン分散液を蘇生液として投与するモデルを検討している。

2.5　まとめ

ヘモグロビン小胞体は霊長類や大型動物を用いた試験が検討され，GLPによる非臨床試験，GMP製造体制の準備が進められている[26]。また，我が国に適した臨床試験に向けたガイドラインの検討も，日本血液代替物学会を中心に過去の人工酸素運搬体の臨床例や課題を参考に進められている[27]。また，このリン脂質小胞体の極めて高い安全性は，これを利用する薬物運搬用のキャリアとしての可能性を強く示唆するものでもある。安全で有効なヘモグロビン小胞体が臨床現場で使用され，救命に役立つ日が一日も早く来ることを願いたい。

文　献

1) 土田英俊，酒井宏水，武岡真司，宗慶太郎，小林紘一，酸素輸液（人工赤血球），医学のあゆみ，**205**，558-566（2003）
2) 土田英俊，宗慶太郎，酒井宏水，小松晃光，武岡真司，堀之内宏久，末松誠，小林紘一，酸素輸液（人工赤血球）の安全度と体組織への酸素供給，麻酔，**52**，S55-S66（2003）
3) Naito Y, Fukutomi I, Masada Y, Sakai H, Takeoka S, Tsuchida E, Abe H, Hirayama J, Ikebuchi K, Ikeda H, Study of virus removal from hemoglobin solution using PLANOVATM-15N, *J. Artif. Organs*, **5**, 141-145 (2002)
4) Abe H, Ikebuchi K, Hirayama J, Fujihara M, Takeoka S, Sakai H, Tsuchida E, Ikeda H, Virus inactivation in hemoglobin solution by heat treatment, *Artif. Cells Blood Substit. Immobil. Biotechnol.*, **29**, 381-388 (2001)
5) Fukutomi I, Sakai H, Takeoka S, Nishide H, Tsuchida E, Sakai K, Carbonylation of oxyhemoglobin solution using a membrane oxygenator, *J. Artif. Organs*, **5**, 102-107 (2002)
6) Sou K, Naito Y, Endo T, Takeoka S, Tsuchida E, Effective encapsulation of proteins into size-controlled phospholipid vesicles using freeze-thawing and extrusion, *Biotechnol. Prog.*, **19**, 1547-1552 (2003)
7) Takeoka S, Ohgushi T, Terase K, Ohmori T, Tsuchida E, Layer-controlled hemoglobin vesicles by interaction of hemoglobin with a phospholipid assembly, *Langmiur*, **12**, 1755-1759 (1996)
8) Park S, Kose T, Hamasaki M, Takeoka S, Nishide H, Tsuchida E, Effects of the pH-controlled hemoglobin vesicles by CO_2 gas, *Artif. Cells Blood Substit. Immobil. Biotechnol.*, **26**, 497-506 (1998)
9) Sakai H, Tomiyama K, Sou K, Takeoka S, Tsuchida E, Poly (ethylene glycol)-conjugation and deoxygenation enable long-term preservation of hemoglobin-vesicles as oxygen carriers in a liquid state, *Bioconjugate Chem.*, **11**, 425-432 (2000)
10) Sakai H, Yuasa M, Onuma H, Takeoka S, Tsuchida E, Synthesis and physicochemical characterization of a series of hemoglobin-based oxygen carriers: Objective comparison between cellular and acellular types, *Bioconjugate Chem.*, **11**, 56-64 (2000)
11) Sakai H, Tomiyama K, Masada Y, Takeoka S, Horinouchi H, Kobayashi K, Tsuchida E, Pretreatment of serum containing Hb-vesicles (oxygen carriers) to avoid their interference in laboratory tests, *Clin. Chem. Lab. Med.*, **41**, 222-231 (2003)
12) 阿部英樹，藤原満博，東寛，池田久實，リポソームと補体系との相互作用，人工血液，**11**，151-159（2003）
13) 岩本志乃舞，藤原満博，阿部英樹，山口美樹，武岡真司，土田英俊，東寛，池田久實，*in vivo*におけるヘモグロビン小胞体の血小板活性化に対する影響，日本輸血学会誌，**49**，653-659（2003）．
14) Ito T, Fujihara M, Abe H, Yamaguchi M, Wakamoto S, Takeoka S, Sakai H, Tsuchida E, Ikeda H, Ikebuchi K, Effects of poly (ethyleneglycol)-modified hemoglobin vesicles on N-formyl-methionyl-leucylphenylalanine-induced responses of polymorphonuclear

neutrophils *in vitro*, *Artif. Cells Blood Substit. Immobil. Biotechnol.*, **29**, 427-437 (2001).

15) 久本秀治，酒井宏水，福富一平，宗慶太郎，酒井宏水，武岡真司，土田英俊，酸素輸液ヘモグロビン小胞体に混在するリポポリサッカライドの定量法，人工血液，**11**，173-178（2004）

16) 高折益彦，人工血液としての条件，人工血液，**10**，28-35 （2002）

17) Sakai H, Horinouchi H, Tomiyama K, Ikeda E, Takeoka S, Kobayashi K, Tsuchida E, Hemoglobin-vesicles as oxygen carriers-Influence on phagocytic activity and histopathological changes in reticuloendothelial system, *Am. J. Phatol.*, **159**, 1079-1088 (2001)

18) 研究代表者 土田英俊，厚生労働科学研究費補助金 医薬安全総合研究事業「臨床応用可能な人工赤血球の創製に関する研究」（H12-医薬-009）平成12年度～14年度 総括研究報告書

19) Sakai H, Yamamoto M, Masada Y, Horinouchi H, Takeoka S, Ikeda E, Takaori M, Kobayashi K, Tsuchida E, Exchange-transfusion with Hb-vesicles suspended in recombinant human serum albumin: hemodynamics, blood gas parameters, serum biochemistry and hematopoietic acitivity in rats for 2 weeks, *Transfusion Med.*, (2004) in press

20) Takeoka S, Teramura Y, Atoji T, Tsuchida E, Effect of Hb-encapsulation with vesicles on H_2O_2 reaction and lipid peroxidation, *Bioconjugate Chem.*, **13**, 1302-1308 (2002)

21) Wakabayaski Y, Takamiya R, Mizuki A, Kyokane T, Goda N, Yamaguchi T, Takeoka S, Tsuchida E, Suematsu M, Ishimura Y, Carbon monoxide overproduced by heme oxygenase-1 causes a reduction of vascular resistance in perfused rat liver, *Am. J. Physol.*, **277**, G1088-G1096 (1999)

22) Kyokane T, Norimizu S, Taniai H, Yamaguchi T, Takeoka S, Tsuchida E, Naito M, Nimura Y, Ishimura Y, Suematsu M, Carbon monoxide from heme catabolism protects against hepatobiliary dysfunction in endotoxin-treated rat liver, *Gastroenterology*, **120**, 1227-1240 (2001)

23) Sakai H, Horinouchi H, Masada Y, Yamamoto M, Takeoka S, Tsuchida E, Kobayashi K, Hemoglobin-vesicles suspended in recombinant human serum albumin for resuscitation from hemorrhagic shock in anesthetized rats, *Crit. Care Med.*, **32**, 539-545 (2003)

24) Sakai H, Takeoka S, Park SI, Kose T, Nishide H, Izumi Y, Yoshizu A, Kobayashi K, Tsuchida E, Surface modification of hemoglobin vesicles with poly (ethylene glycol) and effects on aggregation, viscosity, and blood flow during 90% exchange transfusion in anesthetized rats, *Bioconjugate Chem.*, **8**, 23-30 (1997)

25) Sakai H, Hara H, Yuasa M, Tsai AG, Takeoka S, Tsuchida E, Intaglietta M, Molecular dimensions of Hb-based O-2 carriers determine constriction of resistance arteries and hypertension, *Am. J. Physol.*, **279**, H908-H915 (2000)

26) http://www.oxy-genix.com/

27) http://www.blood-sub.jp/

3 薬物送達システム

西田光広[*]

3.1 薬物送達システムと脂質の利用

薬物送達システム Drug Delivery System (DDS) とは，薬物投与の方法，形態を工夫し，体内動態を精密に制御することによって薬物を作用部位に望ましい濃度-時間パターンのもとに選択的に送り込み最高の治療効果を得ることを目的とする，薬物投与に関する新しい概念，技術のことを言う。

このようなDDS技術により，

① 薬物の特定の作用だけを取り出したり，特定の作用の発現を押さえ込むことが可能

② 薬物投与量の削減や適用拡大が期待

③ 薬物の副作用を軽減させることが可能（副作用のためドロップアウトした候補薬物の再利用の可能性）

④ 投与方法の改良による薬効の増大も可能

⑤ 医薬品のライフサイクル延長，研究開発の効率化にも期待

など多くの利点が考えられている[1,2]。

DDSを大きく分類すると，コントロールドリリース，ターゲティング，吸収改善があり，すでに多くのDDS製剤が実用化されている。その中でも脂質の果たすべき役割は大きく，これまで多くの脂質類がDDS素材として実用化されてきた。これらを表1に簡単にまとめた。本節では，これらについて概説する。

3.2 リポソーム

リポソームは，リン脂質を水溶液中に懸濁して得られる細胞様の小胞体で，1965年Bangham[3]によって発見されて以来，薬物カプセルとしてDDSへの応用が検討されている。

このリポソームは，DDSに利用する際に以下のような多くの利点が挙げられ[4,5]，活発な応用研究が行われている。

① 生体成分からなるリン脂質からなるため抗原性が低く，生体適合性が高い

② 生体成分であるリン脂質からなるため，脂質成分として代謝され毒性が低い（マウスでのLD$_{50}$は5g脂質/kg体重程度あるいはそれ以上）

③ 脂溶性，水溶性または低分子，高分子を問わず広範囲の薬物を包含でき，何ら化学修飾を

---

[*] Mitsuhiro Nishida 日本油脂㈱ DDS事業開発部 研究統括部 リン脂質グループ
グループリーダー

第4章　医療・医薬品分野での応用

表1　DDSとしての脂質の利用形態

リポソーム	薬物カプセルとしての応用がさかんに検討されている。注射製剤としてすでに，AmBisome®（アンホテリシンB製剤），DOXIL®（アドリアマイシン製剤）などが実用化されているが，さらに経口・経鼻製剤としてワクチン療法への利用についても検討が進んでいる。
リピドマイクロスフェアー	親油性薬物のターゲティングキャリヤーとして，リポPGE1など3製剤が日本で実用化。現在，PGE1をエステル化によりプロドラッグ化した第二世代リポPGE1が臨床試験中。今後，世界的な製剤として広まってゆくことが期待されている。
脂質コンプレックス	AMPHOTEC®/AMPHOCIL®とABELCET®がアンホテリシンBとの脂質コンプレックス製剤として市販されている。
レシチン化	レシチン化SODは，レシチン誘導体4分子をSODに共有結合させたもので，レシチンが細胞膜に対して高い親和性を示し，障害部位に集積しやすい特性を有する。現在，臨床試験中。
脂肪酸類	中鎖脂肪酸トリグリセリドには，薬物の腸管吸収促進作用が認められている。一方，インスリン消化管吸収の改善に脂肪酸修飾が有効との報告がある。また，不飽和脂肪酸の1種であるオレイン酸に経皮吸収促進作用のあることはよく知られている。

図1　PEG修飾リポソーム

施す必要がない

④　封入された薬物は外界から隔離されており，酵素や抗体の作用を受けにくい

⑤　種々の脂質成分，組成比，サイズの選択が可能であり，膜流動性や膜荷電状態を変化・調整することができる

⑥　抗原，抗体，糖，タンパク等を結合させて表面修飾することができる

⑦　種々の投与ルート，投与方法が可能

リポソームの応用研究として，まず，薬理効果も高いが毒性も非常に強い薬物に対しての実用

化が検討され，1989年に世界初のリポソーム製剤としてアンホテリシンB製剤（商品名：AmBisome®, Gilead社）が市販された。さらに，ポリエチレングリコール（PEG）を表面修飾して血中滞留性を大幅に向上させたステルスリポソームがアドリアマイシン製剤（商品名：DOXIL®, ALZA社）として1995年から市販されている。PEG修飾リポソーム（図1）の血中滞留性の向上は，リポソーム表面に配位したPEG鎖によって水和層が形成され，それにより細網内皮系（RES：reticuloendothelial system）への捕捉が顕著に回避されることによりもたらされる。RES回避のメカニズムは，リポソーム表面をPEG分子で覆うことにより親水性が増し，マクロファージは，自己よりも疎水性の高い表面を持っている粒子をよく取り込むことから，その結果，RES取り込みに関与しているマクロファージによる貪食から逃れることができると説明されている。X線解析から，分子量約2000のPEGの場合，リポソーム表面に50Å程度の水和層バリアーを形成することが示されている[4,6]。

このような注射製剤として以外にも，リポソームの応用研究は数多く行われている。その中で特にワクチン製剤への取り組みが活発化している。細胞膜との膜融合によりリポソーム内包物を細胞質内に直接導入できる膜融合リポソームの応用がその一例である。センダイウィルスの膜融合能をリポソームに付与した膜融合リポソームは，ニワトリ卵白アルブミンをモデル抗原として検討した結果，内包された抗原が抗原提示細胞の細胞質内に導入され，さらにMHC class 1 分子を介して抗原提示されることが確認された。また，経鼻ワクチンとして用いた際に高い抗原送達能を示し，その結果粘膜面と全身面の両部位において抗原特異的CTLならびに抗体産生が誘導出来ることも確認された。このような結果は，膜融合活性の無いリポソームを用いた場合には認められなかったことから，膜融合リポソーム内に内包された抗原蛋白質が直接細胞質内へ導入された結果によるものと考察されている[7~9]。

また，DSPC（Distearoyl Phosphatidylcholine），DPPS（Dipalmitoyl Phosphatidyl-L-serine），コレステロール（モル比 1：1：2）の脂質組成からなるリポソームが，酸性溶液中（pH 2.0），胆汁中ならびに膵液中でも安定であり，このリポソームが，経口投与によりIgA抗体を効果的に誘導できたことから，リポソームを応用した経口ワクチン製剤開発の可能性が示されている[10]。

その他，ラクトフェリンをリポソーム化して経口投与することにより，インターフェロン-αの誘導を上昇させることができたとの報告[11]などもある。

3.3　リピドマイクロスフェアー

リピドマイクロスフェアーは，大豆油，卵黄レシチンおよび水を主な構成成分とし，親油性薬物のターゲティングキャリヤーとして用いられる。すでにプロスタグランディンE1（PGE1），

第4章 医療・医薬品分野での応用

ステロイド，非ステロイド性抗炎症薬のリピドマイクロスフェアー製剤（リポ剤）が日本で臨床実用化されているが，リポ剤に適用される化合物の第一条件は単に親油性というだけでなく，化合物が大豆油に十分溶解することにある。現在のリポPGE1製剤は，PGE1が化学的にやや不安定で，生体内に投与されたときにリピドマイクロスフェアーから遊離するPGE1が多くあり，製剤としての安定性にやや欠けている問題点がある。そこで，第二世代のリポPGE1製剤として，エステル化によりPGE1をプロドラッグ化して化学的安定性を高めると同時により脂溶性を高めることで，生体投与後のPGE1の遊離を抑え，より高いターゲット効果が期待できるものとなっている[12~14]。現在，アメリカでの臨床試験が進められており，今後世界的なDDS製剤の1つとして広まってゆくことが期待される。

3.4 脂質コンプレックス

脂質コンプレックス製剤として，AMPHOTEC®/AMPHOCIL®とABELCET®が欧米において市販されている。AMPHOTEC®/AMPHOCIL®は，Cholesteryl sulfateとAmphotericin Bとのコンプレックス（1：1，モル比），ABELCET®は，DMPC/DMPGとAmphotericin Bとのコンプレックス（1：1，モル比）である。

3.5 レシチン化

レシチン化製剤としては，レシチン化SOD（PC-SOD）がよく知られている。SOD（スーパーオキシドジスムターゼ）は代表的活性酸素であるスーパーオキシドアニオン（O_2^-）を特異的に消去する酵素で，医薬品への応用が期待されているが，投与後の濃度や安定性に問題があり実用化されていなかった。PC-SODは，レシチン誘導体4分子をSODに共有結合させたもので，レシチンが細胞膜に対して高い親和性を示し，いくつかの障害部位に集積しやすい特性を有するため，投与後標的部にて効率よくSODとしての効果を発現，炎症疾患など種々のモデルにおいて薬理効果が非修飾SODの10～100倍となった[15,16]。また，最近，その発症において活性酸素がより直接的に関与していると考えられる，虚血再灌流障害やアントラサイクリン系抗癌剤誘発心筋症等の動物モデルにおいて，PC-SODの優れた薬理効果が確認された[17~19]。現在，臨床試験中であるが，タンパク質系薬物の新しいDDSとして今後期待される製剤である。

3.6 脂肪酸類

中鎖脂肪酸トリグリセリド（MCT）の利用に関する検討は従来から数多く行われており，MCTによる薬物の腸管吸収促進作用についても，種々の検討が行われてきた。中でも，脂溶性ビタミンであるビタミンEで顕著な効果が認められている[20]。また，いくつかの薬物をMCTで

エマルション製剤化することにより，生物学的利用率（バイオアベイラビリティ）の大幅な改善が認められている[21~24]。

このような添加物の利用は，有用性がある反面，薬物に対する選択性には問題を残しており，また，粘膜への傷害性を発現させる可能性もあることから，薬物自体を化学修飾し，プロドラッグやアナログを合成することにより吸収性を改善する試みがなされ実際にも用いられている。インスリンもモデルタンパク質薬物の1つとして，脂肪酸修飾による検討が行われた。その結果，インスリンの脂肪酸修飾は，脂肪酸の導入分子数などにより，安定性に対しては不利になる場合も見られたが，吸収性に関しては増大していたことから，インスリンの吸収改善に有効な方法であると考察されている[25~28]。

不飽和脂肪酸類については，オレイン酸が，皮膚の角質層脂質の流動性を上昇させることにより，経皮吸収促進剤として効果のあることが知られ利用されている[29]。またその際，できるだけ高度に精製されたオレイン酸が有用となる。

文　献

1) 橋田充，今日のDDS・薬物送達システム，高橋俊雄，橋田充編，25-31，医薬ジャーナル社（1999）
2) 田畑泰彦，ドラッグデリバリーシステムDDS技術の新たな展開とその活用法，13-16，メディカル・ドゥ（2003）
3) Bangham AD, Standish M and Watkins J., *J Mol Biol* **13**, 238-252（1965）
4) 丸山一雄，今日のDDS・薬物送達システム，高橋俊雄，橋田充編，159-167，医薬ジャーナル社（1999）
5) 笠岡敏，丸山一雄，オレオサイエンス Vol.2（4），189-195（2002）
6) Needam D, Mcintosh TJ and Lasic DD: *Biochim. Biophys. Acta* **1108**, 40-48（1992）
7) Kunisawa J., Takahashi I., Okudaira A., Tsutsumi Y., Katayama K., Hiroi T., Nakagawa S., Kiyono H., Mayumi T. *Eur. J. Immunol.*, **32**(8), 2347-2355（2002）.
8) Kunisawa J., Okudaira A., Tsutsumi Y., Takahashi I., Nakanishi T., Kiyono H., and Mayumi T., *Vaccine*, **19**, 589-594（2001）.
9) Kunisawa J., Nakanishi T., Takahashi I., Okudaira A., Tsutsumi Y., Katayama K., Nakagawa S., Kiyono H., Mayumi T., *J. Immunol.*, **167**, 1406-1412（2001）.
10) Han, M., Watarai, S., Kobayashi, K., and Yasuda, T., *J. Vet. Med. Sci.*, **59**, 1109-1114,（1997）.
11) Ishikado, A., Imanaka, H., Kotani, M., Fujita, A., Makino, T., Mitsuishi, Y., Kanemitsu, T and Tamura, Y., *The 3rd International Conference on Food Factors in Tokyo*（2003）
12) 五十嵐理慧，今日のDDS・薬物送達システム，高橋俊雄，橋田充編，168-175，医薬ジャー

ナル社（1999）
13) Igarashi, R., Mizushima, Y., Takenaga, M., *et al.*, *J. Controlled Release* **20**, 37-46,（1992）
14) Belch JJF, Mizushima, Y., *et al.*, *Circulation* **95**, 2298-2302,（1997）
15) Igarashi, R., Hoshino, J., Takenaga, M., Kawai, S., Morizawa, Y., Yasuda, A., Otani, M., Mizushima, Y., *J. Pharmacol. Exp. Ther.*, **262**（3）, 1214-1219（1992）
16) Igarashi, R., Hoshino, J., Ochiai, A., Morizawa, Y., Mizushima, Y., *J. Pharmacol. Exp. Ther.*, **271**（3）, 1672-1677（1994）
17) Hangaishi, M., Nakajima, H., Taguchi, J., Igarashi, R., Hoshino, J., Kurokawa, K., Kimura, S., Nagai, R., Ohno, M., *Biochem. Biophys. Res. Commun.*, **285**（5）, 1220-1225（2001）
18) Nakagawa, K., Koo, D.H.K., Davies, D.R., Gray, W.R.D., McLaren, J.A., Welsh, I.K., Morris, J.P., Fuggle, V.S., *(Submitted for publication)*
19) ㈱LTI バイオファーマ ホームページ，研究開発プロジェクト，レシチン化SOD（PC-SOD）
20) Gallo-Torres, H.E., Ludorf, J., Brin, M., *Int. J. Vit. Nutr. Res.*, **48**, 240,（1978）
21) Sugatani, J., *FASEB J.*, **3**, 65,（1989）
22) Annable, C.R., McManus, L.M., Carey, K.D., Pinckard, R.N., *Fed. Proc.*, **44**, 1271,（1985）
23) Spinnewyn, B., Blavet, N., Clostre, F., Bazan, N., Braquet, P., *Prostaglandins*, **34**, 337,（1987）
24) 原建次，生理活性脂質の生化学と応用，p38, p199，幸書房，（1993）
25) Asaba, H., *et al.*, *Pharm Res.*, **11**, 1115,（1994）
26) Asaba, H., *et al.*, *Pharm Res.*, **84**, 682,（1995）
27) 山本昌，新・ドラッグデリバリーシステム，永井恒司監修，p28, ㈱シーエムシー出版，（2000）
28) Yamamoto, A., YAKUGAKU ZASSHI, 121（12）, 929-948,（2001）
29) 杉林堅次，新・ドラッグデリバリーシステム，永井恒司監修，p39, ㈱シーエムシー出版，（2000）

4 医薬品添加物・基剤

原　健次[*]

4.1 医薬品添加物の役割

　医薬品は疾病の治療および予防に使用される化合物であるが，実使用の場面において医薬品化合物それ自体がそのまま生体に適用されるのは非常にまれであり，ほとんどの場合，製剤の形で適用される。この医薬品化合物を生体に適用するのに最適な剤型に仕上げるために使用されるのが医薬品添加物である。日本薬局方の製剤総則には「製剤には，その保存中の性状及び品質の基準を確保し，またその有用性を高めるため，賦形剤，安定剤，保存剤，緩衝剤などの適当な添加剤を加えることができる。ただし，その物質はその製剤の投与量において無害でなければならない。また，製剤の治療効果を障害し，または試験に支障をきたすものであってはならない。」と規定されている[1]。現在，公定書収載，および使用前例のある医薬品添加物は約850品目[2〜4]であり，このうち脂質および脂質誘導体は約30品目である。これらの脂質および脂質誘導体の添加物名，適用剤型，使用目的，収載公定書名について表1に示した[5]（界面活性剤[6]には脂質誘導体も多いが，本項には含めなかった）。

　医薬品添加物を製剤に適用する場合，医薬品化合物の有効性，安全性，安定性，適用便宜性，易製造性，経済性などの条件を可能な限り満たさなければならない。また，使用前例のない医薬品添加物を製剤に適用する場合，使用前例があっても使用前例を上回る適用量あるいは投与経路が異なる場合には新医薬品添加物として取り扱われ，承認審査の手続きが必要であり，そのために当該医薬品添加物の規格，安全性，安定性に関する資料が要求される[7]。これらの事情，またすでに多くの医薬品添加物が汎用されていることから，脂質および脂質誘導体の新規の医薬品添加物の開発例，使用例はほとんどない。

4.2 脂質および脂質誘導体が適用される剤型

　現在用いられている製剤の剤型は，形態，適用部位，投与経路，処法，製法などにより分類され，日本薬局方の製剤総則[1]には25種が規定されている。この分類はやや重複，混同する場合もあり，これとは別に溶液製剤，分散製剤，半固形製剤，粉粒体製剤，成型製剤，および浸出製剤の6種に分類されることもある[8]。

　脂質および脂質誘導体が最も多く適用されるのは，分散製剤（乳剤，懸濁剤，リニメント剤，ローション剤），半固形製剤（軟膏剤，眼軟膏剤，硬膏剤，パスタ剤，パップ剤，油剤，クリーム剤），成型製剤（坐剤）である。これらの中でも特に軟膏剤基剤として，植物油，動物脂，ラ

[*] Kenji Hara　ヒューマン・ハーモニー研究所　所長

第4章 医療・医薬品分野での応用

表1 医薬品添加物として用いられる脂質および脂質誘導体

添加物名	適用剤型*	使用目的*	公定書名**
エステル化ヤシ油	ドリンク剤	溶解補助剤	仏局
オリーブ油	細粒剤, 顆粒剤, 錠剤, 軟カプセル剤, ドリンク剤, 懸濁剤, 乳剤, 芳香水剤, リニメント剤, 洗浄・清拭剤, 皮膚用水剤, 酒精剤, ローション剤, 軟膏剤, パスタ剤, クリーム剤, パップ剤, 硬膏剤, ハッカゴム膏剤, 肛門坐剤, 注射剤	安定化剤, 可塑剤, 可溶化剤, 緩衝剤, 基剤, 懸濁化剤, コーティング剤, 香料, 湿潤剤, 軟化剤, 乳化剤, 粘稠剤, 賦形剤, 防湿剤, 溶剤, 溶解剤, 溶解補助剤	日局
オレイン酸	錠剤, 内用液剤, リニメント剤, 皮膚用水剤, 軟膏剤, クリーム剤, 内用エアゾール剤, 吸入ガス剤	基剤, 懸濁化剤, 香料, コーティング剤, 乳化剤, 溶剤	日局
オレイン酸ナトリウム	丸剤	湿潤剤, 賦形剤	食添
カカオ脂	錠剤, ローション剤, 軟膏剤, パスタ剤, クリーム剤, ゼリー剤, 肛門坐剤, 膣坐剤	安定化剤, 滑沢剤, 基剤, 矯味剤, 結合剤, コーティング剤, 粘稠剤, 賦形剤, 防腐剤, 溶解剤	日局
牛脂	軟膏剤	基剤	日局
硬化油	散剤, 細粒剤, 顆粒剤, 錠剤, バッカル剤, トローチ剤, 外用発泡錠剤, 硬カプセル剤, 軟カプセル剤, 軟膏剤, クリーム剤, 肛門坐剤, 漢方処方剤（錠剤）	安定化剤, 滑沢剤, 基剤, 結合剤, 懸濁化剤, 光沢化剤, コーティング剤, 賦形剤, 分散剤	日局
ゴマ油	錠剤, 硬カプセル剤, 軟カプセル剤, シロップ剤, 軟膏剤, パップ剤, 肛門坐剤, 注射剤	可溶化剤, 基剤, 光沢化剤, コーティング剤, 軟化剤, 賦形剤, 溶剤, 溶解剤, 溶解補助剤	日局
サフラワー油	硬カプセル剤, 軟カプセル剤, 球剤, 軟膏剤	基剤, 賦形剤, 溶剤, 流動化剤	粧原基
ステアリン酸	散財, 細粒剤, 顆粒剤, 錠剤, バッカル剤, トローチ剤, 外用発泡錠剤, 硬カプセル剤, 軟カプセル剤, リニメント剤, 皮膚用水剤, ローション剤, エキス剤, 軟膏剤, パスタ剤, クリーム剤, 硬膏剤, 肛門坐剤, 膣坐剤, 外用エアゾール剤	安定化剤, 滑沢剤, 基剤, 矯味剤, 結合剤, 光沢化剤, コーティング剤, 糖衣剤, 乳化剤, 賦形剤, 分散剤, 崩壊剤, 防湿剤, 無痛化剤, 流動化剤	日局
ステアリン酸亜鉛	錠剤, 軟膏剤	安定化剤, 界面活性剤, 滑沢剤, 基剤, 分散剤	粧原基
ステアリン酸アルミニウム	錠剤, 外用液剤, 軟膏剤, 点眼剤	基剤, 懸濁化剤, コーティング剤, 咀嚼剤	局外規
ステアリン酸カルシウム	細粒剤, 顆粒剤, 錠剤, バッカル剤, トローチ剤, 硬カプセル剤, 軟カプセル剤, 漢方処方剤（茶剤）	滑沢剤, コーティング剤, 賦形剤, 崩壊剤	日局
ステアリン酸カリウム	軟膏剤, クリーム剤	基剤, 乳化剤	
ステアリン酸ナトリウム	軟膏剤, パップ剤, 肛門坐剤	基剤, 結合剤	
ステアリン酸マグネシウム	生薬剤, 散剤, 細粒剤, 外用散剤, 顆粒剤, 錠剤, バッカル剤, トローチ剤, 外用発泡錠, 硬カプセル剤, 軟カプセル剤, 丸剤, シロップ剤, 洗口うがい剤, 軟膏剤, クリーム剤, 膣坐剤, 外用エアゾール剤, 漢方処方剤（散剤, カプセル剤）	安定化剤, 可塑剤, 滑沢剤, 甘味剤, 基剤, 矯味剤, 結合剤, 光沢化剤, コーティング剤, 香料, 糖衣剤, 軟化剤, 賦形剤, 噴射剤, 崩壊剤, 崩壊補助剤, 防湿剤, 防腐剤, 流動化剤	日局

（つづく）

ダイズ油	錠剤, 腸溶カプセル剤, 軟カプセル剤, 丸剤, ドリンク剤, リニメント剤, 洗浄・清拭剤, 酒精剤, 消毒剤, 軟膏剤, パスタ剤, クリーム剤, ハッカゴム膏, 肛門坐剤, エアゾール剤, 注射剤	可溶化剤, 基剤, 結合剤, 懸濁化剤, コーティング剤, 軟化剤, 乳化剤, 賦形剤, 分散剤, 溶剤, 溶解剤, 溶解補助剤	日局
中鎖脂肪酸トリグリセリド	軟カプセル剤, シロップ剤, ローション剤, 軟膏剤, 肛門坐剤	基剤, 賦形剤, 溶剤	局外規
ツバキ油	点眼剤, 注射剤	矯味剤, 溶剤	日局
トウモロコシ油	顆粒剤, 錠剤, 硬カプセル剤, 軟カプセル剤, 乳剤, 肛門坐剤, 注射剤	安定化剤, 基剤, 矯味剤, コーティング剤, 粘稠剤, 賦形剤, 溶剤, 溶解剤, 溶解補助剤	日局
豚脂	軟膏剤	基剤	日局
ナタネ油	軟カプセル剤, 軟膏剤, パスタ剤, ハッカゴム膏	基剤, 軟化剤, 賦形剤	日局
ハードファット	軟カプセル剤, 軟膏剤, クリーム剤, 肛門坐剤, 膣坐剤	可塑剤, 滑沢剤, 基剤, 懸濁化剤, 光沢化剤, コーティング剤, 湿潤剤, 賦形剤, 流動化剤	局外規
パルミチン酸	錠剤, 軟膏剤, クリーム剤	基剤, コーティング剤, 粘稠剤	粧原基
ヒマシ油	細粒剤, 顆粒剤, 錠剤, 硬カプセル剤, 腸溶カプセル剤, 丸剤, チンキ剤, コロジオン剤, 皮膚用水剤, 酒精剤, 浴剤, 軟膏剤, パスタ剤, パップ剤, 硬膏剤, ハッカゴム膏, 肛門坐剤, 点眼剤, 注射剤, 漢方処方剤（錠剤）	可塑剤, 緩衝剤, 基剤, 矯味剤, 結合剤, 光沢化剤, コーティング剤, 糖衣剤, 軟化剤, 乳化剤, 粘着剤, 粘稠剤, 賦形剤, 防湿剤, 溶剤, 溶解剤, 溶解補助剤	日局
ミリスチン酸	軟膏剤, 外用エアゾール剤	乳化剤, 溶解剤	粧原基
綿実油	散剤, 細粒剤, ドリンク剤, 注射剤	基剤, 矯味剤, 湿潤剤, 賦形剤, 溶剤	粧原基
モノオレイン酸グリセリン	軟膏剤	基剤乳化剤	
モノステアリン酸アルミニウム	散剤, 軟カプセル剤, 肛門坐剤, 点眼剤, 注射剤	安定化剤, 結合剤, 懸濁化剤, 賦形剤, 分散剤	日局
モノステアリン酸エチレングリコール	洗浄・清拭剤, 軟膏剤	基剤, 懸濁化剤, 乳化剤	粧原基
モノステアリン酸グリセリン	散剤, 細粒剤, 顆粒剤, 錠剤, バッカル剤, カプセル剤, 丸剤, シロップ剤, ドリンク剤, 懸濁剤, 乳剤, コロジオン剤, リニメント剤, 洗浄・清拭剤, 皮膚用水剤, チンキ剤, ローション剤, 洗口うがい剤, 消毒剤, エキス剤, 軟膏剤, パスタ剤, クリーム剤, パップ剤, 硬膏剤, 肛門坐剤, 吸入ガス剤, 漢方処方剤（錠剤）	安定化剤, 界面活性剤, 可塑剤, 滑沢剤, 甘味剤, 基剤, 結合剤, 懸濁化剤, 光沢化剤, コーティング剤, 湿潤剤, 消泡剤, 着色剤, 糖衣剤, 乳化剤, 粘着剤, 粘稠剤, 賦形剤, 分散剤, 崩壊剤, 防湿剤, 溶剤, 溶解補助剤	日局
ヤシ脂肪酸	外用剤	乳化剤	

注)　＊ 厚生労働省において使用前例の確認が得られたもの。
　　＊＊添加物が公定書に収載されている場合は，次の優先順位で公定書名を略名で記載。
　　　　日本薬局方……………………………「日局」
　　　　日本薬局方外医薬品成分規格…「局外規」
　　　　食品添加物公定書……………………「食添」
　　　　化粧品原料基準………………………「粧原基」
　　　　外国公定書……………………………「仏局」など

第4章 医療・医薬品分野での応用

ノリン，ワセリン，ロウなどが繁用され，坐剤基剤としては古くはカカオ脂が，現在では再エステル化されたハードファットが用いられる。固形製剤（錠剤）への適用はそれほど多くなく，滑沢剤および糖衣錠のつや出し剤（光沢剤）として用いられる。

4.3 錠剤への脂質および脂質誘導体の適用
4.3.1 滑沢剤としての脂質および脂質誘導体

錠剤は固形製剤の範疇のみならず，医薬品製剤の最も代表的な剤型で，全医薬製剤の3割以上を占めている[9]。錠剤は打錠機の臼内で上杵と下杵とにより圧縮成型して製造されるが[10]，臼・杵への粉粒体の付着を防止し，臼への粉粒体の充填性を改良し，また臼内の粉粒体の圧縮，臼からの錠剤の放出を容易にさせる目的で，圧縮用の粉粒体に滑沢性を付与しなければならない場合が多い。この滑沢剤の添加効果は，次の3つに分類される。

①**流動性効果**；粉粒体の流動性を良くし，フィードホッパーから臼への充填性を向上させる。

②**滑性付与効果**；粉粒体同士および粉粒体と臼・杵の摩擦を減少させ，錠剤の圧縮および放出を容易にさせる。

③**非付着（離型）効果**；圧縮の際の粉粒体の杵面および臼壁への付着を防止し，錠剤に光沢を与える。

滑沢剤に用いられる脂質および脂質誘導体は表1に示すように，ステアリン酸マグネシウム（カルシウム），ステアリン酸，水素添加植物油（硬化油）であるSterotex®（水素添加綿実油），Lubriwax®（水素添加大豆油），Castorwax®（水素添加ヒマシ油）などで，タルク，デンプン，カーボワックスなどと共に用いられる。錠剤の製造過程は圧縮成型するための粉粒体または製粒プロセスと，圧縮成型する打錠プロセスに分けられるが，滑沢剤は一般に製粒プロセスの最後の工程で，通常0.5～1％添加される[10]。

4.3.2 つや出し剤（光沢剤）としての脂質および脂質誘導体

錠剤のコーティングは古くから行われている技術の1つであり，その目的は，①悪味・悪臭・色のマスキング，②医薬品化合物の安定化，③徐放性，腸溶性の付与による薬効発現の調節，④外観の改善と商品価値の増加，などである。図1にポリシング層を含む糖衣錠の代表的な構造模式図を示したが，錠剤のコーティングは通常コーティング用パンを用い，素錠を入れたパンを回転させながら，コーティング液の注入，乾燥を所定回数繰り返す。最終的に表面にショ糖からなるフィニシング層を薄く形成して光沢を出し，更にこの上にカルナウバロウ，ミツロウなどをポリシングする。このポリシングに用いられるのがつや出し剤（光沢剤）である。

カルナウバロウはカルナウバヤシの葉の表面からの分泌物で，高級脂肪酸エステルが80％以上含有し，このエステルの約半分が水酸基を有しているため（水酸化不飽和脂肪酸），乳化されや

図1 糖衣錠の模式図

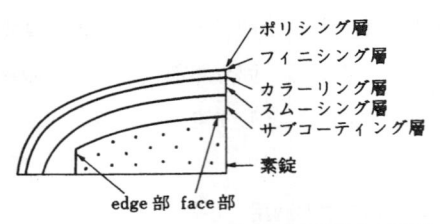

(Pharm. Tech. Japan, 2(5), p15 (1986)より引用)

表2 日本薬局方および日本薬局方外医薬品成分規格収載の脂質および脂質誘導体の性状

脂質誘導体	比重〔d〕	融点〔℃〕	酸価	ケン化価	ヨウ素価	不ケン化物〔%〕	主な用途
オリーブ油	0.908^{25}〜0.914	0〜6	<1.0	186〜194	79〜88	<1.5	軟・硬膏基剤, リニメント基剤
カカオ油	$0.898^{40/20}$〜0.904	31〜35	<3.0	188〜195	35〜43		坐剤基剤
ハードファット		30〜45	<2.0	210〜255	<3.0	<3.0	坐剤基剤
カルナウバロウ	0.990^{20}〜1.002	80〜86	<10.0	78〜95	5〜14		軟・硬膏基剤
肝油	0.918^{20}〜0.928		<1.7	180〜192	130〜170	<3.0 ビタミンA 単位/g 2,000〜5,000	
牛脂		42〜50		193〜200	33〜50		軟・硬膏基剤
硬化油			<2.0				
ゴマ油	0.914^{25}〜0.921	0〜-5	<0.2	187〜194	103〜116	<1.5	
ダイズ油	0.916^{25}〜0.922	-10〜-17	<0.2	188〜196	126〜140	<1.0	軟・硬膏基剤, リニメント基剤
ツバキ油	0.910^{25}〜0.914	-10〜-15	<2.8	188〜194	78〜83	<1.0	軟・硬膏基剤, リニメント基剤
トウモロコシ油	0.915^{25}〜0.921	-7	<0.2	187〜195	103〜130	<1.5	軟・硬膏基剤, リニメント基剤
豚脂		36〜42	<2.0	195〜203	46〜70		軟膏基剤
ナタネ油	0.906^{25}〜0.920		<0.2	169〜195	95〜127	<1.5	軟・硬膏基剤, リニメント基剤
ヒマシ油	0.957^{25}〜0.965	0	<1.5	176〜187	80〜90	OHV155〜177	瀉下薬, 皮膚緩和剤
ミツロウ		60〜67	5〜9, 17〜22	80〜100			軟・硬膏基剤
サラシミツロウ		60〜67	5〜9, 17〜22	80〜100			軟・硬膏基剤
ヤシ油		20〜28	<0.2	246〜264	7〜11	<1.0	軟膏基剤
トリカプリリン	1.440^{20}〜1.455		<0.2			OHV<10	
中鎖脂肪酸トリグリセリド			<0.5	320〜385	<1.0	<1.0	
ラッカセイ油	0.909^{25}〜0.916		<0.2	188〜196	84〜103	<1.5	軟・硬膏基剤, リニメント基剤
大豆レシチン			<40				経口・軟膏基剤
精製大豆レシチン			<40		72〜88		
精製卵黄レシチン			<25		60〜82		
モノステアリン酸グリセリン		>55	<15	157〜170	<3.0		
ステアリン酸		56〜72	196〜210		<4.0		
精製ラノリン		37〜43	<1.0		18〜36		軟膏・眼軟膏基剤

第4章　医療・医薬品分野での応用

すく，脂肪酸，炭化水素にも相溶性が良いことが特徴である。ミツロウはミツバチの巣を加熱圧搾して得られ，その主成分はパルミチン酸ミリシルとセロチン酸主体のエステルで，ワックス，牛脂，グリセリド，炭化水素，高級脂肪酸アルコールなどと良い相溶性を示す。表2に公定書収載の基剤を主とした脂質および脂質誘導体の性状を示した[1,4]。

4.4 坐剤への脂質および脂質誘導体の適用
4.4.1 坐剤とは

坐剤は医薬品を基剤と均等に混和して一定の形状に成型したもので，直腸または膣に挿入して適用し，適用部位で体温によって融解または軟化するか，または分泌液で徐々に溶解して有効成分を放出する[1]。坐剤は古代エジプトのエーベルス・パピルス[11]にも記述が見られる古い剤型で，その後18世紀の中頃，フランスでチョコレートに使用するカカオ脂が低融点であることに着目し，基剤として取り入れられ，剤型としての坐剤が開発された。坐剤の語源は「坐して与える」の意味により由来，英語のsuppositoryはラテン語のsupponere（置き換える）の意味，浣腸剤の下剤の坐剤に（置き換える）に由来する。坐剤の基礎から臨床応用までの詳細については成書[12〜14]を参照されたい。

4.4.2 坐剤基剤の条件，分類

坐剤基剤の具備すべき条件は，①体腔内に挿入された時，体温か体液で溶解・液化される。②基剤からの医薬品の放出が速やかである。③基剤自体が物理的・化学的に安定で，局所刺激性，アレルギー性がなく，それ自身は吸収されず配合医薬品に不活性である。④溶融点と凝固点の差が小さく，室温では十分な硬度を有する半固形物であるが，加温により液化し，冷却すると固化するような成型加工が容易で，ある程度の粘性を持ち，挿入時に折損を生じたり，違和感を感じさせない，ことなどである[12,13]。

坐剤基剤はその物理化学的特性によって，通常は，疎水性基剤（油脂性基剤）と親水性基剤（乳剤性基剤および水溶性基剤）に分類される。現在では，疎水性基剤のうち，半合成油脂性基剤が最も使用頻度が高く，この基剤は，白色から微黄色のほとんど無味，無臭のろう状固体で，融点は30〜45℃で，日本薬局方外医薬品成分規格[4]ではハードファットとして取り扱われている。現在あるいはかつて市販されている坐剤用半合成油脂性基剤を表3に示した。

4.4.3 坐剤での脂質あるいは脂質誘導体の医薬品添加物の適用

医薬品添加物として坐剤に適用される脂質あるいは脂質誘導体の役割としては，①直腸吸収促進作用を有するものと，②医薬品化合物の放出・吸収を制御する作用を有する添加物が検討，実用化されている。医薬品化合物の大部分は，種々の生体膜を受動輸送により透過し，その薬理作用を発現する。この場合，適度の脂溶性を有する医薬品化合物は生体膜を透過し易いが，脂溶性

表3 坐剤用半合成油脂性基剤の例

商品名®	組　　成	製　造　元	国
Isocacao	ヤシ油，パーム核油の高級飽和脂肪酸のトリグリセリドを主体としてモノグリセリド，ジグリセリドも含む	花王㈱	日　本
Pharmasol		日本油脂㈱	日　本
IV Novata		Henkel	西　独
Witepsol		Dynamit Novel Chemicals	西　独
Suppocire		Gattefosse' sfpf	フランス
Estarinum*	パーム核油の高級脂肪酸のトリグリセリド，モノグリセリド添加	Edelfettwerke Hamburg-Eidelstedt	西　独
Massupol*	モノステアリンを乳化剤として含むラウリン酸トリグリセリド	Crok & Lann	オランダ
Suppostal*	トリグリセリドの水素添加物，高級アルコール，乳化剤を含む	Medifarma	イタリア
Wecobee*	ヤシ油，パーム核油の高融点部分（0.25％レシチン添加）	Drew Chemical Corp.	アメリカ

注）＊は，村西昌三編，坐剤―製剤から臨床応用まで― p10，南山堂，(1985)より引用

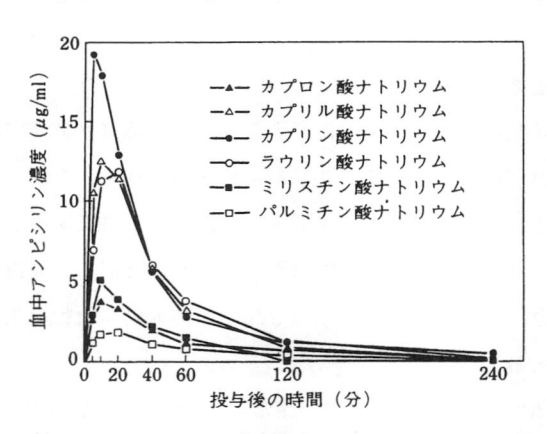

図2 アンピシリンナトリウムの直腸吸収に及ぼす脂肪酸ナトリウムの影響

が全く無いか低い医薬品化合物は透過し難く，この透過障害を一時的かつ可逆的に減少させる医薬品添加物が吸収促進剤である。

　直腸での吸収促進剤も種々検討されてきたが[12]，そのうち脂質あるいは脂質誘導体は，中鎖脂肪酸および長鎖不飽和脂肪酸，およびそれらのモノグリセリド[15,16]，不飽和脂肪酸（オレイン酸，リノール酸，アラキドン酸）[17]，カプリン酸ナトリウム[18]である。このうちカプリン酸ナトリウムは，β-ラクタム系抗生物質のアンピシリンナトリウム坐剤およびセフェム系抗生物質のセフチゾキシムナトリウム坐剤直腸吸収促進剤として配合されている[19]。カプリン酸ナトリウムのア

第 4 章　医療・医薬品分野での応用

ンピシリンナトリウムの直腸吸収促進作用を，種々の脂肪酸ナトリウムとの比較で図 2 [18] に示した。このカプリン酸ナトリウムの直腸吸収促進作用のメカニズムは，直腸上皮細胞間のタイトジャンクションの間隙の可逆的増減によるものと推定されている[5]。

また，坐剤での医薬品化合物の放出・吸収を制御する作用としては，油脂性基剤へのレシチンの添加により持続性坐剤が可能になってきており，例えば，油脂性基剤へのレシチンの添加は非ステロイド系解熱鎮痛剤のジクロフェナクナトリウムの放出を遅延し[19]，イヌに投与後，血中ジクロフェナクナトリウム濃度を持続させることが報告されている[19]。

文　　献

1) 日本薬局方解説書編集委員会（編），第十四改正日本薬局方，廣川書店（2001）
2) 医薬品添加物規格 1998，薬事日報社（1998）
3) 日本医薬品添加物協会（編），医薬品添加物辞典 2000，（2000）
4) 厚生省薬務局審査課（監），日本薬局方外医薬品規格 1997復刻版，日本公定書協会（1997）
5) 原健次，生理活性脂質の生化学と応用，p9，幸書房（1993）
6) 藤本武彦，全訂版　新・界面活性剤入門，三洋化成工業（1981）
7) 医薬品製造指針 2004年版（2004）
8) 岡野定輔（編著），新・薬剤学総論，南江堂（1984）
9) 薬事工業生産動態統計年報（平成13年版），産業経済研究所（2002）
10) 仲井吉宣（編），医薬品の開発，第11巻，製剤の単位操作と機械，廣川書店（1989）
11) 春山行夫，クスリ奇談，平凡社（1989）
12) 村西昌三（編），坐剤―製剤から臨床応用まで―，南山堂（1985）
13) 新谷洋三，実用坐剤―新しい知識と処方―，医薬ジャーナル社（1986）
14) 渡辺善照，*Pharm Tech Japan*, **16**, 1767（2000）
15) Nishihata, T. *et al. Int. J. Pharm.* **31**, 185（1986）
16) 村上正裕，村西昌三，薬局　**39**, 1307（1988）
17) 村上正裕，村西昌三，ファルマシア　**22**, 1250（1986）
18) Nishimura, K., *et al. Chem. Pharm. Bull.*, **33**, 282（1985）
19) Nishihata, T., *et al. Int. J. Pharm.* **27**, 245（1985）

第5章　化粧品分野での応用

難波富幸*

1　はじめに

　化粧品には使用する部位により様々な製品があり，外観形態にも多種多様なものがある。肌を清潔に保ち，整え，保護する目的で使われる洗顔料，化粧水，乳液，美容液やクリームなどのスキンケア化粧品，日焼けから肌を守るサンスクリーン化粧品，ファンデーション，口紅，マスカラやネールエナメルなどのメーキャップ化粧品，整髪料，育毛料，染毛料，シャンプー，リンスなどの毛髪化粧品などがある。
　これらの化粧品のほとんどに動植物油脂を中心とした脂質および油脂から誘導される種々の誘導体が配合されているが，色や匂いといった安定性の問題や皮膚などにつけた時の使用感触の点から，これらの脂質やその誘導体の配合量はあまり多くなく，合成エステル油やシリコーン油やフッ素油などの広範囲の油分が用いられている。その油分に求められる機能は化粧品の使用部位や使用目的によって異なっており，種々の油分が使い分けられている。

2　化粧品における油分の役割

　化粧品における油分の役割は製品ごとによって異なるが，化粧品の類別による油分の主な役割を表1に示した。乳液やクリームなどのスキンケア化粧品は，皮膚の水分保持を助け乾燥による

表1　化粧品における油分の主な役割

	スキンケア化粧品	メーキャップ化粧品	ヘアケア化粧品
液状油分	エモリエント効果 使用感触 薬剤等の溶解 （洗浄効果）	使用感触 光沢付与 顔料粉体の分散安定化 顔料粉体の結合 化粧持ち向上	使用感触 光沢付与 整髪効果
固形油分	製品の固化，安定化	製品の固化，安定化	整髪効果 製品の固化，安定化

*　Tomiyuki Namba　㈱資生堂　製品開発センター　主幹研究員

第 5 章　化粧品分野での応用

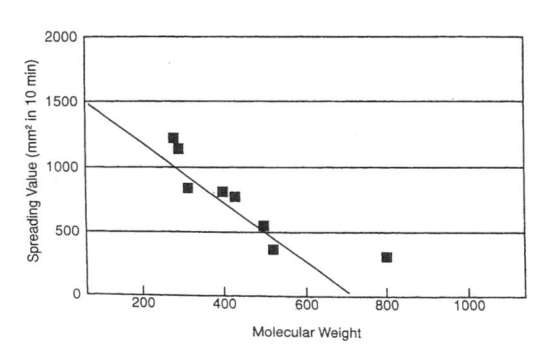

図 1　油分のSpreading Valueと分子量の関係[1]

　肌荒れを防ぐ目的で用いられる。これらの製品を構成する油分は，皮膚の柔軟作用や皮膚中の水分蒸散抑制によるエモリエント効果を担っていると共に，美白剤や紫外線吸収剤などの薬剤を溶解するための溶解剤としても働いている。また，製品中への油分の配合量が比較的多いことから，油分の感触が製品の使用感触に及ぼす影響が大きい。最近の製品に好まれる使用感触としては油っぽさが嫌われ，さっぱりとしてべたつきがなく，かつシットリ感を感じられるものが好まれている。メーキャップ化粧品には使用部位や剤型が種々異なるものが含まれることから一概には言うことは出来ないが，これらの製品における油分の役割としては色素顔料を製品中に分散安定化する働きをし，固形ファンデーションでは顔料粉末の結合剤としてファンデーションを固形化する働きを助けている。また，肌に塗ったファンデーションの汗などによる化粧くずれを防ぐ化粧持ち向上に対しても油分が重要であり，口紅では唇に塗布したときに，濡れたような光沢をもつものが求められており油分が重要な働きをする。またメーキャップ化粧品の使用感触としてはのびが良く軽く均一に塗れ，べたつかない感触のものが好まれている。ヘアケア化粧品では整髪効果に優れ，毛髪に光沢を賦与して，使用感触としてはべたつかないものが好まれ，これらの点で油分が重要な役割を果たしている。
　このように化粧品の性能は，使用感触など定量化しにくいものが多いために官能用語で表現されることが多く，従来は，経験によって各種油分を使い分けることが多かったが，最近では使用感触などの化粧品の機能を物性値として定量化する検討が色々と検討されており，これらの結果を用いてそれぞれの機能に最も適した油分の選択や，新しい油分の分子設計が行われるようになってきている。油分の機能評価として用いられるものを以下にいくつか示す。

2.1　油分の使用感触

　最近の化粧品の油分として好まれる使用感触は上記のようにべたつき感がなく，さっぱりとしたものである。このような油分の使用感触を定量化する検討が行われている。B. A. Salka[1] らは

表2 平均摩擦係数（MIU）と粘度との関係[2]

Oily components	MIU	Viscosity*(mPa·s)
2-Octyldodecyl myristate	0.39	31
2-Hexyldecanol	0.37	27
Oleyl oleate	0.33	22
2-Ethylhexyl stearate	0.32	15
Isopropyl isostearate	0.24	11
Isononanoic isononanoate (ININ)	0.17	6
Mixture of ININ/cyclomethicone (4/1)	0.14	5

*Höppler viscometer, 20℃

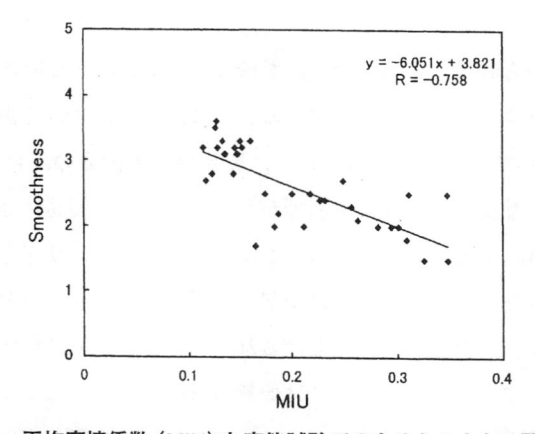

図2 平均摩擦係数（MIU）と官能試験でのなめらかさとの関係[2]

上腕に一定量の油分をのせた後，一定時間後に油分が広がった面積をSpreading Valueとして表し，この値が高く広がりやすい油分は，使用感が軽くさっぱりしているとしている。図1に各種油分のSpreading Valueと油分の分子量との関係を示す。Spreading Valueが大きいものは分子量が小さく使用感触が軽い。

正木[2]らは摩擦感テスターを用いて，人工皮革の上に油分をのせて平均摩擦係数（MIU）を測定している。表2にMIUと油分粘度との関係を示す。MIUが低い油分は粘度が低く軽い使用感触を与える。図2にMIUと官能試験での，皮膚上でのなめらかさとの関係を示す。MIUが低いもののほうがなめらかと感じる。

草刈[3]らは，実際に化粧品を使用している状態に，より近い状態を測定するために図3に示す新規な装置を開発した。プローブ部分を変えることが出来，ローラー型を用いてサンプル油分の上を往復させることによって，プローブとサンプル油分との粘着がはがれる際に生じる応力から，べたつき感の主要因である粘着力を測定するものである。図4にいくつかの油分の実測データを示し，図5にこの実測値とSpreading Valueとが良い相関を示し，使用感触の軽さの指標と

第 5 章　化粧品分野での応用

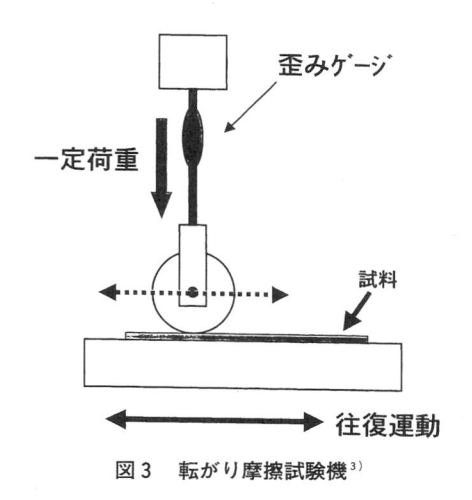

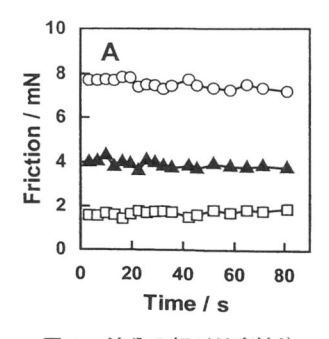

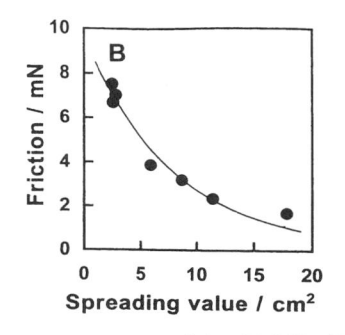

図 3　転がり摩擦試験機[3]

図 4　油分の転がり摩擦[3]
○：pentaerythrityl tetraoctanoate
▲：trioctanoin
□：dimethyl polysiloxane

図 5　Spreading Value と転がり摩擦の関係[3]

なりうることを示している。

　これらの測定法により油分の使用感触が測定されており，現在好まれている使用感触である，べたつかず軽い使用感に合った油分は低粘度のシリコーン油であり，特に環状ジメチルポリシロキサンが最も軽い使用感触を有している。今後これらの測定法を用いて，化粧品の使用感触を向上させる機能性油分がたくさん開発されるであろう。

2.2　エモリエント効果

　スキンケア化粧品に配合される油分は皮膚上で閉塞膜として働き，水分の揮散を防いで皮膚保湿を助けるエモリエント効果成分として働く。西山[4]らは油分のエモリエント効果を，水を入れた容器の上部を油分を含浸したフィルター膜でふたをして，定温定湿度での重量変化を測定し

て調べている。図6に各種油分の極性を表す指標であるIOB値と油分の閉塞効果との関係を示す。この結果によると，ワセリンや流動パラフィンなどの非極性油は閉塞性が高くエモリエント効果に優れ，エステル油などの極性が高い油分は閉塞性が低く，分子量や粘度はほとんど影響が無いということである。

2.3 光沢

口紅を唇に塗った時に濡れたような光沢をもつものが好まれる場合があり，口紅の光沢は配合されるワックスと油分が大きな影響を与える。表3に丸山[5]らが測定し

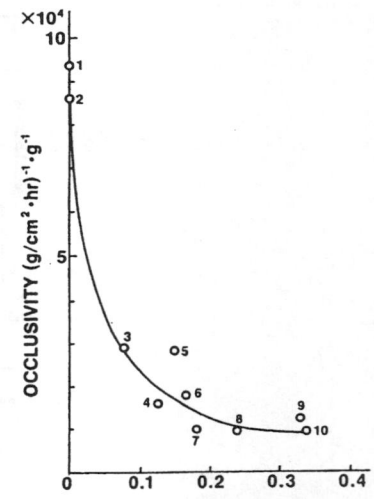

図6 油分のIOBと閉塞性の関係[4]

1. Vaselin 2. Liquid Paraffin 3. Jojoba Oil
4. Nikkol C10 5. RA-TM318 6. Olive Oil 7. IPM
8. Estemol N-01 9. RA-PE408 10. RA-G308

表3 オイル・ワックス系の表面光沢と塗布光沢[5]

ワックス＼オイル＼方法	液状ラノリン 表面	塗布	流パラ352 表面	塗布	サンオイルGTI-D 表面	塗布	ROD 表面	塗布	ヒマシ油 表面	塗布
キャンデリラワックス	3	43	3	28	2	32	4	34	3	28
高精製キャンデリラワックス	2	26	5	26	5	25	3	22	4	20
カナルナウバワックス	4	13	5	10	2	10	2	8	4	11
ライスワックス	1^C	25	1	28	1^C	21	1^C	19	3	22
木ロウ	2	28	2	19	1	26	2	14	4	8
蜜ロウ	1	35	1	31	2	24	1	28	3	27
硬質ラノリン	4	65	4	56	5	50	5	55	4	52
水添ホホバ	1	40	2^C	56	2^C	44	2^C	56	2^C	60
硬化ヒマシ油	1	22	1^C	33	1^C	10	1	5	2	6

ワックス＼オイル＼方法	マカデミアナッツ油 表面	塗布	NJ-COL 240A 表面	塗布	コスモール42 表面	塗布	コスモール222 表面	塗布
キャンデリラワックス	4	40	3	40	2	42	4	32
高精製キャンデリラワックス	4	23	2	26	3	24	5	18
カナルナウバワックス	5	11	2	11	3	12	2	9
ライスワックス	1^C	24	1^C	30	1^C	25	4	17
木ロウ	3	13	2	33	2	18	3	15
蜜ロウ	2	20	1	40	1	24	1	13
硬質ラノリン	3	49	5	59	4	56	5	49
水添ホホバ	2^C	64	2^C	51	2^C	49	2^C	36
硬化ヒマシ油	1^C	5	1^C	15	2	8	3	9

注1) 表面光沢：1（ない）～5（ある）
 2) C：表面に結晶析出がみられるもの。

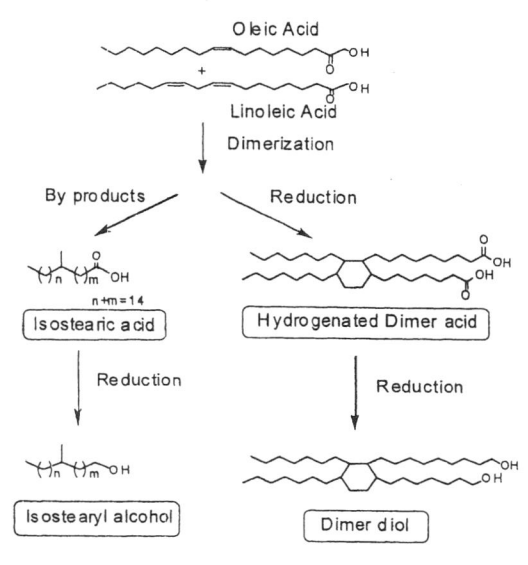

図7 ダイマー酸とダイマージオール[6]

たオイル・ワックス系での光沢の結果を示す。表面光沢はカルナバろう，キャンデリラろう，硬質ラノリンが高く，油分としてはヒマシ油が高い。塗布光沢は硬質ラノリン，キャンデリラろう，水添ホホバが高く，油分では液状ラノリンが優れていた。

片山[6]らは液状ラノリンに匹敵する光沢を有する油分の開発を行い，大豆などから得られるオレイン酸とリノール酸を主体とする，炭素数18の不飽和脂肪酸を2量化して得られる炭素数36のダイマー酸，およびそれを還元して得られるダイマージオール（図7）のエステルが室温で高粘度の油分であり，屈折率が20℃で1.47以上と高く，オイル・ワックス系での光沢は液状ラノリンと同等の光沢を有することを見出している。

3 機能性脂質

表4に化粧品に用いられる主な脂質とその主な用途を示す，各種の脂質が油分や乳化剤として使用されている。最近注目されている化粧品に用いられる，機能性が高い脂質について2つほど例を示す。

3.1 セラミド

我々の皮膚は，乾燥や紫外線といった外的ストレスからの防御とともに，体内の水分を含めた生体必須成分の損失を防ぐバリアー膜として重要な役割をしている。特に皮膚の最外層にある厚

表4　化粧品に用いられる主な脂質

脂質分類	主な脂質原料	主な用途
油脂類	オリーブ油，つばき油，マカデミアナッツ油，ひまし油	クリーム，乳液，口紅の油分
ろう類	カルナバろう，キャンデリラろう，ホホバ油，みつろう	口紅などスティック製品の固化およびつや出し
炭化水素油	スクアラン，ワセリン	クリーム，乳液の油分
脂肪酸類	ラウリン酸，ミリスチン酸，パルミチン酸，ステアリン酸	乳化剤，分散剤，洗浄剤，クリームの油分
高級アルコール	セチルアルコール，ステアリルアルコール	乳液，クリームの油分
りん脂質	大豆りん脂質，水素添加大豆りん脂質，卵黄レシチン	乳化剤
その他	セラミド1，セラミド2，セラミド3，セラミド5	乳液，クリームのエモリエント成分

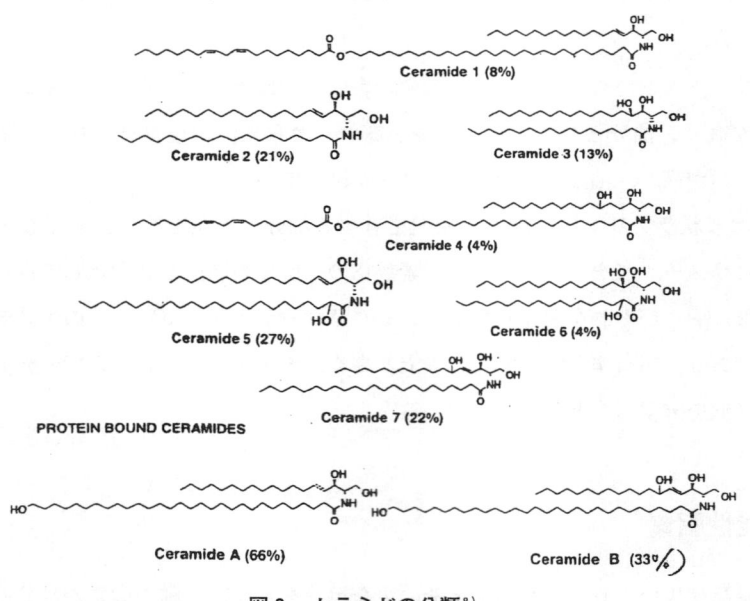

図8　セラミドの分類[8]

さわずか20μm程度の角層が重要な役割をしており，角層の構造はElias[7]らによって角質細胞がレンガ状に積み重なっている間を，細胞間脂質がモルタルのように埋めていると説明している。このモルタルの役目をはたしている細胞間脂質は，約50％のセラミドを主成分としてコレステロール，コレステロールエステル，コレステロール硫酸，脂肪酸等から構成されている。ヒトの細胞間脂質を構成するセラミドは，図8に示すようにDowning[8]らによって7種類の遊離セ

第5章 化粧品分野での応用

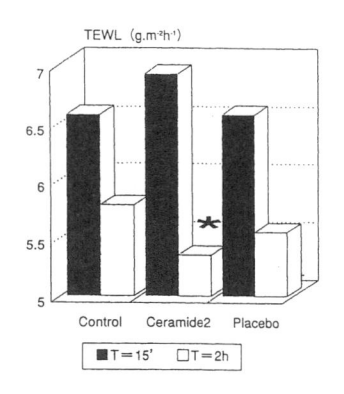

図9 セラミド2によるSDS処理肌荒れの改善効果[9]

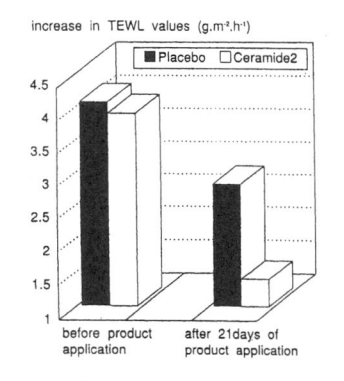

図10 セラミド2によるテープストリッピング処理肌荒れの改善効果[9]

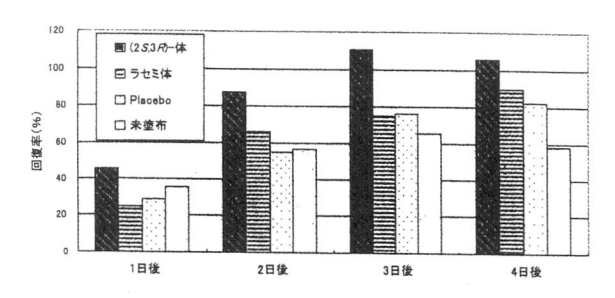

水分回復率(%)=100-(測定日健常肌の水分量-測定日の水分量)/(処理日健常肌の水分量-処理後の水分量)×100

図11 光学活性セラミド2によるSDS処理肌荒れの改善効果（水分量）[10]

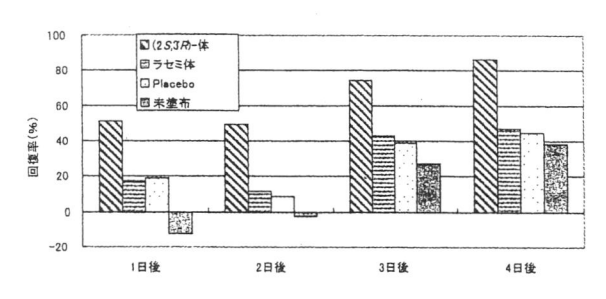

バリア回復率(%)=100-(測定日のTEWL-測定日健常肌のTEWL)/(処理後のTEWL-処理日健常肌のTEWL)×100

図12 光学活性セラミド2によるSDS処理肌荒れの改善効果（TEWL）[10]

ラミド（Type 1〜7）と2種類の膜タンパク結合セラミド（Type A, B）に分類されている。これらのうちセラミド1, 2, 5およびAの骨格をなすスフィンゴシン塩基は2個の不斉炭素を有しているが，天然に存在するものは（2S, 3R）体のみであることが確認されている。これらのセラミドが抽出法，酵母による発酵法，キラル合成法によって工業的な供給が可能となっており，化粧品への配合検討がなされ配合されている。Karl Lintner[9]らはセラミド2について検

討しており，ラウリル硫酸ナトリウム（SDS）水溶液で発生させた肌荒れに対してセラミド2を1％配合したクリームによる改善効果をTEWL（経表皮水分損失）の変化で調べている。図9に見られるように改善効果が見られる。また，テープストリッピングによって作った肌荒れに対して，セラミド2を0.5％配合したクリームによる改善効果についても，図10に示すように肌荒れ改善効果が見られる。

　また石田[10]らはキラル合成技術によって光学活性の（2S，3R）-セラミド2の合成を行い，ラセミ体のセラミド2との機能比較を行っている。図11，図12にＳＤＳ処理により発生させた，肌荒れ部位の水分量およびTEWL値でみた肌荒れ回復率を示す。光学活性体はラセミ体に比べて顕著な回復効果が認められている。また，光学活性なセラミド2とセラミド5とを併用すると，それぞれのセラミドを単独で配合した場合よりも水分保持力が上がることを見出している。これらはスキンケア化粧品での肌荒れ改善だけでなく，ヘアトリートメント効果を有していることも確認されている[11]。

3.2　レシチン

　レシチンは生体組織中に存在するリン脂質のうち，約70％をしめるグリセロリン脂質であり，安全性が高い乳化剤として食品添加物として広く活用されている。化粧品の乳化剤として活用するためには，経時で変臭を生じるという問題点があるために，構成脂肪酸中の不飽和部分を水素添加して酸化安定性を改善した水素添加レシチンが作られ，特に大豆由来のレシチンを水素添加した水添大豆レシチンが主として使われている[12]。レシチンの主成分であるホスファチジルコリンとホスファチジルエタノールアミンは両性界面活性剤であり，ホスファチジルコリンはO/W型の乳化特性を示し，ホスファチジルエタノールアミンはW/O型の乳化特性を示し，混合物であるレシチンは通常O/W型の乳化剤として働く。また，レシチンはリポソーム形成能を有するために，リポソームの特長を活用することによって化粧品に用いられる薬剤の安定化や薬剤の皮膚透過促進効果を期待して広く検討されている[13, 14]。

4　おわりに

　化粧品は，その使用部位や使用方法に応じて多くの原料をコロイド化学的に混合して作られているが，製品を構成する原料の中で油分は大きな割合をしめており重要なものである。そこで，製品の性能や効果を高めていくためには，機能性が高い油分の開発は非常に重要なことである。そのためには，製品における油分の役割や機能を明確にすることが必要であり，今後とも多くの物性評価法が開発され，製品における油分の役割が明確になっていくことによって，その機能に

第 5 章 化粧品分野での応用

最も優れた油分を設計して開発していくことが出来るようになり，ますます機能性有効性に優れた化粧品がつぎつぎと生まれてくるものと考える。

文　　献

1) Barry A. Salka, *Cosmetics & Toiletries magazine*, **112** (10), 101 (1997)
2) 正木功一，戸谷永生，*J. Soc. Cosmet. Japan*, **32** (1), 59 (1998)
3) K. Kusakari, M. Yoshida, F. Matsuzaki, T. Yanaki, H. Fukui, M. Date, *J. Cosm. Sci.*, **54**, 321 (2003)
4) 西山聖二，小松日出夫，田中宗男，*J. Soc. Cosm. Chem. Japan*, **16** (2), 136 (1983)
5) 丸山　実，*FRAGRANCE JOURNAL*, **1990** (8), 52 (1990)
6) 片山　剛，*FRAGRANCE JOURNAL*, **2000** (12), 75 (2000)
7) P. M. Elias , D. S. Friend, *J. Cell. Biol.*, **65**. 180 (1975)
8) K. J. Robson, M. E. Strewart, S. Mikelsen, N. D. Lazo, D. T. Downing, *J. Lipid, Res.*, **35**, 2060 (1994)
9) Karl　Lintner *et al; FRAGRANCE JOURNAL* **1999** (10), 65 (1999)
10) 石田賢哉，オレオサイエンス　**4** (3), 105 (2004)
11) 石田賢哉，城山健一郎，川田　泉，*FRAGRANCE JOURNAL*, **2002** (6), 60 (2002)
12) 橋本　悟，*FRAGRANCE JOURNAL*, **2001** (12), 45 (2001)
13) 内藤　昇，一色　隆，表面，**37** (5), 294 (1999)
14) 川上亘作，表面，**38** (7), 317 (2000)

第6章　脂質ナノチューブの構造・特性・応用

清水敏美*

1　はじめに

　親水部と疎水部を1つの分子中に併せ持つ両親媒性化合物（脂質）は，生体材料における階層構造までとはいかないが，一定の条件下で球状，棒状，リボン状などnmサイズの構造形態に組織化する。それらの3次元形態は超微細加工では不可能な数nmオーダーの精度で形成する。そのため，分子の自己集合や自己組織化といった仕組みがボトムアップナノテクノロジーの1つの技術戦略として注目を集めている。我々はこれまでに，各種の合成脂質を利用して，低分子からボトムアップ的にナノスケールの径サイズを有し，形態がファイバー状やコイル状である有機系1次元ナノ構造材料を構築してきた[1,2]。その中で，合成糖脂質分子が自己集合して長い中空シリンダー状構造をもつナノチューブ形態（"脂質ナノチューブ"と呼ぶ）を形成することを新たに見いだした。本稿では，脂質ナノチューブ類のナノテクノロジー分野での応用を意識して，その構造特性，形態制御，中空シリンダー部の機能と特性などに焦点をあてて，従来の分子集合体にはなかった特徴と魅力を概説したい。

2　合成糖脂質からナノチューブをつくる

　再生可能な資源であるカシューナッツ殻油（CNSL）には天然長鎖フェノールが多く含まれる。その主成分であるm-置換長鎖フェノール混合物であるカルダノールを疎水部に，グルコース単位を親水部にもつ糖脂質カルダニル-β-D-グル

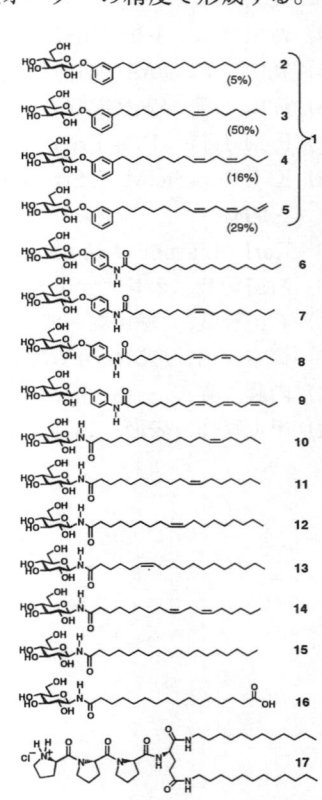

図1　脂質ナノチューブを形成する合成脂質の例

---

*　Toshimi Shimizu　㈱産業技術総合研究所　界面ナノアーキテクトニクス研究センター　研究センター長

第6章　脂質ナノチューブの構造・特性・応用

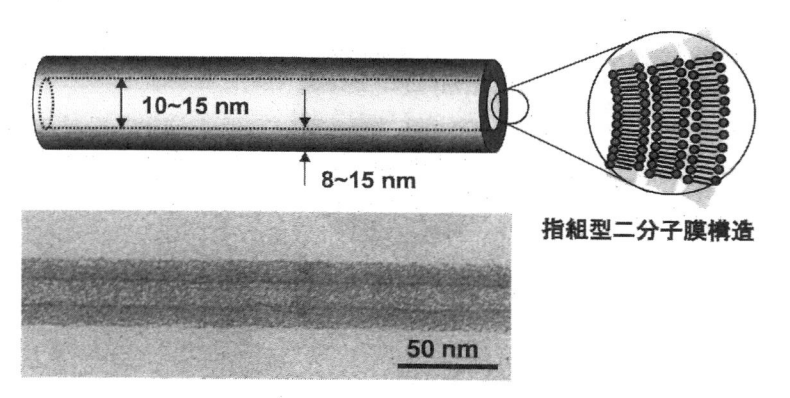

図2　1が形成する脂質ナノチューブの透過型電子顕微鏡写真と分子配列図

コシド（1）（長鎖炭化水素基の不飽和度が異なる4種類の混合物，図1）を新たに合成した。（1）は，水中で自己集合して外径が40～50nm，内径が10～15nm，長さが数十～数百μmの脂質ナノチューブを再現性よく形成する[3]（図2）。そのサイズ次元は多層カーボンナノチューブと同程度であり，チューブ膜壁は，糖脂質分子が指組構造をとった二分子膜構造3～4層から形成されている。このナノチューブの場合，水中，約35℃付近でゲル－液晶相転移を起こしチューブ状形態から球状小胞体（ベシクル）へ形態が変化する。しかし，空気中ではその形態は約130℃まで安定である。従来から，光学活性な両親媒性化合物が水中で自己集合して，固相の二分子膜構造から成るらせん状リボン構造を形成し，さらにリボン構造が進化してナノチューブ構造を与えることが知られている[4]。脂質ナノチューブ構造は，それら両親媒性分子がもつ固有のキラリティーが分子集合体レベルで増幅発現したキラル構造の究極形態と言える。

3　ナノチューブ形成のための糖脂質構造を最適化する

糖脂質の疎水部に用いる炭化水素鎖の不飽和度と不飽和位置は，ナノチューブ形成にとって顕著な影響を及ぼす重要な構造因子である。シス型二重結合の導入数が異なるp-置換不飽和炭化水素アミドフェノール誘導体を疎水部にもつ新たなグルコシド系糖脂質（6）～（9）（図1）を合成し，水中での自己集合挙動を検討した。糖脂質（6）～（9）の水和体は，対応する（2）～（5）と比較して，約40～80℃ほどゲル－液晶相転移温度が高く，室温下ですべて固相状態であることがわかった。飽和型炭化水素鎖をもつ脂質（6）は水中に不溶であったのに対し，モノエン型脂質（7）はねじれ状リボン構造を与えた。ジエン型成分（8），トリエン型成分（9）は水中でそれぞれ，内径が150～200nmのコイル状チューブ，約70nmの内径をもつチューブ状形態を形成する。二重結合の導入数が増加するに従い，チューブ状形態が集合しやすい傾向を示し

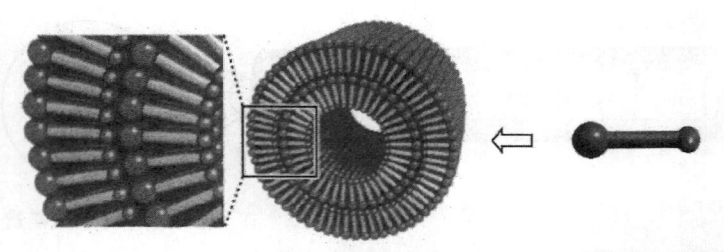

図3 非対称な内外表面を有する脂質ナノチューブの分子配列模式図

た[5]。

　次に，シス型二重結合の導入位置が異なる不飽和脂肪酸をグルコピラノシルアミド型糖脂質(10)〜(15)（図1）の疎水部として導入した。その結果，第11位に導入した糖脂質(11)が外径のサイズ分布が最も狭い，均質なナノチューブ構造をほぼ100％の収率で形成することがわかった[6]。糖脂質分子は二重結合の数と導入位置に依存して特異的な屈曲構造を形成する。脂質ナノチューブの形成に関する理論によれば，キラルな両親媒性分子は最隣接する分子と少しずれてパッキングする傾向を示すと言われている。糖脂質(11)が形成する屈曲構造がこのキラルな分子パッキングを安定化させ，二分子膜リボン構造全体にねじれを与え，最終的にチューブ状形態に収束したものと考察できる。

4　脂質ナノチューブのサイズを制御する

　内径，外径，膜厚，長さといった脂質ナノチューブが有するサイズ次元の制御ができれば，その使用にあった合目的なナノチューブが作製可能である。普遍的な手法ではないが，ジアセチレン基を含むリン脂質誘導体に対して，分子構造を変化させたり，分散液濃度や熟成条件を制御することによって脂質ナノチューブの外径や膜厚などを変化させた（制御ではない）例が報告されている[7]。ナノテクノロジー分野での応用を考えると，中空シリンダー部の特性を自由自在に設計することが重要であり，この観点から，誰もが成功していない内径サイズの制御が大きな課題となる。我々は最近，大きさが異なる2つの親水部（グルコース残基とカルボキシル基）をもつ非対称双頭型脂質(16)（図1）を設計合成し，連結部のオリゴメチレン鎖の長さを2炭素づつ大きくすることで平均内径17.7nmから22.2nmまで約1.5nmステップで内径を制御できることを見いだした[8]。(16)が形成する脂質ナノチューブは単分子膜が層状に配列した膜壁をもち，外部表面が糖鎖水酸基，内部表面がカルボキシル基で覆われ，非対称の内外表面を有しているのが従来にはなかった特徴である（図3）。この分子設計により，ナノチューブ中空シリンダー部へある種のゲストを選択的に包接したり，内面のみを選択的に化学修飾することが可能となる。

第6章　脂質ナノチューブの構造・特性・応用

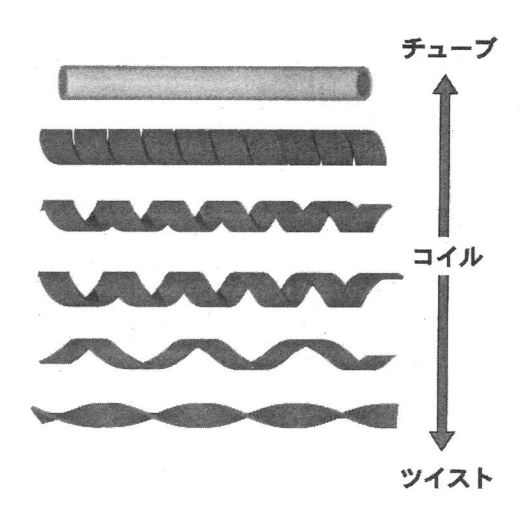

図4　2と3を用いた二成分系自己集合によるチューブ状形態の連続的制御

5　脂質ナノチューブの形態を制御する

　分子が自発的に集合して収束する1次元ナノ構造は，一定の条件下で最小のエネルギーで最大の正確性をもって組織化する。大きな課題は，思い通りの形態を創製するための分子設計指針と作製手法を開拓することである。ナノチューブ構造に集合したカルダノール系糖脂質をその構成4成分［飽和（2），モノエン（3），ジエン（4），トリエン成分（5）］に精密分離し，各成分の自己集合挙動や熱物性を個別に詳細に検討した。各成分の完全水和体の示差走査熱量分析はジエン成分（4）とトリエン成分（5）のゲル−液晶相転移温度が室温以下にあることを示し，固相であるナノチューブにはこの両成分は含まれないことを示唆した。一方，モノエン型成分（3）は水中で自己集合して主にナノチューブ形態を，飽和型成分（2）はねじれ状リボン形態を与えた。そこで，（2）と（3）を任意の割合で連続的に組成変化させて混合し，二成分系集合を試みた。その結果，初めて，チューブ状→コイル状→ツイスト状といった具合にらせん状の1次元集合形態を連続して調節できる可能性を見いだした[9]（図4）。触媒担持やガス吸蔵にとって重要なナノメータスケールの穴，隙間，溝が3次元的に配置された金属酸化物ナノスペース材料を創製するために，これら種々のらせん状構造は有効な鋳型として機能する。

6　脂質ナノチューブを鋳型にしてシリカナノチューブをつくる

　第二級アンモニウム塩構造をもつペプチド脂質（17）（図1）は水中で二分子膜1層からなる脂質ナノチューブを与える[10]。これをゾル−ゲル反応の鋳型に用いると触媒非存在下で重合反応

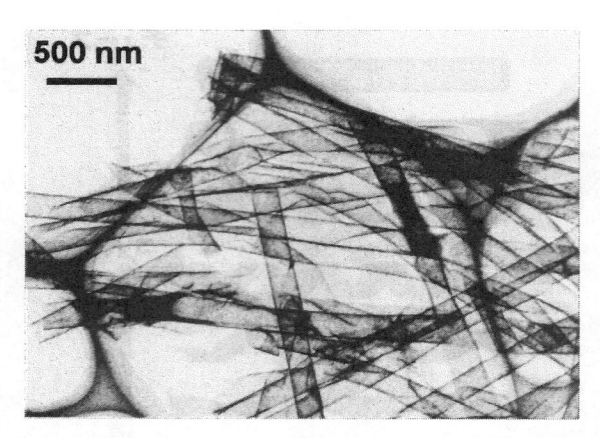

図5　膜厚約8 nmのシリカナノチューブの透過型電子顕微鏡写真

が進行し，約8 nmの超薄膜から成るシリカナノチューブを合成することが可能である（図5）[11]。弱酸性の親水部アンモニウム塩が自己触媒的に作用した結果であり，その正電荷量を制御することでシリカナノチューブの膜厚を4 nm以下の精度で変化できる[12]。有機系の1次元ナノ構造を鋳型とするゾル-ゲル反応では，棒状の鋳型からチューブが，チューブ状の鋳型からは二重円筒構造が生成し，ゾル-ゲル反応後得られる無機物の形態は正確には有機鋳型の複製形ではない。上述したケースは，ゾル-ゲル反応で形成した二重円筒の各シリカ層の膜厚が薄いため焼成時に融合し，チューブ状鋳型から同一の形態である一枚膜の無機ナノチューブが形成した例を示しており注目できる。これ以外にも，水や有機溶媒をゲル化できる種々の糖脂質誘導体を用いて，シリカナノチューブ形成が検討されている[13,14]。さらに，新海ら，英らの研究グループが多様な金属酸化物ナノチューブの例を報告している[15]。

7　金ナノ微粒子を脂質ナノチューブの中空シリンダー中に並べる

脂質ナノチューブが提供する10〜100 nmサイズの親水性シリンダー状空孔は，コロイド微粒子，タンパク質，DNAなど10nm以上のサイズ次元を有する中型のゲスト物質に対して好都合な包接ナノ空間を与える。中空シリンダーを用いた金ナノ微粒子の1次元組織化の例を紹介する。凍結乾燥によって，中空シリンダー内部を空にした脂質ナノチューブ中へテトラクロロ金（III）酸水溶液を毛細管力によって充満させ，紫外線を照射する。こうして，金ナノ微粒子が脂質二分子膜からなる膜壁に包接されたまま生成して，1次元的なコア部として組織化できる（図6）[16]。有機物から成るシェル部は空気中で燃焼させることで除去でき，金ナノ微粒子は燃焼温度条件により連続的な金ナノワイヤーへと変化する[17]。脂質ナノチューブの内径サイズは制御可能である

第6章 脂質ナノチューブの構造・特性・応用

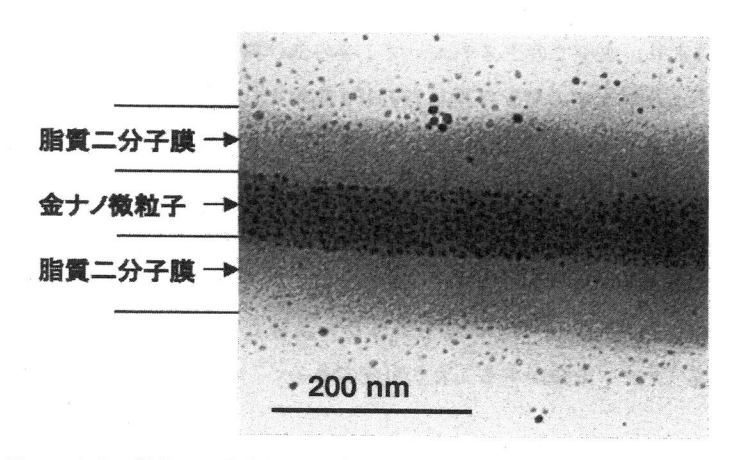

図6 金ナノ微粒子が中空シリンダー内部に充填された脂質ナノチューブの透過型電子顕微鏡写真

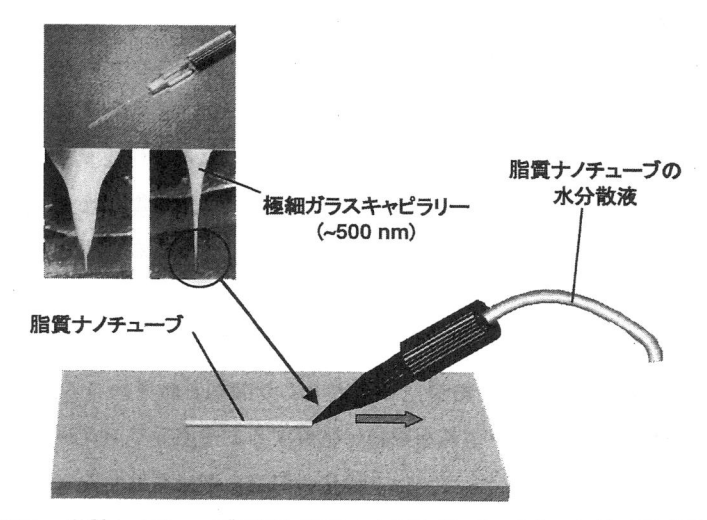

図7 脂質ナノチューブを押し出すマイクロインジェクション法の模式図

ことから，自在の幅をもつ金ナノワイヤーを調製することが可能である．この手法は，銀や銅など他の金属にも応用可能であり，リソグラフィー法を用いた半導体の最小加工寸法の限界（約50nm）を越える解像度をもつナノワイヤー作製と配線が期待できる．

8 脂質ナノチューブ1本の曲げ弾性を測る

独立した1本の脂質ナノチューブの力学特性は未知であり，マニピュレーション技術も未開拓である．まず力学特性に関しては，レーザーピンセットを用いた分子マニピュレーション技術を

確立させることにより，水中でのナノチューブ1本の曲げ弾性率評価を行うことができた。その結果，脂質ナノチューブ1本のヤング率は720MPaであり，生体中において，チューブリンタンパク質が自己集合して形成する直径が約25nmである微小管の1,000MPaと同程度であることが初めてわかった[18]。次に，実証された適度なナノチューブ弾性を有効に利用して，基板上で脂質ナノチューブ1本づつを自由自在に配向・配置制御する手法を検討した。その結果，我々は脂質ナノチューブを最極細ガラスキャピラリー（500nm径）の先端から押し出す，マイクロインジェクション法を開発した（図7）。これにより，ガラス基板上でナノチューブをインク代わりに用いて，種々の線画パターンを描画することが可能である。

9　中空シリンダー内に拘束された水の極性と構造を調べる

脂質ナノチューブの長い中空シリンダー内部に拘束された水の極性と構造は全くわかっていない。約100μm幅のマイクロチャンネルの径をさらに微小化した時のナノ流路物性としても興味深い。中空シリンダー内部にのみ導入した溶媒極性プローブANS（8-アニリノ-1-ナフタレンスルホン酸）の蛍光スペクトルは，ナノチューブ中空内部の水が極性低下を起こしていることを示唆するブルーシフト（蛍光極大波長515nm→470nm）を示した。これはナノチューブ内部に拘束された水が短鎖アルコールに相当する溶媒極性をもっていることを意味する。また，その蛍光寿命が粘性や誘電率の変化を反映するRB（ローダミンB）やR6Gを蛍光プローブとして用いた場合，粘性の増大および誘電率の減少を示す寿命変化が観測できた。以上の物性変化は，チューブ内では水分子の並進拡散や回転運動がバルク水中より抑制されていることを示している。また，水分子の水素結合ネットワーク構造を詳細に検討すると中空シリンダー内部では，水中で比較的よく観察できる氷状の長距離ネットワーク構造の形成は認められなかった。一方で，バルク中の水に比べて相対的に水素結合の発達した領域が顕著に増加することがわかった。このように，水は脂質ナノチューブの中空シリンダー部に拘束されることで通常のバルク水とは異なる特有の極性と構造を持つことがわかる[19]。

10　おわりに

分子を構築単位として自己集合的に，かつ階層的にナノ構造へ組み上げていく分子ボトムアップ型ナノテクノロジーの重要性と期待は高い。特に化学やバイオ分野で有用な新しいナノ構造材料やナノシステムを創製できる可能性がある。今回紹介した脂質ナノチューブはその典型例を示している。脂質ナノチューブ類の可能性ある用途としては，脂質ナノチューブが有する特徴ある

第6章 脂質ナノチューブの構造・特性・応用

中空シリンダー部を積極的に応用した，標的遺伝子キャリアー，ミサイルドラッグデリバリシステム，ナノキャピラリー電気泳動，ナノ反応容器などへの展開が考えられる。さらに，金属酸化物ナノチューブは環境・エネルギー用材料としての展開として，ガス吸蔵材料，触媒担持材料への期待が高い。このように，脂質ナノチューブは，近い将来，カーボンナノチューブと並ぶ化学・バイオ系新ナノ素材として大いに期待できる。

文　献

1) 例えば，(a) T. Shimizu et al., *Nature*, **383**, 487 (1996)，(b) T. Shimizu, M. Masuda, *J. Am. Chem. Soc.*, **119**, 2812 (1997)，(c) T. Shimizu et al., *J. Am. Chem. Soc.*, **119**, 6209 (1997)，(d) T. Shimizu et al., *Angew. Chem. Int. Ed. Engl.*, **37**, 3260 (1998)，(e) M. Masuda et al., *J. Am. Chem. Soc.*, **122**, 12327 (2000)，(f) T. Shimizu et al., *J. Am. Chem. Soc.*, **123**, 5947 (2001)，(g) T. Shimizu, *Macromol. Rapid Commun.* (Feature Article), **23**, 311 (2002).
2) 例えば，(a) 清水敏美, 表面科学, **19**, 222 (1998)，(b) 清水敏美, 高分子, **47**, 833 (1998)，(c) 清水敏美, 日本油化学会誌, **49**, 1261 (2000).
3) 例えば，(a) G. John et al., *Adv. Mater.*, **13**, 715 (2001)，(b) 清水敏美, 現代化学, **386**, 23 (2003)，(c) 清水敏美, 固体物理, **38**, 377 (2003)，(d) 清水敏美, 工業材料, **51**, 54 (2003).
4) 例えば，(a) P. Yager, P. Schoen, *Mol. Cryst. Liq. Cryst.*, **106**, 371 (1984)，(b) N. Nakashima et al., *J. Am. Chem. Soc.*, **107**, 509 (1985).
5) J.H. Jung et al., *J. Am. Chem. Soc.*, **124**, 10674 (2002).
6) 神谷昌子, 高分子学会予稿集（第52回高分子討論会），**52**, No. 11, 2821 (2003).
7) 例えば，(a) B.N. Thomas et al., *Science*, **267**, 1635 (1995)，(b) M.S. Spector et al., *Adv. Mater.*, **11**, 337 (1999).
8) M. Masuda, T. Shimizu, *Langmuir*, **20**, 5969 (2004).
9) G. John et al., *Chem. Eur. J.*, **8**, 5494 (2002).
10) T. Shimizu, M. Hato, *Biochim. Biophys. Acta*, **1147**, 50 (1993).
11) Q. Ji et al., *Chem. Mater.*, **16**, 250 (2004).
12) Q. Ji et al., *Chem. Lett.*, **33**, 504 (2004).
13) J.H. Jung et al., *Langmuir*, **18**, 8724 (2002).
14) J.H. Jung et al., *Nano Letters*, **2**, 17 (2002).
15) 例えば，(a) S. Kobayashi et al., *J. Am. Chem. Soc.*, **124**, 6550 (2002)，(b) J.H. Jung et al., *Chem. Rec.*, **3**, 212 (2003)，(c) K.J.C.v. Bommel et al., *Angew. Chem. Int. Ed.*, **42**, 980 (2003).
16) B. Yang et al., *Chem. Commun.*, 500 (2004)
17) B. Yang et al., *Chem. Mater.*, **16**, 2826 (2004).
18) H. Frusawa et al., *Angew. Chem. Int. Ed.*, **42**, 72 (2003).
19) H. Yui et al., *Langmuir*, 印刷中

第 3 編　素材編

第7章　DHA・食品・機能

鈴木平光[*]

1　DHAの分布

　DHA（ドコサヘキサエン酸；docosahexaenoic acid, 22：6n-3）は，n-3系高度不飽和脂肪酸に分類され，主として海産生物中に存在している。特に，魚介類や海獣の脂質中には豊富に存在している場合が多い。魚介類では，あんこうの肝のように，脂質が多い内臓，まぐろのトロやぶりなどのような脂身，すじこのような魚卵にDHAが多く含まれている（表1）。これらのDHAは大部分がトリアシルグリセロールの成分となっていて蓄積脂肪を形成しているが，一部はリン脂質の成分として種々の組織の生体膜を形成している。しかし，DHAは陸上動物の体脂肪にはほとんど存在せず，主として脳の脂質中に豊富に含まれている。また，量的には少ないが，網膜，心臓，精巣の脂質中には高濃度に含まれている。脳や網膜などの組織では，DHAはリン脂

表1　魚介類に含まれるDHA及び脂肪酸総量（g/100g）[1)]

魚介類	DHA	脂肪酸総量	魚介類	DHA	脂肪酸総量
あんこう・きも	3.65	35.12	さけ	0.82	6.31
くろまぐろ脂身	2.88	20.12	あじ	0.75	5.16
干しやつめ	2.61	21.55	あなご	0.66	8.58
すじこ	2.18	11.63	うるめいわし	0.63	3.35
まいわし・丸干し	2.12	17.25	いかなご	0.62	2.47
まだい・養殖	1.83	12.62	かつお	0.31	1.25
ぶり	1.79	12.48	まだい・天然	0.30	2.70
さば	1.78	13.49	こい	0.29	4.97
きちじ	1.47	18.83	かれい	0.20	1.42
さんま	1.40	13.19	ひらめ	0.18	0.84
うなぎ	1.33	19.03	いか	0.15	0.39
まいわし	1.14	10.62	あゆ	0.14	4.11
にじます	0.98	6.34	たら	0.07	0.22

（日本食品脂溶性成分表より）

---

*　Hiramitsu Suzuki　㈱食品総合研究所　食品機能部　機能生理研究室長

質の一部となり，その機能に大きくかかわっている[1]。

2　DHA含有食品

DHAを含む食品としては，我国では表1に示した魚介類の生鮮物や加工品が一般的である。しかし，中国では極まれにサルの脳を食べたり，欧州では珍味として羊の脳を食べることがある。このサルや羊の脳は立派なDHA含有食品である。

1991年には，世界で始めて，我国でゼラチンソフトカプセルに充てんされたDHA含有魚油加工品が市販され，DHAの大ブームを引き起こした。その後，DHA含有魚油を添加した食品が試作，商品化されたが，強力な魚臭のため嗜好性が低く，食品として普及しなかった。

最近では，精製魚油を果汁とブレンドし，魚臭をマスキングした後，遠心分離して得られる無臭のDHAオイルが開発されている。このDHAオイルを用いて，DHA入りのパン等が製造され，学校給食にも利用されている。また，DHA含有魚油に糖類を添加し，比重を整えた後，ブレンドして得られる乳化物には，魚臭がなく，乳飲料の製造等に向いている。今後は，多くのDHA添加食品が開発され，商品化されるものと思われる。

3　DHAの生理機能性

3.1　心血管系因子への作用

DHAの血清（漿）脂質に及ぼす影響については，魚油からのDHAの精製技術が開発され，そのエチルエステル（純度90％）ができてから明らかにされている。しかし，消化吸収されたDHAの一部は，主として肝臓でEPAに変換され，EPAの作用も若干生じる[1]。

高度精製DHAまたはEPAをそれぞれ5％含むCh無添加飼料で6日間マウスを飼育し，血漿脂質への影響を調べた実験では，DHA食群もEPA食群も血漿中のCh，TG，PLが低下したが，DHA食群のほうがEPA食群よりもCh低下効果が強いことが報告されている[2]。この血漿脂質の低下機構として，それぞれの脂質の生合成に関与する律速酵素の活性低下や分解・排泄系の促進が関与していると推定されている。

動脈硬化に関与する因子に対するDHAの作用としては，血小板凝集の抑制，血管収縮の抑制，アラキドン酸の代謝産物であるトロンボキサンA_2産生抑制，トロンボキサンB_2産生抑制，プロスタグランジン産生抑制，ロイコトリエンB_4産生抑制などがある。なお，血小板の凝集は，DHAの方がEPAよりも強いとされている。

これらのことから，DHAはEPAのように，エイコサノイドが合成され，心血管系因子に影響

第7章　DHA・食品・機能

するのではなく，DHA自身が脂質合成酵素活性，脂質排泄・代謝機構，アラキドン酸代謝などに作用し，生理機能を発現していると思われる。

3.2　脳神経系機能への作用

　動物が魚油を摂取したとき，血液中ではDHA及びEPAが上昇するが，脳ではEPAの上昇はほとんど認められず，DHAがわずかではあるが有意に上昇する。このことから，脳神経系機能については，魚油を用いた場合でも，その作用は主としてDHAによるものと考えられる。

　各種の食用油脂を30日間マウスに与えると，脳内のDHAの割合はサケ油食群＞イワシ油食群≫エゴマ油食群≫ラード及びパーム油食群の順であり，精製n-3脂肪酸を6日間マウスに与えた場合にはDHA食群≫EPAおよびα-リノレン酸食群の順である[3]。このことは，脳内のDHAの割合を増やすにはDHAそのものを多く含む油脂を摂取すれば良いことを示している。

　脳内に取り込まれたDHAは，主としてホスファチジルエタノールアミン（PE）やホスファチジルセリン（PS）に存在している。また，脳内DHAの細胞内分布を調べたところ，摂取したDHAは迅速にシナプス，ミトコンドリア，小胞体に取り込まれることが明らかにされている。なお，この際，シナプス膜の流動性が高まることも認められている[4]。

　DHA強化食（魚油食）を摂取すると，記憶学習能が高まり，n-3脂肪酸欠乏食（サフラワー油食等）を摂取し続けると記憶学習能が低下することが動物実験により明らかにされている。最近では，n-3脂肪酸欠乏食を3世代与えられた高齢ラットにDHAを300mg/kg，10週間以上与えた場合，八方向放射状迷路における参照記憶エラー数が少なくなり，海馬の過酸化脂質レベルが低下することが認められている[5]。また，イワシ油食を離乳直後から12ヶ月間与えたマウスでは，パーム油食を与えたマウスに比べ，迷路学習能が高いことが報告されている。そこで，DHAの摂取量や摂取期間と迷路学習能との関係を調べた結果，DHAエチルエステル2％食を3ヶ月間摂取することで学習能の向上効果が認められている（図1）[6]。さらに，若齢マウスを用いた7ヶ月間の実験や高齢マウスを用いた4ヶ月間の実験で，DHAとホスファチジルコリンとの間に記憶学習能向上作用における相加効果が見られている[7]。また，DHAとカテキンについても高齢マウスの迷路学習能で相加効果が明らかにされている（図2）[8]。

　n-3脂肪酸欠乏食で飼育したモルモットでは，網膜電位図のPⅡとPⅢに関する機能の低下があり，この低下は網膜のDHAレベルと関係があることが報告されている。また，この低下は，n-3脂肪酸を10週間摂取することで回復可能である。さらに，n-3脂肪酸欠乏ラットでは，網膜の感受性が低下し，b波の出現が遅くなる[1]。

　これらの動物実験の結果からすると，DHAは記憶学習能や網膜機能を高め，脳神経系機能の維持向上に役立つ可能性が高いと思われる。

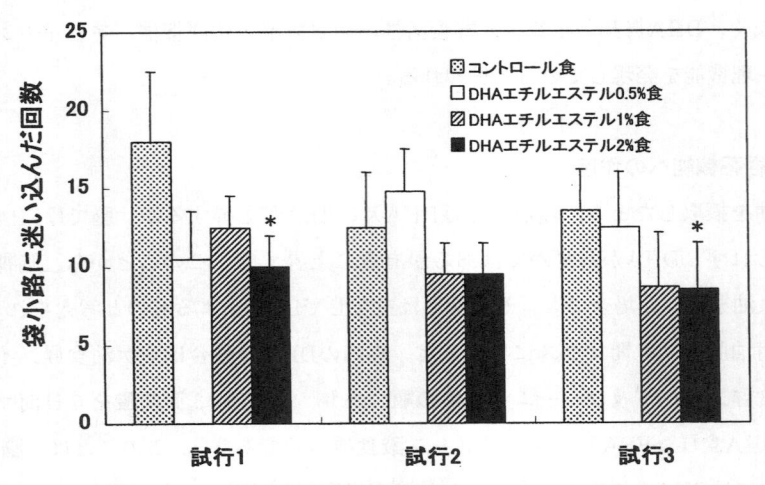

図1 マウスの記憶学習能（袋小路に迷い込んだ回数）に及ぼす飼料中のDHAエチルエステル含量の影響[6]

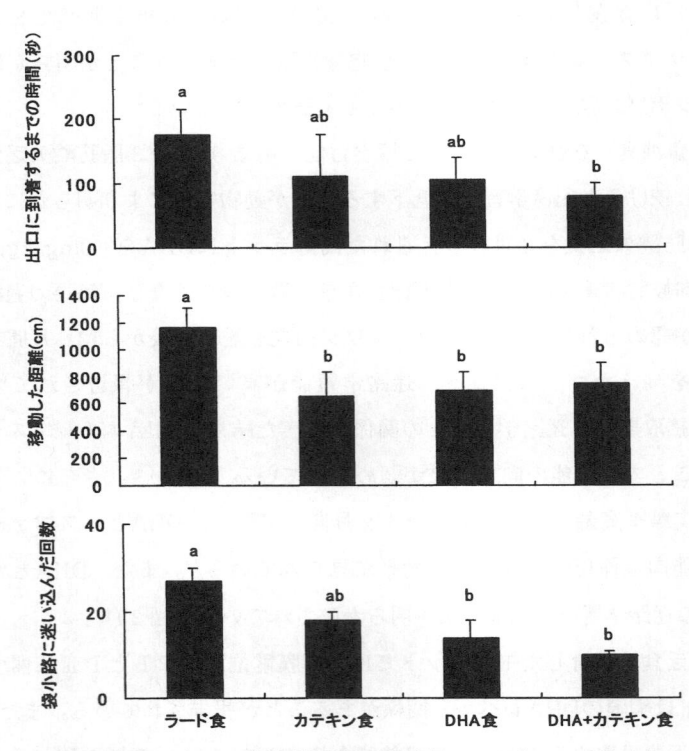

図2 高齢マウスの記憶学習能に及ぼすDHAエチルエステルとカテキンの同時摂取の影響[8]

第7章　DHA・食品・機能

3.3　腫瘍（がん）組織への作用

　大腸のがん組織では，特にn-6脂肪酸の多い油脂は発がんの促進因子と考えられ，魚油やDHAは抑制因子とされている。これは，DHAがアラキドン酸から生合成されるプロスタグランジンE_2を抑制すること，細胞膜を修飾し，腫瘍壊死因子の産生を促進すること，がん細胞内での脂質過酸化物の生成を増やすことなどにより，発がんの進行を抑えるためと考えられている。また，魚油やDHAには，がん腫の増大を遅らせ，転移を抑える作用がある[1]。

　実験動物にがんを移植したり，発がん物質を与えてがんを誘導したりして発がん動物を作製し，これらの動物で，魚油の有効性を明らかにする研究が多く行われているが，DHA単独の影響を見た研究は少ない。しかし，ジエチルニトロソアミン等の発がん物質をラットに7週間投与し，その後，1週間にDHAを3回，30週間胃内投与した実験により，DHAは大腸の腫瘍の大きさと数を減少させ，小腸や肺でも発がんを抑制することが明らかにされている[9]。

3.4　炎症因子への作用

　魚油やDHAの摂取は，白血球膜リン脂質中のアラキドン酸を減少させ，アラキドン酸から生合成されるロイコトリエンA_4やB_4などを低減するとともに，白血球の働きを抑制することで，急性，慢性，アレルギー性の炎症症状を軽減するとされている。ここでもDHAやEPAをともに含む魚油を用いた研究は多く見られるが，DHA単独の投与を行っている研究は少ない[1]。

　5ヶ月齢の全身性エリテマトーデス自然発症モデルマウス（糸球体腎炎を自然発症）に魚油やDHAエチルエステルなどを14週間与えた実験では，DHA群のタンパク尿の出現率が，魚油群やEPA群よりも少ないことが認められている[10]。

3.5　糖代謝への作用

　魚油を摂取した動物では，多くの場合，血漿脂質の減少を伴う血糖値の低下が見られる。また，アロキサン投与による実験的糖尿病動物でも，n-3脂肪酸摂取により，抗酸化能が高まり，サイトカインの産生が抑制され，抗糖尿病作用が高まる。さらに，インスリン非依存性糖尿病（NIDDM）モデル動物でも魚油食で，糖負荷試験時における血漿インスリンレベルの上昇及び血糖の低下が認められている[1]。

　NIDDMモデルマウス（KK-Ay）にDHA（0.5g/kg体重）を単回経口投与すると，その10時間後には血糖値と血漿中の遊離脂肪酸が低下する[11]。また，DHA（0.1g/kg体重）を30日間連続経口投与したときも，同様の結果が得られており，これはDHAがインスリン作用を高めているためと推測されている。

機能性脂質のフロンティア

4 DHA摂取による疾患の予防・症状改善

4.1 心血管系疾患

　魚食や魚油の摂取が心血管系疾患の予防に役立つことが，多くの疫学研究により明らかにされている。2002年に発表されたNurses' Health Studyでは，84,688名の女性看護師について16年間の調査を行い，魚食が多く，n-3脂肪酸の摂取量が多いほど冠動脈心疾患の危険性が低下することを明らかにしている。また，65才以上のヒトを対象にしたCardiovascular Health Study (2003) では，致死性の虚血性心疾患の危険性と血漿リン脂質中のDHA＋EPA含量とは逆相関にあることが認められている[1]。

　魚油またはDHA＋EPAを摂取した臨床介入試験も多く行われている。その最大規模の試験が，イタリアで行われた心筋梗塞患者11,324名によるGISSIである。この試験では，n-3脂肪酸を1日当り1g，3年半摂取したとき，突然死の頻度が減少したことを明らかにしている[1]。しかし，DHAを単独投与した臨床介入試験は少ないが，高脂血症患者に高純度のDHAを1日当り4g，6週間与えた試験では，血圧と心拍数が低下することが報告されている[12]。また，高脂血症患者に1日当り1.25gまたは2.5gのDHAを4週間与えた場合には，血清TG量の減少が観察されている[13]。今後，DHA単独の有効性についてEPAと比較しながら明らかにする必要がある。

4.2 子供の脳神経系の発達と高齢者の痴呆症予防等

　8才児の知能指数（IQ）を調べた研究では，DHAを強化していない人工乳で育てられた早産児に比べ，DHAが含まれている母乳で育てられた早産児の方が，若干ではあるが有意にIQが高いことが示されている。また，視覚による注意力検査でも，DHAを添加した人工乳を生後2ヶ月まで与えられた早産児で，慣れた刺激に対する注意力が高いことが認められている。さらに，正常出産児が9才になった時の神経学的機能について検討したところ，人工乳に比べ母乳の方が若干良いとの結果がある。また，18週目の妊婦に毎日10mLのタラ肝油を出産後3ヶ月目まで与え，その子供が4才になった時，知能テストを行った結果，コーン油を摂取したものに比べて，精神発達スコアが若干高いことやこのスコアが妊娠期のDHAの摂取と相関があることが報告されている。また，DHAの摂取は，正常出産児でも，その視覚機能の発達にとって重要であることが明らかにされている[1]。

　大規模な疫学研究で，魚を毎日食べるヒトの方がほとんど魚を食べないヒトよりもアルツハイマー型痴呆症になりにくいことが明らかにされている。また，アルツハイマー型痴呆症のヒトでは海馬リン脂質中のDHAの割合が少ないことも報告されている。さらに，痴呆症患者や高齢者に魚油を与えた研究がいくつか行われており，DHAを豊富に含む魚油の摂取により，痴呆度の

第7章 DHA・食品・機能

表2 老人30名（平均年齢78歳）の知的能力に及ぼすDHA含有魚油摂取（0.64〜0.8g/日，6ヶ月間）の影響[14]

判　定（改訂長谷川式簡易知能評価スケール）	人数	割合（％）
改　善（スコアが1点以上増加）	18	60
不変化（スコアに変化なし）	3	10
悪　化（スコアが1点以上低下）	9	30

知的能力	上昇者数	低下者数	不変化者数	全体の増減点数
見当識	6	11	13	−12
単語の復唱	12	4	14	+17
計算	9	5	16	+5
単語の遅延再生	14	9	7	+11
記憶の想起	7	12	11	+6
言葉の流暢性	6	5	19	+3

改善が見られている。特別養護老人ホームの高齢者30名による研究では，1日当りDHAとして0.64〜0.8gを精製魚油で6ヶ月間与えたところ，痴呆度テストのスコアが18名（60％）で上昇し，スコアが7以上上昇したヒトが3名，5以上上昇したヒトが5名いたことが報告されている（表2）[14]。これらの研究成果から，DHAの摂取が痴呆症の予防や症状改善に役立つ可能性が高いと考えられている。

最近では，魚油やDHAの摂取と精神活動との関係についても明らかにされつつある。心理的なストレス下にある学生を対象とした敵意性テスト（P-Fテスト）では，DHAを摂取しなかったものは敵意性が高まったが，1日当りDHAを1.5〜1.8g摂取したものは敵意性に変化がないことが報告されている[15]。

以上のように，DHAはヒトでも，脳の発達，脳機能の維持向上，痴呆症の予防や精神の安定に役立つことが示されている。

4.3　がん

魚油とがんとの関係についてのヨーロッパ24ヶ国での疫学研究では，魚油/動物脂比は大腸がんや乳がんによる死亡率と逆相関することを明らかにしている。また，10年前に摂取した魚油のレベルが乳がんによる死亡率と逆相関にあることが見出されている。さらに，肺がん，子宮がん，肝臓がんではそのリスクと魚油の摂取とは逆相関にあることも示されている。しかし，前立腺がんについては，魚油の摂取と関連があるという報告と関連がないという報告がある[1]。

魚油を用いた臨床介入試験も行われており，大腸がん患者の場合，n-3脂肪酸を1日当り

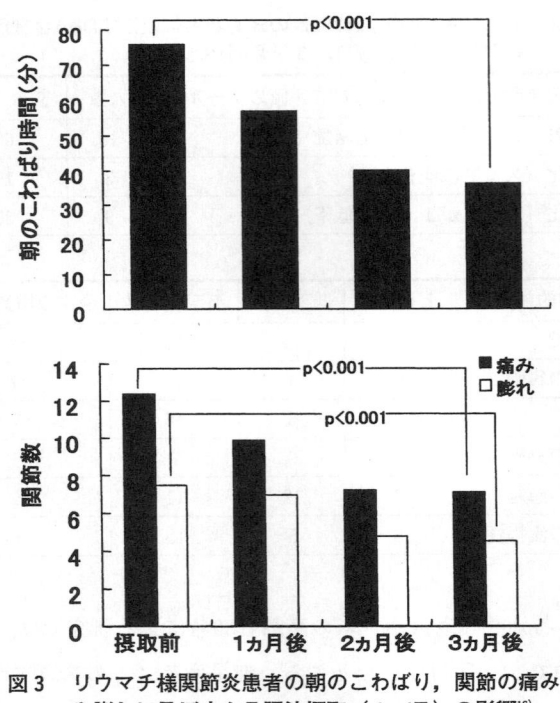

図3 リウマチ様関節炎患者の朝のこわばり，関節の痛みや膨れに及ぼすタラ肝油摂取（1g/日）の影響[16]

2.5g，6ヶ月間摂取すれば十分な効果が現れると考えられている。しかし，進行がんで食欲がなく，体重が低下した患者では，魚油（1日当りDHA1.2g，EPA1.8g）を2週間与えても症状の改善は見られていない。この他にも，がん患者への魚油，DHA，EPAを用いた介入試験が行われているが，若干の症状改善効果は認められるものの，十分な治療効果を見るに至っていない[1]。

4.4 炎症性疾患

魚油，DHA，EPAと炎症性疾患との関係を調査した疫学研究は少ないが，n-3脂肪酸の摂取量が多いヒトほど，慢性気管支炎や肺気腫になりにくいことが報告されている。また，魚を週1〜2回以上摂取するヒトでは1回以下のヒトに比べてリウマチ様関節炎のリスクが低く，炎症が起きている患者ではn-3脂肪酸が低いことが認められている[1]。

炎症性疾患への臨床介入試験は比較的多く行われている。近年では，子供の気管支喘息患者に魚油を10ヶ月間毎日与えた結果，喘息症状と気道過敏性の改善が認められている[1]。また，活動性のリウマチ様関節炎患者に魚油を14週間与えたところ，痛みのある関節の数が減少し，起床したときから疲労を感じるまでの時間が長くなることが報告されている。さらに，リウマチ様関節

第7章　DHA・食品・機能

炎患者にタラ肝油を1日当り1g，3ヶ月間与えたところ，朝のこわばり，関節の痛みや腫れ，痛みの強さが低下し，魚油の有効性が明らかにされている（図3）[16]。アトピー性皮膚炎や乾癬患者に対しては，魚油が有効であるとする報告と有効でないとする報告がある。活動期の潰瘍性大腸炎患者では，DHA＋EPAを1日当り4.2g，3ヶ月間与えた場合には，症状の改善が認められている。また，再発の危険性が高いクローン病患者でも，魚油を摂取することで再発率が低くなることが確認されている[1]。

4.5　糖尿病

魚油と糖尿病との関係を調査した疫学研究は少ないが，耐糖能異常を示したアラスカのイヌイットでは，血中のn-3脂肪酸が少なく，食事の変化と関係があることが報告されている[1]。

糖尿病患者では，魚油は血糖値やインスリンに影響することはなく，糖代謝を改善しないとの報告が多く見られる。しかし，これらの大部分は，魚油の摂取期間が2～8週間と短く，長いものでも6ヶ月である[1]。今後は，魚油やDHAの長期摂取試験を試みる必要があると思われる。

文　献

1) 鈴木平光ほか，水産食品栄養学―基礎からヒトへ―，技報堂出版，P.117（2004）
2) H. Suzuki et al., *Fish. Sci.*, **61**, 525（1995）
3) H. Suzuki et al., *Int. J. Vit. Nutr. Res.*, **67**, 272（1997）
4) H. Suzuki et al., *Mech. Ageing Dev.*, **101**, 119（1998）
5) S. Gamoh et al., *Clin. Exp. Pharmacol. Physiol.*, **28**, 266（2001）
6) S-Y. Lim, H. Suzuki, *Int. J. Vit. Nutr. Res.*, **72**, 77（2002）
7) S-Y. Lim, H. Suzuki, *Int. J. Vit. Nutr. Res.*, **70**, 251（2000）
8) N. Shirai, H. Suzuki, *Ann. Nutr. Metab.*, **48**, 51（2004）
9) H. Toriyama-Baba et al., *Jpn. J. Cancer Res.*, **92**, 1175（2001）
10) D. R. Robinson et al., *J. Lipid Res.*, **34**, 1435（1993）
11) T. Shimura et al., *Biol. Pharm. Bull.*, **20**, 507（1997）
12) T. A. Mori et al., *Hypertension*, **34**, 253（1999）
13) M. H. Davidson et al., *J. Am. Coll. Nutr.*, **16**, 236（1997）
14) H. Suzuki et al., *World Rev. Nutr. Diet.*, **88**, 68（2001）
15) T. Hamazaki et al., *J. Clin. Invest.*, **97**, 1129（1996）
16) J. Gruenwald et al., *Adv. Ther.*, **19**, 101（2002）

第8章 EPA

土居崎信滋[*1], 秦 和彦[*2]

1 はじめに

近年,エイコサペンタエン酸(EPA)やドコサヘキサエン酸(DHA)に代表される,n-3系多価不飽和脂肪酸がその特異な生理活性を有するため注目を浴びている。注目を浴びるきっかけとなったのは,有名なBangおよびDyerbergらがデンマーク自治領であるグリーンランドの人々を対象に行った疫学調査である。この調査において魚類や海獣類を多食するグリーンランド人は,ほぼ同量の脂質を摂取しているデンマーク人と比較して心筋梗塞の発症が極めて少ないことが確認され,その原因として摂取した脂質に含まれる脂肪酸のうちn-3系多価不飽和脂肪酸であるEPAが多く含まれているからと報告されている[1~3]。この研究を発端にEPAの研究が日本を始め欧米でも盛んに行われてきた。その結果,わが国においてn-3系多価不飽和脂肪酸の重要性が明らかになったことから,厚生労働省の「日本人の栄養所要量」では従来記載のなかったn-3系多価不飽和脂肪酸とn-6系多価不飽和脂肪酸の比について,第5次改定(1994年)以降,健常人でおよそ1:4程度を目安とされた[4]。さらに国際的にも,1999年に開催された国際脂肪酸脂質学会(ISSFAL)のワークショップでは,成人における適正摂取量をn-3系脂肪酸2.87g/day,n-6系脂肪酸4.40g/day(n-3:n-6=1:1.5)と提案している[5]。また,米国食品医薬品局(Food and Drug Administration, FDA)ではn-3系多価不飽和脂肪酸についてサプリメントへの強調表示を許可しており(Consumption of omega-3 fatty acids may reduce the risk of coronary heart disease. FDA evaluated the data and determined that, although there is scientific evidence supporting the claim, the evidence is not conclusive.),2004年9月8日には一般食品にも EPA および DHA に対する表示を許可した(Supportive but not conclusive research shows that consumption of EPA and DHA omega-3 fatty acids may reduce the risk of coronary heart disease. One serving of [name of food] provides [x] grams of EPA and DHA omega-3 fatty acids. [See nutrition information for total fat, saturated fat and cholesterol content.])。さらに,医薬品分野においても研究が盛んに行われ,1990年著者らが開発したイワ

---

*1 Nobushige Doisaki 日本水産㈱ 中央研究所 化学系 研究員
*2 Kazuhiko Hata 日本水産㈱ 中央研究所 所長

第8章　EPA

メチル基末端　　　　　　　　　　　　　　　　　カルボキシル基末端

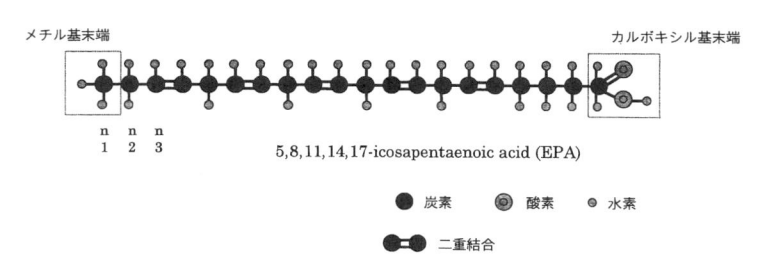

n n n
1 2 3

5,8,11,14,17-icosapentaenoic acid (EPA)

● 炭素　　◎ 酸素　　· 水素

●═● 二重結合

図1　n-3系多価不飽和脂肪酸（エイコサペンタエン酸）

表1　各種魚類可食部における脂質含量および脂質中のEPA，DHA，n-3系脂肪酸含有量[6]

魚名	脂肪 (g/100g)	EPA (%)	DHA (%)	n-3系脂肪酸 (%)
マイワシ	19.3	16.7	10.0	32.9
カタクチイワシ	3.2	17.9	21.3	44.2
ウルメイワシ	10.5	10.9	20.4	35.2
ニシン	12.3	12.2	8.4	23.4
サンマ	25.5	6.6	11.2	26.8
マアジ	7.7	11.6	17.2	33.7
マサバ	5.4	11.6	21.2	37.9
カツオ	10.3	8.5	30.4	43.0
マダイ（天然）	4.2	13.2	8.5	28.5

文献6）よりデータを抜粋
魚油の抽出はFolch法，脂肪酸組成はキャピラリーGC法で測定

表2　脂肪酸分離技術

	分離方法
炭素数の差を利用	蒸留 超臨界流体抽出
二重結合の差を利用	尿素付加 銀錯体形成
融点の差を利用	低温分別
極性の差を利用	溶剤分別 カラムクロマトグラフィー

シなどの青魚から抽出精製した高純度EPAエチルエステルが閉塞性動脈硬化症の治療薬として認可され，1994年には高脂血症にも適応症が拡大されてきている。また，英国においても精製魚油（MaxEPA；EPA18%，DHA12%）およびEPAとDHAのエチルエステル混合物（Omacor, soft capsule；EPA46%，DHA38%）が高脂血症と心筋梗塞再発予防の薬として承認されてい

る。

　本章では，n-3系多価不飽和脂肪酸研究の始まりとなったエイコサペンタエン酸（EPA）について，原料，濃縮技術を述べ，最後に最近のEPAの利用例について紹介したい。

2　EPA原料

　EPAとはメチル基末端から数えて3番目の炭素から二重結合が始まるn-3系多価不飽和脂肪酸の代表である（図1）。EPA原料として現在最も多く用いられているのが魚油であり，特に青魚であるイワシ等が用いられている（表1）[6]。魚油以外では細菌，真菌類，微細藻等の培養による方法が知られている[7]。また遺伝子組換え植物の研究も進んでおり，もともとEPAを作らないシロイヌナズナに炭素鎖18の脂肪酸のΔ9に働く炭素鎖延長酵素遺伝子，Δ8とΔ5の不飽和化酵素遺伝子を導入した結果，葉の全脂肪酸中3.0mol%のEPAを生成させた例も報告されている[8]。しかしながら，いずれの原料も現段階ではコスト面で魚油には及ばないのが現状である。

3　EPAの濃縮技術

　一般的にEPA原料として用いられる魚油は大部分がトリグリセライド（TG）であり，EPAはそのアシル残基として存在している。またパルミチン酸やステアリン酸などの高融点の脂肪酸を含むTGも含まれており，冷却してこれらの高融点成分を結晶化して分離除去することにより，EPAを含むTGを濃縮することができる。この方法を低温分別あるいはウィンタリングと称している。魚油の場合はアセトン等の溶剤に油を溶解し，冷却，結晶を析出させ，分離する方法が行われている。しかしながら，魚油のTG1分子中のEPA分子内結合数は1分子または2分子のものが大部分で，3分子結合しているものは少ない[9]。したがって，TGのままEPAを濃縮する場合，イワシ油から28%程度が現実的であり，さらに濃度を上げるためには回収率を大幅に犠牲にしなければならない。さらに濃縮を行う場合は，TGを遊離脂肪酸やモノエステルの形としてから濃縮を行う必要がある。遊離脂肪酸やモノエステルの形としてから特定の脂肪酸を分離する技術には，表2に示すような方法がある。しかしながら，これらの方法単独では魚油の構成脂肪酸が炭素数，二重結合数いずれも極めて幅広いために難しく，複数の方法を組み合わせての精製が検討されている。

　秦らは，工業的分離精製法について種々検討し，炭素数20の脂肪酸エチルエステル（C20）の分取には，高真空下での精密蒸留が応用でき，さらにC20留分からのEPAエチルエステルの濃縮には尿素付加法が有効であることを認め，これらの装置を組み合わせた連続装置を開発し，90%

第8章　EPA

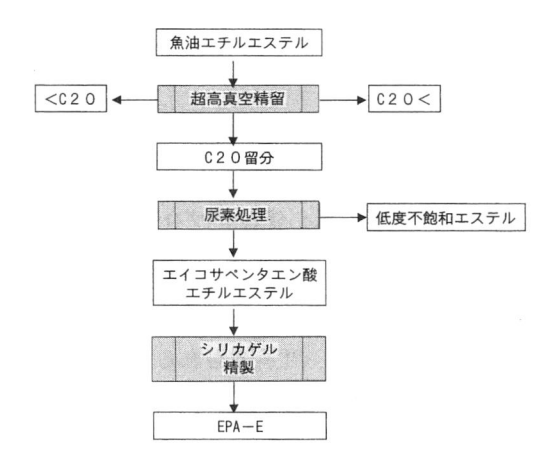

図2　エイコサペンタエン酸エチルエステル製造フロー[10]

表3　魚油エチルエステルよりEPAエチルエステルの分離[10]

炭素：二重結合の数量	系	原料 %	精留製品 %	尿素付加処理製品 %
14:0		7.7		
16:0		16.9		
16:1		9.6		
18:1		11.6	0.1	
18:4		2.8		
20:1		3.4	9.4	
20:4	n-3	0.8	2.5	2.5
20:4	n-6	1.4	3.6	4.5
20:5	n-3	18.1	82.5	92.4
22:5	n-3	1.6		
22:6	n-3	9.8		

100%にならないのはこれ以外の成分です。

以上のEPAエチルエステルの大量調製を可能にした（図2，表3）[10]。またその後，尿素付加法に代えて，ODSカラムを用いたHPLCに供して分画精製することにより，さらに高純度のEPAエチルエステルが効率よく得られることを認めている[11]。尿素付加法ではEPAとC20：4（n-6），C20：4（n-3）の分離が難しいが，HPLC法では純品までの精製が可能である。

4 EPAの利用例

　EPAは様々な薬理作用を示し，例えば抗血栓，抗動脈硬化，抗炎症などの作用を持つことが明らかとなっている[12]。これらの作用は，n-3系であるEPAおよびn-6系であるアラキドン酸（AA）から生合成されるプロスタグランジン（PG），プロスタサイクリン（PGI），トロンボキサン（TX），ロイコトリエン（LT）等のエイコサノイドの生理活性から説明される[6]。すなわち，AAから生合成される2型のTXA$_2$は強い血管収縮作用と血小板凝集作用があり，止血には良い反面血栓を誘発する。また，同じAAから生合成されるPGI$_2$は逆に血小板凝集抑制，血管平滑筋弛緩作用を有している。一方で，EPAからはTXA$_3$，PGI$_3$が生合成されるが，TXA$_3$には血小板凝集作用がなく，PGI$_3$はPGI$_2$と同様に血小板凝集を抑制する。PGEは血小板凝集抑制作用と血管拡張作用を有するが，EPA由来のPGE$_3$の方がAA由来のPGE$_2$より活性が強い。さらに，EPAはAAの酵素系によるエイコサノイドへの代謝を拮抗的に阻害する。以上のように，EPAによる抗血栓作用，抗動脈硬化作用は血小板や血管壁のEPA/AA比が増加する事によって，生成するPG類のバランスが血小板凝集抑制に働くためと考えられている。抗炎症作用についても，EPA/AA比が増加する事によってAA由来のLTB$_4$等が減少する事による影響が大きい。また，最近では神経系への影響（抗うつ作用，痴呆等）までも明らかとなりつつある[13]。実際に2004年5月現在，高純度EPAエチルエステルを用いたアルツハイマー病への臨床試験（臨床初期第Ⅱ相）が進行中である[14]。

　食品分野における最近の話題は，2003年3月にEPA，DHAを有効成分とする初めての特定保健用食品として許可された飲料，「イマーク」（EPA600mg，DHA260mg/100ml，日本水産株式会社）である。特定保健用食品とは，厚生労働大臣が個別に許可する食品であって，体の生理学的機能などに影響を与える保健機能成分を含み，食生活において特定の保健の目的で摂取するものに対し，その保健の目的が期待できる旨の表示を行った食品である。これは1991年，栄養改善法の改正により発足した，食品の健康効果を表示することを認可する世界最初の制度である。このイマークの表記は「中性脂肪を低下させる作用のあるEPAとDHAを含んでおりますので，中性脂肪が気になる方に適した食品です」であり，EPAの代表的な機能である中性脂質低下作用をうたっている。中性脂肪の高い状態が続くと，狭心症，心筋梗塞などの虚血性心疾患や脳血管障害にかかるリスクが高くなる。このイマークは（中性脂肪値100-300mg/dl，のボランティア男性34人，女性19人，計53人を対象として，イマークとプラセボであるオリーブ油配合飲料にて検討を行ったところ，4週間で中性脂肪値が175mg/dlから145mg/dl（14％低下），8週間で132mg/dl（22％低下），12週間で134mg/dl（18％）へ低下した。これらの変化はいずれも前値に対して有意な低下であった（図3）[15]。特定保健用食品の中には食後の中性脂肪の増加を抑制する

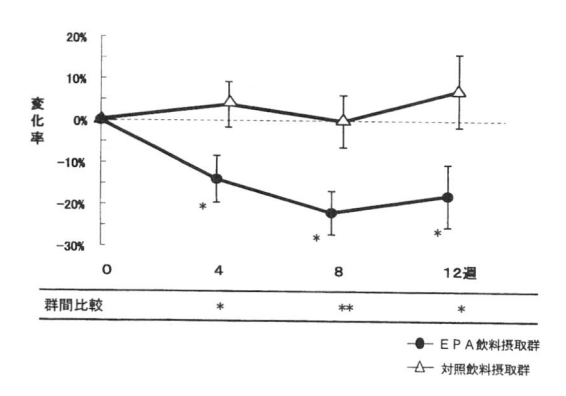

図3　イマーク摂取時の血清TG値の推移[15]

平均値±標準誤差
＊：$P<0.05$，＊＊：$P<0.01$
郡内比較：Wilcoxonの符号付順位検定（いずれも0週との比較で図中に示した）
郡間比較：Mann-WhitneyのU検定（図下枠に示した）

機能を有するものは他にもあるが，健康診断などで測定される中性脂肪値を低下させる機能を有するものは本食品が始めてであり，生活習慣病の予防が大いに期待できる。

5　おわりに

EPAは特に現代病と言われている，生活習慣病，各種免疫系疾患，精神病に大きな効果がある結果が得られている。今後は，これらの作用がさらに明らかになると共に，我々メーカーも魚臭がなく，毎日摂取しやすい形態のEPA食品や医薬品を開発し，多くの方にEPAで健康になっていただける事を期待したい。

文　　献

1) Bang, H.O., Dyerberg, J., Sinclair, H.M., *Am. J. Clin. Nutri.*, **33**, 2657-2661 (1980)
2) Dyerberg, J., Bang, H.O., Stoffersen, E., Moncada, S., Vane, J.R., *Lancet ii*, 117-119 (1978)
3) Dyerberg, J., Bang, H.O., *Lancet ii*, 433-435 (1979)
4) 山口秀夫，脂質栄養学，Vol. 9, No 1, 42-57 (2000)
5) A.P. Simopoulos, A. Leaf, N. Salem Jr, ω3およびω6脂肪酸の必須性と推奨摂取量に関するワークショップ（和訳）．脂質栄養学, Vol. 8, No.2, 128-133 (1999)
6) 和田俊，―新しいNMR分析技術を応用して―食品中のn-3系・n-6系脂肪酸，（財）日本

水産油脂協会編集（2003）
7) David J. Kyle, Colin Ratledge,, "Industrial Applications of Single Cell Oils", American Oil Chemists' Society.（1992）
8) Baoxiu, Qi. *et al., Nature Biotechnology*, Vol. 22, No.6, 739-745（2004）
9) 澤田哲志，高橋是太郎，羽田野六男，日水誌，**59**，285（1993）
10) 野田秀夫，秦和彦，分離技術，Vol. 32, No.4, 210-214（2002）
11) 特許 3400466
12) 熊谷朗，EPAの医学――疫学・栄養学から臨床応用まで――，㈱中山書店（1994）
13) 浜崎智仁，EPA/DHA 誰もが必要な栄養素 魚油が与える身体，精神への好影響，㈱メディカルトリビューン（2002）
14) http://www.mochida.co.jp/ms/ms_img/f16_3e.pdf
15) 中島秀司，岸利弘，寺野隆，秦葭哉，藤代成一，浜崎智仁，浜崎景，糸村美保，日本臨床栄養学会誌，**24**，195-202（2003）

第9章　共役脂肪酸

1　共役リノール酸

岩田敏夫*

1.1　共役リノール酸について

　1979年ウイスコンシン大学のPariza教授らは，焼いたハンバーグの抽出物に変異原性調節作用があることを見いだし，この抽出物が7,12-ジメチルベンツアントラセンによって引き起こされる皮膚癌を抑制することを発見した。更に，この抽出物を生成・分離した結果，リノール酸の位置異性体と幾何異性体の混合物，すなわち共役リノール酸（以下，CLAと略す。）であることが判明した[1]。この発見がきっかけとなって，色々な癌モデルを用いた研究が行われ，発癌抑制作用以外の生理活性に関する研究もなされるようになり，CLAには，脂質代謝改善作用，体脂肪低下作用，抗動脈硬化作用，免疫調節作用や血圧上昇抑制作用など多彩な生理活性を有していることが順次解ってきた。

　CLAは一般食品に含まれており，主に反芻動物由来の食品に小量含有され，また家禽類や卵にも微量含まれている（表1）。牛肉の場合，部位によって異なっているが，脂肪1g当たり2.9～4.3mgのCLAを含んでおり，子羊の肉で5.6mgと報告されている。加熱処理工程を経る乳製

表1　食品中の共役リノール酸含量

食　品	共役リノール酸含量[1]	リノール酸含量[2]
牛もも肉	2.9	31
鶏肉	0.9	150
羊肉	5.6	42
卵黄	0.6	134
ベーコン	2.5	84
ソーセージ	1.5	120
牛乳	5.5	27
バター	4.7	26
練乳	7.0	14
アイスクリーム	3.6	25
ヨーグルト	4.4	20
ナチュラルチーズ	3.6	18
プロセスチーズ	5.0	16

単位：mg/g fat　1) S. F. Chinら, 1992　2) 日本食品脂溶性成分表 (1989)

＊　Toshio Iwata　日清オイリオグループ㈱　ヘルシーフーズ事業部　主管

品では，牛乳で脂肪1g当たり5.5mg，ナチュラルチーズで2.9〜7.1mg，プロセスチーズで4.5〜5.2mg，ヨーグルトで1.7〜4.8mg含有している。乳脂肪中のCLA含量は，加工工程はもちろん異なる乳牛種，飼育方法で影響を受け変動する。このように，CLAは一般食品，特に反芻動物由来の牛羊肉や乳製品に含有されている。

反芻動物ルーメン内に存在する嫌気性細菌*Butyrivibrio fibrisolvens*のリノール酸イソメラーゼによって，リノール酸が生物学的水素添加反応を受けて，反応の第1次中間体としてc9, t11-CLAが生ずる[2]ために，反芻動物の肉や乳製品に含まれるCLAのほとんどが，c9, t11-CLAである。

食事からのCLA摂取量は，オーストラリア人で0.5〜1.5g/日，ドイツ人で0.31g/日（女性0.35g/日，男性0.43g/日），アメリカ人女性で0.23g/日，アメリカ人男性で0.14g/日，フィンランド人で0.04〜0.31g/日，オランダで約0.16g/日であるとの報告がある。日本人では，1週間分の女子寮における食事を分析した報告例が1例あり，約0.18g/日であった[3]。

また，当社が実施した急性毒性試験では，ラットに体重1kg当たり10gのCLAを投与しても異常がなかった。また，Scimecaはラットに CLAを1.5%添加した食餌を36週間給餌しても毒性症状は無かったと報告し，GRAS（一般的に安全と認められるもの）の可能性も示唆している[4]。さらに，オーバーウエイトの被験者及び肥満患者にCLA 3.4gを12週間与えても副作用もなく安全であったとの報告[5]や，欧州ではオーバーウエイトの被験者にc9, t11-CLA又はt10, c12-CLA（1日当たり3g摂取）をそれぞれ18週間続けても副作用はなかったとの報告もある[6]。

1.2 共役リノール酸の製造方法について

前述した様に，CLAの食事からの供給源は主として反芻動物由来の食品で，高いものでも10mg/g脂肪程度である。現在，畜肉，乳製品，鶏卵などの食品において「CLA強化」が試みられているが，未だ実用化されていない。このような背景から，天然からのCLA高含有油脂の調整は困難であり，現時点ではリノール酸に富む植物油を特定のアルカリ性条件下で加熱し，共役化反応する方法が取られている。

従来の共役脂肪酸の製造方法としては，エチレングリコールに代表される有機溶媒を使用するアルカリ共役化法[7,8]が知られている。Scholfieldら[7]は，リノレン酸メチルを水酸化カリウム－エチレングリコール溶液中で200℃，7時間加熱すると約82%程度の共役化が行われたと報告している。しかし，この方法では環化及びその他の副反応も起こり，食品には直接用いることは出来ない。さらに，高部ら[8]は，基準油脂分析試験法2.4.16-71に準じて試験をしており，リノール酸メチルを水酸化カリウム－エチレングリコール溶液中で180℃，2時間反応すると共役ジエン生成率が約80%以上に達したことと，更には溶媒としてジメチルスルホキシドやジメチルホルムアミドを用い，アルカリとしてナトリウムメトキシドを用いてサフラワー油の共役化反応を行

第9章　共役脂肪酸

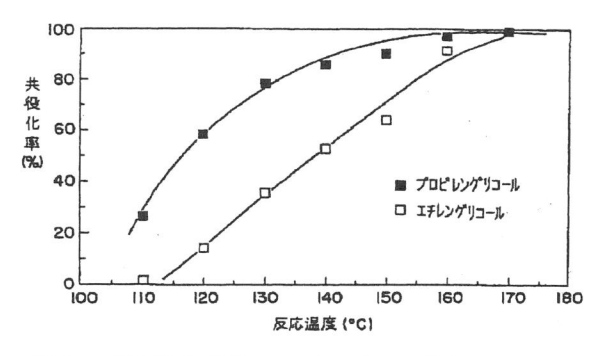

図1　プロピレングリコールとエチレングリコールとの共役比率の比較

表2　共役リノール酸の脂肪酸組成例(%)

パルミチン酸	5.5
ステアリン酸	2.1
オレイン酸	10.8
リノール酸	0.7
共役リノール酸（CLA）	80.4
c9, t11-CLA	37.0
t10, c12-CLA	38.4
c9, c11/c10, c12-CLA	2.6
t9, t11/t10, t12-CLA	2.4
その他	0.5

った場合，反応温度30℃，反応時間2時間で共役化ジエン生成率が約73%に達したことを報告している。しかしながら，この製造方法で用いられている溶媒はエチレングリコール，ジメチルスルホキシドやジメチルホルムアミドである為に食品製造に適しないものである。

近年では，小泉ら[9]は植物油をタンパク質水溶液と混合乳化し，ある触媒下で水添する方法を提案しているが，生成されたCLAは2〜4%程度であり共役化率が非常に低いものであった。

1996年，著者らは，共役化反応に用いる溶媒をプロピレングリコールにすることによって食品用途用のCLAの製造方法を確立した[10]。この方法は，従来の方法であるエチレングリコールの場合よりも高い共役化率でCLAを製造することが出来（図1），共役化生成物の着色の程度がはるかに小さいことが特徴である。更に，溶媒に使用するプロピレングリコールは食品添加物であることから，共役化生成物を食品として使用することが可能である。

この方法に基づいて，リノール酸含有油脂をアルカリ-プロピレングリコール溶液にて共役化反応して得られたCLAは，反芻動物由来脂質のものとはその異性体比率が大きく異なる。例えば，表2ではサフラワー油を使って製造されたCLAの脂肪酸組成を示しており，c9, t11-CLA及びt10, c12-CLAがほぼ均等に存在しており，それ以外の異性体が出来にくくなっている。

1.3　共役リノール酸異性体の製造方法について

CLAの生理機能を確認する為の動物実験には，前述したCLA異性体混合物を使用していたため，発見された多彩な機能がどの異性体に基づくのか不明であった。近年では，CLA異性体の分離技術が進み，急速に各異性体の生理機能特性が明らかになりつつある。

各異性体の分離方法としては，冷却分画法，微生物生産法，酵素による選択的エステル化反応を利用した方法などが挙げられる。

1998年のAOCS学会[11]では，c9, t11-CLA及びt10, c12-CLAのメチルエステル等量混合物をアセトンから低温再結晶して，c9, t11-CLA及びt10, c12-CLAそれぞれ純度90%（収量30%），純度

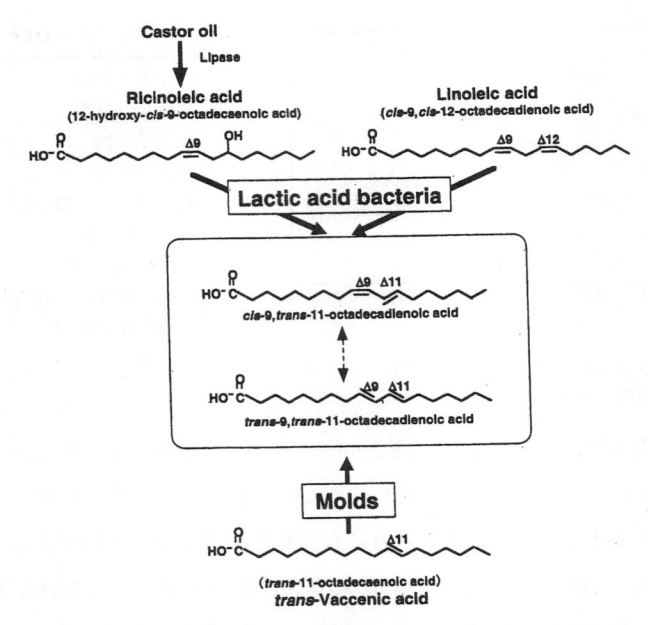

図2　微生物に見いだした共役リノール酸生成反応

89〜97%（収量53%）で得る方法が報告されている。

小川ら[12]は乳酸菌及び糸状菌によるCLA生成方法を報告している（図2）。反芻胃内微生物が不飽和脂肪酸を飽和化する過程で共役脂肪酸を中間体として生成することに着目し，消化管内微生物（主に乳酸菌）を対象にリノール酸をCLAへと変換する能力を探索した結果，*Lactobacillus acidophilus*や*L. plantarum*に属する乳酸菌が遊離脂肪酸としてc9, t11-CLA及びt9, c11-CLAを生成することを確認している。また，ヒマシ油に多く含まれるリシノール酸からも乳酸菌によってCLA（c9, t11-CLA及びt9, c11-CLA）へと変換される。乳酸菌以外では，糸状菌によるt-バクセン酸からCLA生産方法も開発され，c9, t11-CLAが高い選択率で生成し，主にトリグリセライドとして回収される。

次に，リパーゼを用いたCLA異性体の分画・精製方法に関しては，永尾ら[13,14]は，*Candida rugosa*リパーゼによる選択的エステル化と蒸留及び尿素付加を組み合わせた方法を提案している（図3）。この方法では，CLA異性体混合物とラウリルアルコール混合液を*C. rugosa*のリパーゼでエステル化反応させると，c9, t11-CLAがt10, c12-CLAよりも優先的にエステル化されることを利用し，最終的にはc9, t11-CLAとラウリルアルコールのエステル画分を加水分解することによって，t10, c12-CLAの遊離脂肪酸画分は更にエタノールを用いた尿素付加をすることによって，各異性体の純度を高めている。しかしながら，この方法は食品として利用できない原材料を使用している為に食品で使用することは困難である。そのため，得られたCLA異性体が食品用

第9章　共役脂肪酸

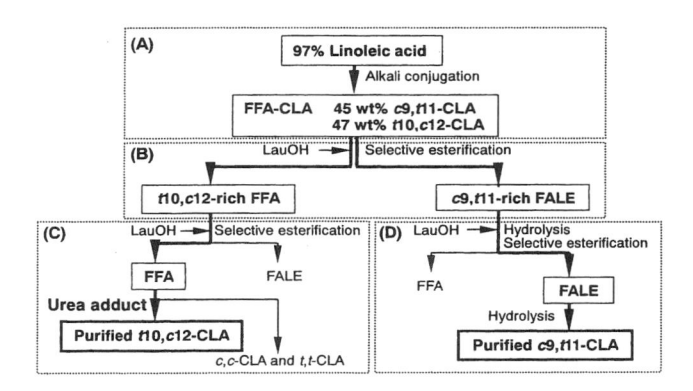

図3　共役リノール酸異性体の分画・精製工程の概略
（A）97%リノール酸のアルカリ共役化，（B）CLA混液の分画，（C）t10, c12-CLAの精製，（D）c9, 11-CLAの精製。LauOH，ラウリルアルコール；FFA，遊離脂肪酸；FALE，ラウリルエステル。

途で使用できるようにするために，ラウリルアルコールの代わりに L-メントールや植物ステロールを用いたり，トリグリセライド型CLAを加水分解する方法が提案されている[15]。

文　献

1) Y. L. Ha, *et al.*, Carcinogenesis, **8**, 1881, (1987)
2) C. R. Kepler, *et al.*, J. Biol. Chem., **241**, 1350, (1966)
3) 古賀民穂ほか，日本栄養・食糧学会，(2002)
4) J. A. Simeca, *Food and Chemical Toxicology*, **36**, 391-395, (1998)
5) G. Berven, *et al., Eur. J. Lipid Sci. Technol.*, **102**, 455-462, (2000)
6) W. P. H. G. Verboeket-van de Venne, *et al.*, 93th AOCS Annual Meeting and Expo, (2002)
7) R. Scholfield and J. C. Cowan, *J. Am. Oil Chem. Soc.*, **36**, 631, (1959)
8) 高部祥三ほか，日本油化学会，(1995)
9) 小泉詔一ほか，特許公報第3138358号，(1993)
10) 岩田敏夫ほか，特許公報第3017108号，(1996)
11) 高木徹，日本油化学会誌，**47**, 720, (1998)
12) 小川順，*Nippon Nogeikagaku Kaishi*, **78**, 830-835, 2004
13) 永尾寿浩ほか，日本生物工学会，(2003)
14) T. Nagao, *et al., Biosci. Biotechnol. Biochem.*, **67**, 1429-1433 (2003)
15) 島田裕司ほか，特開2004-248671号，(2003)

2 共役リノレン酸，共役高度不飽和脂肪酸

藤本健四郎[*]

2.1 存在
2.1.1 種子油中の共役トリエン酸およびテトラエン酸

　天然の多価不飽和脂肪酸の大部分は，二重結合がcis, cis-1，4-pentadiene構造を取っている。共役ジエン酸である共役リノール酸は，ルーメン微生物の水素添加反応の副生成物として少量がウシ，ヒツジ，ヤギなどの反すう動物の体脂肪や乳脂肪に含まれているが，共役トリエン，テトラエン酸としては，炭素数18の脂肪酸が少数の特定した植物種子油に存在している。天然の共役脂肪酸については村瀬[1]の総説があり，Badamiら[2]は，共役酸を含んだ特殊な構造を有する脂肪酸の種子油中の存在についてまとめている。表1に種子油に含まれる主要な共役トリエン酸および共役テトラエン酸をまとめた[3]。

　共役型オクタデカトリエン酸は，一般に共役リノレン酸（conjugated linolenic acid）と呼ばれているが，二重結合の位置から，9，11，13-型と8，10，12-型に大別される。それぞれは，二重結合の立体配置によりさらに異性体に分けられる。9，11，13-型で最も代表的なものは，α-エレオステアリン酸（9Z，11E，13E）であり，アブラギリの種子から取れるキリ油には約70％含まれており，ニガウリ種子油の主成分でもある。その他の9，11，13-型の異性体としては，プニカ酸（9Z，11E，13Z）がザクロ種子油の主成分であり，カタルピン酸（9E，11E，13Z）がキササゲ種子に多く，また，β-エレオステアリン酸（9E，11E，13E）は微量成分として他の異性体と共に存在している。一方，8，10，12-型では，カレンディン酸（8E，10E，12Z）

表1　種子油中の共役オクタデカトリエン酸およびテトラエン酸

二重結合位置・立体配置	慣用名		主な植物	
トリエン酸				
8Z, 10E, 12Z	Jacaric		*Jacaranda mimosifolia*	
8E, 10E, 12Z	Calendic	（カレンディン酸）	*Calendula officinalis*	（キンセンカ）
8E, 10E, 12E			*C. officinalis*	（キンセンカ）
9E, 11E, 13Z	Catalpic	（カタルピン酸）	*Catalpa ovata*	（キササゲ）
9Z, 11E, 13E	α-Eleostearic	（α-エレオステアリン酸）	*Aleurites fordii*	（キリ）
			Momordica charantia	（ニガウリ）
9Z, 11E, 13Z	Punicic	（プニカ酸）	*Punica granatum*	（ザクロ）
9E, 11E, 13E	β-Eleostearic	（β-エレオステアリン酸）		
テトラエン酸				
9Z, 11E, 13E, 15Z	α-Parinaric	（α-パリナリン酸）	*Impatiens balsamina*	（ホウセンカ）
9E, 11E, 13E, 15E	β-Parinaric	（β-パリナリン酸）		

　[*]　Kenshiro Fujimoto　東北大学　大学院農学研究科　教授

第9章　共役脂肪酸

表2　共役リノレン酸含有種子油の脂肪酸組成（％）

脂肪酸	キリ	ニガウリ	ザクロ	キササゲ	キンセンカ
18：2(n-6)	7.1	8.6	4.2	40.0	27.9
18：3(n-3)	0.1	tr	tr	0.6	0.7
18：1(n-9)	6.6	14.6	4.0	7.8	4.0
18：1(n-7)	0.4	0.1	0.4	1.0	0.5
18：0	2.1	17.4	1.8	2.7	1.2
18：3-9Z, 11E, 13Z	1.3	0.5	83.0	tr	—
－9Z, 11E, 13E	67.7	56.2	3.2	—	—
－9E, 11E, 13Z	0.2	—	0.2	42.3	—
－9E, 11E, 13E	11.3	0.3	—	0.6	—
－8E, 10E, 12Z	—	—	—	—	62.2
－8E, 10E, 12E	—	—	—	—	0.2

表3　海藻脂質中の共役高度不飽和脂肪酸

海藻	共役高度不飽和脂肪酸（図1の構造式の番号）	前駆体	文献
Rhodophyta（紅藻）			
Ptilota filicina	5Z, 7E, 9E, 14Z, 17Z-eicosapentaenoic acid (1)	EPA	Lopez et al.[7]
	5E, 7E, 9E, 14Z, 17Z-eicosapentaenoic acid (2)	EPA	
	5Z, 7E, 9E, 14Z-eicosatetraenoic acid (3)	AA	
Ptilota pectinata	5Z, 7E, 9E, 14Z, 17Z-eicosapentaenoic acid (1)	EPA	松田ほか[8]
（クシベニヒバ）	5E, 7E, 9E, 14Z, 17Z-eicosapentaenoic acid (2)	EPA	
	5Z, 7E, 9E, 14Z-eicosatetraenoic acid (3)	AA	
	5E, 7E, 9E, 14Z-eicosatetraenoic acid (4)	AA	
Bossiella orbigiana	5Z, 8Z, 10E, 12E, 14Z-eicosapentaenoic acid (5)	AA	Burgess et al.[9]
Lithothamnion coralloides	5Z, 8Z, 10E, 12E, 14Z-eicosapentaenoic acid (5)	AA	Gerwick et al.[10]
Chlorophyta（緑藻）			
Anadyomene stellata	5Z, 8Z, 10E, 12E, 14Z-eicosapentaenoic acid (5)	AA	Mikhailova et al.[11]
	4Z, 7Z, 9E, 11E, 13Z, 16Z, 19Z-docosaheptaenoic acid (6)	DHA	
Phaeophyta（褐藻）			
Dictyopteris divaricata	5Z, 7E, 9E, 14Z, 17Z-eicosapentaenoic acid (1)	EPA	Park et al.[24]
（エゾヤハズ）	5E, 7E, 9E, 14Z, 17Z-eicosapentaenoic acid (2)	EPA	

AA, arachidonic acid (20：4n-6)；EPA, eicosapentaenoic acid (20：5n-3)；DHA, docosahexaenoic acid (22：6n-3)

およびその異性体（8E, 10E, 12E）がキンセンカ種子油に含まれている。また，共役テトラエン酸としては，ホウセンカ種子油にパリナリン酸が存在している。このように，種子油に報告されている共役トリエンおよびテトラエン酸は，いずれもC18酸であるのが特徴である。表2に，共役リノレン酸を構成脂肪酸として含んでいる代表的な種子油の脂肪酸組成を示した[4]。
種子油中の共役トリエン酸の生成機構に関しては，ニガウリ種子においてラジオアイソトープでラベルした脂肪酸を用いた研究により，リノール酸がα-エレオステアリン酸の前駆体であるこ

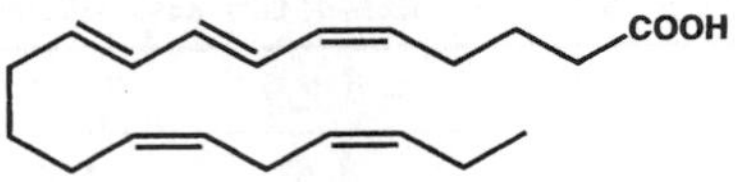

図1 　海藻脂質中に見出された共役高度不飽和脂肪酸の構造
　　　各脂肪酸の番号は，表3の共役脂肪酸化学式に対応している。
1 : 5Z, 7E, 9E, 14Z, 17Z-eicosapentaenoic acid
2 : 5E, 7E, 9E, 14Z, 17Z-eicosapentaenoic acid
3 : 5Z, 7E, 9E, 14Z-eicosatetraenoic acid
4 : 5E, 7E, 9E, 14Z-eicosatetraenoic acid
5 : 5Z, 8Z, 10E, 12E, 14Z-eicosapentaenoic acid
6 : 4Z, 7Z, 9E, 11E, 13Z, 16Z, 19Z-docosaheptaenoic acid

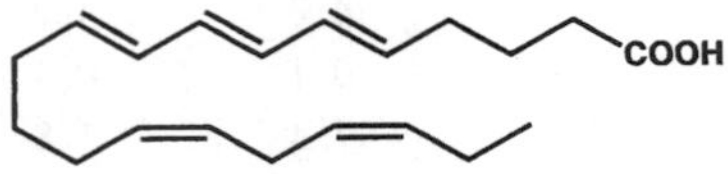

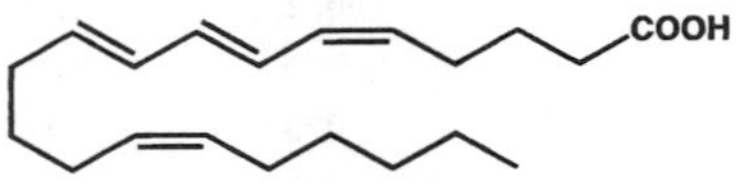

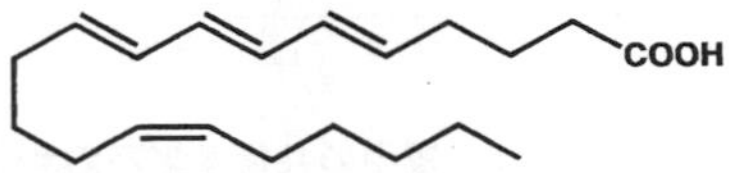

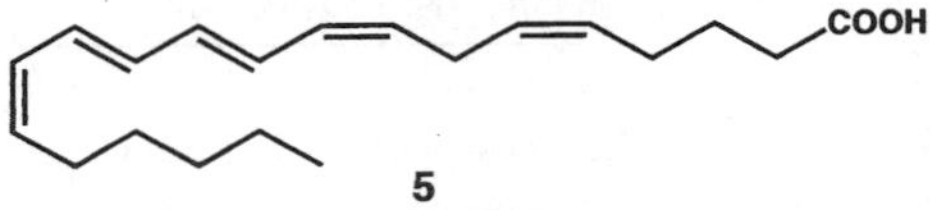

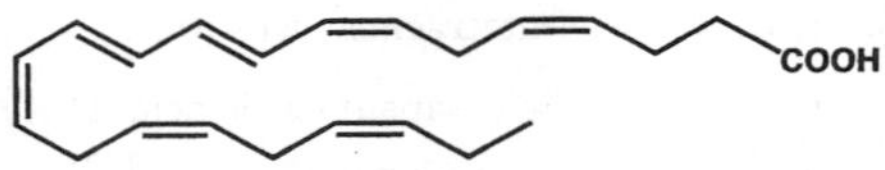

とが示されている[5]。

2.1.2　海藻中の共役高度不飽和脂肪酸

　海藻脂質の脂肪酸は，エイコサペンタエン酸など炭素数20以上のn-3系高度不飽和脂肪酸に富んでいる点で海産動物脂質と共通している[6]。海藻の中には，稀にこのようなn-3系高度不飽和脂肪酸から誘導されたと推定される共役トリエン酸や共役テトラエン酸を含むものが存在する。しかし，共役リノール酸を含む種子油と異なり，共役高度不飽和脂肪酸は微量成分である。
　表3に海藻から報告されている共役高度不飽和脂肪酸をまとめ，その構造を図1に示した。大きな藻体を形成する3種類の海藻の中では，紅藻にもっとも多く共役酸を持つものが知られてい

第9章 共役脂肪酸

る。紅藻では，米国北太平洋沿岸に分布する*Ptilota filicina*からは，5Z, 7E, 9E, 14Z, 17Z-eicosapentaenoic acid（1）を主体とするC20:5の共役トリエン酸が知られている[7]。また，同じ海藻から，副成分として，1の異性体に相当する5E, 7E, 9E, 14Z, 17Z-eicosapentaenoic acid（2）とテトラエン酸として，5Z, 7E, 9E, 14Z-eicosatetraenoic acid（3）を見出している。われわれもこの海藻に近縁な北海道産のクシベニヒバ（*Ptilota pectinata*）から1を主成分とする共役トリエン酸を検出した[8]。副成分としては，*P. filicina*で検出された成分に加えて，5E, 7E, 9E, 14Z-eicosatetraenoic acid（4）も存在した。クシベニヒバの主要な高度不飽和脂肪酸はエイコサペンタエン酸（n-3）で36%を占めたが，共役トリエン酸の含量は低く，1の含量は約0.2%だった。1はこの他，紅藻*Acanthophora spicifera*にも存在している。また，Burgessら[9]は，共役テトラエン酸 5Z, 8Z, 10E, 12E, 14Z-eicosapentaenoic acid（図1の5）を*Bossiella orbigniana*に認め，bosseopentaenoic acidと命名している。5はまた，紅藻*Lithothamnion corralloides*にも検出されている[10]。

紅藻以外の海藻からの共役酸の報告は少ないが，緑藻*Anadyomene stellata*が共役テトラエン酸（5）とstellaheptaenoic acid（6）と命名された4Z, 7Z, 9E, 11E, 13Z, 16Z, 19Z-docosaheptaenoic acidを含んでいる[11]。

褐藻については，従来，共役酸の存在は知られていなかったが，われわれは宮城県産のエゾヤハズ*Dictynopteris divaricata*に，紅藻から検出されたものと同じ構造を有する1が含まれることを見出した[12]。エゾヤハズには，さらに微量成分として，共役テトラエン酸も存在した。
海藻類における共役酸はこのようにC20酸が大部分であり，陸上植物の種子油に含まれる共役酸がC18酸であるのと異なっている。これは，海藻類においては，主要な高度不飽和脂肪酸がC20であり，これらの脂肪酸を前駆体として共役酸が生合成されるためと考えられる。

海藻における共役酸の生成機構としては，いくつかの経路が明らかになっている。1つは，紅藻*Ptilota filicina*に見られるように，1,4-pentadiene型の高度不飽和脂肪酸の二重結合が，カルボキシル側に転移して共役トリエンを形成するものである。*P. filicina*からは，本反応を触媒するpolyenoic fatty acid isomeraseが抽出，精製され，その一次構造が明らかにされている[13]。Nativeな本酵素は分子量125kDaの糖タンパク質であり，フラビンを結合している。本酵素は，エイコサペンタエン酸（n-3）に対しては，10位のメチレン基から水素を引き抜くことによって反応が開始することが明らかにされ，各種高度不飽和脂肪酸の反応速度を見ると，エイコサペンタエン酸（n-3）が最もよい基質であり，ドコサヘキサエン酸（n-3）の反応性は著しく劣る[14]。われわれも*Ptilota pectinata*からpolyenoic fatty acid isomerase 抽出してその性質を調べたが，N端のアミノ酸配列は極めて相同性が高く，各種高度不飽和脂肪酸に対する反応性も類似しており，図2に示したようにエイコサペンタエン酸（n-3）に次いでアラキドン酸も異性化し

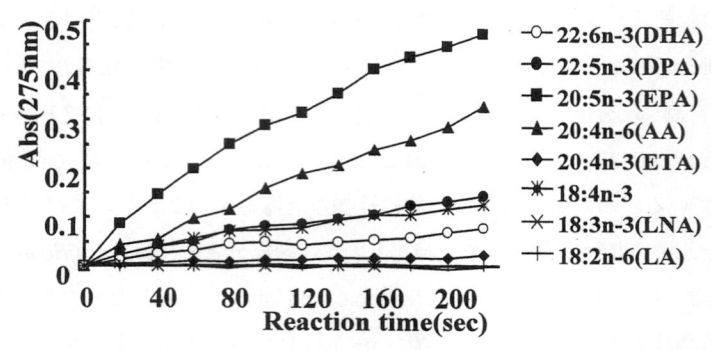

図2 クシベニヒバ P. pectinata から抽出したpolyenoic fatty acid isomeraseの各種高度不飽和脂肪酸に対する活性の比較

たが，その他の脂肪酸に対する反応性はかなり低く，Δ5に二重結合を有するC20酸に反応性が高かった。

*Bossiella orbigniana*による共役テトラエン酸 5Z, 8Z, 10E, 12E, 14Z-eicosapentaenoic acid（5）の生合成の場合は，前駆物質はアラキドン酸（5Z, 8Z, 11Z, 14Z-eicosatetraenoic acid）であり，反応は酸化的に進行し，1分子当たり酸素2原子が消費され，二重結合が1個増える[9]。Mikhailovaら[11]は，*Anadyomene stellata*においても同様に，アラキドン酸，エイコサペンタエン酸，ドコサヘキサエン酸から相当する共役テトラエン酸が生成することを認めている。

2.1.3 アルカリ異性化による共役トリエン酸および共役高度不飽和脂肪酸

リノレン酸や高度不飽和脂肪酸を異性化する方法としては，アルカリの存在化で加熱する方法が一般的である。例えば，ジエチレングリコールを溶媒とし，脂肪酸と等量のKOHを加えて真空下，150℃で35分加熱した際の共役酸の組成を表4に示した[15]。本条件では，いずれの脂肪酸を用いても共役ジエン酸が約半分，共役トリエン酸が約1/4であり，少量の共役テトラエン以上の共役酸が生成した。アルカリ異性化の加熱条件を変えることにより，ある程度の共役化の調節は可能である。例えば，リノレン酸を窒素充填して180℃で加熱する際，6.6% KOHと5分加熱すると吸収極大は235nm（共役ジエン相当）が得られ，21% KOHと10分加熱すると吸収極大は268nmになった[16]。しかし，異なる共役系を持つ脂肪酸自身も，二重結合の位置や立体配置が異

表4 アルカリ異性化した高度不飽和脂肪酸中の共役酸の含量（%）

高度不飽和脂肪酸	共役ジエン	共役トリエン	共役テトラエン	共役ペンタエン	合計
20:4n-6	46.7	23.3	2.1	—	72.0
20:5n-3	48.9	27.7	14.1	3.3	93.9
22:6n-3	52.4	23.0	17.0	7.6	100.0

第9章　共役脂肪酸

表5　Azoxymethane処理ラットに投与したニガウリ種子油の大腸異形陰窩発症に対する影響

ラット処理群	異形陰窩巣数/大腸	異形陰窩数/大腸
AOMのみ	108±21	215±42
AOM+0.01%ニガウリ種子油	87±14*	164±30*
AOM+0.1%ニガウリ種子油	69±28*	130±52*
AOM+1%ニガウリ種子油	40±6*	69±10*
1%ニガウリ種子油	0	0
無処理	0	0

AOM：azoxymethane.　*：AOM群と有意差あり。

表6　Azoxymethane処理ラットに投与したザクロ種子油の大腸腺ガンに対する影響

ラット処理群	大腸腺ガンを持ったラットの割合（%）	1匹当たりの大腸腺ガン数
AOMのみ	81%	1.88±1.54
AOM+0.01%ザクロ種子油	44*	0.56±0.73*
AOM+0.1%ザクロ種子油	28*	0.50±0.73*
AOM+1%ザクロ種子油	56	0.88±0.96*
1%ザクロ種子油	0	0
無処理	0	0

AOM：azoxymethane.　*：AOM群と有意差あり。

なる非常な複雑な異性体の混合物であり，一定の構造を有する共役酸を作ることはできない。

2.2　抗ガン作用

共役リノール酸の大きな特徴として，ガン抑制作用が示されているが[17,18]，共役リノレン酸や共役高度不飽和脂肪酸には共役リノール酸よりも強い抗ガン作用がある。共役トリエン酸やテトラエン酸の抗ガン作用は，最初にホウセンカ種子油に含まれるC18の共役テトラエン酸であるパリナリン酸で認められた。すなわち，Corneliusら[19]はパリナリン酸は5μM濃度で，ヒト単球白血病細胞に細胞毒性を示し，その細胞毒性は抗酸化剤（BHT）の添加によって抑えられることから，脂質過酸化が関与していると報告した。

共役リノレン酸の抗ガン性としては，まずα-エレオステアリン酸（9Z, 11E, 13E-18:3）のラットでの大腸ガン抑制効果が明らかになった[20]。すなわちα-エレオステアリン酸に富むニガウリ種子油をazoxymethane処理したラットに投与すると，表5に示したように前ガン病変である異形陰窩巣（aberrant crypt foci）が濃度依存的に抑えられ，この部位に特異的にアポトーシスが観察された。より長期の投与試験によりニガウリ種子油は，azoxymethane誘発大腸ガンの抑制にも有効であることが示されている[21]。すなわち，F344ラットを使用し，azoxymethaneを注射

後，0.01％，0.1％，1％ニガウリ種子油を添加した飼料で32週間飼育した後，大腸ガンの発症頻度を比較した。その結果，ラット1匹当たりの大腸腺ガン（adenocarcima）数は，0.01％以上のニガウリ種子油を添加したすべての群で，対照群（azoxymethane注射）より有意に少なかったとされている。プニカ酸（9Z，11E，13Z-18：3）を含むザクロ種子油についても，同様な抗ガン性が観察されている[22]。F344ラットを使用し，azoxymethaneで大腸ガンを誘発し，ザクロ種子油を0.01％，0.1％，1％の濃度で食餌に添加し，無添加（対照）および1％共役リノール酸添加群とともに32週間飼育した後，ガンの発生を比較した。その結果，表6に示したように大腸腺ガンを発生したラットの数および1匹当たりのガンの数が対照群に対して有意に減少した。

共役リノレン酸には表1に示したように各種の異性体が存在している。これら各異性体の抗ガン性の比較については，培養ガン細胞による実験が行われている。4種類の共役リノレン酸（8E，10E，12Z-；9Z，11E，13Z-；9Z，11E，13E-；9E，11E，13Z-）を分離，精製して，培養したガン細胞（マウス繊維芽細胞が形質転換したSV-2細胞，ヒト単球白血病細胞U-937）に対する細胞毒性を比較した研究の結果[23]，図3に示したように9，11，13-18：3は強い毒性を示したのに対し，8，10，12-18：3の効果は著しく弱かった。しかし，9，11，13-18：3の3種の異性体間では，毒性にほとんど差が認められなかった。非共役型のα-リノレン酸は図示された範囲では，細胞毒性はなかった。また，抗酸化剤BHTの添加は，パリナリン酸の場合と同様，9，11，18-18：3のガン細胞毒性を著しく抑えたので，脂質過酸化の関与が示唆されている。アルカリ異性化によって生成した共役リノレン酸についても，ガン細胞毒性がある[16]。アルカリ共役リノレン酸は，各種ヒト由来のガン細胞（大腸ガン，DLD-1；肝臓ガン，Hep-G2；乳ガン，MCF-7；肺ガン，A-549；胃ガン，MKN-7）に対して，共役リノール酸よりも著しく強いガン細胞毒性を示した。その効果は，α-エレオステアリン酸（9Z，11E，13E-18：3）に富むキリ油脂肪酸に匹敵した。

紅藻*Ptilota pectinata*から抽出したpolyenoic fatty acid isomeraseにより調製した共役トリエンを持つ高度不飽和脂肪酸のガン細胞（大腸ガン，DLD-1；結腸ガン，HT-29；肺ガン，A-549；肝臓ガン，HepG2）に対する細胞毒性を示した[24]。図4に共役エイコサペンタエン酸，図5に共役アラキドン酸の効果を示した。共役エイコサペンタエン酸はHepG2に対して最も強い細胞毒性効果を示し，次いでDLD-1に対しても有効だったが，HT-29やA-549に対する効果はそれに比較して極めて弱かった。共役アラキドン酸の効果も，A-549に対する効果がやや強かったが，全体としてほぼ同様な結果が得られた。なお，ガン細胞に対しては明確な細胞毒性作用が見られた25μMの濃度では，図6に示したように正常なガン細胞に対しては強い毒性はなく，天然の非共役型高度不飽和脂肪酸と同じ様な影響を示した。なお，ガン細胞毒性をアルカリ異性化

第9章　共役脂肪酸

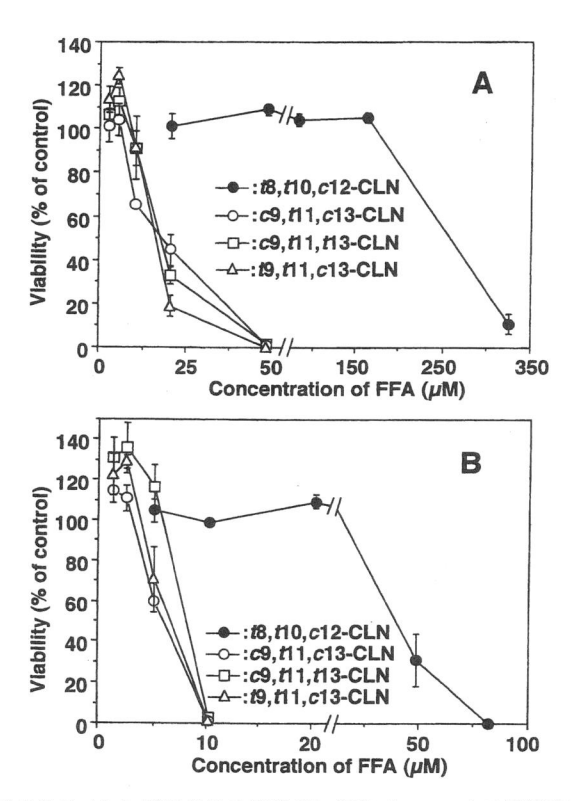

図3　各種共役リノレン酸異性体の培養ガン細胞（A：マウス繊維芽細胞が形質転換したSV-2，B：ヒト単球白血病細胞）に対する細胞毒性

で調製した共役高度不飽和脂肪酸と比較すると，酵素により調製した共役酸のガン細胞毒性がより選択的であった。

　アルカリ異性化により3種類の高度不飽和脂肪酸から調製した共役高度不飽和脂肪酸のガン細胞毒性を調べた[15]。本実験に使用したアルカリ異性化脂肪酸の吸収スペクトルから算出した共役系の組成は表4に示したが，共役ジエンが最も多く，次いで共役トリエンが含まれていた。比較対照として，α-エレオステアリン酸を含むキリ油脂肪酸とパリナリン酸に富むホウセンカ種子油を用いた。図7に結腸ガン細胞HT-29，図8に乳ガン細胞MCF-7に対する効果を示した。HT-29に対しては培養時間が長くなると，細胞毒性は強くなったが，共役エイコサペンタエン酸，共役アラキドン酸，共役ドコサヘキサエン酸はいずれも濃度依存的な細胞毒性を示し，その効果はほぼキリ油脂肪酸に匹敵し，共役テトラエン酸のパリナリン酸を含むホウセンカ種子油よりも強かった。一方，これら共役脂肪酸はいずれもMCF-7に対する細胞毒性はHT-29に比べてかなり弱く，100μMで初めて明確な効果が認められた。

　アルカリ異性化共役高度不飽和脂肪酸の細胞毒性に対するα-トコフェロールの効果を調べた

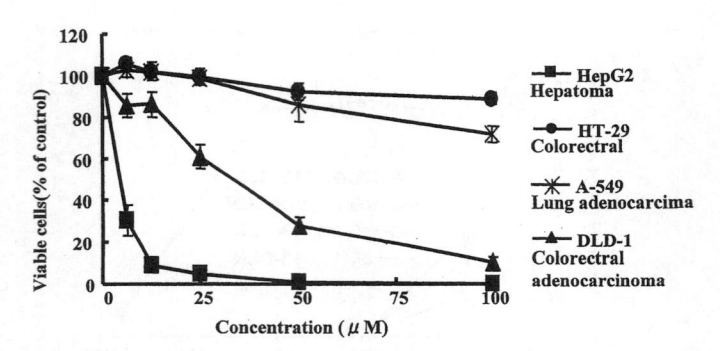

図4 共役エイコサペタン酸（5Z, 7E, 9E, 14Z, 17Z-20：5）
の各種ヒトガン細胞に対する細胞毒性
HepG2：肝臓ガン, HT-29：結腸ガン, A-549：肺ガン, DLD-1：大腸ガン

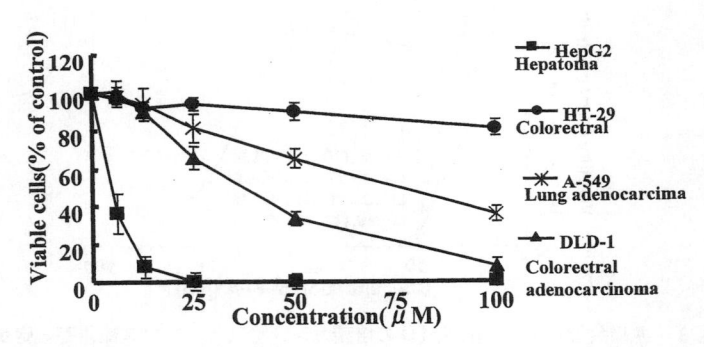

図5 共役アラキドン酸（5Z, 7E, 9E, 14Z-20：4）の各種ヒト
ガン細胞に対する細胞毒性
HepG2：肝臓ガン, HT-29：結腸ガン, A-549：肺ガン, DLD-1：大腸ガン

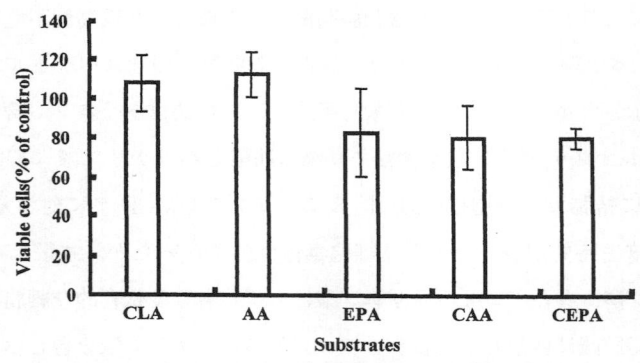

図6 天然型（非共役）および共役共役高度不飽和脂肪酸,
共役リノール酸の正常細胞に対する影響の比較
CLA：共役リノール酸, AA：アラキドン酸, EPA：エイコサペタエン酸,
CAA：共役アラキドン酸, CEPA：共役エイコサペンタエン酸

第9章　共役脂肪酸

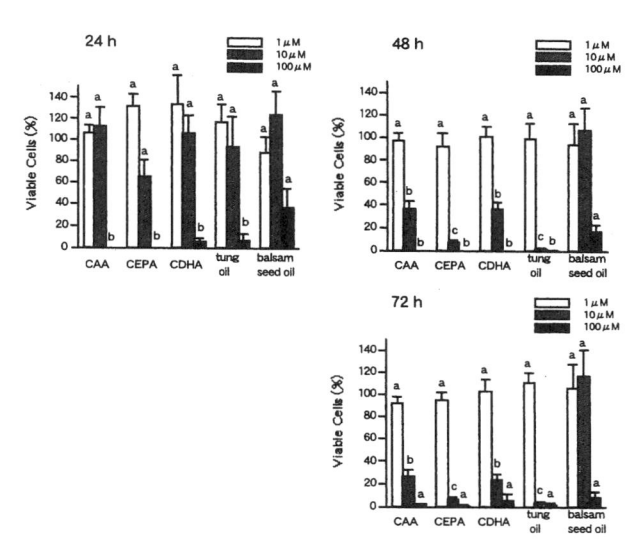

図7 アルカリ異性化共役高度不飽和脂肪酸のヒト結腸ガン細胞HT-29に対する毒性

CAA：共役アラキドン酸，CEPA：共役エイコサペンタエン酸，CDHA：共役ドコサヘキサヘン酸，tung oil：キリ油脂肪酸，balsam seed oil：ホウセンカ種子油

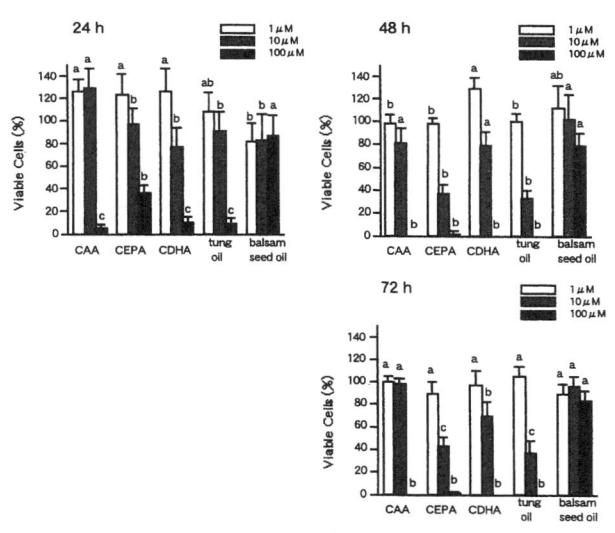

図8 アルカリ異性化共役高度不飽和脂肪酸のヒト乳ガン細胞MCF-7に対する毒性

CAA：共役アラキドン酸，CEPA：共役エイコサペンタエン酸，CDHA：共役ドコサヘキサヘン酸，tung oil：キリ油脂肪酸，balsam seed oil：ホウセンカ種子油

ところ，MCF-7に対する毒性はトコフェロールによって著しく抑えられたが，HT-29に対する影響は非常に弱く，ガン細胞の種類によって効果が異なることが分かった。

共役トリエン酸のガン細胞毒性の機構に関しては，抗酸化剤の投与により細胞毒性が抑えられることから，脂質過酸化の関与が示唆されてきた。さらに共役高度不飽和脂肪酸により，核の凝集やDNAの断片化が認められることから，アポトーシスが誘導されていると考えられている[25,26]。ヌードマウスにDLD-1を移植し，アルカリ異性化共役エイコサペンタエン酸を1ヶ月投与した実験により，ガン組織中の過酸化脂質量が他の肝臓などの臓器と比較して選択的に共役エイコサペンタエン酸の投与により上昇したとされており，*in vivo*の実験でも脂質過酸化の関与が示唆されている[27]。また，PPARγの薬理的な活性化がガン抑制に効果があることが示唆されているが，azoxymethane処理したラットにザクロ種子油を投与すると対照群と比べて，ガンが発症していない大腸粘膜のPPARγの発現を亢進していることもガン発生の防止に関与しているかもしれない[22]。

2.3 共役リノレン酸および共役高度不飽和脂肪酸の脂質代謝への影響
2.3.1 共役リノレン酸のラットでの代謝

α-エレオステアリン酸に富むニガウリ種子油を飼料に対して0.5%，2.0%の比率で大豆油と置き換えたAIN-93食餌をラットに4週間与えた実験において，体重，肝臓重量はいずれもニガウリ種子油2.0%添加群で対照群より低く，一方，肝臓組織重量当たりの脂質含量は有意に増加した[28]。この実験において，血漿総コレステロールには群間に有意差が見られなかったが，遊離コレステロールは0.5%ないしは2.0%ニガウリ種子油添加で有意に減少し，HDLコレステロールは増加の傾向が見られた。血漿ヒドロペルオキシドは，2.0%ニガウリ種子油でわずかに増加した。ニガウリ種子油に含まれる共役リノレン酸はニガウリ種子油2.0%投与群でも組織脂質中に全く観察されず，その代わりに9Z, 11E-共役リノール酸が検出された。なお，共役リノレン酸をラットに投与すると共役ジエン酸に変換されることはすでに報告[29]されていたが，その詳細な構造については検討されていなかった。ラット肝臓および血漿脂質中の共役リノール酸含量は，共役リノール酸を投与したときよりもエレオステアリン酸を投与した方が高く，食餌として与えた共役リノレン酸の一部は，Δ13飽和化によって生じるものと推定される[30]。したがって，9, 11, 13-共役リノレン酸の栄養生理効果の少なくとも一部分は，生体内で誘導された9, 11-共役リノール酸で説明できるものと考えられる。

α-エレオステアリン酸に富むニガウリ種子油を大量に与えた際の影響についても検討されている[31]。α-リノレン酸に富むアマニ油を対照とし，ニガウリ種子油を20%含む高脂肪食で6週間ラットを飼育した。飼育期間中の体重増加はニガウリ種子油の方が大きく，飼料効率も有意に高

第9章 共役脂肪酸

かった。血清コレステロールとトリアシルグリセロールは共にニガウリ種子油群で高く，肝臓総脂質は逆にアマニ油群で高かった。α-エレオステアリン酸は，1分子中に2個のトランス二重結合を持っている。このトランス二重結合の影響を，水素添加時に生ずる二重結合と比較した研究がある[32]。ラットにニガウリ種子油または対照としてvanaspati（インドで使用される水添油脂，トランス酸含量39.5%）を20%含む飼料で6週間飼育した。両群の成長，飼料効率や，総コレステロール，トリアシルグリセロールなどの血清脂質プロファイルにも差がなかったとされている。肝臓脂質については，総コレステロールがニガウリ種子油群で有意に低かった。これらの結果は，トランス二重結合に富む共役リノレン酸と水添によって生成した共役酸の間には，必須脂肪酸が十分供給されている場合には，食餌効果としてはあまり違いがないと推定されている。

2.3.2 アルカリ異性化共役リノレン酸の代謝

アルカリ異性化共役リノレン酸は，共役ジエン酸と共役トリエン酸の混合物である。サフラワー油由来脂肪酸（主成分はリノール酸）とシソ油由来脂肪酸（α-リノレン酸）およびそれぞれのアルカリ異性化物（前者は共役ジエン酸含量65%，後者は共役ジエン酸含量32%と共役トリエン酸含量17%）を1%含む食餌で4週間飼育する実験が行われている[33]。その結果，共役リノレン酸を含む群は，共役リノール酸よりも腎周囲脂肪組織重量が減少し，副睾丸脂肪でも同様な傾向が見られた。血清遊離脂肪酸や肝臓トリアシルグリセロールの濃度は，共役リノレン酸により有意に上昇した。また，肝臓ミトコンドリアおよびペルオキシソームの脂肪酸β酸化系酵素は，共役脂肪酸群で上昇したがとくに共役リノレン酸で著しかった。肝臓トリアシルグリセロールは共役リノレン酸投与により著しく上昇したが，これは肝臓のβ酸化活性は亢進したが，その能力を超えて蓄積したためと考えられている。

2.3.3 産卵鶏における共役リノレン酸の脂質代謝への影響

鶏卵の卵黄脂肪酸組成は飼料の脂肪酸組成の影響を受けることが知られており，n-3系高度不飽和脂肪酸を含む鶏卵が開発されている。一方，共役トリエン酸のニワトリにおける代謝は研究がなかったので，α-エレオステアリン酸に富むキリ油を0.5%および1%飼料に添加し，40日齢のメス鶏に6週間投与して影響を調べた[34]。その結果，体重や飼料効率，産卵数および卵黄の大きさなどには，キリ油添加の影響は見られなかった。また，表7に示したように肝臓の総脂質量には差がなかったが，蓄積脂肪量はキリ油の投与によって減少した。また，エレオステアリン酸は，産卵鶏の血漿には少量存在したものの，組織には極微量（0.16%）検出されたに過ぎず，卵黄脂質には全く取り込まれなかった。また，ラットの場合と同様，9，11-共役リノール酸が投与したキリ油の量に応じて増え，1.0%の場合には血漿脂質では3.1%に達した。以上の結果は，食餌に加えたα-エレオステアリン酸は，産卵鶏の脂質代謝に影響を与え，β酸化を活性化して，蓄積脂肪を減らすものと推定された。

表7 キリ油が産卵鶏の臓器重量および臓器脂質含量に与える影響

	対照(大豆油)	0.5%キリ油	1.0%キリ油	Pooled SE
重量 (g/g体重)×100)				
肝臓	2.30	2.50	2.44	0.072
心臓	0.41	0.40	0.38	0.013
蓄積脂肪組織	2.71[a]	1.76[b]	1.95[ab]	0.327
脂質含量 (g/臓器100g)				
肝臓				
トリアシルグリセロール	4.70	5.17	4.97	0.249
コレステロール	0.252	0.244	0.248	0.034
心臓				
トリアシルグリセロール	6.13[a]	5.52[ab]	5.29[b]	0.146
コレステロール	0.134	0.136	0.142	0.012
蓄積脂肪組織				
トリアシルグリセロール	86.9[a]	83.5[a]	78.8[b]	0.97
コレステロール	0.443[a]	0.767[a]	1.32[b]	0.162
胸筋				
トリアシルグリセロール	0.433	0.428	0.529	0.040

同じ行で共通する添字を持たないものは,有意差あり (P<0.05)。

2.3.4 ラットにおけるアルカリ異性化高度不飽和脂肪酸の代謝

エイコサペンタエン酸やドコサヘキサエン酸などのn-3系高度不飽和脂肪酸の脂質代謝への影響は,同系列のα-リノレン酸とは異なっている。共役リノレン酸には,天然型のリノレン酸とは異なる効果が知られているので,アルカリ異性化したエイコサペンタエン酸およびドコサヘキサエン酸の影響についてラットを用いて検討した[35]。アルカリ異性化エイコサペンタエン酸(共役ジエン,60%;トリエン22%;テトラエン,15%;ペンタエン,3%) およびドコサヘキサエン酸 (共役ジエン,65%;トリエン,17%;テトラエン,14%;ペンタエン,5%) を1%飼料に加えて3週間飼育し,異性化していない対応する高度不飽和脂肪酸を与えた場合と比較した。体重および飼料効率は対応する群間に差はなく,共役高度不飽和脂肪酸もよく吸収された。共役高度不飽和脂肪酸の投与により,血漿総コレステロールおよびHDLコレステロール,肝臓総コレステールおよびトリアシルグリセロールは,いずれも対応する非共役高度不飽和脂肪酸に比べて有意に減少した。これらの結果は,共役高度不飽和脂肪酸は,天然型よりも一層,血漿脂質を低下する作用があるものと思われた。共役高度不飽和脂肪酸投与により組織の脂質過酸化がとくに亢進することはなく,また,組織脂質中の共役トリエンは微量であり,検出された共役酸は大部分共役ジエン酸であった。

第9章 共役脂肪酸

2.4 結語

　共役リノレン酸および共役高度不飽和脂肪酸には，抗ガン性を初めとする特異な生理作用が明らかになり，これからの発展が期待される。共役リノール酸の研究においても，二重結合の位置が異なる異性体では，その生理作用が大きく異なることが示されており，共役リノレン酸でも異性体による作用の違いが明らかになりつつある。アルカリで異性化した場合にも，天然の共役酸に匹敵する生理効果が観察されたが，どの異性体が有効かということを明らかにするのが極めて困難であり，その生理効果を有効利用するには，一定の構造を有する脂肪酸を利用する必要がある。共役リノレン酸については，いくつかの種子油中に高濃度に含まれているが，必ずしも資源量は十分とはいえない。遺伝子組み換え技術を使用すれば，共役リノレン酸や共役高度不飽和脂肪酸を含む油脂を生産できる可能性がある。Iwabuchiら[36]は共役リノレン酸の1つであるプニカ酸の生成に係わる遺伝子をクローニングした。このcDNAをシロイヌナズナ（*Arabidopsis thalinana*）に組み込んで発現させたところ，数％のプニカ酸が含まれていた。

　海藻に見出される共役高度不飽和脂肪酸は，脂質含量の少ない海藻のさらに微量成分であり，研究に必要なサンプルの入手も困難である。Zhengら[13]は，*P. filicina*からクローニングしたpolyenoic fatty acid isomeraseのcDNAをシロイヌナズナに組み込んで発現させ，*in vitro*の系でアラキドン酸の共役トリエン酸への変換に成功している。

　今後は，各異性体別の共役高度不飽和脂肪酸の生理効果の解明とともに，遺伝子組み換えを含んだ新たな生産方法についても研究を進める必要がある。

文　　　献

1) 村瀬行信，油化学，**15**，602（1966）
2) R. C. Badami, *Prog. Lipid Res.*, **19**, 119 (1982)
3) F. D. Gunstone, "The Lipid Handbook", p. 7, Chapman & Hall, London (1994)
4) T. Takagi *et al.*, *Lipids*, **16**, 546 (1981)
5) L. Linsen *et al.*, *Plant Physiol.*, **113**, 1343 (1997)
6) 金庭正樹ほか，水産大学校研究報告，**46**，191（1998）
7) A. Lopez *et al.*, *Lipids*, **22**, 190 (1987)
8) 松田始ほか，日本油化学会平成11年度年会講演要旨集，132（1999）
9) J. R. Burgess *et al.*, *Lipids*, **26**, 162 (1991)
10) W. H. Gerwick *et al.*, *Phytochem.*, **34**, 1029 (1993)
11) M. V. Mikhailova *et al.*, *Lipids*, **30**, 583 (1995)

12) 朴時範ほか, 2004年度日本水産学会大会講演要旨集, 183 (2004)
13) W. Zheng *et al.*, *Arch. Biochem. Biophys.*, **401**, 11 (2002)
14) M. L. Wise *et al.*, *Biochemistry*, **36**, 2985 (1997)
15) N. Matsumoto *et al.*, *Tohoku J. Agric. Res.*, **52**, 1 (2001)
16) M. Igarashi *et al.*, *Cancer Lett.*, **148**, 173 (2000)
17) Y. L. Ha *et al.*, *Carcinogenesis*, **8**, 1881 (1987)
18) M. A. Belury, *Annu. Rev. Nutr.*, **22**, 505 (2002)
19) A. S. Cornelius *et al.*, *Cancer Res.*, **51**, 6025 (1991)
20) H. Kohno *et al.*, *Jpn. J. Cancer Res.*, **93**, 133 (2002)
21) H. Kohno *et al.*, *Int. J. Cancer Res.*, **110**, 896 (2004)
22) H. Kohno *et al.*, *Cancer Sci.* **95**, 481 (2004)
23) R. Suzuki *et al.*, *Lipids*, **36**, 477 (2001)
24) S. B. Park *et al.*, *Lipids* (submitted)
25) M. Igarashi *et al.*, *Biochem. Biophys. Res. Commun.*, **270**, 649 (2000)
26) T. Tsuzuki *et al.*, *Carcinogenesis*, **25**, 1417 (2004)
27) 宮澤陽夫ほか, 食品工業, **46** (6), 23 (2003)
28) R. Noguchi *et al.*, *Arch. Biochem. Biophys.*, **396**, 207 (2001)
29) R. Reiser, *Arch. Biochem.*, **32**, 113 (1951)
30) T. Tsuzuki *et al.*, *J. Nutr. Sci. Vitaminol.*, **49**, 195 (2003)
31) P. Dhar *et al.*, *Ann. Nutr. Metab.*, **42**, 290 (1998)
32) P. Dhar *et al.*, *J. Oleo Sci.*, **53**, 57 (2004)
33) K. Koba *et al.*, *Lipids*, **37**, 343 (2002)
34) J. S. Lee *et al.*, *J. Nutr. Sci. Vitaminol.*, **48**, 142 (2002)
35) F. Banno *et al.*, *J. Oleo Sci.* (submitted)
36) M. Iwabuchi *et al.*, *J. Biol. Chem.*, **278**, 4603 (2003)

第10章　オレイン酸

坂口浩二*

1　はじめに

オレイン酸は天然油脂や生体脂質を構成している主要脂肪酸の1つであり，次の構造式によって示される代表的なシス-モノエン不飽和脂肪酸である。

　　$CH_3(CH_2)_7CH=CH(CH_2)_7COOH$

　　オレイン酸（cis-9-オクタデセン酸）

またオレイン酸はリノール酸やアラキドン酸と異なり，我々人間が生体内で作ることのできる代表的な不飽和脂肪酸である。生体内のオレイン酸は生体膜においてはリン脂質を中心とする複合脂質として，脂肪組織においてはトリアシルグリセロールとして，血中を移動するときにはアルブミン等のタンパク質との複合体として，角質細胞間ではセラミドとしてなどその化学構造や立体構造，分子集合構造を多様に変化させて各々の部位や組織においてその機能を果たしている。

2　オレイン酸の物理化学的機能

オレイン酸を中心とする不飽和脂肪酸の生体内における物理化学的作用としては，生体膜を形成するリン脂質の主に2位に結合し，膜の流動性や相転移挙動を調節して膜機能を高めている。このように，不飽和脂肪酸は生命現象の重要なインターフェースの1つであるにもかかわらず，これまでその物理化学的性質はほとんど明らかになっていなかった。しかし，オレイン酸に関しては鈴木らが分子レベルにおける物理化学的性質の体系的解明を行い，オレイン酸に特有の多形現象，相転移，分子構造等が存在することを明らかにした。それによると，オレイン酸には全く異なった構造分子からなる3つの多形（α, β, γ）が存在し（図1）[1,2]，これら多形間の相転移には可逆系と不可逆系が

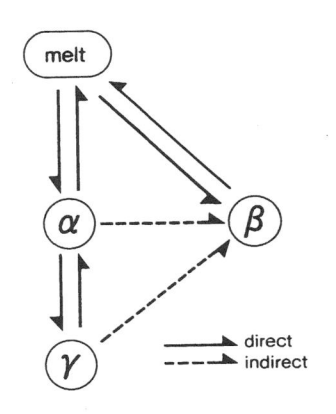

図1　オレイン酸多形の相転移系列

＊　Koji Sakaguchi　日本油脂㈱　DDS事業開発部　主査

あり，固相可逆相転移はα-γ間で起こるが，これは2重結合とメチル末端基間の炭素鎖（ω鎖）の構造不整を伴う秩序（γ）-無秩序（α）相転移であることがラマンスペクトルや偏光赤外スペクトルにより明らかになっている[3]。

3 オレイン酸及びその誘導体の生理的機能

3.1 オレイン酸の機能

以前からオレイン酸を多く含むオリーブオイルに抗動脈硬化作用のあることが知られていた。これはオリーブオイルを摂取する機会の多い地中海沿岸に住む人たちに動脈硬化が少ないという統計学的データに基づいており，その原因は血中コレステロールの低下作用であると考えられてきた。しかし，なぜオレイン酸が血中コレステロールの低下作用を示すかについての詳細はこれまで明らかではなかった。

ところが，最近，高度不飽和脂肪酸が核内レセプターであるPPAR（Peroxisome Proliferator-activated Receptor）を活性化し，各種生理機能を引き起こしていることが明らかになってきており，これまで膜の構成成分や貯蔵エネルギーとして，静的な機能しか認識されていなかった脂質そのものにも動的なシグナル伝達物質としての機能が認められつつある。オレイン酸やその誘導体も例外ではなくその動的機能の報告が増えつつあるが，そのほとんどがPPARを介した機能であるといっても過言ではない。

PPARは高脂血症治療薬であるフィブレート系薬剤やアラキドン酸アナログなどのペルオキシソーム増殖薬によって活性化される核内転写因子として発見された。PPARにはα，β（ヒトではNUCI，齧歯類ではδ，ツメガエルではβ），γという3種類のisoformが知られている[4]。PPARβに関しては種々の細胞に存在することが知られているが，その役割に関してはよくわかっていない。PPARαは肝臓や腎臓に存在し，脂質のβ酸化に関与していると考えられている。また，PPARγにはγ1とγ2の2つのサブタイプが存在するが，特にγ2は脂肪細胞に多量に存在する。このPPARγ2を脂肪細胞に分化するはずのない線維芽細胞にトランスフェクトしたところ，脂肪細胞に分化したことから脂肪細胞への分化因子として注目を浴びた[5]。これらのことからPPARαは主に肝臓で脂肪の代謝に，PPARγは主に脂肪細胞で脂肪の蓄積に関与しているものと考えられてきた。しかし，最近の研究で脂質代謝の調節のみではなく炎症やグルコース代謝，さらには肥満に重要な役割を果たしていることも明らかになっている。

PPARは活性型ビタミンD_3などと同様にステロイドホルモンレセプタースーパーファミリーに属する。ファミリーの他のメンバーと同様にRXR（retinoid X receptor）とヘテロダイマーを形成し，PPRE（Peroxisome Proliferator Response Element）に結合することにより核内転写因

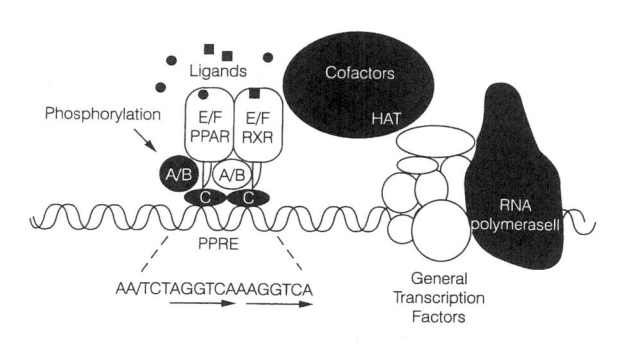

図2 PPARによるターゲット遺伝子の発現機構
(Escher, P. and Wahli, W., 2000[6] より引用)

子として働いている（図2）[6]。PPREは他のRXRヘテロダイマー認識配列と同様にTGACCTという配列が同じ方向に2つ並んだダイレクトリピート型で，その間に1塩基のスペースが存在する（AGGTCA-X-AGGTCA），DR-1と呼ばれる構造を取る。

PPARのリガンドにはαに特異的なものとしてロイコトリエンB_4(LTB_4)[7]やフィブレート系薬剤[8]が，γに特異的なものとして15-デオキシ$\Delta^{12,14}$プロスタグランジンJ_2($15d-PGJ_2$)[9]や抗糖尿病治療薬であるチアゾリジンジオン誘導体[10]が知られている。また，両方に共通なものとしてオレイン酸を含む中長鎖脂肪酸[11]やある種の非ステロイド性抗炎症薬（NSAIDs）[12]がある。PPARαはPPREを介して直接アポ蛋白やリポプロテインリパーゼの発現を制御しているという報告があり[13,14]，動脈硬化に対し抑制的に働いていると考えられているが，このことからオレイン酸の抗動脈硬化作用を説明できるかもしれない。

3.2 オレイン酸誘導体の機能

オレイン酸誘導体の生理的機能についても新たな知見が明らかになりつつあるが，その多くもPPARを介した作用であることが証明されつつある。例えば，オレイルエタノールアミドは最近PPARを介した作用を持つことが明らかになってきた。arachidonoylethanolamide（Anandamide）は，内因性のカンナビノイド受容体リガンドとして知られており，カンナビノイドレセプターを介して体重の増加を引き起こすことが知られている。これに対し，Anandamideの内因性アナログであるオレイルエタノールアミドはカンナビノイドレセプターではなくPPARαを介して食欲をコントロールし，体重の減少を引き起こすことが明らかになった。また，食事制限をすることにより小腸におけるオレイルエタノールアミドの量が減少することがわかった[15,16]。さらに，PPARαを介して脂質代謝を改善することにより抗肥満効果を有することも報告されている[17]。

3.3 医薬品としてのオレイン酸およびその誘導体

オレイン酸は添加物として医薬品添加物規格に収載されており，乳化製剤などの油や経皮吸収促進剤として使用されてきた。しかし，その規格は70%程度の純度のオレイン酸をもとに決められていたため，日本油脂㈱が製造している高純度オレイン酸（99.0%）は規格から外れていた。ところが，2003年度版の医薬品添加物規格より新規に精製オレイン酸として高純度オレイン酸が収載され，医薬品添加物として使用が可能になった。

一方，オレイン酸誘導体はノニオン系界面活性剤などとして医薬品分野，化粧品分野で幅広く使用されている。医薬品用途に用いられるオレイン酸誘導体を表1にまとめた。日本油脂㈱では高純度オレイン酸を用いてこれら誘導体のいくつかを製造しているが，特にポリソルベート80（NOFABLE ESO-9920）においては色やにおいがなく製品のクオリティを落とすことのない添加剤となっている。ポリソルベート80はモノオレイン酸ポリオキシエチレンソルビタンで，エチレンオキサイドの付加モル数が20モルの製品であり，Tween80としても知られている。乳化剤や保存安定剤，可溶化剤として用いられることが多いが，ESO-9920は不純物となる不飽和脂肪酸が少ないことから容易に推測できるとおり，酸化安定性に優れている。このことは酸化劣化を受けやすい薬剤に対してダメージを与えることなく製剤化できるというメリットがある。また，ESO-9920は培養細胞を用いた細胞毒性の実験ではオレイン酸純度が低い製品に比較して生存率が上昇し（図3），ウサギ鮮血を用いた溶血性の実験でもオレイン酸純度を高くすることにより

表1 医薬用途に用いられている主なオレイン酸誘導体

オレイン酸誘導体	用　　途
オレイルアルコール	乳化剤，溶解補助剤
オレイン酸エチル	溶剤
オレイン酸オレイル	溶解剤
オレイン酸デシル	基剤
ポリオキシエチレンオレイルエーテル	基剤，乳化剤，溶剤
ポリソルベート80	安定化剤，界面活性剤，基剤，結合剤，懸濁化剤，コーティング剤，乳化剤，賦形剤，分散剤 他
モノオレイン酸ソルビタン	界面活性剤，乳化剤，分散剤，溶解補助剤
セスキオレイン酸ソルビタン	安定化剤，界面活性剤，基剤，結合剤，懸濁化剤，コーティング剤，乳化剤，賦形剤，分散剤 他
トリオレイン酸ソルビタン	界面活性剤，懸濁化剤，消泡剤，乳化剤，分散剤，溶解補助剤，溶剤
トリオレイン酸ポリオキシエチレンソルビタン	乳化剤
モノオレイン酸グリセリン	乳化剤，分散剤
モノオレイン酸ポリエチレングリコール	乳化剤，溶剤，溶解補助剤

第10章　オレイン酸

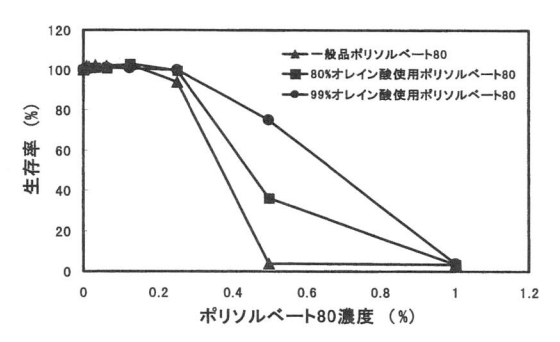

図3　培養細胞を用いた細胞毒性試験

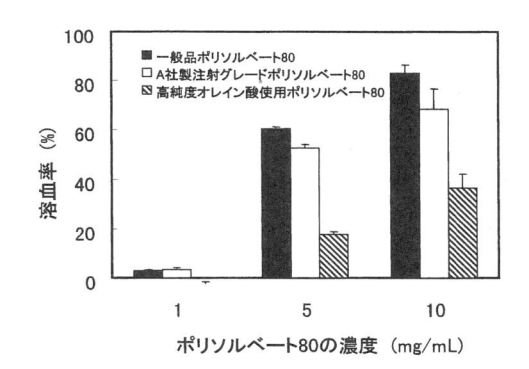

図4　ウサギ鮮血を用いた溶血性試験

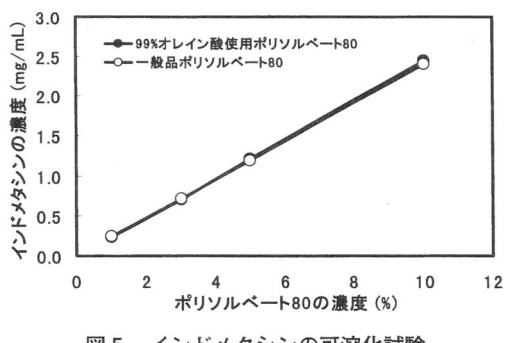

図5　インドメタシンの可溶化試験

溶血しにくいというデータが得られた（図4）。しかし，インドメタシンの可溶化力についてはオレイン酸純度による差は認められず（図5），界面活性剤としての基本性能に違いはないと考えられるため，細胞に対する安全性のメカニズムについては今後の課題である。

オレイン酸がリン脂質の一部として生体膜を構成していることはすでに述べたが，その生体膜を模し，薬物をその膜の中に封入することにより薬物の安定性を増し，さらには患部へのデリバリー機能をも持たせたドラッグデリバリーシステム（DDS）の素材としてリポソームが注目さ

れている。リポソームは生体膜と同じリン脂質の二重膜により構成されているが，そのリン脂質を構成する脂質として最近オレイン酸が注目されている。オレイン酸を含むリン脂質はオレイン酸の二重結合に起因する折れ曲がった構造や低い融点によりリポソームの膜をやわらかくする。日本油脂㈱ではDrug Master File（DMF）に登録された医薬品用リン脂質を製造しているが，実際オレイン酸を含むリン脂質の要求が多くなっている。特に，Dioleoyl Phosphatidylcholine（DOPC），Palmitoyl Oleoyl Phosphatidylcholine（POPC），Palmitoyl Oleoyl Phosphatidylserine（POPS）等はすでに海外の臨床試験段階のリポソーム系医薬品に採用されている。

4　おわりに

以上のよう脂質は生体膜の単なる構成成分やエネルギーの貯蔵物質としてだけでなく，種々の生理的役割が明らかになりつつある。特にオレイン酸は人間が生合成できる高度不飽和脂肪酸として，その重要性も増してくるものと考えられ，今後の研究が期待される。

文　献

1) Suzuki, M. *et al. J. Amer. Oil Chem. Soc.*, **62** (11), 1600 (1985)
2) Sato, K. *et al. J. Amer. Oil Chem. Soc.*, **63** (10), 1356 (1986)
3) Kobayashi, M. *et al. J. Phys. Chem.*, **90** (23), 6371 (1986)
4) Latruffe, N. and Vamecq, *J. Biochimie*, **79**, 81-94 (1997)
5) Tontonoz, P. *et al. Cell*, **79**, 1147-1156 (1994)
6) Escher P. and Wahli W. *Mutation Research*. **448** (2), 121-138 (2000)
7) Devchand, P. R. *et al. Nature*, **384**, 39-43 (1997)
8) Issemann, I. and Green, S. *Nature*, **347**, 645-650 (1990)
9) Kliewer, S. A. *et al. Cell*, **83**, 813-819 (1995)
10) Yu, K. *et al. J.Biol.Chem.*, **270**, 23975-23983 (1995)
11) Dreyer, C. *et al. Biol.Cell*, **77**, 67-76 (1993)
12) Lehmann, J. M. *et al. J.Biol.Chem.*, **272**, 3406-3410 (1997)
13) Andersson, Y. *et al. Arteriosclerosis Thrombosis & Vascular Biology*, **19**, 115-121 (1999)
14) Schoonjans, K. *et al. EMBO Journal*, **15**, 5336-5348 (1996)
15) Rodriguez de Fonseca, F. *et al. Nature*, **414**, 209-212 (2001)
16) Fu, J. *et al. Nature*, **425**, 90-93 (2003)
17) Guzman, M. *et al. J. Biol. Chem.*, **279**, 27849-27854 (2004)

第11章　ジアシルグリセロール

松尾　登[*1]，桂木能久[*2]

1　背景

　世界保健機関（WHO）の報告によると，全世界で10億人が過体重であり，3億人が肥満であるといわれている[1]。2004年，WHOは，「生活習慣病予防のための食生活・身体活動に関する体制作り」を全世界に向けて提案し，生活習慣の改善に取り組むように警告を発した。

　1989年Kaplanらは，肥満，糖尿病，高血圧，高脂血症が重なると，冠動脈疾患の危険性が高まる，いわゆる「死の四重奏」説を提唱した[2]。この研究に端を発し，様々な大規模な研究が行われ，現在では，腹部肥満，高中性脂肪，低HLD，高血圧，高血糖のうち少なくとも3つ以上が重なることを「メタボリックシンドローム」とよび[3]，各国において，これらの基準が検討されている。

　日本においては，松澤らが，腹部脂肪の中でも内臓脂肪の蓄積が，さまざまな生活習慣病を引き起こすことを明らかにした[4]。1999年には日本肥満学会が，日本人における肥満の診断基準を定め[5]，肥満を防ぎ，生活習慣病をなくすことに貢献している。このように，肥満の改善や予防は，世界的に注目されている。

　肥満は，食事からとるエネルギーが基礎代謝や運動などで消費するエネルギーを上回った場合に生じる。体重が増えると食事の摂取エネルギーを減らすように，そして運動をするように指導されるのはこの理由からである。食事の中では，脂質と糖質のエネルギー量が多いことは周知である。

　このような背景のもと，油の代替物や糖の代替物の研究が米国を中心に始まった。糖の代替物は，アスパルテームなどを代表として，数多く開発され多くが実用化されている。一方，油の代替物の場合は，1980年代から盛んに研究され，体に全く吸収されない油脂代替物やカロリーが低い油脂が開発されたが[6]，さまざまな理由により，汎用されるに至っていない。

　ジアシルグリセロールは，一般の食用油と同じ味とほぼ同じ物理化学的性質を有する。そして，一般の食用油に比べ，体脂肪として蓄積しにくい性質を持ち，肥満気味の方に適した油であ

[*1]　Noboru Matsuo　花王㈱　ヘルスケア第1研究所　主席研究員
[*2]　Yoshihisa Katsuragi　花王㈱　ヘルスケア第1研究所　室長

る。本章では，ジアシルグリセロールの物理化学的性質，栄養学的特性，安全性について解説する。

2　ジアシルグリセロールの構造と性質

　ジアシルグリセロール（以下，DAGと略す）は，一般の食用油に，1-10%程度含まれる少量成分である[7,8]。オリーブ油においては，20%以上のDAGを含むものが報告されている[9]。筆者らのグループは，脂肪酸とグリセリンから，1，3位選択性リパーゼを用いた酵素の作用により，DAG含量を80%以上にまで高める技術を確立した[10]。図1に，DAGの構造をTAGとともに示した。DAGには，1（3），2-DAGと1，3-DAGの2つの構造異性体があり，1（3），2-DAG

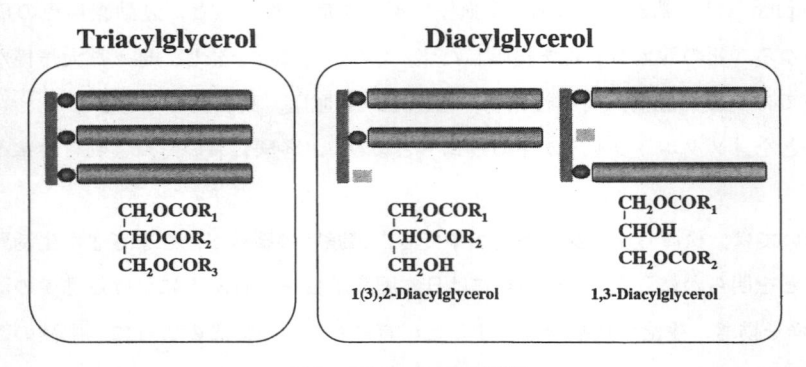

Triacylglycerol

CH_2OCOR_1
$CHOCOR_2$
CH_2OCOR_3

Diacylglycerol

CH_2OCOR_1
$CHOCOR_2$
CH_2OH
1(3),2-Diacylglycerol

CH_2OCOR_1
$CHOH$
CH_2OCOR_2
1,3-Diacylglycerol

図1　TAG，DAGの構造

表1　DAG油，TAG油の物理化学的性質[14]

		DAG oil	TAG oil
比重（g/ml）	8.8℃	0.926	0.922
	20.0℃	0.923	0.914
	30.0℃	0.920	0.908
粘度（mPa·s）	8.8℃	84.8	74.5
	20.0℃	55.3	50.1
	30.0℃	37.9	35.3
融点（℃）		−2.0	−24.0
発煙点（℃）		220	250
引火点（℃）		298	344
燃焼点（℃）		320	354
発火点（℃）		416	435
表面張力（mN/m at 25℃）		33.8[a 33.9]	33.7
油水界面張力（mN/m at 25℃）		11.9[a 14.6]	23.8

[a] 添加物を加えていないDAG油で測定

と1,3-DAGの比率は，おおよそ3：7である。この比率は，一般の食用油に含まれるDAGにおいてもほぼ同じである[11~13]。

表1に，DAGの物理化学的性質をまとめた。比重，粘度は，TAGとほぼ同様である。調理油としての基本的な性質である発煙点などは，TAGに比較するとやや低い。これは，DAGがTAGに比べて分子量が小さいことによる。界面張力が，TAGに比べ低いのは，DAGの構造中に存在する水酸基の影響により，親水性が高いことに由来する。

3　ジアシルグリセロール代謝の特徴

1,3-DAGを主として含む食油の単位重量あたりのエネルギー量，見かけの吸収率においては通常のTAG油と差異は認められていない[15]。通常の食油の主成分であるTAGは膵臓リパーゼにより1,2-DAGを経て，更に2-モノアシルグリセロール（MAG）に分解されて小腸上皮細胞に取り込まれる。これは膵臓リパーゼの1位，3位のエステル結合への特異性による。このリパーゼが1,3-DAGに働くと，先ず生成するのは1（または3）-MAGであり，その後の代謝もTAGの場合と少し異なることがわかっている。

ラットの腸管にトリオレイン，ジオレインを灌流した時の脂質組成比の経時変化を追った実験[16]では1,3-ジオレインのほとんどが1（3）-モノオレインとなっており，1（3）-MAGの生成はDAG代謝の特徴と考えられる。

小腸上皮細胞におけるTAGの再合成は，2-MAG経路とグリセロリン酸経路があるが，脂質の消化・吸収過程では前者が主として働いていると考えられている[17]。前者の反応には2-MAGは良い基質であるが，これと比べ，1（3）-MAGの基質としての反応性は低い[18,19]。また，遊離のグリセロールはグリセロリン酸経路の基質となるが，この反応は2-MAG経路と比べ速度が遅くTAG再合成における寄与率は小さい[17]。DAGから生成した1（3）-MAGのどの程度が直接吸収されるのかについては定量的な結論はでていないが，DAG摂取の場合，TAG合成の主たる基質である2-MAGの生成量がTAG摂取時と比べ少ないために，DAG摂取時の小腸上皮でのTAG再合成速度は小さいことが予想される。ラットを用いた実験で，DAGエマルジョン投与後の腸管リンパへの再合成TAGの放出速度は，TAGエマルジョン投与後と比べ小さいことが確かめられている[20]。DAG投与後の小腸上皮細胞におけるTAGの再合成速度の低下に伴って，遊離脂肪酸の濃度が高まることが予想される。門脈血中の遊離脂肪酸濃度がTAG投与と比べ上昇すること[16]はこれを反映していると考えられる。図2に小腸において推測されているDAG，TAGの代謝の違いを模式的に示した。

動物にDAGを含む餌を継続投与すると肝臓の脂肪酸合成に関与する酵素の活性が抑制され，

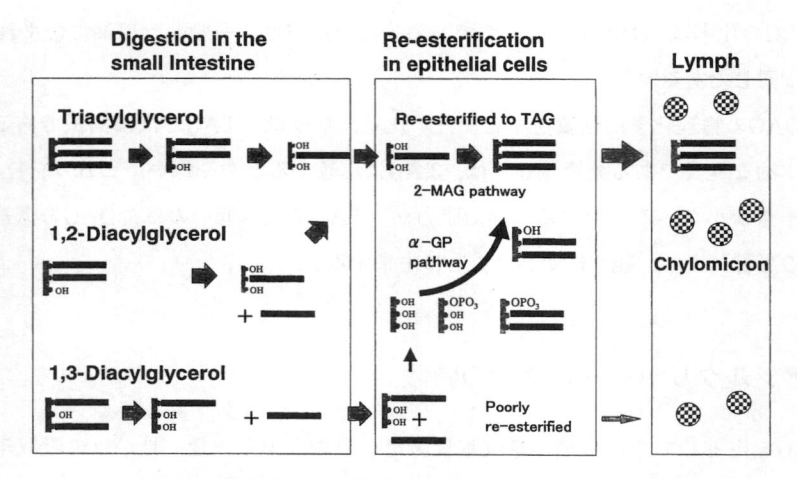

図2 小腸において推測されるDAG，TAGの代謝の違い

表2 DAGの有効性のまとめ

食後の血中トリグリセリド（TG）
  動物試験
    #カイロミクロンTGの低下[20]
    #カイロミクロンTG再合成速度の低下[34]
  ヒト試験
    #健常者でカイロミクロンTGの低下[24,25]
    #レムナント様リポ蛋白の低下[25]

体脂肪蓄積，体重
  動物試験
    #体脂肪，体重の減少[20,22,23,35]
  ヒト試験
    #肥満気味の日本人[30,32]，過体重・肥満のアメリカ人[31]においてTAGと比べ，体脂肪，特に内臓脂肪の低下，体重の低下
    #オープンラベルの長期自由摂取試験において体重の低下[26]
    #ウエスト周囲長，皮下脂肪厚の減少[26,27,29]
    #肥満小児において，内臓脂肪，腹部総脂肪面積の減少，成長への影響なし[37,38]

空腹時TG
  ヒト試験
    #初期血中TGの高い被験者[26,27]および，糖尿病患者[28]でTGの減少

コレステロール
  ヒト試験
    #長期自由摂取試験においてHDLの上昇[26,27,29]
    #長期自由摂取試験においてLDLの低下[26,27]

空腹時血糖，HbA1c
  ヒト試験
    #糖尿病患者[28]，過体重の被験者[29]の長期試験においてHbA1cの低下

脂肪酸のβ酸化に関与する酵素の活性が亢進すること[21,22]，小腸でのβ酸化に関与する酵素，熱産成蛋白質（UCP-2，uncoupling protein-2）のmRNA発現が増加すること[23]などが報告されている。これらの現象は以上のようなDAGの消化・吸収の特徴を反映しているのではないかと推察される。

4　ジアシルグリセロールの栄養機能

　表2にこれまでに報告されているDAGの栄養機能をまとめた。健常者を用いた試験としては，単回摂取と長期摂取の試験が報告されている。DAGをエマルジョンとして健常男性に単回投与した場合，同じ脂肪酸組成のTAGに比べて，食後の血清中性脂肪及びレムナント様リポタンパク（RLP）の増加が抑制されることが判明している[24,25]。これは動脈硬化に関与すると言われている食後高脂血の予防に役立つと考えられる。また，これまでに行われた継続摂取試験のうち，すべてではないが，いくつかの試験において，空腹時の血清トリグリセリド濃度の低下[26,27]，総コレステロール，LDLコレステロールの低下[26,27]，ヘモグロビンＡ１ｃ[29]の低下，HDLコレステロールの上昇[26,27,29]が示されている。また，糖尿病患者における試験では，空腹時の血清トリグリセリド濃度の低下，ヘモグロビンＡ１ｃの低下が示されている[28]。

　また，DAGの継続摂取の体脂肪への効果としては，健常男性において，１日あたりの脂質摂取量を日本人のおおよその平均値である50gに制限し，そのうちの10gをDAGに置き換えて4ヶ月間摂取させることによって，TAGと比較してBMIや腹部脂肪量が低減することが示されている[30]。このときの血清脂質には大きな変化は認められていない。アメリカ人の過体重/肥満者を対象とした，より大規模なダブルブラインドの6ヶ月試験（緩やかなハイポカロリーでの試験）でも示された。すなわち，DEXA（dual energy X-ray absorptometry）で測定した体脂肪量がTAGと比べ，DAGにより有意に大きな減少率を示した[31]。

　食事が脂質摂取量，カロリー摂取量などにおいてコントロールされたこれらの試験に対して，通常に生活している被験者が家庭で使用する調理油をDAG油に置き換える効果をより長期にわたって検討した試験が行われている。これらの試験においてもDAG摂取によるBMIの低下，皮下脂肪厚の減少などが報告されている。BMI 25以上，また，中性脂肪が150mg/dL以上の被験者312名による1年間のDAG油自由摂取試験においては，体重，BMI，皮下脂肪厚などが通常の食油（TAG油）を摂取した対照群と比べ有意に減少した[32]。

　一方，対照群をおかない長期自由摂取試験では，BMI[29]，体重[26]，皮下脂肪厚[26,27]，ウエスト周囲長[26,27]の低減が，さらにメタボリックシンドロームの危険因子の減少が危険因子3以上のハイリスク群において認められている[29]。DAG摂取の栄養特性は体重低下，特に内臓脂肪の低下が特

徴的である。このようなDAGの効果は肥満，過体重者において顕著であり，低BMIにおいては その体重を維持するという傾向がある[33]。

このような栄養学的特徴を持つDAGは，肥満の予防だけでなく，肥満や脂質代謝異常の患者に対する食事療法としての有効性が期待され，いくつかの使用例が報告されている[28]。

5　ジアシルグリセロールのエネルギー代謝に及ぼす影響

表3にDAGのエネルギー代謝に及ぼす影響についてのこれまでの知見をまとめた。

肥満モデルマウス（C57BL/6J）を用いた実験では，DAG摂取は，小腸におけるβ酸化関連酵素および熱産生蛋白質の1種であるUCP-2のmRNAの発現を増大させることが報告されている[23]。同様の現象は肥満モデルマウスの肝臓でも観察されている[22]。β酸化関連酵素の活性の上昇もラット肝臓[21]および，肥満モデルマウスの肝臓，小腸[23]でも確認されている。これらの知見は，DAGの摂取がエネルギー代謝を活性化することを示唆しているといえる。

肥満，過体重はエネルギーの摂取と消費のインバランスの結果である。一定のエネルギー摂取条件でのエネルギー消費を測定することは肥満のメカニズムを研究する上で重要である。動物実験は，DAG食は酸素消費を増大させることを示している[16,39]。最近の研究でもDAG摂取はRQの値を低下させることがヒト[40]や動物[39]で示されている。RQの低下はエネルギー源として消費される脂質の割合が増えていることを示している。これらの試験の結果は，エネルギー代謝の活性化機構の解明が動物やヒトでの長期摂取で認められたDAGの効果のメカニズムを検証する上で非常に重要であることを示している。

6　ジアシルグリセロールの安全性

先にも示したように，DAGは，一般の食用油に含まれる成分であり，ヒトにとって食経験のある成分である。1998年に，当時の厚生省から，DAGの有効性と安全性が認められ，特定保健

表3　DAGのエネルギー代謝に対する影響のまとめ

動物試験
・肝臓，小腸においてβ-酸化関連酵素活性の上昇[21～23]
・肝臓，小腸においてβ-酸化関連酵素遺伝子発現の上昇[22,23]
・肝臓，小腸においてUCP-2のmRNA発現の上昇[22,23]
・エネルギー消費の上昇，呼吸商の低下[39]
・酸素消費量の増加[20]
ヒト試験
・呼吸商の低下と脂肪の酸化の上昇，エネルギー消費量は不変[40]

第11章　ジアシルグリセロール

用食品の表示許可を受けた。2000年には，DAGは，米国食品医薬品局から，「Diaclyglycerol Oil」の名称で，GRAS（Generally Recognized As Safe）として登録された[41]。さらに，2002年には，さらなる安全性が認められ，GRASとして使用できる食品のカテゴリーが拡大された[42]。

DAGの安全性は，さまざまな角度から検証されており，すぐれた総説にまとめられている[43]。近年，ヒト臨床試験において，DAGを過剰摂取した場合の結果が報告された。0.5g/日/kg体重のDAGを3ヶ月の長期間摂取した場合の，さまざまな安全性の指標の変化を調べた結果，コントロール群であるTAG摂取と同様であり，安全性上問題となる事例は認められていない[33]。さらに，Soniら[44]および，Chengelisら[45〜47]は，長期間の動物試験により，TAGと同等の安全性を報告している。

7　おわりに

DAG油は食後の中性脂肪の上昇が緩やかで，また，継続摂取することにより体脂肪が蓄積しにくいというユニークな特徴を持つ油である。その調理油としての性質は通常のTAG油とほとんど変わらないが，分子中に水酸基を余分に持つために物理化学的な性質をいくらか異にしている。そのために，他の油脂食品への応用においては特別な技術を必要とするが，一方では新しい食品への応用への可能性を広げるという利点もある。したがって，DAG油はその生理的な機能だけでなく，新しい可能性を秘めた食品材料という側面も持ち合わせている。

DAG油の作用はその熱量が通常の摂取量ではTAG油とほとんど変わらず，吸収率も変わらないことから，小腸上皮細胞における代謝の違いに起因していると考えられる。DAG油の摂取が様々な場面において脂質代謝を改善していることが報告されているが，今後，消化，吸収，代謝過程のより詳細な解析，さらに構成脂肪酸組成とDAGの機能特性との関連の解析などを通して健康の増進につながる脂質栄養学の新しい視点が切り開かれることが期待される。

文　献

1) WHO official web site: http://www.who.int/nut/obs.htm
2) N. M. Kaplan, Arch. *Intern. Med.*, **149**, 1514 (1989)
3) Expert Panel on Detection, Evaluation, and Treatment of High Blood Cholesterol in Adults, *JAMA.*, **285**, 2486 (2001)
4) Y. Matsuzawa et al., *Obes. Res.*, **3**, 645S (1995)

機能性脂質のフロンティア

5) 日本肥満学会肥満症診断基準検討委員会, 肥満研究, **6**, 18 (2000)
6) J. Wylie-Rosett, *Circulation*, **105**, 2800 (2002)
7) A. A. Abdel-Nabey *et al.*, *Riv. Ital. Sostanze Grasse*, **69**, 443 (1992)
8) R. P. D'alonzo *et al.*, *J. Am. Oil Chem. Soc.*, **59**, 292 (1982)
9) I. Barceló Mairata and F. Barceló Mairata, *Fasc.* **36**, 269 (1985)
10) T. Watanabe *et al.*, *J. Am. Oil Chem. Soc.*, **80**, 1201 (2003)
11) T. Yasukawa and Y. Katsuragi, "Diacylglycerol Oil", Chapter 1, p. 1, AOCS Press, Champaign, IL (2004)
12) A. Crossley *et al.*, *J. Chem. Soc.*, 760 (1959)
13) D. R. Kodali *et al.*, *Chem. Phys. Lipids.*, **52**, 163 (1990)
14) Y. Nakajima *et al.*, "Diacylglycerol Oil", Chapter 18, p.182, AOCS Press, Champaign, IL (2004)
15) H. Taguchi *et al.*, *Lipids*, **36**, 379 (2001)
16) 渡邊浩幸ほか, 日本油化学会誌, **46**, 301 (1997)
17) I. H. Friedman and B. Nylund, *Am. J. Clin. Nutr.*, **33**, 1108 (1980)
18) H. Bierbach, *Digestion*, **28**, 138 (1983)
19) R. Lehner *et al.*, *Lipids*, **28**, 29 (1993)
20) M. Murata *et al.*, *Biosc. Biotech. Biochem.*, **58**, 1416 (1994)
21) M. Murata *et al.*, *Br. J. Nutr.*, **77**, 107 (1997)
22) T. Murase *et al.*, *J. Lipid Res.*, **42**, 372 (2001)
23) T. Murase *et al.*, *J. Lipid Res.*, **43**, 1312 (2002) .
24) H. Taguchi *et al.*, *J. Am. Coll. Nutr.*, **19**, 789 (2000)
25) N. Tada *et al.*, *Clin. Chim. Acta*, **311**, 109 (2001) .
26) T. Yasukawa *et al.*, *J. Oleo Sci.*, **50**, 427 (2001)
27) Y. Katsuragi *et al.*, *J. Jpn. Hum. Dry Dock*, **14**, 258 (1999)
28) K. Yamamoto *et al.*, *J. Nutr.*, **131**, 3204 (2001)
29) K. Otsuki *et al.*, *J. Jpn. Hum. Dry Dock*, **19**, 29 (2004)
30) T. Nagao *et al.*, *J. Nutr.*, **130**, 792 (2000)
31) K. C. Maki *et al.*, *Am. J. Clin. Nutr.*, **76**, 1230 (2002)
32) W. Koyama *et al.*, 24th Annual Meeting of Japan Society for the Study of Obesity, Chiba, Japan, Nov. 13-14. (2003)
33) K. Yasunaga *et al.*, *Food Chem. Toxicol.*, **42**, 1419 (2004)
34) T. Yanagita *et al.*, *Lipids*, in press
35) T. Hase *et al.*, *J. Oleo Sci.*, **50**, 701 (2001)
36) T. Murase *et al.*, *J. Nutr.*, **132**, 3018 (2002)
37) K. Matsuyama *et al.*, *Pediatrics of Japan*, **43**, 928 (2002)
38) K. Matsuyama *et al.*, 15th General Meeting of the Japanese Society of Lipid Nutrition Research in Children, Nov. 30, Kitakyushu (2001)
39) S. Kimura *et al.*, AOCS Annual Meeting, May 4-7, Kansas City (2003)
40) M. M. Kamphuis *et al.*, *Am. J. Clin. Nutr.*, **77**, 1133 (2003)

41) GRAS Notice No. GRN 000056, see http://www.cfsan.fda.gov/~rdb/opa-g056.html.
42) GRAS Notice No. GRN 000115, see http://www.cfsan.fda.gov/~rdb/opa-g115.html.
43) J. F. Borzelleca *et al.*, "Diacylglycerol Oil", Chapter 17, p.165 AOCS Press, Champaign, IL (2004)
44) M. G. Soni *et al., Food Chem. Toxicol.*, **39**, 319 (2001)
45) C. P. Chengelis *et al., 42nd Annual Meeting of the Society of Toxicology, March 9-13, Salt Lake City* (2003)
46) C. P. Chengelis *et al., 43rd Annual Meeting of the Society of Toxicology, March 21-25, Baltimore* (2004a)
47) C. P. Chengelis *et al., 43rd Annual Meeting of the Society of Toxicology, March 21-25, Baltimore* (2004b)

第12章　調理適性を有する中鎖-長鎖トリグリセリド構造とリパーゼによる製造

根岸　聡*

　中鎖脂肪酸は，本書第2編第3章，1.1で紹介されているように長鎖脂肪酸とは異なり，小腸上皮細胞内に供された後，再合成されることなく門脈に移行して肝臓で直接代謝される特徴がある。その栄養特性を利用し医療現場でも脂肪吸収改善剤などで用いられている。すなわち，中鎖脂肪酸は安全性が高く，長鎖脂肪酸に比べてエネルギーになりやすいという栄養的特性がある。

　しかし，このような中鎖脂肪酸の栄養特性を一般の食用油に導入しようとした場合，調理適正の面で大きな問題がある。中鎖脂肪酸のみからなるトリグリセリド（MCT）をフライ調理に用いると発煙を起こす。さらに，通常の食用油である長鎖トリグリセリドと混合して用いると非常に泡立ちやすく，吹きこぼれ等の原因にもなりかねない。

　本章では調理適性を改善した中鎖-長鎖トリグリセリド構造とリパーゼによるその製造について紹介する。

1　発煙の改善

　MCTは150℃～160℃で発煙を起こすが，これは通常の食用油と比べMCTの分子量が小さいためである。通常の調理にこの油を用いるためには200℃程度でも発煙を起こさないように改善する必要がある。改善の方法として，MCTを中鎖と長鎖両方の脂肪酸からなる中鎖-長鎖トリグリセリド構造をもつ油に変換して，分子量を大きくする方法がある。この場合，中鎖脂肪酸が2モルで長鎖脂肪酸が1モル，または中鎖脂肪酸が1モルで長鎖脂肪酸が2モル結合したトリグリセリドがそれぞれ考えられる。どちらのトリグリセリドも発煙点は通常の調理では問題のない200℃程度もしくはそれ以上である。したがって，栄養効果が期待できる中鎖脂肪酸が含有できるようにMCTと通常の植物油をエステル交換することで中鎖脂肪酸の栄養効果を持ち，なおかつ調理時の発煙の問題がない中鎖-長鎖トリグリセリドを得ることができる。

---

*　Satoshi Negishi　日清オイリオグループ㈱　研究所　構造油脂科学分野　リーダー

第12章　調理適性を有する中鎖-長鎖トリグリセリド構造とリパーゼによる製造

Photograph　　　　　　Image analyzed

写真1　Example of image analysis. The foaming spot was defined by a fixed luminance criterion.

2　フライ時の泡の改善

　フライ時の泡の発生は，発煙の問題のように単純にトリグリセリド分子量の問題ではない。フライ時の泡は，どのような構造のトリグリセリドでフライ油が構成されているかが問題となる。そこでトリグリセリド構造とフライ時の泡の関係を詳しく調べ，検討する必要があった[1]。

2.1　フライ時の泡の定量的測定

　初めにフライ時の泡を定量的に評価する必要がある。我々はフライ時の泡の定量化に画像解析の手法を導入した。フライ時の泡は常に変化し瞬間の画像だけでは判断できないので，1秒間隔で画像を撮影してフライ鍋に占める泡の割合を合計して泡の量とした。

　写真1に解析に用いた画像の様子を示した。写真はフライ調理の間，約1秒間隔で517枚画像を撮影し，ラインで囲まれた円に占める白い泡の部分の割合を計算した。この割合の値は1枚ごとではばらつくが，517枚すべてを合計した値IF value（Integration of Foam）はばらつきが見られなかった。よって，このIF値を使ってフライ調理時に発生する泡を定量的に評価することにした。

2.2　トリアシルグリセロール構造と泡の関係

　次に，中鎖脂肪酸を含有したトリアシルグリセロールをリパーゼ反応を用いて何種類か調製し，その油脂についてフライ調理を行ってそれぞれのIF値を測定した。その結果，フライ調理時における泡の量はトリアシルグリセロールの分子量の分布の幅に関係していることがわかった。すなわち，分子量の異なるトリアシルグリセロールが混ざっていると泡が立ちやすく，同じような分子量のトリアシルグリセロールから成る油は泡立ちが少ないことが分かった。このトリアシルグリセロール組成の分布を表す値としてFIT（Foam Index of TG）を設定した。FITはそ

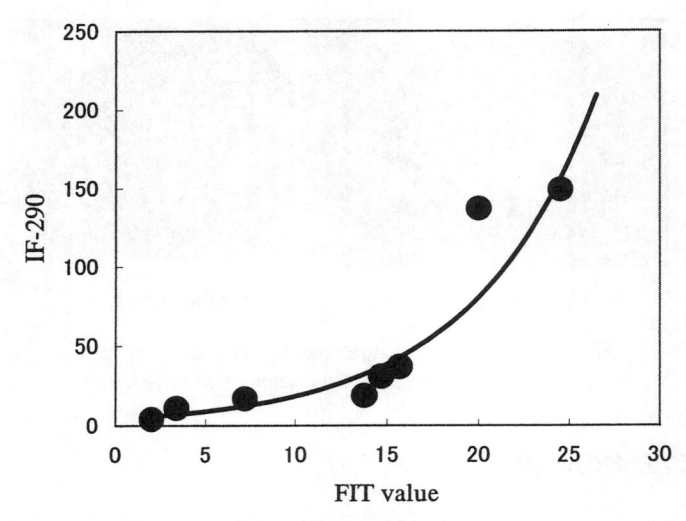

図1　The correlation between the FIT and IF.

れぞれの油のトリアシルグリセロール組成から下の式により算出することとした。

$FIT = \Sigma\{|RM-ARM| \times (Mol\%)/100\}$

$RM = \{(MW-470)/(976-470)\} \times 100$

　　MW : molecular weight

　　RM : relative molecular weight

　　ARM : average relative molecular weight

　　470 is molecular weight of tricapryloylglycerol

　　976 is molecular weight of triarachidonylglycerol

図1にIF値とFIT値の関係を示した。

これよりFITの値が大きくなればなるほど，IF値すなわちフライ時の泡が増加することがわかった。フライ時の見た目や火災などの危険性を総合的に考慮すると，FITを15以下になるように食用油のトリアシルグリセロール組成をデザインすることで，中鎖脂肪酸を含有し，なおかつ調理適性を持った食用油を作ることが可能となった（写真2）。

3　粉末リパーゼによるエステル交換

前述したトリアシルグリセロール組成をデザインする方法として，リパーゼによるエステル交換法が挙げられる。酵素による反応は常温，常圧で反応できるため反応物の劣化が少ないだけでなく，副反応が起きにくく基質特異性を有しているなど優れた方法である。しかし，リパーゼ反

第12章　調理適性を有する中鎖-長鎖トリグリセリド構造とリパーゼによる製造

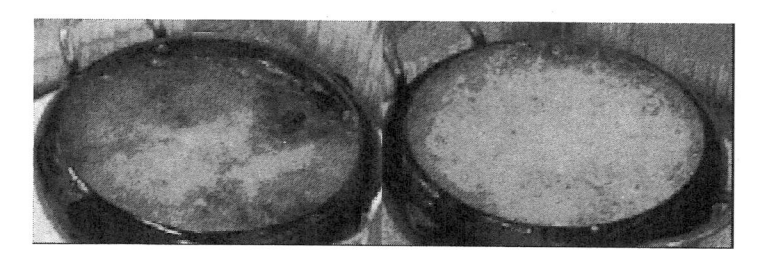

Structured Lipid　　　　　　　Mixed

写真2　Photograph of foaming.

応はコストが高く，デリケートな反応で反応装置も複雑となってしまうため，限られた領域でしか実用化されていないのが現状である。エステル交換反応のコストを下げるためには反応系を極力単純化する必要がある。通常のエステル交換ではリパーゼを固定化して用いるが，リパーゼはもともと油に不溶であるため固定化処理をしなくとも回収再利用が可能である。固定化には必ず担体となる物質が必要となり，比活性も固定化により低下する。よって，粉末のままで反応できれば担体の費用を節約できるだけでなく，単位体積および単位重量あたりの活性をあげることができ，反応系をコンパクトにすることが可能と考え検討を行った[2]。

3.1　水分量とエステル交換活性

粉末リパーゼによるエステル交換を実用化するためには，反応中の水分量のコントロールが簡単なリパーゼを選定する必要があった。通常，反応系の水分量は反応液に対する濃度で検討されているが，我々はリパーゼ粉末に対する水分量を指標としてエステル交換活性に与える水分の影響について検討した。リパーゼによってエステル交換活性が最大となる水分量はそれぞれ異なる。また，その水分量で反応させたときエステル交換活性が最大となる温度もそれぞれのリパーゼで異なる。数十種類のリパーゼについてエステル交換活性が最大となる水分量と温度を調べた結果を図2に示した。

リパーゼの多くは活性を発現するのにある程度の水が必要であり，当然のことながら水を添加することで加水分解と熱失活を招いてしまう。従って，ほとんどのリパーゼは粉末のままエステル交換反応に用いるのは困難であると考えられていた。

しかし，さまざまなリパーゼについて検討したところ，リパーゼによっては水を添加しなくても活性が発現するものも見つかった（リパーゼQL，PL）。つまり，これらのリパーゼは見かけ上，水がなくてもエステル交換活性が発現するので，水によって引き起こされる加水分解も熱失活も起きない。

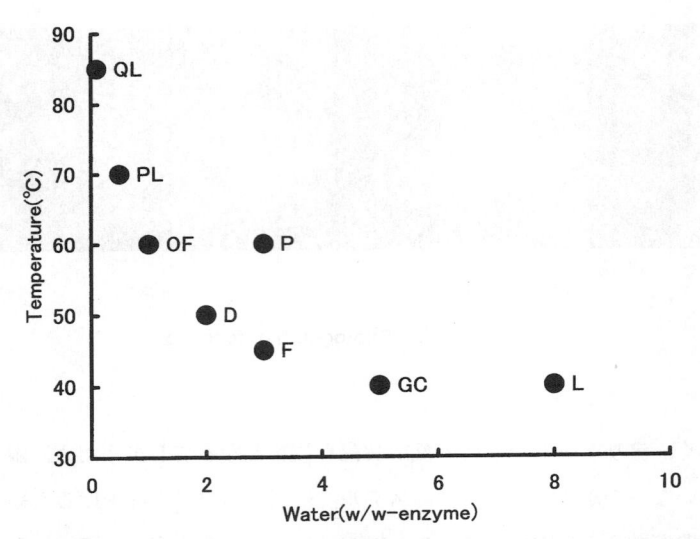

図2 The optimal temperature of various lipases versus the percentage of added water. The following enzymes were used: lipase OF（Candida cylindracea; Meito Sangyo Co., Ltd）, lipase PL（Alcaligenes sp.; Meito）, Lipase QL（Alcaligenes sp.; Meito）, lipase D（Rhizopus delemar; Amano Pharmaceutical Co., Ltd.）, lipase F（Rhizopus javanicus; Amano）, lipase GC（Geotorichum candidum; Amano）, lipase L（Candida lipolytica; Amano）, and lipase P（Pseudomonas sp.; Nagase Sangyo & Co., Ltd）.

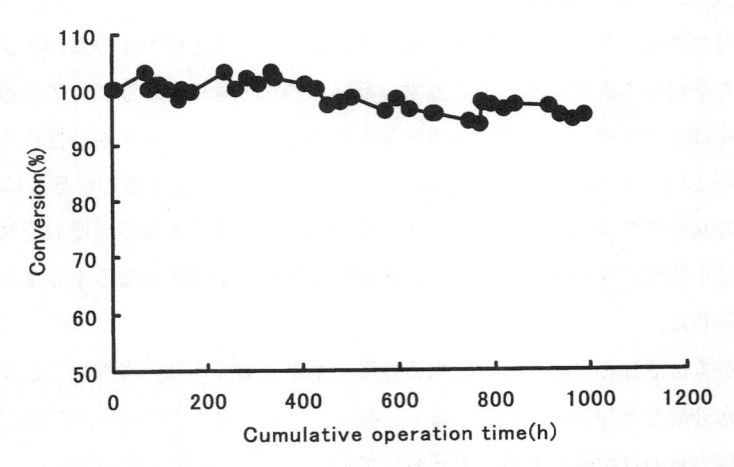

図3 Transesterification using a 1 cm diameter column with filter (ADVANTEC, 5A). A mixture of triolein and tricaprylin was continuously pumped at a flow rate of 5 g/h. The depth of the bed of lipase QL(0.3 g) was 1.9 cm. The temperature of the reaction system was 40℃. Water was not added to the reaction.

第12章　調理適性を有する中鎖-長鎖トリグリセリド構造とリパーゼによる製造

このようなリパーゼを使えば，固定化せずともリパーゼ粉末のままでエステル交換を行うことができる。これら粉末リパーゼの重量当たりのエステル交換活性は，固定化した時に比べて数十倍から数百倍である。

3.2　粉末リパーゼの安定性

前述したように，リパーゼを粉末のままでエステル交換するシンプルな反応系を構築することができた。しかし，その安定性が悪いのでは実用化はできない。そこでこの反応系の安定性について調べた。

図3はリパーゼQLを粉末のままカラムに充填してグリセロールトリオレアートとグリセリントリオクタノアートの連続エステル交換を行った結果である。この時，反応基質に水を加えることなく反応を行った。その結果1,000時間の長期間，95％以上の反応率を維持したままエステル交換反応が行え，この反応系の安定性は十分実用化に耐えうることが分かった。

以上の結果から固定化という煩雑な操作を行うことなく，簡便な反応系でエステル交換反応を行うことが可能となった。この方法を用いれば，中鎖-長鎖トリグリセリドの工業生産だけでなく産業上，今まで汎用的でなかったリパーゼによるエステル交換反応を幅広く油脂産業で利用できるようになる[3,4]。

文　　献

1) S. Negishi, M. Itakura, S. Arimoto, T. Nagasawa, *J. Am. Oil Chem. Soc.*, **80**, 471-474 (2003).
2) S. Negishi, S. Shirasawa, Y. Arai, J. Suzuki, S. Mukataka, *Enzyme Microb. Technol*, **32**, 66-70 (2003).
3) 根岸聡，白澤聖一，鈴木順子，無類建夫，特願平 5-231629 (1993).
4) 根岸聡，白澤聖一，鈴木順子，無類建夫，特願平 5-231630 (1993).

第13章　フェルラ酸の機能性

金谷由美*

1　はじめに

　フェルラ酸は，エステル体や配糖体として広く植物に存在するフェニルプロパノイドである（図1）。フェニルプロパノイドは，高分子化して細胞壁を形成したり，生体機能調節物質となったりと，植物体内で重要な働きをしている。また，一般に言うポリフェノールもフェニルプロパノイドに属し，ヒトに対する機能性の面でも注目されてきている。

　フェルラ酸は，1991年に谷口らによって，植物の中でも特に含有量の高い米糠から大量に精製する方法が開発された[1]。それ以降，フェルラ酸の機能性および利用に関する研究が加速し，2004年3月には，それまでの「既存食品添加物」に加え，「医薬品的効能効果を標榜しない限り医薬品と判断しない成分本質（原材料）」として公表された。また化粧品分野では，2001年に「紫外線吸収剤」として登録されている。

2　フェルラ酸の機能性

2.1　抗酸化作用

　フェルラ酸は，多くの研究者により抗酸化試験がなされており[2〜7]，非常に抗酸化力の強い物

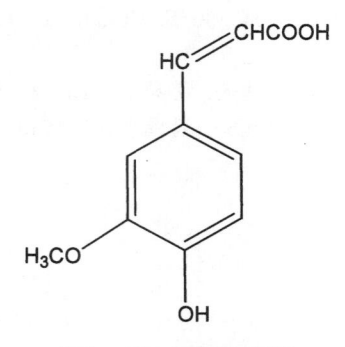

図1　フェルラ酸の構造

---

　*　Yumi Kanaya　築野食品工業㈱　企画開発室

第13章 フェルラ酸の機能性

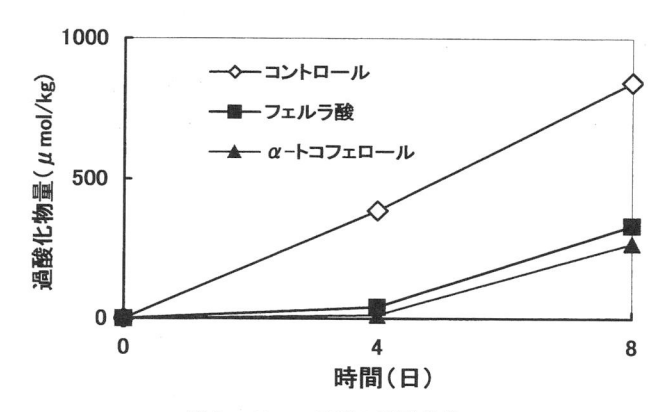

図2 フェルラ酸の抗酸化作用
リノール酸メチル1 molに対しフェルラ酸あるいはα-トコフェロールを5 μmol加え，遮光下，40℃で保存した後，吸光度234nmを測定した。
リノール酸メチルのモル吸光係数（26000）から過酸化物量を計算した。

質であることが分かっている。抗酸化剤として頻用されているα-トコフェロールと比較しても，遜色のない効果が認められている（図2）。

フェルラ酸をはじめとするフェノール性化合物は，水素ラジカルを放出させやすい。フェルラ酸の抗酸化の機序は，その水素ラジカルが脂質過酸化の開始剤となるフリーラジカルを捕捉したり，活性酸素を消去したりすることによって，過酸化反応の開始を抑制している。また，脂質の自動酸化が生じた場合も，同様のラジカル捕捉により連鎖反応を停止させることが分かっている。

フェルラ酸の抗酸化作用は，*in vitro*だけではなく，*in vivo*でも効果が認められている。糖尿病の進展により体内の過酸化が進むストレプトゾトシン投与マウスに，フェルラ酸を0.3%添加した飼料を6週間与えたところ，血中過酸化脂質，DNAの酸化障害によって増加する尿中8-OHdG，酸化脂質の代謝物である尿中8-イソプロスタンの上昇を抑制している[8]。

2.2 脂質低下作用

フェルラ酸は，「2.1 抗酸化作用」でも述べたとおり，摂取しても生体に作用を及ぼす。最近，体内脂質の異常な蓄積など，脂質代謝異常を引き起こす因子の1つに，酸化ストレスが挙げられるようになった。すでに述べているように，フェルラ酸には抗酸化作用が認められていることから，高脂質血症に対しても効果があることが推測できる。

Sharmaによると，0.2%のフェルラ酸を飼料に添加して4週間飼育したラットでは，血清総コレステロールの蓄積が有意に抑制し，血清中性脂肪と血清LDL＋VLDLコレステロールの蓄積も予防する傾向が認められた[9]。また，Balasubashiniらの報告では，脂質量が増大する糖尿病モデ

ルラットを用い，10あるいは40mg/kg in 1 mL waterのフェルラ酸懸濁液を45日間経口投与した時，両濃度とも有意に血漿コレステロール，血漿中性脂肪，血漿遊離脂肪酸，血漿リン脂質が低下した。併せて，血糖値を低下させる効果も認められた。更に興味深いことに，低濃度の方が血漿コレステロール，血漿中性脂肪，血糖値が正常値に近い値を示した[10]。残念ながら，有意差は認められていない。しかし，低濃度の方が有効であるとの知見は，著者らによる同様の試験でも確認されている（unpublished）。

2.3 血圧低下作用

高血圧といった症状も，脂質代謝異常や高血糖の危険因子と関連があると言われている。フェルラ酸の血圧低下作用については，近年になってその事実が明らかになってきた。

Suzukiらは，生コーヒー豆の主成分に血圧低下作用があることを見出し，活性本体を検討した結果，生体内で代謝されて生じるフェルラ酸が，強く血圧を低下させることを発見した[11]。続く研究では，フェルラ酸を6週間，高血圧自然発症（SHR）ラットに10あるいは50mg/kg/日経口投与したとき，収縮期血圧の上昇を抑制したと報告している[12]。

2.4 抗炎症作用

最近，炎症はウイルス感染からがんに至るまで多くの疾病に関与しているとして，抗炎症作用を持つ素材に興味が集まっている。フェルラ酸の抗炎症作用については，すでに多様な研究がなされており，非常に興味深い。その一部について紹介する。

フェルラ酸は炎症の一般的な徴候として現れる浮腫[13,14]やかゆみ[15]を抑制すると報告されている。浮腫の評価は，ラットを用いたカラギーナン誘導法で行われており，フェルラ酸70mg/kgの経口投与で効果が認められている[13]。また，かゆみについては，ヒスタミン遊離剤をマウスに皮下注射したときのひっかきを見たもので，注射1日前にフェルラ酸10mg/kgを経口投与すると，かゆみが有意に抑制された[15]。

また，メカニズムの検討もされており，炎症の急性期に重要な役割を果たすケミカルメディエーターの遊離を抑制すること[13,16]や，その次の段階に当たる食細胞の浸潤・遊走性を抑制したり，貪食性を活性化したりすると報告されている[16,17]。

2.5 がん予防作用

がん患者は年々増加傾向にあり，がんを予防することに重点が置かれるようになってきた。その中で，フェルラ酸もがんに対する予防効果が検討されている[18,19]。

アゾキシメタンで惹起した大腸がんモデルラットを用い，飼料中に0.2%のフェルラ酸を添加

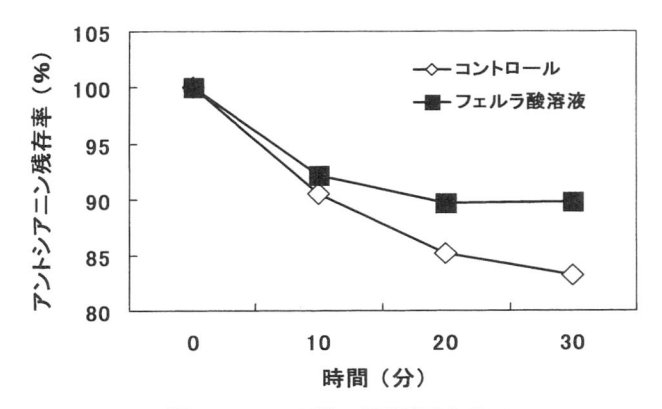

図3 フェルラ酸の紫外線防御作用
二重容器の内側に0.1%アントシアニン水溶液を入れ，外側に2%フェルラ酸エタノール溶液を入れた。コントロールは外側にエタノールを入れた。30℃，日光下の保存後，吸光度520nmにてアントシアニン含量を測定し，アントシアニン残存率を求めた。

して3週間飼育した。その結果，大腸前がん病変（異常腺か巣）の個数がコントロールと比較し，有意に少なく，がんの発生を抑制した[18]。また，4-ニトロキノリン-1-オキシドで誘導した舌がんモデルラットに0.05%のフェルラ酸を与えて飼育した試験でも，がんの発生を有意に抑制している[19]。

2.6 脳障害予防作用

酸化ストレスや炎症により影響を受けやすい組織の1つに脳が挙げられる。難治性疾患としてアルツハイマー病が挙げられるが，酸化ストレスや炎症が関与していると言われ，フェルラ酸が期待されている。

Yanらはフェルラ酸を水に0.006%添加して4週間給水飼育した後，β-アミロイドペプチドを脳内投与してアルツハイマー病モデルマウスを作製した。その結果，記憶障害を有意に抑制し，さらに，アルツハイマー病で知られている脳内のアセチルコリン量の減少を緩和した[20]。また，岡山大学農学部 高畑教授と著者らの研究によると，神経細胞の神経突起の伸張を促進することが分かっている[21]。

2.7 糖尿病腎症予防作用

フェルラ酸の排泄経路は尿からであることがすでに明らかになっているが，腎臓に対する効果については，未だ研究段階である。

糖尿病が進展すると，腎症を併発するリスクが高い。ストレプトゾトシン投与により作製した

糖尿病モデルマウスを用いて，腎機能障害の指標として用いられる尿タンパク量を測定したところ，フェルラ酸（110mg/kg，8週間）投与群で尿タンパクの漏出が有意に抑制された[22]。同様に，和歌山県立医科大学第一内科 南條教授と著者らの別の糖尿病モデルを用いた研究でも，飼料への0.2%添加で尿タンパク量の有意な減少を認めている[23]。

2.8 紫外線吸収作用

フェルラ酸は紫外線吸収剤として，すでに化粧品分野で利用されている。フェルラ酸はUV-B（320～290nm）領域に強い吸収極大波長があり，UV-A（400～320nm）領域にわたって紫外線を吸収する[6]。

広く紫外線を吸収するため，フェルラ酸は紫外線から物質を保護することができる。図3には，二重溶器の内側にアントシアニン，外側にフェルラ酸溶液を入れ，日光を照射したときのアントシアニンの残存を見たものである。フェルラ酸により，アントシアニンの日光による崩壊が抑制された。

2.9 美白作用

現在，美白用途にアルブチンなどが利用されているが，効果が緩やかなため長期間使用する必要がある。一方，フェルラ酸は強い美白作用があるとして注目されている。フェルラ酸の美白作用は，肌を黒化するメラニン産生酵素，チロシナーゼの活性を抑制するためだと言われている[24]。また，著者らの研究でも，フェルラ酸を養殖魚の飼料に添加することにより，日焼けによる黒化が抑制されている[25]。

3 おわりに

近年，消費者の意識が天然物由来の安全な素材を求め，特に食品や化粧品の分野で，合成品から天然物由来のものへの移行が進んでいる。その中で，米糠由来のフェルラ酸は，注目すべき素材として研究されるようになった。本章で述べてきたように，フェルラ酸の機能性については，様々な報告がなされるようになったが，そのメカニズム及びヒトに対する検討は，まだ始まったところである。今後，フェルラ酸の研究が更に進み，多分野で利用されるよう期待する。

第13章　フェルラ酸の機能性

文　　献

1) 谷口久次ほか，特許第2095088号
2) K. Yagi et al., *J. Nutr. Sci. Vitaminol.*, **25**, 127 (1979)
3) S. Gupta et al., *Milchwissenschaf*, **34**, 205 (1979)
4) M. Uchida et al., *Biol. Pharm. Bull.*, **19**, 623 (1996)
5) J. H. Chen et al., *J. Agric. Food Chem.*, **47**, 2374 (1997)
6) 谷口久次ほか，こめぬかを原料とする環境に適合した有機工業化学に関する基礎研究成果報告書，財団法人和歌山テクノ振興財団 (2001)
7) 築野卓夫，油脂，**54**, 53 (2001)
8) 金谷由美ほか，日本病態栄養学会誌，**5**, 105 (2002)
9) R. D. Sharma, *Atherosclerosis*, **37**, 463 (1980)
10) M. S. Balasubashini et al., *Acta Diabetol.*, **40**, 118 (2003)
11) A. Suzuki et al., *Hypertens. Res.*, **25**, 99 (2002)
12) A. Suzuki et al., *Am. J. Hypertens.*, **15**, 351 (2002)
13) 胡慧娟ほか，中国薬科大学学報，**21**, 279 (1990)
14) A. S. Chawla et al., *Indian J. Exp. Biol.*, **25**, 187 (1987)
15) H. Oku et al., *Biol. Pharm. Bull.*, **25**, 137 (2002)
16) T. Hirabayashi et al., *Planta Med.*, **61**, 221 (1995)
17) 徐理納ほか，葯学学報，**16**, 411 (1981)
18) B. S. Han et al., *Jpn. J. Cancer Res.*, **92**, 404 (2001)
19) T. Tanaka et al., *Carcinogenesis*, **14**, 1321 (1993)
20) J. J. Yan et al., *Br. J. Pharmacol.*, **133**, 89 (2001)
21) 高畑京也ほか，特願2004-088179
22) 趙同峰ほか，中国中西医結合雑誌，**24**, 445 (2004)
23) 藤田篤代ほか，日本病態栄養学会誌，**6**, 249 (2003)
24) 築野卓夫ほか，*Fragr. J.*, **7**, 68 (2002)
25) 眞岡孝至ほか，国際公開公報WO2004/006687

第14章　γ-オリザノール

白崎友美[*]

1　はじめに

　米は太古の昔より，重要な食糧資源として栽培され食用に供されてきた。この米の副産物としての米油も，精製技術の進歩に伴って食用油脂および化粧料油脂としての価値が評価され，唯一の国産資源由来の油脂として重要な役割を担っている。また，米油は高温での安定性が高く，血清コレステロール低下作用の強い植物油脂として高く評価されている。この作用の一端を担っているのがγ-オリザノールであり，米油に特異的に含まれる微量有効成分である。

　γ-オリザノールの効果，効能，安全性について，今日まで多くの報告があり，また工業レベルでの量産化技術が確立されたことにより，医薬品，化粧品，健康食品，食品添加物，さらには動物の成長促進剤としての応用とγ-オリザノールは広範囲に渡って使用されている。

2　γ-オリザノールとは

　γ-オリザノールは1954年，金子及び土屋が米ぬか油より単離した[1,2]。金子及び土屋はこの化合物が米ぬか油から最初に分離されたことから，稲の学名Oryza sativa L.と，その分子中にOH基を有することから，これをγ-オリザノールと命名した。その後の研究により，γ-オリザノールはフェルラ酸とトリテルペンアルコールのエステル混合物であることが解明された[3〜5]。アルコール部として，シクロアルテノール，24-メチレンシクロアルテノール，カンペステロール，β-シトステロール等，10種類の存在が報告されている[6〜8]。主要成分の一種，シクロアルテノールフェルラ酸エステルの化学構造式を図1に示す。性状は白色の結晶状の粉末であり，味はないが，特有の芳香をともなう。

　γ-オリザノールは特に穀類中に多く含まれ，中でも米の種子膜及び胚芽中に特に多く含まれている。この存在部位から，その穀類中における役割の1つとして，発芽や発根の重要物質と考えられ，種子の生命維持に深く関わっていると考えられる。

---

　　*　Tomomi Shirasaki　オリザ油化㈱　研究開発部

第14章　γ-オリザノール

図1　シクロアルテノールフェルラ酸エステル

3　γ-オリザノールの機能

3.1　抗酸化作用

γ-オリザノールには，フェルラ酸部位にヒドロキシル基を有するため，抗酸化物質としての効果が期待でき，抗酸化性について数多くの報告がある。

福士[9]は米ぬか油にγ-オリザノールを0.01～2.0%添加することで過酸化物価（POV）の上昇は抑制され，さらに，α-トコフェロールとγ-オリザノールを160℃，8時間加熱処理し，加熱にともなう抗酸化力の変化を測定したところ，α-トコフェロールはこの加熱によりほとんど効力を失うが，γ-オリザノールにはかなりの抗酸化力の残存が認められ，耐熱性に優れていることを報告している[10]。

また，菅野ら[11]はγ-オリザノールを大豆油に添加し，190℃で通気加熱を行ったところ，0.5または1%の添加量で大豆油の熱酸化重合を抑制すること，これにはフェルラ酸部位が関与していることを明らかにした。

岡田ら[12]は，リノール酸に対するγ-オリザノールとアミノ酸の抗酸化性の相乗効果を検討したところ，γ-オリザノールはほとんどのアミノ酸と相乗性を示し，特にトレオニン，ヒスチジン，アスパラギン酸及びチロシンとの併用で著しく抗酸化力が高まったことを明らかにしている（図2）。

3.2　薬理作用

γ-オリザノールの薬理作用及び臨床応用効果については数多くの報告がみられる。ラットの成長促進作用及び性腺刺激作用[13～15]，ビタミンE様作用[16]，抗ストレス作用[17]，脱コレステロール作用[18～21]，抗高脂血症[22～24]などが報告さ

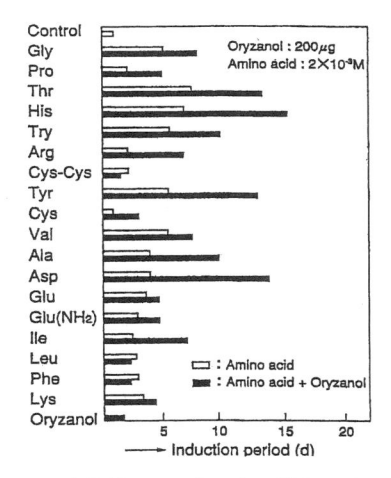

図2　γ-オリザノールとアミノ酸とのリノール酸に対する抗酸化性の比較と相乗性

表1 り病期間と有効率との関係

自律神経失調症

り病期間	例数	有効率	無効率
0〜1年	12	7 (22.6%)	5 (16.1%)
1〜4年	14	11 (35.5%)	3 (9.6%)
4〜8年	2	2 (6.5%)	0 (0%)
8〜12年	2	2 (6.5%)	0 (0%)
12〜20年	1	2 (3.2%)	0 (0%)
計	31	23 (74.3%)	8 (25.7%)

頭部外傷後遺症

り病期間	例数	有効率	無効率
0〜1年	5	3 (27.3%)	2 (18.2%)
1〜4年	5	4 (36.3%)	1 (9.1%)
21年	1	1 (9.1%)	0 (0%)
計	11	8 (72.7%)	3 (27.3%)

表2 婦人の自律神経に対する効果

	疾患／成績	例数	著効 (++)	有効 (+)	やや有効 (±)	不変 (−)
1	中年期自律神経症	17	3 (18.0)	8 (47.0)	4 (23.5)	2 (11.5)
2	更年期自律神経症 (＝更年期障害)	18	5 (27.7)	7 (38.9)	4 (23.3)	2 (11.1)
3	去勢後自律神経症 (＝卵巣欠落症状)	5		4 (80.0)	1 (20.0)	
	計	40	8	19	6	4
	%		(20.0)	(50.0)	(20.0)	(10.0)

( ) 内は%

れている。小堀ら[25]は鶏（白色レグホン）にγ-オリザノール0.2mg/dを75日間投与し，体重増加を測定したところ，投与群は対照群の1.7倍の体重増加を示したと報告している。臨床試験では，自律神経失調症[26]や更年期障害にともなう諸症状の改善効果[27〜29]が確認されており，これはγ-オリザノールが視床下部のカテコールアミン代謝に関与するためと考えられている。また，頭部外傷後遺症（ムチウチ症候群）の治療[30]，卵巣欠落症状[31]，肝機能傷害，肝斑，甲状腺機能障害，メヌエル氏症候群などに有効なことが確認されており，佐々木ら[32]は自律神経失調症および頭部外傷後遺症で長年病んでいる患者にγ-オリザノール45mg/dを食間3回21日間投与したところ，自律神経失調症患者への有効率は74%，頭部外傷後遺症患者への有効率は73%であり，長年病んでいる患者ほど効果があり，多量投与によっても副作用が見られなかったと報告してい

る（表１）。また，奥田ら[28]は更年期自律神経症に対するγ-オリザノールの効果は著効，有効％は70％で，やや有効のものも含めると90％の効果であることを確認している（表２）。他に，植物ステロールと併用され老人性痴呆症，動脈硬化，脳軟化症の治療薬としても用いられている。

3.3 皮膚外用剤としての効能

外用剤としてのγ-オリザノールは，抗酸化作用[25,33,34]，紫外線吸収作用[35,36]，チロシナーゼ活性抑制作用[33]，皮膚温上昇[37〜39]，皮膚腺賦活作用[34,40,41]に着目した応用が試みられている。

安藤[35]，井端ら[36]はモルモットを用いて紫外線照射における紅斑形成抑制作用を見ており，無塗布では紅斑が形成されるがγ-オリザノール塗布区ではこの紅斑が抑制されたことを，鹿熊ら[41]は１％γ-オリザノール含有クリームの皮脂腺賦活を目的とした外用剤の応用研究の結果，γ-オリザノールは健常人に対して遅効性ではあるが，皮脂腺に直接働きかけて皮脂膜の形成を促し皮膚の乾燥や肌荒れを予防することを報告している。さらに小林ら[42,43]は，γ-オリザノール１％含有水性軟膏を各種乾燥性皮膚疾患の患者に３回/d，12週間塗りその結果，比較的長期間の使用により皮脂腺の機能を賦活し，皮膚の分泌低下に基づく乾燥性皮膚疾患に対して有用であることを明らかにしている（図３）。

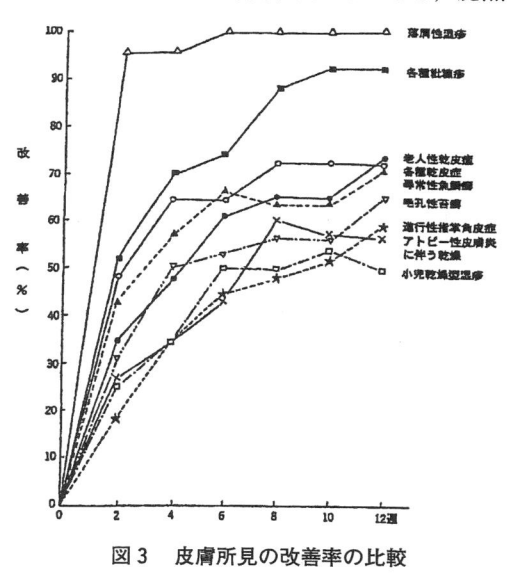

図３　皮膚所見の改善率の比較

4　γ-オリザノールの吸収・分布・代謝

γ-オリザノールの吸収・分布・代謝については，藤原寛ら[44]，藤原茂ら[45]，野田ら[46,47]，近藤ら[48]がマウス，ラットまたは家兎を用いて^{14}Cで標識したγ-オリザノールを経口投与し，n-ヘプタン層（γ-オリザノール）と水層（γ-オリザノール代謝産物）に分別して測定することにより明らかにしている。

藤原寛[44]らは家兎を用いた試験において，血中濃度は投与後４〜５時間で最大となり，以後急速に減少するものの，24時間，48時間後にも一定の濃度が維持され，投与48時間後までの尿中への排泄はほとんどが水層で投与量の約５〜10％，糞中への排泄はほとんどがn-ヘプタン層で投与量の約17〜32％検出され，また，胆汁中の放射能はほとんどが水層から検出されたことか

ら，代謝物は胆汁中に排泄されることを確認している。さらに，n-ヘプタン層の放射能は脳に多く分布し，水層部はほぼ一様に分布しているが，特に肝臓への残留が多く，生殖器への分布はすくなかったと報告している。この後の野田ら[46,47]の報告ではラットにおける経口投与した場合の血中濃度のピークは5時間だが，皮下投与では10時間であること，また，単回投与での脳への分布は低いものの，連続投与を行うと血中の5〜10倍という高い分布が見られること，尿中代謝産物としてferulic acid及びm-hydroxy-phenylpropionic acidであることを確認している。さらに，藤原茂ら[45]は家兎における代謝物について定量を行っているが，血中においては主にferulic acid, vanillic acid, 及び微量のacetovanillone, hippuric acid, vanilloylglycineが，尿中では主としてこの他にhippuric acidを確認している。これらの結果より，γ-オリザノールは体内においてエステル結合が切断されると共に，さらに酸部位が代謝を受けることが示された。

5　γ-オリザノールの利用と応用

日本においてγ-オリザノールは1963年頃から医薬品として利用されてきた長い歴史があるが，現在では食品添加物，化粧品原料としてもその効能が認められ，油脂食品の酸化防止剤，生鮮食品の鮮度保持に応用されたり，化粧品分野では皮膚の老化防止作用や紫外線吸収作用を生かした化粧水，クリーム，浴用剤や薬用石鹸として利用されている。また，海外では健康食品としてサプリメントを中心に，飲料，流動食，ビスケットなどに利用されたり，さらに，犬や競走馬の均整のとれた身体作りを目的に多く利用されている。γ-オリザノールは多くの機能を持ち，また，安全性が非常に高いため，これからさらに利用が高まっていくことが期待される。

文　献

1) 金子良平ほか，東京工業試験所報告，**49**, 142（1954）
2) 金子良平ほか，工業化学雑誌，**57**, 526（1954）
3) 土屋知太郎ほか，東京工業試験所報告，**51**, 359（1956）
4) 遠藤富夫ほか，油化学，**17**, 344,（1968）
5) 遠藤富夫ほか，油化学，**18**, 255（1969）
6) 加藤秋男ほか，油化学，**10**, 741（1961）
7) 遠藤富夫ほか，油化学，**19**, 298,（1970）
8) 遠藤富夫ほか，油化学，**19**, 302（1970）
9) 福士敏雄ほか，道衛研報，**16**, 111（1966）

10) 福士敏雄ほか，道衛研報，**16**，115，(1966)
11) 菅野秀明ほか，日本食品工業学会誌，**32**，170-173 (1985)
12) 岡田忠司ほか，日本食品工業学会誌，**25**，305-309 (1982)
13) 土屋知太郎ほか，東京工業試験所報告，**53**，235，(1958)
14) 土屋知太郎ほか，*ibid.*，**54**，143 (1959)
15) 勝木辰夫ほか，日本獣医畜産紀要，**7**，56，(1958)
16) 石浜淳美ほか，第11回日本産婦人科学会北日本連合地方部会，第11回日本産婦人科学会総会にて発表
17) 若生宏，小児科臨床，**19**，1015 (1966)
18) 市丸保幸ほか，日本薬理学雑誌，**84**，537 (1984)
19) 篠宮正樹ほか，動脈硬化，**10**，137，(1981)
20) 篠宮正樹ほか，動脈硬化，**10**，1069，(1983)
21) 中村治雄，*Radioisotopes.*，**15**(6)，371 (1966)
22) 折茂肇ほか，新薬と臨床，**32**，1542 (1983)
23) 吉利和ほか，*Clin Eval.*，**12**，195 (1984)
24) 葛谷文男ほか，*Geriat Med.*，**18**，519 (1980)
25) 土屋知太郎ほか，フレグランスジャーナル，**42**，91-94 (1980)
26) 楠田雅彦，産婦人科の実際，**14**，387 (1965)
27) 村瀬靖，産婦人科の実際，**12**，147 (1963)
28) 奥田宜弘ほか，産科と婦人科，**37**(11)，116
29) 大川知之ほか，産婦人科の世界，**17**(2)，65 (1965)
30) 三河，村瀬，薬局，**17**，1613 (1966)
31) 大川ほか，産婦世界，**17**，119 (1965)
32) 佐々木誠，臨床と研究，**41**，347 (1964)
33) 井端泰夫，*Fragrance Journal*，**45**，92 (1980)
34) 小林美恵，皮膚，**21**(1)，18 (1979)
35) 安藤義隆，*Fragrance Journal*，**53**，125 (1982)
36) 井端泰夫，*Fragrance Journal*，**84**，54 (1987)
37) 神村瑞夫ほか，臨床皮泌，**17**，369 (1963)
38) 神村瑞夫ほか，臨床皮泌，**17**，373 (1963)
39) 神村瑞夫ほか，ビタミン，**30**，341 (1964)
40) 小林美恵ほか，西日本皮膚科，**35**，566 (1972)
41) 鹿熊武ほか，香粧会誌，**8**，31 (1984)；土屋知太郎，東工試報，**49**，142 (1954)
42) 小林敏夫ほか，皮膚，**21**，123 (1979)
43) 小林敏夫ほか，皮膚，**21**，463 (1979)
44) 藤原寛ほか，薬物療法，**5**(11)，123 (1972)
45) 藤原茂ほか，薬学雑誌，**100**，1011 (1980)
46) 野田弘子ほか，基礎と臨床，**8**(1)，35 (1974)
47) 野田弘子ほか，基礎と臨床，**9**(8)，83 (1975)
48) 近藤弘之ほか，応用薬理，**2**(1)，29 (1968)

第15章　米由来トコトリエノール

白崎友美[*]

1　はじめに

　第14章でも述べたように，米油は高温での安定性が高く，機能面でも血清コレステロール低下作用の強い植物油脂として高く評価されている。また，米糠には保湿効果や美白効果，肌のキメを整える作用があるとされ，古来より日本では入浴時や美容目的に，米糠や米のとぎ汁を石鹸の代わりに利用してきた。これらの作用は米油に特異的に含まれるトコトリエノール類，トコフェロール類，γ-オリザノール（第14章参照）をはじめとする植物ステロールなどの微量有効成分に起因する。

　トコトリエノールおよびトコフェロールは，代表的抗酸化物質であるビタミンEの同族体としてよく知られている。トコフェロールはすでに医薬品，化粧品，健康食品および食品添加物としての機能が高く評価され，広い分野で応用されている。しかし近年，トコトリエノールについてもトコフェロールにない生理作用を持つこと，また，ある種の生理作用ではトコフェロールより強い活性を示すことが数多く報告されており，食品素材としてのみならず，化粧品分野への応用も拡大しつつあり，関心が高まっている。

2　トコトリエノールとは

　トコトリエノールは米胚芽以外に大麦，小麦などの穀類やパームの実に特異的に存在する脂溶性ビタミンの一種であり，黄色〜赤褐色の粘性の液体である。

　先にも述べたように，トコトリエノールはビタミンE（トコフェロール）同族体であり，トコフェロールの側鎖部分の7，9，11位に3つの二重結合を持ち，この構造のわずかな違いが両者の生理作用の差異に重要な役割を果している。また，トコフェロールと同様クロマン環のメチル基の数と位置により，α-，β-，γ-，δ-の異性体が天然に存在する（図1）。生理活性はα->β->γ->δ-トコトリエノールの順で，α-トコトリエノールのビタミンE活性はγ-トコフェロールよりも高いとされている。しかし，α-トコフェロールと比較するとその活性は弱いも

---

[*]　Tomomi Shirasaki　オリザ油化㈱　研究開発部

第15章　米由来トコトリエノール

図1　トコトリエノールおよびトコフェロールの構造

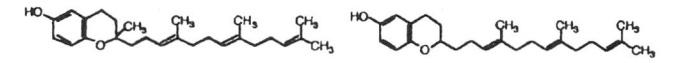

	R_1	R_2	R_3
α-tocotrienol	CH_3	CH_3	CH_3
β-tocotrienol	CH_3	H	CH_3
γ-tocotrienol	H	CH_3	CH_3
δ-tocotrienol	H	H	CH_3

	R_1	R_2	R_3
α-tocopherol	CH_3	CH_3	CH_3
β-tocopherol	CH_3	H	CH_3
γ-tocopherol	H	CH_3	CH_3
δ-tocopherol	H	H	CH_3

Desmethyl-tocotrienol　　　Didesmethyl-tocotrienol

図2　米由来新規トコトリエノールの構造

のの，トコトリエノールがα-トコフェロールにない生理作用を持つこと，また，ある種の生理作用ではα-トコフェロールより強い活性を示すことが報告され，話題になっている。

さらに，Qureshiら[2,3]は米由来新規トコトリエノールしてdesmethyl tocotrienol, didesmethyl tocotrienol（図2）を米糠より単離，同定し，これらが従来から知られているトコトリエノールと比較して，より強いコレステロール低下作用，抗酸化作用，B16メラノーマ細胞増殖抑制作用を示すことを報告している。

3　トコトリエノールの機能

3.1　コレステロール低下作用

トコトリエノールはHDL-コレステロール（善玉コレステロール）に影響することなく，LDL-コレステロール（悪玉コレステロール）のみを有意に低下させることで，血清コレステロールを低下させる特徴があり[3～6]，特にWatkinsら[7]は，トコトリエノール含有米油を高コレステロール患者に投与したところ，顕著な血清総コレステロール値の減少が見られたのに対し，トコトリエノール含有パーム油においてはこれらの変化が見られなかった，と米由来トコトリエノールの有意性を報告している（表1）。さらに，Qureshiら[3]は，高コレステロール患者に対する米由来トコトリエノールの投与は，濃度依存的に効果があることを確認している。

表1 高コレステロール血症患者の血清脂質におけるパームまたは
米糠不けん化物（RBN）由来トコトリエノールの効果

	Palm tocotnenols (n=25)			RBN		
	Baseline	3yr	p	Start	12mo	p
Cholesterol	6.05±0.03	6.18±0.33	n.s.	6.18±0.33	5.31±0.20	<0.05
LDL cholesterol	4.24±0.03	4.28±0.37	n.s.	4.28±0.37	3.40±0.18	<0.05
HDL/cholesterol	0.17±0.01	0.17±0.02	n.s.	0.17±0.02	0.24±0.02	<0.05
Triglyceride^a/HDL	2.70±0.58	2.16±0.35	n.s.	2.16±0.35	1.21±0.21	<0.05
	Palm placebo (n=25)			RBN placebo		
	Baseline	3yr	p	Start	12mo	p
Cholesterol	5.90±0.16	5.70±0.21	n.s.	5.70±0.21	6.06±0.32	n.s.
LDL cholesterol	4.19±0.14	3.95±0.18	n.s.	3.95±0.18	4.05±0.31	n.s.
HDL/cholesterol	0.20±0.14	0.21±0.06	n.s.	0.21±0.06	0.22±0.01	n.s.
Triglyceride^a/HDL	1.80±0.35	1.54±0.31	n.s.	1.54±0.31	1.55±0.31	n.s.

3.2 アテローム性動脈硬化改善作用

動物およびヒトの研究において，トコトリエノールは血小板凝集抑制作用，血管収縮阻害作用を持つことが報告されている。Tomeoら[8]は50名の脳血管疾患患者のうち25名にトコトリエノールを与えた結果，7名に明らかな改善が，2名に悪化が見られたのに対し，プラセボ群では改善は認められず，10名に悪化が見られたと報告しており，トコトリエノールが頸動脈高アテローム血症に有効であることを示している。

3.3 抗癌作用

細胞培養を用いた実験において，トコトリエノールはいくつかのヒト癌細胞の増殖を抑制することが報告されている。Nesaretnamら[9]はトコトリエノール高含有の系と，トコフェロールのみを含有する系でヒト乳癌細胞の増殖抑制作用を比較した。その結果，トコトリエノール高含有の系はヒト乳癌細胞の増殖を50%抑制したが，トコフェロールのみの系は全く効果を示さなかった。さらに，Guthrieら[10]は，乳癌治療薬であるTamoxifenとトコトリエノールを併用することにより，相乗的にヒト乳癌細胞の増殖を抑制することを，また，我々は岐阜大学医学部との共同研究において，米由来トコトリエノールはAzoxymethane誘発ラット大腸発癌を抑制することを報告している。

3.4 生体内抗酸化作用

最近の研究で，トコトリエノールは効果的な抗酸化活性を示すことが明らかにされており，いくつかの反応系においてはトコフェロールより優れた抗酸化活性を発揮することが報告されてい

第15章 米由来トコトリエノール

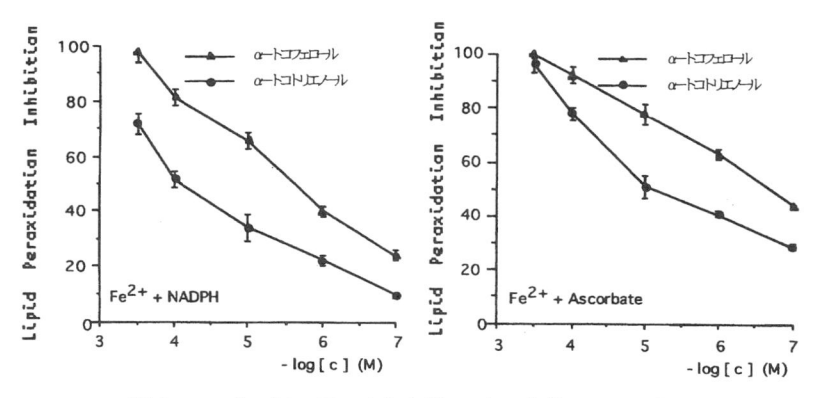

図3 α-トコフェロールおよびα-トコトリエノールの
ラット肝ミクロソーム膜中の脂質過酸化抑制作用

る。Kamatら[11]は脳細胞ミトコンドリアにおいてトコフェロールよりも強い抗酸化作用があることを，Serbinovaら[12]はα-トコトリエノールのラット肝ミクロソーム膜中の脂質過酸化反応を50％抑制する濃度は，α-トコフェロールの40〜60倍抑制することを報告している（図3）。また，Suarunaら[13]はトコトリエノールがラット及び人間のリポ蛋白組織において抗酸化作用があることを報告している。さらに，カルフォルニア大学で行われた研究によると，トコトリエノールは紫外線によってもたらされる皮膚への有害な作用をその抗酸化活性により防御し，皮膚の酸化傷害を防ぐことが報告されている[14]。

4 トコトリエノールの吸収分布と米由来トコトリエノールの新規生理活性

4.1 吸収分布

これまで，動物実験において，消化管から吸収されたトコトリエノールのほとんどは皮膚へ移行することが報告されている。Ikedaら[15]はラットやマウスに対してトコフェロールおよびトコトリエノールを含む試料を与えたところ，トコフェロールは主に皮膚，肝，腎および血漿に移行したが，トコトリエノールは皮膚のみにしか検出されなかった（図4）と報告している。Packerら[16]もまた，トコトリエノールは皮膚へ迅速に移行す

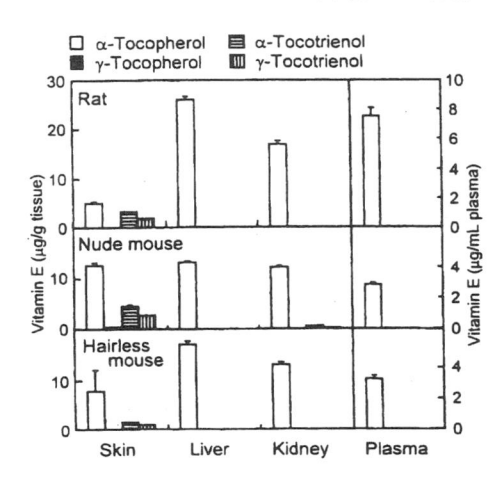

図4 ラット，マウスにおける各臓器中のトコフェロールおよびトコトリエノール濃度

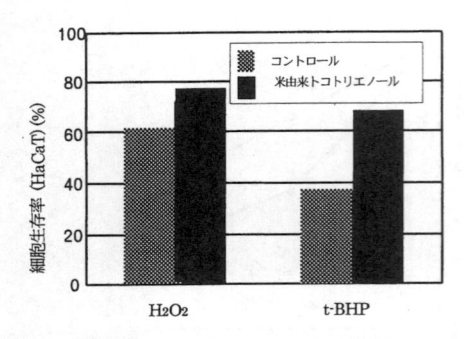

図5　米由来トコトリエノールの皮膚細胞傷害防御作用

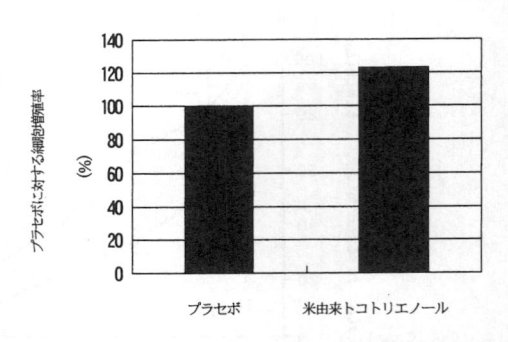

図6　米由来トコトリエノールの皮膚線維芽細胞賦活作用

ると報告しており，紫外線やオゾンによる酸化ストレス傷害に有効であることを報告している。

4.2　皮膚細胞傷害防御作用（オリザ油化㈱，日光ケミカルズ㈱及びコスモステクニカルセンター共同研究）

表皮細胞を用いた評価系において，過酸化水素（H_2O_2）およびt-ブチルヒドロペルオキシド（t-BHP）を用いて酸化ストレスを誘導し，酸化傷害に対する細胞の生存率を調べた結果，両者の誘導において，米由来トコトリエノールを添加することで，表皮細胞の酸化ストレスによる細胞死が抑制されることが確認されている（図5）。

4.3　皮膚線維芽細胞賦活作用（オリザ油化㈱，日光ケミカルズ㈱及びコスモステクニカルセンター共同研究）

ヒト皮膚線維芽細胞を用い，米由来トコトリエノールの添加による細胞の増殖度を評価した結果，0.025％の米由来トコトリエノールの添加によりヒト皮膚線維芽細胞は最大増殖率を示し，無添加（プラセボ）と比較すると123％の細胞増殖率が確認されている（図6）。

4.4　ヒアルロン酸産生作用（オリザ油化㈱，日光ケミカルズ㈱及びコスモステクニカルセンター共同研究）

ヒアルロン酸は皮膚，関節液，硝子体，靭帯などの生体組織に広く分布している。また，皮膚の真皮基質を構成する主成分であり，皮膚において細胞の接着，保護，皮膚組織の形成や組織の水分保持，柔軟性に関係する。このため，ヒアルロン酸が減少すると皮膚の潤い，ハリがなくなり，シミやたるみの原因となる。

ヒト真皮線維芽細胞を用いて，ヒアルロン酸産生作用および蛋白定量することで細胞増殖を評

第15章　米由来トコトリエノール

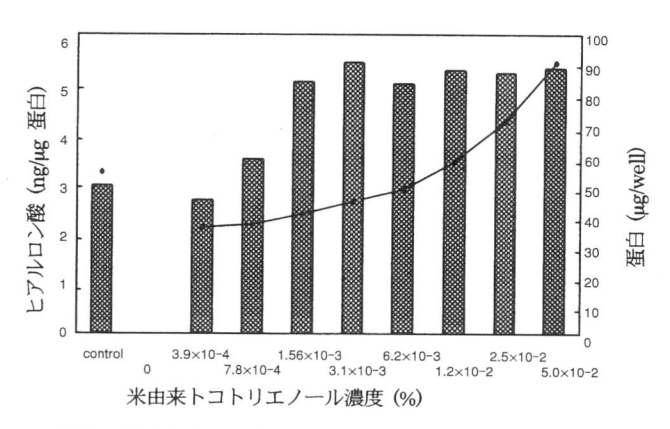

図7　米由来トコトリエノールの線維芽細胞ヒアルロン酸産生に対する作用

価したところ，米由来トコトリエノールの添加はヒアルロン酸の産生を促進するとともに，一定濃度以上では真皮線維芽細胞の増殖作用を有することが確認されている（図7）。

5　トコトリエノールの利用と応用

　前述したとおり，米油中の有効成分であるトコトリエノールは優れた機能性を持つ食品素材として，日本や米国を中心に主として健康食品及び化粧品用途として消費されている。最近では世界的レベルでトコトリエノールの知名度が高まり，徐々に消費も拡大されており，サプリメント主体に応用商品が市販され，新しい機能性素材として定着しつつある。
　また，「4．トコトリエノールの吸収分布と米由来トコトリエノールの新規生理活性」でも述べたように，トコトリエノールは皮膚細胞に対する新規活性を有することがわかり，化粧品分野への応用の拡大も示唆される。
　山下ら[1]はラット，マウスにおいて，経口投与したトコトリエノールは皮膚に多く取り込まれることから，ヘアレスマウスに紫外線を照射し，トコトリエノールの皮膚傷害防護効果を検討しており，その結果，ビタミンE欠乏群では強い赤斑が見られたのに対し，α-トコフェロール添加群では若干赤斑が軽減したのみであったが，トコトリエノール添加群では赤斑が殆ど見られなかったと報告している。
　このように化粧品分野において抗酸化剤や美白，美肌効果を有するビタミンとして，ビタミンCやトコフェロール（ビタミンE）が多く用いられているが，トコトリエノールはより生体内抗酸化活性が強く，皮膚細胞においても各種活性を持ち，さらには摂取した際に皮膚に多く取り込

まれるという知見と合わせ，皮膚表面に塗るだけではなく，食べて身体の内側からケアする新たなコンセプトの化粧品素材としての可能性も大きく，市場の拡大が期待される。

　トコトリエノールの利用については，検討が始まったばかりで，今後の更なる研究や進展が期待される。

文　　献

1) 山下かなえ, *FOOD Style 21*, **7**(7), 59-63 (2003)
2) Qureshi A. A. *et al., J.Agric.Food chem.,* **48**, 3130-3140 (2000)
3) Qureshi A. A. *et al., Atherosclerosis.,* **161**, 199-207 (2002)
4) Qureshi A. A. *et al., lipids,* **30**, 1171-7 (1995).
5) Qreshi A. A. *et al., Am. J. Clin. Nutr.,* **53**, 1021S-6S (1991)
6) Tan D. T. S. *et al., Am. J.Clin.Nutr.,* **53**, 1027S-30S (1991)
7) Watkins T. R. *et al., Environmental & Nutritional Interactions,* **3**, 115-122 (1999)
8) Tomeo A. C. *et al., lipids,* **30**, 1179-83 (1995)
9) Nesaretnam K. *et al., lipids,* **30**, 1139-43 (1995)
10) Guthrie N. *et al., J. Nutr.,* **127**, 544S-8S (1997)
11) Kamat J. P. *et al., Neurosci. Lett.,* **195**, 179-82 (1995)
12) Serbinova E. *et al., Free Radic. Bio. Med.,* **10**, 263-75 (1991)
13) Suarna C. *et al., Biochimica et Biophysica Acta.,* **1166**, 163-70 (1993)
14) Weber C. *et al., Free Radic. Bio. Med.,* **22**, 761-9 (1997)
15) Saiko Ikeda *et al., J. Nutr. Sci. Vitaminol.,* **46.** 141-143 (2000)
16) Packer L. *et al., J.Nutr.,* **131**(2), 369S-373S (2001)

第16章　γ-トコフェロール

阿部皓一*

　ビタミンE（VE）は，1922年にEvansとBishopにより，ラットにおける未知の食餌性の抗不妊因子として，その存在が報告された脂溶性のビタミンである。VEは，少なくとも8種類のVE同族体（α，β，γ，δ-トコフェロールとα，β，γ，δ-トコトリエノール）として自然界に存在し，穀物，緑葉植物，海草類，野菜，植物油などに広く分布している（図1）。さらに，最近になり，新たに2種類のトコモノエノールが発見されている。

　VEの生物活性を，胎児吸収阻害作用でみると，α-トコフェロール（α-Toc）を100とするとγ-トコフェロール（γ-Toc）はおよそ10である。したがって，VEといえば，生物活性が最も強いα-Tocを示す場合が多く，γ-Tocが注目されることは少なかった。γ-Tocは，多くの植物の種子で最も多く存在し，食事から最も多量に摂取するVEであるが，生体内での働きは不明な点があった。ところが，最近の研究により，γ-Tocの代謝が判明され，代謝物を含めて，明らかにα-Tocとは異なる興味ある作用が見出されている[1,3]。本章ではγ-Tocの物性・定量，生合成，体内動態および薬理作用を簡単にまとめることとする。

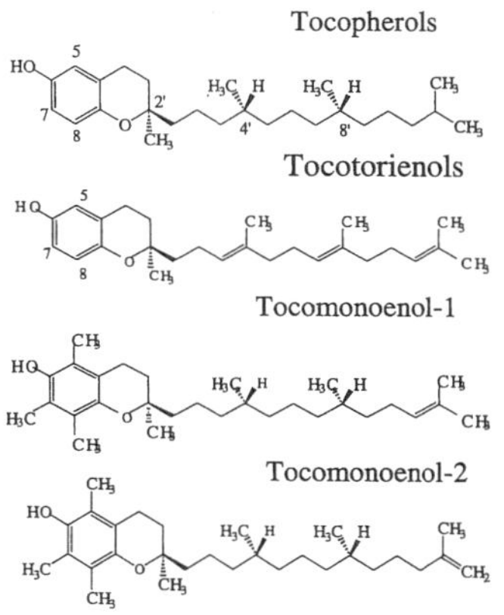

図1　トコフェロールおよびトコトリエノール同族体
　　　並びにトコモノエノールの構造式

α-Toc　　；5,7,8-Trimethyl tocol
α-Toc-3；5,7,8-Trimethyl tocotrienol
β-Toc　　；5,8-Drimethyl tocol
β-Toc-3；5,8-Drimethyl tocotrienol
γ-Toc　　；7,8-Drimethyl tocol
γ-Toc-3；7,8-Drimethyl tocotrienol
δ-Toc　　；8-Methyl tocol
δ-Toc-3；8-Methyl tocotrienol
Tocomonoenol-1（palm oil extract）
Tocomonoenol-2（marine extract）

---

*　Koichi Abe　エーザイ㈱　ビタミンE情報室　室長

1 γ-トコフェロールの物性・定量[4]

γ-Tocは無色から淡黄色の粘ちょうな液体である。その無水エタノール溶液の吸収極大は，297nm付近である。また，比吸光度はそれぞれ83〜103（297nm）である。定量法にはHPLC法が採用され，そのHPLC条件の1つは下記の通りである。

（トコフェロールの分析条件）
注入量　20μL　n-ヘキサン溶液（約50mg/100mL）
検出器　紫外部吸収検出器（測定波長　292nm）
カラム　液体クロマトグラフ用シリカゲル
移動相　n-ヘキサン/イソプロピルアルコール混液（200:1）

2 γ-トコフェロールの生合成

シキミ酸経路から合成されるホモゲンチジン酸にフィチル側鎖が導入され，フィチルプラストキノールが生成され，さらにフィチルキノールシクラーゼにより環を巻き，γ-Tocが合成される。さらに，γ-トコフェロールメチルトランスフェラーゼ（γ-TMT）によりクロマン環の5位がメチル化されて，α-Tocに変換される（図2）。γ-TMTの発現により，α-Tocの生合成が制御されており，一般的に植物種子ではγ-Tocが主である。最近ではγ-TMTの活性を上げることにより，α-Tocの収率を挙げるゲノミックスを試みられている。

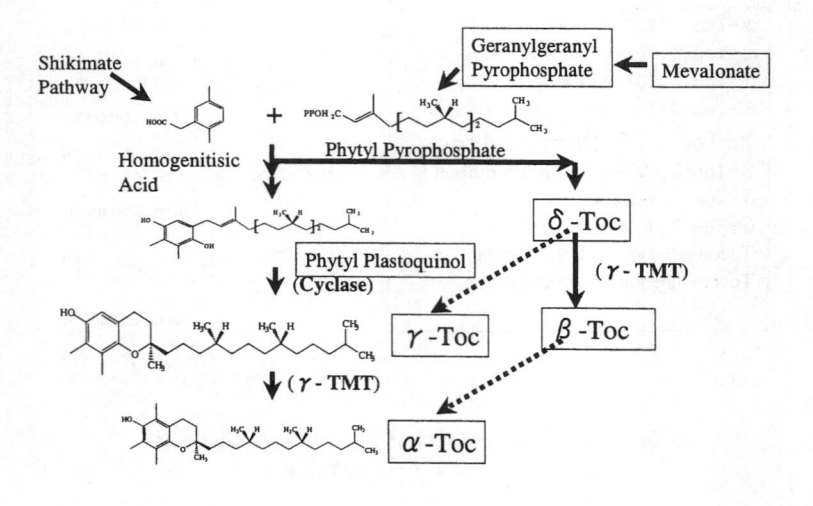

図2　植物におけるトコフェロールの生合成
γ-TMT: γ-Tocopherol methyltransferase

第16章　γ-トコフェロール

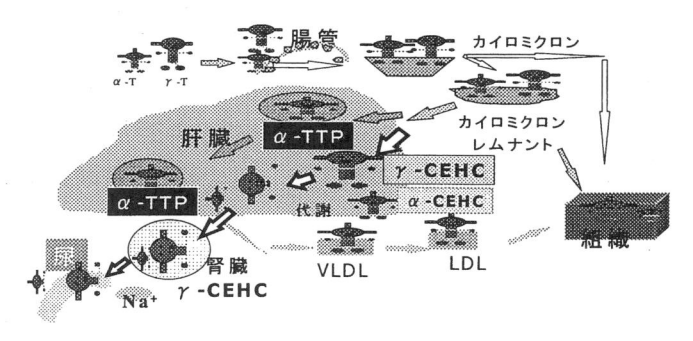

図3　α，γ-トコフェロールの体内動態

3　γ-トコフェロールの体内動態（図3）

　腸管からのγ-Tocとα-Tocの吸収率に差はないが，リンパ管を経由して肝臓に取り込まれた後に，α-Tocとγ-Tocは識別される。肝臓中で大半のα-Tocはα-トコフェロール輸送蛋白質（以下，α-TTPと略す）と結合し，再度，血液に未変化体のままで分泌されて，長く血中に存在する。一方，γ-Tocはα-TTPとの結合が弱く，α-Tocに比較して肝臓でω酸化をうけやすい[5]。食事由来のγ-Tocのうち，およそ50%が主代謝物γ-CEHC［2,7,8-trimethyl-2-(2'-carboxyethyl)-6-hydroxychromane］になり，尿から排泄され，ヒトの尿ではグルクロン酸抱合体で，血清中では大半が非抱合体として存在している[6]。この代謝物はγ-トコトリエノールからも産生される[7,8]。一方，安定同位体でラベルしたγ-Tocの酢酸エステルを健康成人に投与すると血漿および尿中γ-Tocとγ-CEHCはベースラインの6-14倍に上昇するが，72時間後はベースラインに戻る[9,10]。尿中から回収されたγ-Toc相当量は7mgである。したがって，血中に入るγ-Tocは投与量の10%未満であると推定している。ヒトにおいて，γ-Tocは血中濃度の20-40倍の濃度で皮膚，筋肉，静脈および貯蔵組織に存在している。生体内ではγ-Tocがα-Tocに変換されないと一般的に考えられているが，腸内細菌などで変換されるという指摘もある[11,12]。なお，ヒトの皮膚や筋肉中のγ-Toc濃度（それぞれ，180±89および107 n mol/g）は，ラットやマウスなどのげっ歯類に比べて，20-40倍高い[1]。多量のα-Tocを投与するとγ-Tocの血中・組織内濃度は低下するが，γ-Tocを摂取すると，α-Tocとγ-Tocの血液・組織中濃度は上がる[13]ことが知られている。

4　γ-トコフェロールの生理作用

4.1　Na利尿ホルモン作用

　Murrayら[14]によりγ-Tocの主代謝物であるγ-CEHCが「ナトリウム利尿ホルモン」であるこ

とが明らかにされている。γ-CEHCはナトリウムポンプ，MAP（平均動脈圧）またはGFR（糸球体ろ過率）に影響をせずに，ヘンレ係蹄の上行脚（太い部分）の70pSカリウムチャンネルに対して，可逆的な阻害活性を示す。この阻害により，原尿中のK^+濃度が減少し，$Na^+/K^+/2Cl^-$ cotransporterによるナトリウムの再吸収が抑制され，ナトリウムが排泄されると考えられている[15]。一方，α-Tocの代謝物であるα-CEHC[2,[5,7,8-tetramethyl-2-(2'-carboxyethyl)-6-hydroxychromane]はカリウムチャンネルに対して阻害作用を示さなかった。斉藤ら[16]は，高食塩食を摂取させたラットにγ-トコトリエノールを投与すると，γ-CEHCが生成され尿量が増加することを発表している。ヒトにおいてもγ-Tocのナトリウム排泄作用は確認されている[17]。「ナトリウム利尿ホルモン」は細胞外液量を調整し，その結果として，高血圧，硬変，鬱血性心疾患等に関与する可能性があると信じられている。

4.2 前立腺ガン予防作用

ATBC研究（Alpha-Tocopherol, Beta-Carotene Cancer Prevention Study）のフォローアップ研究で，50 mg α-Tocの摂取により，前立腺ガンの発症率が32%減少したことにより，α-Tocの前立腺ガン予防効果が注目されている[18]。ところが，試験管の実験において，α-Tocに比べて，γ-Tocがおよそ1/1000の濃度で前立腺ガン細胞（LnCAP細胞）を殺すこと[19]，並びにγ-Tocとその代謝物γ-CEHCがα-Tocやα-CEHCに比べて前立腺ガン細胞（PC-3）の増殖抑制が強いこと[20]が報告されており，その予防作用に関してα-Tocよりもγ-Tocの摂取の方が強い可能性が示唆されている。ハワイの日系人において，血漿中γ-Toc濃度が高いヒトは，有意差はないものの，前立腺ガンの危険性が低いことが指摘されている[21]。ネストケース-コントロール試験で，血漿中γ-Toc濃度が最も高い群は最も低い群に比べて前立腺ガンのリスクが5分の1であることも見出されて，さらにγ-Tocが高いときのみ，α-Tocとセレンの予防効果が発揮されることが報告されている[22]。Giovannciらは，前立腺ガン予防にγ-Tocの新しい作用が期待されることを述べているが，さらに，α-Tocやセレンを加えることも推奨している[23]。γ-Toc濃度が上気道ガン患者で低いこと[24]，γ-Tocが直腸ガン細胞のras-21レベルを下げること[25]，γ-Tocの酸化体であるγ-tocoopheryl quinoneがガン細胞を濃度依存的にアポトーシスをおこすこと[26]など興味ある報告がいくつかある。

4.3 抗炎症作用

γ-Tocおよびγ-CEHCは，リポサッカライド刺激のマクロファージやIL-1βにより活性化された内皮細胞で，PGE 2 の合成を抑制し，COX-2（Cyclooxygenase-2）の活性を阻害することが報告されている[27]。そのIC_{50}はγ-Tocで4-10μmol/L, γ-CEHCでおよそ30μmol/Lであり，

一方,同程度の濃度のα-Tocにはその作用がない。γ-Tocおよびγ-CEHCによるCOX-2阻害作用は酵素活性を直接阻害するもので,COX-2タンパク質の発現を抑制しないことが明らかにされている。さらに,浮腫モデルラットにγ-Tocを投与すると炎症のダメージは軽減し[28],γ-Tocあるいはγ-CEHCを投与すると,PGE2および炎症性サイトカインが低下する。この低下作用はα-Toc投与では認められていない[29]。Cooneyらは,炎症と関連している細胞の腫瘍化に関して,γ-Tocの方がα-Tocより強く抑制することを報告している[30]。これらのことから,γ-Tocはα-Tocに比べては抗炎症作用が強いと推定される。

4.4 メラニン合成抑制作用

B16メラノーマ培養細胞にビタミンE同族体を添加すると,β,γ-トコフェロールにメラニン合成抑制作用が認められる[31]。この阻害作用は細胞内チロシナーゼ及びTyrosine Related Protein-2のmRNA合成量の減少が関与している。

4.5 インシュリン分泌細胞の部分保護作用

IL-1βで刺激した際のインシュリン産生およびインシュリンの分泌に関して,γ-Tocが部分的にインシュリンβ細胞を保護するが,α-Tocは有しないことが報告されている[32]。この効果はパーオキシニトリルの捕捉作用がα-Tocに比べてγ-Tocが強いことによるとされている。しかしながら,IL-1βの刺激により,COX-2が発現し,PGE2の遊離が促進するため,COX-2の活性阻害によることも考えられる。γ-Tocのインシュリン分泌細胞の部分保護作用から1型糖尿病の予防に期待されている。α-Tocは2型糖尿病の自律神経の乱れや合併症に関して有用であることが指摘されている[33,34]。

4.6 心疾患予防

心疾患予防に関して,α-Tocが有用であることは多くの臨床試験で証明されている[35,36]。しかしながら,α-Tocに比べて,γ-Tocの優位性を述べている報告もいくつかある。心疾患の患者の血漿中γ-Toc濃度は,健康なヒトに比べて低いが,α-Tocでは差がなかったこと[37],心疾患による死亡とγ-Toc摂取が逆相関であること[38],冠動脈疾患患者ではγ-Tocがパーオキシニトリルを捕捉した代謝物である5-nitroγ-Tocが増えること[39],さらにスウェーデンの中高年男性はリトアニアの中高年男性に比較して,血漿中γ-Toc濃度が2倍高く,心事故が25%低かったが,血漿中α-Toc濃度ではこのような関連性は認められなかったこと[40]が発表されている。

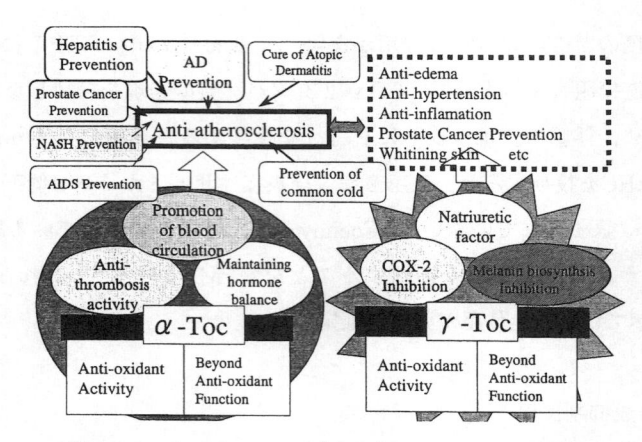

図4 α-トコフェロールとγ-トコフェロールの違い

4.7 他の作用

加齢に伴う白内障との関連性[41]，γ-Tocの濃度低下[42]などの報告もある。

以上から，α-Tocとγ-Tocとの作用の相違を簡略化すると，図4のようになる。α-Tocについては，多くの臨床試験で動脈硬化予防，痴呆予防，免疫賦活などいくつかの有用性が証明されているが，γ-Tocに関しては，研究が始まったばかりであり，今後の臨床試験の結果が期待される。ビタミンEというとα-Tocを指す場合が多いが，今後は，α-Tocと違った作用をもつγ-Tocにも注目が集まると思われる。

謝辞 本章を求めるにあたり，γ-トコフェロールの情報を提供していただいたエーザイフードケミカル株式会社 中村隆晴先生に深謝致します。

文　献

1) Q. Jiang et al., *Am. J. Clin. Nutr.*, **74**, 714 (2001)
2) K. H. Wagner et al., *Nutr. Metab.*, **48**, 169 (2004)
3) 阿部皓一, ビタミン, **76**, 293 (2002)
4) 阿部皓一ほか, ビタミン, **74**, 373 (2000)
5) M. Birringer et al., *Free Radic. Biol. Med.*, **31**, 226 (2001)
6) A. Hattori A. et al., *Biol. Pharm. Bull.*, **23**, 1395 (2000)

第16章　γ-トコフェロール

7) J. E. Swanson et al., *J. Lipid Res.*, **40**, 665 (1999)
8) J. K. Lodge et al., *Lipids*, **36**, 43 (2001)
9) F. Galli et al., *Free Radic. Res.*, **37**, 1225 (2003)
10) F. Galli et al., *Biofactor*, **15**, 65 (2001)
11) I. Elmadia et al., *Z Emahrungswiss*, **28**, 36 (1989)
12) A. A. Queshi et al., *J. Nutr.*, **126**, 389 (1996)
13) M. Clement and J. M. *Bourre, Biochem. Biophys. Acta*, **1334**, 173 (1997)
14) E. D. Murray et al., *Life Sci.*, **57**, 2145 (1995)
15) W. Wechter and E. D. Murray, *Exp. Nephrol.*, **6**, 488 (1998)
16) H. Saito et al., *J. lipid Res.*, **44**, 1530 (2003)
17) H. Tamai et al., presentation in The 3rd China-Japan international conference on vitamins (2004)
18) O. P. Heinonen et al., *J. Natl. Cancer Inst.*, **90**, 440 (1998)
19) M. A. Moyad et al., *Oncology*, **17**, 85 (1999)
20) F. Galli et al., *Arch. Biochem. Biophys.*, **423**, 97 (2004)
21) A. M. Nomura et al., *Cancer Epidemiol. Biomarkers Prev.*, **6**, 487 (1997)
22) K. J. Helzlsouer et al., *J. Natl. Cancer Inst.*, **92**, 2018 (2000)
23) E. Giovannucci *J. Nat. Cancer Inst.*, **92**, 1966 (2000
24) A. M. Nomura et al., *Cancer Epidemiol. Biomarkers Prev.*, **6**, 407 (1997)
25) S. Campebell et al., *Crit. Rev. Oncol. Hematol.*, **47**, 249 (2003)
26) G. Calvello et al., *Carcinogenesis*, **24**, 427 (2002)
27) Q. Jiang et al., *Proc. Natl. Acad. Sci. USA.*, **97**, 11494 (2000)
28) Q. Jiang et al., *Free Radic. Biol. Med.*, **33**, 1534 (2002)
29) Q. Jiang and B. N. Ames,. *FASEB J.*, **17**, 816 (2003)
30) R. V. Cooney et al., *Proc Natl Acad Sci USA*, **90**, 1771 (1993)
31) 亀井勇統，大塚百合，Fragrance Journal, **18**, 56 (2003)
32) A. Sjoholm et al., *Biochem. Biophys. Res. Com.*, **277**, 334 (2000)
33) D. Manzella et al., *Am. J. Clin. Nutr.*, **73**, 1052 (2001
34) P. Rosen and M. Toeller, *Int. J. Vitam. Nutr. Res.*, **69**, 206 (1999)
35) W. Pryor, *Free Radic. Biol. Med.*, **28**, 141 (1999)
36) 阿部皓一，ビタミン，**75**, 296 (2001)
37) A. Kontush et al., *Atherosclerosis*, **144**, 117 (1999)
38) L. H. Kushi et al., *N. Eng. J. Med.*, **334**, 1156 (1996)
39) L. W. Morton et al., *Biochem J*, **346**, 625 (2002)
40) M. Kristenson et al., *BMJ*, **314**, 629 (1997)
41) B. J. Lyle et al., *Am. J. Clin. Nutr.*, **69**, 272 (1999)
42) G. T. Vatassery et al., *J. Am. Coll. Nutr.*, **2**, 369 (1983)

第17章 Gamma-Linolenic Acid and Chronic Diseases

Yung-Sheng Huang*

1 Introduction

In U.S., the 10 leading causes of death in 2002 are heart diseases, malignant neoplasms, cerebrovascular diseases, chronic lower respiratory diseases, accidents, diabetes mellitus, influenza and pneumonia, Alzheimer's disease, nephritis, and septicemia[1]. More than 70% of these deaths are caused by chronic diseases, such as cardiovascular diseases, cancer, inflammatory diseases and diabetes. Impaired production of long-chain polyunsaturated fatty acids (PUFAs) is often associated with development and progression of these diseases. In recent years, evidence from clinical and experimental studies has demonstrated that administration of gamma-linolenic acid (GLA, 18:3n-6), an n-6 PUFA, can alleviate many symptoms of the diseases.

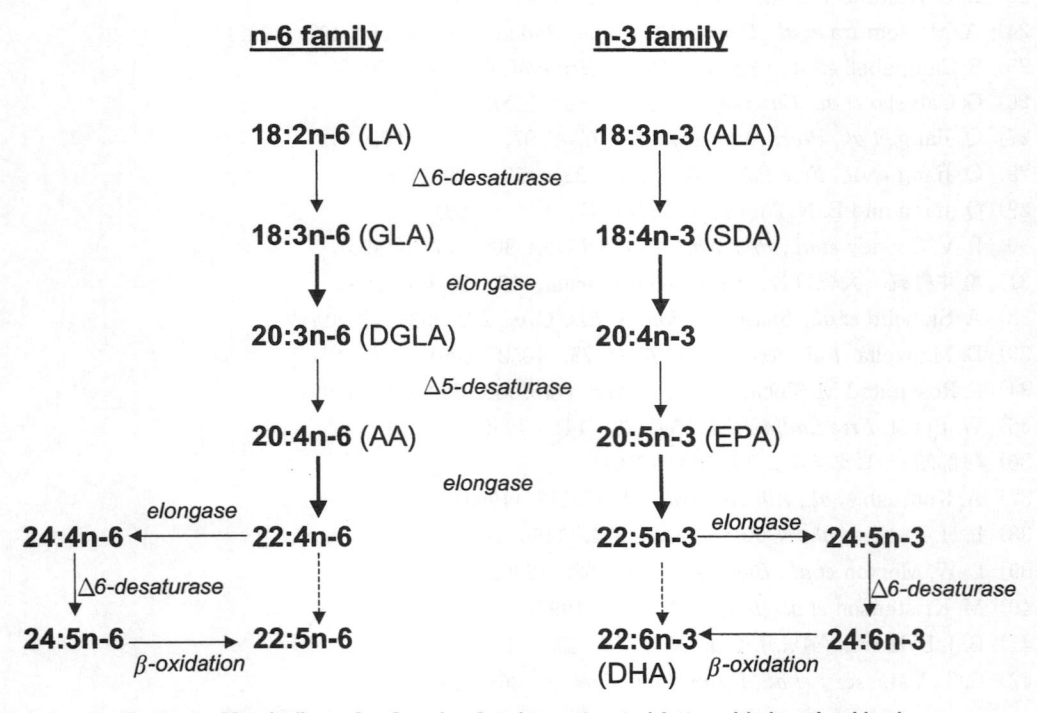

n-6 family

18:2n-6 (LA)
↓ Δ6-desaturase
18:3n-6 (GLA)
↓ elongase
20:3n-6 (DGLA)
↓ Δ5-desaturase
20:4n-6 (AA)
↓ elongase
24:4n-6 ← 22:4n-6
↓ Δ6-desaturase
24:5n-6 → 22:5n-6
  β-oxidation

n-3 family

18:3n-3 (ALA)
↓
18:4n-3 (SDA)
↓
20:4n-3
↓
20:5n-3 (EPA)
↓
22:5n-3 —elongase→ 24:5n-3
         ↓ Δ6-desaturase
22:6n-3 ← 24:6n-3
(DHA) β-oxidation

Figure 1 Metabolism of n-6 and n-3 polyunsaturated fatty acids in animal body.

---

* Ross Products Division Abbott Laboratories ; Graduate Institute of Biotechnology Yuanpei University of Science and Technology

第17章 Gamma-Linolenic Acid and Chronic Diseases

GLA is the immediate metabolite of linoleic acid (LA, 18:2n-6), which is one of the essential fatty acids (EFAs) that are required for various physiological functions, but cannot be synthesized within the animal body and must be obtained from the diet. The other EFA is α-linolenic acid (ALA, 18:3n-3). In animal body, both LA and ALA are metabolized by the same enzyme systems (desaturation and elongation) to form n-6 and n-3 series of PUFA families, respectively (Figure 1). The first and rate-limiting step in the metabolism process of n-6 PUFAs is the conversion of LA to GLA, catalyzed by Δ6-desaturase[2]. The Δ6-desaturase activity is generally very low in humans in comparison with other animals. Wide ranges of physiological and pathological conditions can further slow this Δ6-desaturation step[3]. As most of the functions of EFAs require the conversion of LA and ALA to their metabolites, bypassing the slow or defective Δ6-desaturation by GLA administration would be a reasonable approach to overcome the biochemical and physiological features which result from the inadequate endogenous formation of the long-chain n-6 PUFAs. GLA can be found in great abundance in some plant seed oils, such as evening primrose[4], borage[5] and blackcurrant[6], in algae, such as spirulina[7], and in fungi, such as *Mucor*[8], *Mortierella*[9]. High levels of GLA can also be found in the transformed yeast or transgenic plant[10,11]. This review examines the existing evidence on the beneficial effects of GLA on several major chronic diseases and possible mechanisms for those effects.

2 Effect of GLA on Inflammatory Diseases

One of the important roles of EFAs lies in the functions of their oxidative products, eicosanoids. Eicosanoids including prostaglandins (PGs) and leukotrienes (LTs), are 20-carbon atom, hormone-like substances that are highly active, but are short-lived. Their activities affect every cell in the living body. N-6 and n-3 EFAs give rise to different eicosanoids with different and often opposite functions via the cyclooxygenase and lipoxygenase enzyme systems. For example, DGLA is the precursor of the 1-series of prostaglandins (PGE_1), AA is the precursor of the 2-series of prostaglandins (PGE_2) and thromboxanes, and EPA is the precursors of 3-series of prostaglandins (PGE_3). Leukotrienes are a family of lipid mediators of inflammation formed by the initial conversion of AA to leukotriene A_4 by the enzyme 5-lipoxygenase[12]. DGLA, AA and EPA compete with each other in both cyclooxygenase and lipoxygenase enzyme reactions[13].

Ample evidence has indicated that eicosanoids derived from AA correlates with inflammation and disease process. Suppression of the formation of this increase is ideal to minimize such effect. Dietary supplementation of GLA has been shown to suppress inflammation and excessive immune reactivity in many animal models[14-23]. The effect is through competitive inhibition of the 2-series PG and 4-series LTs by increasing tissue levels of anti-inflammatory PGE_1[24-26], or through conversion of DGLA into 15-hydroxyeicosatrienoic acid (15-HETrE)[27,28]. In an *in vitro* study, 15-HETrE has been shown to markedly inhibit LTB_4 generation from AA[16] (Figure 2). Kaku *et al.*[29] have shown that intake of GLA at a high level significantly suppressed the LTB_4 production by peritoneal exudates cells, suggesting an inhibitory effect on lipoxygenase metabolic pathway.

```
            18:3n-6
            (GLA)
              │
              │ elongase
              ▼
            20:3n-6  ──Δ5-desaturase──▶  20:4n-6
            (DGLA)                        (AA)
           ╱   │                           │
      COX-2   │15-LOX                      │COX-2
         ╱    │                            │
       ▼      ▼          5-LOX             ▼
      PGE₁   15-OH-20:3 ──(-)──┐          PGE₂
 (anti-inflammatory) (anti-inflammatory)   (pro-inflammatory)
                              │
                              ▼
                            LTB₄
                      (pro-inflammatory)
```

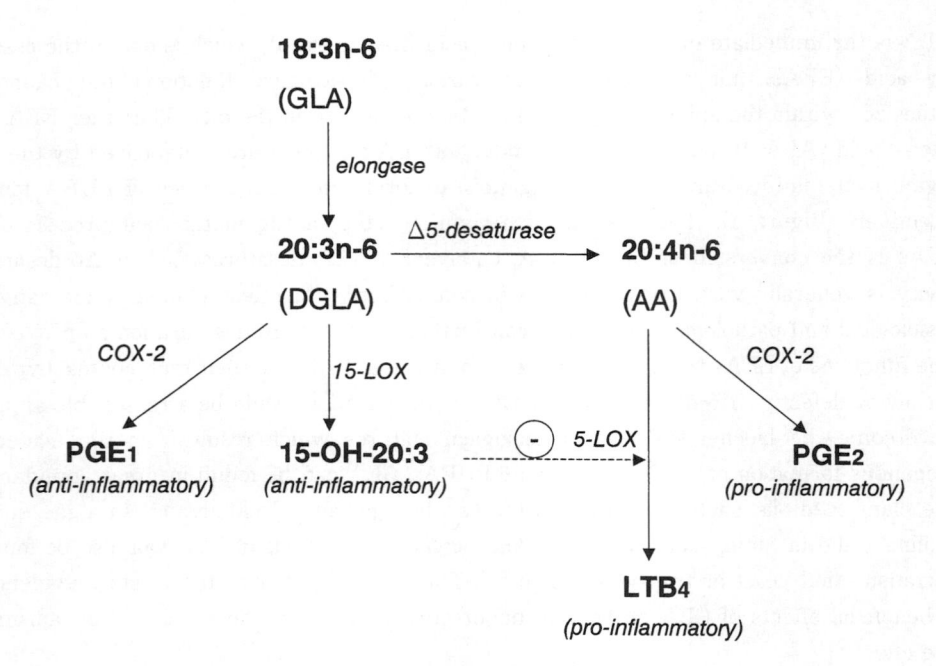

Figure 2 Anti-inflammatory effect of GLA.

2.1 Rheumatoid arthritis :

Dietary supplementation with GLA has been shown to improve clinical symptoms of several inflammatory disorders, such as rheumatoid arthritis[30, 31]. Individuals with rheumatoid arthritis in general experience significant improvements in their clinical symptoms within a few months. The improvement includes the reduction of tender joints, swollen joints and morning stiffness, and their dependence on nonsteroidal anti-inflammatory medications. The effect was attributed to the anti-inflammatory properties of GLA.

2.2 Atopic dermatitis :

Although LA itself (but not ALA) is known to maintain the water impermeability of the skin, most of the functions of EFAs require their conversion to their metabolites. Human skin can not metabolize LA, because of lacking the Δ6 and Δ5-desaturase activities[32, 33]. Metabolites of EFA in the skin have to be synthesized in liver and transported to the skin via blood stream. As human aged, Δ6-desaturase activity is decreased, so is the formation of long-chain PUFAs[34]. This reduced activity and increased transepidermal water loss (TEWL) was suggested to contribute to skin alterations, such as dry skin and itch often seen in elderly[35]. Either topical application[36] or dietary supplementation[37] of GLA has been shown to reduce TEWL and improve the skin barrier function.

Administration of oils rich in GLA has also been shown to be beneficial to patients with atopic dermatitis[38-41] through regulation of eicosanoid production from AA[27]. In the epidermis, GLA can be elongated to DGLA[33]. DGLA is metabolized via the cyclooxygenase pathway to form PGE_1, and via the 15-lipoxygenase pathway to form 15-hydroxyeicosatrienoic acid (15-HETrE)[28]. 15-HETrE has been shown to markedly inhibit LTB_4 generation from AA[16].

3 Effect of GLA on Cardiovascular Disease (CVD)

Death from coronary heart disease is a major cause of mortality in most of the economically affluent societies. Many factors are known to be associated with increased risk of both CVD and peripheral vascular disease. They include high blood lipids, high blood pressure, enhanced platelet aggregation, obesity and the presence of diabetes.

3.1 Effect of GLA on blood lipids:

Dietary lipids have been related to the development and progression of atherosclerosis[42]. Atherosclerosis produces occlusive vascular lesions in humans leading to severe clinical symptoms such as myocardial infarction[43]. Epidemiological studies have suggested that low intake and low plasma and adipose tissue concentrations of LA are associated with high CVD risk[44, 45]. Dietary n-6 PUFAs have been shown to decrease LDL cholesterol levels[46]. However, the metabolites of LA seem to be more directly involved than LA itself since low levels of DGLA and AA in plasma and in adipose tissue have been found to be strong markers of CVD[47-49]. This is further supported by findings that dietary GLA rich oil as compared to LA oil has much greater cholesterol-lowering activity[50, 51].

3.2 Effect of GLA on blood pressure:

High blood pressure is known to be associated with high risk of CVD. It is known that $\Delta 6$-desaturation is impaired in spontaneously hypertensive rats[52] and also in human hypertension[53]. A reduction in $\Delta 6$-desaturase activity would lead to a decrease in tissue membrane long-chain PUFA levels[52, 54]. The compositional change may be attributed to the decrease in membrane fluidity in red blood cells and smooth muscle cells in SHR[55]. Administration of GLA and DGLA, bypassing the $\Delta 6$-desaturation step has been shown to be effective in reducing blood pressure in both animals and humans[56-60]. The effect is attributed in part to restoring the membrane lipids with n-6 polyunsaturated fatty acids, and providing precursors of prostaglandins, PGE_1, PGE_2 and PGI_2 with vasodilatory and anti-platelet aggregatory properties[61].

3.3 Effect of GLA on platelet activity:

In both animals and humans, GLA and DGLA have been found to be effective in inhibiting platelet aggregation[61-66]. When GLA is administered, it is rapidly elongated to DGLA. Since $\Delta 5$-desaturation step is extremely slow in humans, GLA administration raises significantly concentrations of DGLA in plasma and erythrocyte phospholipids in humans[62, 67-70]. DGLA is the precursor of PGE_1, which has the anti-platelet aggregatory effect[24, 26].

機能性脂質のフロンティア

3.4 Effect of GLA on Obesity :

Dietary PUFAs, such as LA, have a unique ability to suppress the transcription of hepatic genes encoding lipogenic enzymes[71, 72]. Nakamura et al.[73] have demonstrated that Δ6-desaturation of PUFAs is required for PUFAs to suppress the expression of gene encoding lipogenic enzymes. Dietary GLA, which bypasses the rate-limiting Δ6-desaturation step, has been shown to be effective in decreasing the fatty acid synthesis. Vaddadi and Horrobin[74] have reported that administration of evening primrose oil, a GLA-rich oil, produces significant weigh loss in obese human volunteers.

Takada et al.[75] have reported that feeding the γ-linolenic acid oil diet decreased significantly the absolute and relative carcass fat weights in rats. The effect might be attributed to an increased β-oxidation in the liver. Takahashi et al.[76] have also reported a similar finding that dietary GLA reduce body fat accumulation.

3.5 Effect of GLA on cardiac arrhythmia :

A great percentage of CVD deaths are sudden and unexpected, with many occurring in individuals without known or preexisting heart disease[77]. The underlying cause has been attributed to ventricular fibrillation (VF), which causes sudden cardiac arrest and death often within a few minutes of onset[78]. Studies in the laboratory have shown that diets rich in linoleic acid can markedly reduce the incidence and severity of cardiac dysfunction, such as ventricular tachycardia and ventricular fibrillation[79, 80]. Since LA metabolites are responsible for the beneficial effects, effective conversion of LA to its metabolites is critical. Unfortunately, this activity declines markedly with age in both humans and rats[3], which leads to an increase in risk of VF. Previously, it has been shown that dietary supplementation of GLA can reverse the ageing influence on LA metabolism[81, 82]. Charnock[83] has shown that inclusion of GLA in the diet of older animals provided an additional benefit over LA alone in reducing the risk of cardiac arrhythmia.

4 Effect of GLA on Diabetes

Activities of insulin-sensitive Δ6- and Δ5-desaturases are significantly lower in both human diabetes and experimental diabetic rats as compared to healthy controls[84-90]. These changes have significantly altered tissue and membrane fatty acid profiles which have been attributed to the development of diabetic complications such as neuropathy and coronary heart disease.

Reduced nerve conduction velocity and diminished nerve blood flow are the major abnormalities associated with experimental diabetes mellitus[91-93]. The fatty acid composition of glycerolipids from diabetic tissues is altered such that the proportions of LA rise whereas that of AA falls[94, 95]. Although Houtsmuller et al.[96, 97] have shown that a large dietary intake of LA can improve the progression of neuropathy. The effect might be due to a large intake of LA which lead to an increase in formation of metabolites. In experimental diabetes, dietary treatment with GLA oil has been shown to correct reduced conduction velocity in nerve[98, 99]. Results in clinical trials of 111 patients with mild diabetic neuropathy show that dietary supplementation of GLA significantly improved the neuropathy score and a variety of measures of motor nerve conduction velocity and sensory nerve functions[100]. Jamal *et al.*[101] conducted a double-blind placebo-controlled trial and demonstrated that GLA reverses the progression of diabetic neuropathy. The effect is attributed at least in part to the action of exogenous GLA, which bypasses the diabetic defection in Δ6-desaturase activity to form AA and an increase in production of vasodilator eicosanoids, such as PGI_2. Jack *et al.*[102] have shown that GLA treatment can prevent the development of deficits in endothelium-dependent relaxation in diabetic rats. In addition, treatment with a conjugate of GLA and α-lipoic acid has significantly decreased blood glucose levels in experimental diabetes[103].

5 Effect of GLA on Cancers

Among different types of dietary fatty acids, evidence has shown that a high-fat diet rich in n-6 PUFAs, mainly LA, have a strong mammary tumor-enhancing effect[104,105], and in animal models could enhance metastasis of human breast cancer cells[106,107]. However, GLA in the last two decades, has been shown to exert anticancer effects on human tumour cells based on *in vitro* studies. Over 100 human and animal tumor cell lines have been tested, and the majority of these cells have responded to GLA and DGLA showing either a retardation of cell growth[108-111] or an induction of cell death[112,113]. The effect was attributed in part to the production of free radicals and enzymic lipid peroxides for the toxic action of GLA[114-119].

To date, only a handful of clinical studies have been reported. In a limited open clinical trial, intratumoral administration of GLA has been shown to beneficial to human gliomas[108,120]. The exposure to GLA makes glioma cells more susceptible to lipid peroxidation and that normal astrocytes are somehow resistant to this effect. It has been reported that the lithium salt of GLA (LiGLA) caused longer survival times in patients with inoperable pancreatic cancers[121]. LiGLA has also been shown to be effective in inducing apoptosis of esophageal cancer cells[122]. In their study, Das *et al.*[123] injected the lithium salt of GLA conjugated to iodized lymphographic oil intra-arterially close to the origin of tumor-feeding vessels in four patients and found the complete occlusion of the tumor-feeding vessels. They found a significant reduction in the size of tumor and the effect is more or less permanent.

5.1 Induction of apoptosis :

Apoptosis is a biochemical process in which cells are programmed to die under a range of physiological and developmental factors. The process governs the behavior and fate of cells in our body. In cancer cells, the signal inducing the apoptosis is either lacking or defective. This results in cells that becomes deregulated in their growth control and less apoptosis. Activation of apoptosis in precancerous cells provides a mechanism for dietary prevention of cancer. It has been shown that GLA inhibits cell growth and induce apoptosis in transformed cells *in vitro* with little or no effect on non-malignant cells[109,110,112,113,121]. De Kock *et al.*[113] reported that high concentrations (50 μg/ml) of GLA induced morphological lesions typical of apoptosis in HeLa cells.

5.2 Effect of GLA on angiogenesis :

Angiogenesis is a process in which new vessels originateing from existing small vessels in the surrounding tissues. This is a prominent feature in metastatic tissue. Results in *in vitro* studies show that the presence of GLA reduced the number of new vessels[124].

5.3 Effect of GLA on metastasis :

Reports from studies indicated that the quality of dietary lipids modulates the growth and metastatic abilities of some tumors. LA has been shown to favor mammary gland tumorigenesis in rodents[125, 126]. However, no conclusive epidemiological and clinical evidence has been shown such effect exists in human breast. GLA, on the other hand, has a consistent anti-promoting effect on many tumor system[115]. GLA, at non-toxic levels, exerts anti-motility and anti-invasion properties *in vitro*[119].

5.4 GLA counteracts the chemotherapy-induced damage :

The anthracycline antibiotic doxorubicin (DOX) has been widely used as an anti-cancer agent for a wide range of malignant tumors. Anthracyclines, particularly when complexed with iron, can generate superoxide and hydroxyl radicals[127]. These free radicals caused marked lipid peroxidation[128]. In cancer patients going through chemotherapy, the most common side-effect is the impairment of metabolizing EFAs to form long-chain PUFAs in many normal tissues. As PUFAs are involved in the regulation of membrane lipid homeostasis, any change of this process would cause disruption and subsequently irreversible cell injury[129]. Administration of GLA, which bypasses the inhibited reaction, has been shown to be useful in counteracting PUFA depletion due to chemotherapy[130, 131].

6 Remarks

GLA is a distinct precursor of DGLA and subsequently, AA. Increasing intake of GLA, may increase AA levels and subsequently the pro-inflammatory eicosanoid production. Recently, Woods *et al.*[132], based on analysis of 1601 young adults with and without asthma, have reported an association between the levels of plasma phospholipid DGLA and asthma. The authors stated that DGLA is the immediate precursor for the formation of AA through desaturation by the Δ5-desaturase enzyme, and AA, in turn, is the precursor for a wide range of lipid inflammatory mediators including LTs and PGs. They suggested that the increased precursor pool is a risk factor for the promotion of asthmatic airway inflammation through generation of pro-inflammatory mediators. However, the increased DGLA may only reflect to putative decreased Δ5-desaturase activity in asthma.

To prevent accumulation of AA in human tissues, and potentially adverse side effects, long-chain n-3 PUFAs, such as EPA and DHA, are supplemented in conjunction with GLA[133]. N-3 PUFAs are known to suppress Δ5-desaturation. Indeed, evidence has shown that feeding a formula containing both GLA and EPA has enhanced the anti-inflammatory and immunoregulatory properties[124-136]. A human study reported a significant increase in DGLA

第17章　Gamma-Linolenic Acid and Chronic Diseases

without a change in AA content in peripheral blood neutrophil phospholipids after 3 weeks of GLA supplementation[14]. This change was associated with a diminished production of LTB_4 by calcium ionophore-stimulated neutrophils[14]. Similar inhibitory effect on LT biosynthesis has also observed in a randomized, double-blinded, placebo-controlled trial in patients with mild to moderate atopic asthma[137]. Feeding a combination of EPA and GLA has also been shown to improve lung microvascular permeability, oxygenation, and cardiopulmonary function and reduce pro-inflammatory eicosanoid synthesis in animal models of acute lung injury[135]. Enteral nutrition with specialized diets containing EPA and GLA has also been shown to reduce the number of neutrophils in bronchoalveolar lavage fluid, the pulmonary inflammation, and improve clinical outcomes of patients with ARDS[138].

All these findings demonstrate the importance of maintaining an appropriate DGLA/AA ratio in tissues. Although human Δ5-desaturase activity is rather slow, dietary supplementation of GLA alone might risk an increase in tissue levels of AA. This could be avoided if a Δ5-desaturase inhibitor, such as EPA, is also provided at the same time.

References

1) Kochanek, K. D., Smith, B. L. (2004) *Natl. Vital Statist. Rep.*, **52**：1-48.
2) Sprecher, H. (1981) *Prog. Lipid Res.*, **20**：13-22.
3) Brenner, R. R., (1981) *Prog. Lipid Res.*, **20**：41-44.
4) Hudson, B. J. F. (1984) *J. Am. Oil Chem.*, **61**：540-543.
5) Whipkey, A., Simon, J. E., Janick, J. (1988) *J. Am. Oil Chem.*, **65**：979-984.
6) Traitler, H., Winter, H., Richli, U., Ingenbleek, Y. (1984) *Lipids*, **19**：923-928.
7) Nichols, B. W., Wood, B. J. B. (1968) *Lipids*, **3**：46-50.
8) Fukuda, H., Morikawa, H. (1987) *Appl. Microbiol. Biotechnol.*, **27**：15-20.
9) Hansson, L., Dostalek, M. (1988) *Appl. Microbiol. Biotechnol.*, **28**：240-246.
10) Huang, Y.-S., Chaudhary, S., Thurmond, J. M., Bobik, E. G., jr., Yuan, L., Chan, G. M., Kirchner, S. J., Mukerji, P., Knutzon, D. S. (1999) *Lipids*, **34**：649-659.
11) Huang, Y.-S., Mukerji, P., Das, T., Knutzon, D. S. (2001) *World Rev. Nutr. Diet.*, **88**：243-248.
12) Samuelsson, B. (1979) *Harvey Lect.*, **75**：1-40.
13) Gryglewski, R. J., Salomon, J. A., Ubatubas, F. B., Weatherly, N. C., Moncada, S., Vane, J. R. (1979) *Prostaglandins*, **18**：453-478.
14) Johnson, M. M., Swan, D. D., Surette, M. E., Stegner, J., Chilton, T., Fonteh, A. N., Chilton, F. H. (1997) *J. Nutr.*, **127**：1435-1444.
15) Pullman-Mooar, S., Laposata, M., Lem, D., *et al.* (1990) *Arthritis Rheum.*, **33**：1526-1533.
16) Ziboh, V. A., Fletcher, M. P. (1992) *Am. J. Clin. Nutr.*, **55**：39-42.
17) Chapkin, R. S., Miller, C. C., Somers, S. D., Erickson, K. L. (1988) *Biochem. Biophys. Res. Commun.*, **153**：799-804.
18) Miller, C. C., McCready, C. A., Jones, A. D., Ziboh, V. A. (1988) *Prostaglandins*, **35**：917-938.

19) Kunkel, S. L., Ogawa, H., Ward, P. A., Zurier, R. B. (1982) *Prog. Lipid Res.*, **20** : 885-888.
20) Stackpoole, A. Mertin, J. (1982) *Prog. Lipid Res.*, **20** : 649-654.
21) Mertin, J., Mertin, L. A. (1988) *Prog. Allergy*, **44** : 172-206.
22) Zurier, R. B, Sayadoff, D. M., Torrey, S. B., Rothfield, N. F. (1977) Prostglandin E treatment in NZB/NZW mice. Arthritis Rheum. 20 : 723-728.
23) Zurier, R. B., Quagliata, F. (1971) *Nature*, **234** : 304-305.
24) Fan, Y. Y., Chapkin, R. S. (1992) *J. Nutr.*, **122** : 1600-1606.
25) Karlstad, M. D., DeMichele, S. J., Leathem, W. D., *et al.* (1993) *Crit. Care Med.*, **21** : 1740-1749.
26) Fan, Y. Y., Chapkin, R. S. (1998) *J. Nutr.*, **128** : 1411-1414.
27) Miller, C. C., Ziboh, V. A. (1988) *Biochem. Biophys. Res. Commun.*, **154** : 967-974.
28) Miller, C. C., Ziboh, V. A., Wong, T., Fletcher, M. P. (1990) *J. Nutr.*, **120** : 36-44.
29) Kaku, S., Ohkura, K., Yunoki, S., Nonaka, M., Tachibana, H., Sugano, M., Yamada, K. (2001) *Prostagland. Leuk. Essent. Fatty Acids*, **65** : 205-210.
30) Leventhal, L. J., Boyce, E. G., Zurier, R. B. (1993) *Ann. Int. Med.*, **119** : 867-873.
31) Zurier, R. B., Rossetti, R. G., Jacobson, E. W., DeMarco, D. M., Liu, N. Y., Temming, J. E., White, B. M., Laposata, M. (1996) *Arth. Rheumat.*, **39** : 1808-1817.
32) Chapkin, R. S., Ziboh, V. A. (1984) *Biochem. Biophys, Res. Commun.*, **124** : 784-792.
33) Chapkin, R. S., Ziboh, V. A., Marcelo, C. L., Voorhees, J. J. (1986) *J. Lipid Res.*, **27** : 945-954.
34) Hrelia, S., Bordoni, A., Celadon, M., Turchetto, E., Biagi, P. L., Rossi, C. A. (1989) *Biochem. Biophys. Res. Commun.*, **163** : 348-355.
35) Horrobin, D. F. (1989) *J. Am. Acad. Dermatol.*, **20** : 1045-1053.
36) Prottey, C. (1977) *Br. J. Dermatol.*, **97** : 29-38.
37) Broche, T., Platt, D. (2000) *Arch. Gerontol. Geriatrics*, **30** : 139-150.
38) Lovell, C. R., Burton, J. L., Horrobin, D. F. (1981) *Lancet i* : 278.
39) Wright, S., Burton, S. L. (1982) *Lancet ii* : 1120-1122.
40) Biagi, P. L., Bordoni, A., Hrelia, S., Celdon, M., Ricci, G. P., Canella, V., Patrizi, A., Specchia, F., Masi, M. (1994) *Drugs Exp. Clin. Res.*, **20** : 77-84.
41) Fiocchi, A., Sala, M.,., Signoroni, P., Banderali, G., Agostoni, C., Riva, E. (1994) *J. Int. Med. Res.*, **22** : 24-32.
42) Nordoy, A., Goodnight, S. H. (1990) *Arteriosclerosis*, **10** : 149-163.
43) Rose, R. (1993) *Nature*, **362** : 801-809.
44) Oliver, M. F. (1982) *Human Nutr. Clin. Nutr.*, **36C** : 413-427.
45) Riemersma, R. A., Wood, D. A., Butler, S., *et al.* (1986) *Br. Med. J.*, **292** : 1423-1427.
46) Goodnight, S. H., jr., Harris, W. S., Connor, W. E., Illingworth, P. R. (1982) *Arteriosclerosis*, **2** : 87-113.
47) Horrobin, D. F., Huang, Y.-S. (1987) *Int. J. Cardiol.*, **17** : 241-255.
48) Miettinen, T. A., Naukkarinen, V., Huttunen, J. K., *et al.* (1982) *Br. Med. J.*, **285** : 993-996.
49) Wood, D. A., Butler, S., Riemersma, R. A., *et al.* (1984) *Lancet ii* : 117-121.
50) Huang, Y.-S., Manku, M. S., Horrobin, D. F. (1984) *Lipids*, **19** : 664-672.
51) Sugano, M., Ishida, T., Ide, T. (1986) *Agric. Biol. Chem.*, **50** : 2335-2340.

第17章　Gamma-Linolenic Acid and Chronic Diseases

52) Narce, M., Poisson, J -P. (1995) *Prostagland. Leuk. Essent. Fatty Acids*, **53**：59-63.
53) Singer, P., Jaeger, W., Voigt, S., Thiel, H. (1984) *Prostagland. Leuk. Med.*, **15**：159-166.
54) Mills, D. E., Huang, Y.-S., Ward, R. (1990) *Nutr. Res.*, **10**：663-674.
55) Tsuda, K., Tsuda, S., Minatogawa, Y., Iwahashi, H., Ryo, K., Masuyama, Y. (1988) *Clin. Sci.*, **75**：477-480.
56) Singer, P., Naumann, E., Hoffmann, P., Block, H. U., Taube, C., Heine, H., Forster, W. (1984) *Biomed. Biochim. Acta*, **43**：243-246.
57) Hassall, C. H., Kirtland, S. J. (1984) *Lipids*, **19**：699-703.
58) Mills, D. E., Summers, M. R., Ward, R. P. (1985) *Lipids*, **20**：573-577.
59) Watanabe, Y., Huang, Y.-S., Simmons, V. A., Horrobin, D. F. (1989) *Lipids*, **24**：638-644.
60) Engler, M. M., Engler, M. B., Paul, S. M. (1992) *Nutr. Res.*, **12**：519-528.
61) Willis, A. L., Comai, K., Kuhn, E. C., Paulsrud, J. (1974) *Prostaglandins*, **8**：509-519.
62) Guivernau, M., Meza, N., Barja, P., Roman, O. (1994) *Prostagland. Leuk. Essent. Fatty Acids*, **51**：311-316.
63) Szczeklik, A., Gryglewski, R. J., Sladek, K., Kostka-Trabka, E., Zmuda, A. (1986) *Thromb. Haemostasis*, **51**：186-188.
64) Mikhailidis, D. P., Kirland, S. J., Barradas, M. A., Dandona, P. (1986) *Prog. Lipid Res.*, **25**：303-304.
65) Mikhailidis, D. P., Kirland, S. J., Barradas, M. A., Dandona, P. (1986) *Diabetes Res.*, **3**：7-12.
66) Kirtland, S. J., Buchanan, T., Cowan, I., Hooper, H., Shawyer, C. R. (1986) *Prog. Lipid Res.*, **25**：331-334.
67) Takayasu, K., Tada, T., Okada, F., Yoshikawa, I. (1974) *Jpn. Circ. J.*, **35**：1059-1069.
68) de Bravo, M. M. G., de Tomas, M. E., Mercuri, O. (1985) *Biochem. Int.*, **10**：889-896.
69) Vericel, E., Lagarde, M., Mendy, F., Coupron, P. Dechavanne, M. (1987) *Nutr. Res.*, **7**：569-580.
70) Manku, M. S., Morse-Fisher, N., Horrobin, D. F. (1988) *Eur. J. Clin. Nutr.*, **42**：55-60.
71) Blake, W. L., Clarke, S. D. (1990) *J. Nutr.*, **120**：225-231.
72) Jump, D., Clarke, S. D., Thelen, A., Liimatta, M. (1994) *J. Lipid Res.*, **35**：1076-1084.
73) Nakamura, M. T., Cho, H. P., Clarke, S. D. (2000) *J. Nutr.*, **130**：1561-1565.
74) Vaddadi, K. S., Horrobin, D. F. (1979) *IRCS Med. Sci.*, **7**：52.
75) Takada, R. Saitoh, M., Mori, T. (1994) *J. Nutr.*, **124**：469-474.
76) Takahashi, Y., Ide, T., Fujita, H. (2000) *Biochem. Mol. Biol.*, **127**：213-222.
77) Myerburg, R. J., Castellanos, A. (1980) *Heart Disease*, Vol. 1 (E. Braunwald, ed.), W. B. Saunders, Philadelphia, pp. 742-777.
78) Keefe, D. L., Schwartz, J., Somberg, J. C. (1987) *Am. Heart J.*, **113**：218-225.
79) McLennan, P. L., Abeywardena, M. Y., Charnock, J. S. (1989) *Aust. NZ J. Med.*, **19**：1-5.
80) Lepran, I., Szekeres, L. (1992) *Am. J. Clin. Nutr.*, **53**：1047S-1049S.
81) Biagi, P. L., Bordoni, A., Hrelia, S., Celadon, M., Horrobin, D. F. (1991) *Biochim. Biophys. Acta*, **1083**：187-192.
82) Darcet, P., Driss, F., Mendy, F., Delhaye, N. (1980) *Ann. Nutr.*, **34**：277-290.
83) Charnock, J. S. (2000) *Prostagland. Leuk. Essent. Fatty Acids*, **62**：129-134.

84) Eck, M. G., Wynn, J. O., Carter, W. J., Faas, F. H. (1979) *Diabetes*, **28**: 479-485.
85) Faas, F. H., Carter, W. J. (1980) *Lipids*, **15**: 953-961.
86) Huang, Y.-S., Horrobin, D. F., Manku, M. S., Mitchell, J., Ryan, M. A. (1984) *Lipids*, **19**: 367-370.
87) Poisson, J.-P. (1985) *Enzyme*, **34**: 1-14.
88) Mimouni, V., Poisson, J.-P. (1992) *Biochim. Biophys. Acta*, **1123**: 296-302.
89) Seigneur, M., Freyburger, G., Gin, H., et al. (1994) *Diabetes Res. Clin. Pract.*, **23**: 169-170.
90) Ramsammy, L., Haynes, B., Josepovitz, C., Kaloyanides, G. J. (1993) *Lipids*, **28**: 433-439.
91) Dyck, P. J., Thomas, P. K., Asbury, A. K., et al. (1987) Diabetic Neuropathy, W. B. Sanders, Philadelphia.
92) Greene, D. A., Sima, A. A., Stevens, M. J., et al. (1992) *Diabetis Care*, **15**: 1902-1925.
93) Cameron, N. E., Cotter, M. A. (1994) *Diabetes Metab. Rev.*, **10**: 189-224.
94) Holman, R., Johnson, S. B., Gerrard, J. M., Mauer, S. M., Kupcho-Sandberg, S., Brown, D. M. (1983) *Proc. Natl. Acad. Sci. USA*, **80**: 2375-2379.
95) Lin, C.-J., Peterson, R. G., Eichberg, J. (1985) *Neurochem. Res.*, **10**: 1453-1465.
96) Houtsmuller, A. J. (1984) *World Rev. Nutr. Diet.*, **39**: 85-123.
97) Houtsmuller, A. J., van Hal-Ferwerda, J., Zahn, K. J., Henkes, H. E. (1982) *Prog. Lipid Res.*, **20**: 377-386.
98) Julu, P. O. O. (1988) *Diabetic Complications*, **2**: 185-188.
99) Kuruvilla, R., Peterson, R. G., Kincaid, J. C., Eichberg, J. (1998) *Prostagland. Leuk. Essent. Fatty Acids*, **59**: 195-202.
100) Keen, H., Payan, J., Allawi, J., Walker, J., Jamal, G. A., Weir, A. I., Henderson, L. M., Bissessar, E. A., Watkins, P. J., Sampson, A., Boddie, H. G., Gale, E. A. M. (1993) *Diabetes Care*, **16**: 8-15.
101) Jamal, G. A., Carmichael, H. A., Weir, A. I. (1986) *Lancet i*: 1098.
102) Jack, A. M., Keegan, A., Cotter, M. A., Cameron, N. E. (2002) *Life Sci.*, **71**: 1863-1877.
103) Biessels, G. J., Smale, S., Duis, S. E. J., Kamal, A., Gispe, W. H. (2001) *J. Neurol. Sci.*, **182**: 99-106.
104) Carroll, K. K., Khor, H. T. (1975) *Prog. Biochem. Pharmacol.*, **10**: 303-353.
105) Reddy, B. S., Cohen, L. A., McCoy, G. D., Hill, P., Weisberg, J. H., Wynder, E. L. (1980) *Adv. Cancer Res.*, **32**: 237-245.
106) Rose, D. P., Connolly, J. M., Meschter, C. L. (1991) *J. Natl. Cancer Inst.*, **83**: 1491-1495.
107) Fay, M. P., Freedman, L. S., Clifford, C. K., Midthune, D. N. (1997) *Cancer Res.*, **57**: 3979-3988.
108) Das, U. N., Prasad, V. S. K., Reddy, D. R. (1995) *Cancer Lett.*, **94**: 147-155.
109) Begin, M. E., Ells, G., Das, U. N., Horrobin, D. F. (1986) *Natl. Cancer Inst.*, **77**: 1053-1062.
110) De Kock, M., Lottering, M.-L., Seegers, J. C. (1994) *Prostagland. Leuk. Essent. Fatty Acids*, **51**: 109-120.
111) Vartak, S., McCaw, R., Davis, C. S., Robbins, M. E. C., Spector, A. A. (1998) *Br. J. Cancer*, **77**: 1612-1620.
112) Leaver, H. A., Bell, H. S., Rizzo, M. T., Ironside, J. W., Gregor, A., Wharton, S. B., White, I. R.

(2002) *Prostagland. Leuk. Essent. Fatty Acids*, **66**: 19-29.
113) De Kock, M., Lottering, M.-L., Grobler, C. J. S., Viljoen, T. C., Le Roux, M., Seegers, J. C. (1996) *Prostagland. Leuk. Essent. Fatty Acids*, **55**: 403-411.
114) Das, U. N., Begin, M. E., Ells, G., Huang, Y.-S., Horrobin, D. F. (1987) *Biochem. Biophys. Res. Commun.*, **145**: 15-24.
115) Fujiwara, F., Todo, S., Imashuku, S. (1986) *Prostagland. Leuk. Med.*, **23**: 311-320.
116) Begin, M. E., Ells, G., Das, U. N., Horrobin, D. F. (1988) *J. Natl. Cancer Inst.*, **80**: 188-194.
117) Hayashi, Y., Fukushima, S., Hirata, T., Kishimoto, S., Katsuki, T., Nakano, M. (1990) *J. Pharmacobiodyn.*, **13**: 705-711.
118) Mengeaud, V., Nano, J. L., Fournel, S., Rampal, P. (1992) *Prostagland. Leuk. Essent. Fatty Acids*, **47**: 313-319.
119) Jiang, W. G., Hiscox, S., Hallett, M. B., Scott, C., Horrobin, D. F., Puntis, M. C. A. (1995) *Br. J. Cancer*, **71**: 744-752.
120) Bakshi, A., Mukherjee, D., Bakshi, A., Banerji, A. K., Das, U. N. (2003) *Nutrition*, **19**: 305-309.
121) Fearon, K. C. H., Falconer, J. S., Ross, J. A., Carter, D. C., Hunter, J. O. (1996) *Anticancer Res.*, **16**: 867-874.
122) Seegers, J. C., De Kock, M., Lottering, M.-L., Grobler, C. J. S., Van Papendorp, D. H., Shou, Y., Habbersett, R., Lehnert, B. E. (1997) *Prostagland. Leuk. Essent. Fatty Acids*, **56**: 271-280.
123) Das, U. N. (2004) *Prostagland. Leuk. Essent. Fatty Acids*, **70**: 23-32.
124) Cai, J., Jiang, W. G., Mansel, R. E. (1999) *Prostaglandins Leuk. Essent. Fatty Acids*, **60**: 21-29.
125) Tannabaum, A. (1942) *Cancer Res.*, **2**: 468-475.
126) Benson, J., Lev, M., Grand, C. G. (1956) *Cancer Res.*, **16**: 135-137.
127) Keizer, H. G., Pinedo, H. M., Schuurhuis, G. J., Joenje, H. (1990) *Pharmacol. Ther.*, **47**: 219-231.
128) Myers, C. E., MacGuir, W. P., Lisss, R. H., Ifrim, I., Grozinger, R. Young, R. C. (1977) *Science*, **197**: 165-167.
129) Bordoni, A., Biagi, P. L., Hrelia, S. (1999) *Biochim. Biophys. Acta*, **1440**: 100-106.
130) Hrelia, S., Bordoni, A., Biagi, P. L. (2001) *Prostagland. Leuk. Essent. Fatty Acids*, **64**: 139-145.
131) Chakrabarti, K. B., Hopewell, J. W., Wilding, D., Plowman, P. N. (2001) *Eur. J. Cancer*, **37**: 1435-1442.
132) Woods, R. K., Raven, J. M., Walters, E. H., Abramson, M. J., Thien, F. C. K. (2004) *Thorax*, **59**: 105-110.
133) Barham, J. B., Edens, M. B., Fonteh, A. N., Johnson, M. M., Easter, L., Chilton, F. H. (2000) *J. Nutr.*, **130**: 1925-1931.
134) Murray, M. J., Kumar, M., Gregory, T. J., Banks, P. L., Tazelaar, H. D., DeMichele, S. J. (1995) *Am. J. Physiol.* **269**: H2090-H2099.
135) Mancuso, P., Whelan, J., DeMichele, S. J., Snider, C. C., Guszxa, J. A., Claycombe, K. J., Smith, G. T., Gregory, T. J., Karlstad, M. D. (1997) *Crit. Care Med.*, **25**: 523-532.
136) Palombo, J. D., DeMichele, S. J., Boyce, P. J., Lydon, E. E., Liu, J.-W., Huang, Y.-S., Forse, R. A., Mizgerd, J. P., Bistrian, B. R. (1999) *Crit. Care Med.*, **27**: 1908-1915.

137) Surette, M. E., Koumenis, I. L., Edens, M. B., Tramposch, K. M., Clayton, B., Bowton, D., Chilton, F. H. (2003) *Clin. Ther.*, **25**: 972-979.
138) Gadek, J. E., DeMichele, S. J., Karlstad, M. D., Pacht, E. R., Donahoe, M., Albertson, T. E., Van Hoozen, C., Wennberg, A. K., Nelson, J. L., Noursalehi, M. (1999) *Crit. Care Med.* **27**: 1409-1420.

第18章　アラキドン酸

秋元健吾*

1　はじめに

　炭素数が18のリノール酸やα-リノレン酸は，植物油脂の主要成分として広く自然界に存在しており，日常の食生活の中でもなじみ深い脂肪酸である。哺乳動物はリノール酸やα-リノレン酸を生合成する能力がなく，これら脂肪酸は植物性食品から摂取され，さらに不飽和化と炭素鎖の延長が繰り返されて，γ-リノレン酸，ジホモ-γ-リノレン酸，アラキドン酸，イコサペンタエン酸，ドコサヘキサエン酸など，より不飽和度の高い脂肪酸に変換され，生理機能を発揮する（図1のn-6およびn-3経路）。従って，リノール酸やα-リノレン酸に富む食品を摂取すれば，n-6およびn-3経路によって，これら多価不飽和脂肪酸は合成される。しかし，成人病患者やその予備軍，乳児，老人では生合成に関与するΔ6およびΔ5不飽和化酵素の働きが低下することが多く，これら多価不飽和脂肪酸は不足しがちになる。そこで，n-6およびn-3経路の多価不飽和脂肪酸をバランスよく摂取すること，できればn-6経路＝リノール酸，n-3経路＝イコ

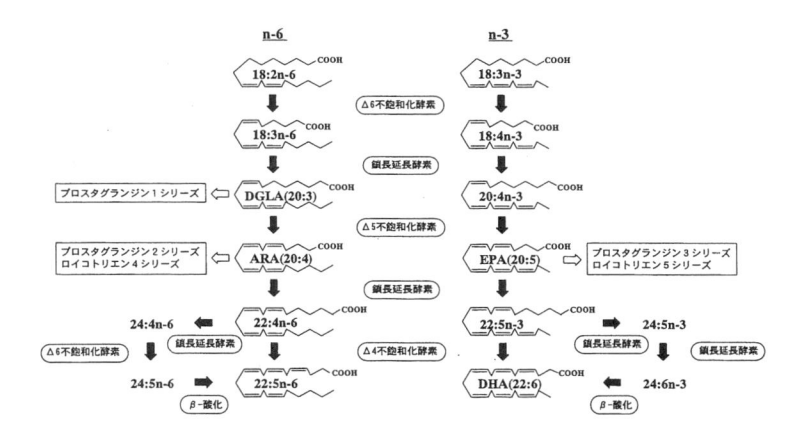

図1　高等動物における多価不飽和脂肪酸の生合成経路
18：2n-6，リノール酸；18：3n-6，γ-リノレン酸；DGLA，ジホモ-γ-リノレン酸；ARA，アラキドン酸；18：3n-3，α-リノレン酸；EPA，イコサペンタエン酸；DHA，ドコサヘキサエン酸

＊　Kengo Akimoto　サントリー㈱　知的財産部　課長

サペンタエン酸,ドコサヘキサン酸ではなく,両経路のすべての脂肪酸がバランスのとれたものとして摂取することが望まれる。

　n-3経路の多価不飽和脂肪酸には魚油という豊富な供給源が存在することから,栄養学的な研究が盛んに行われた。n-6経路の多価不飽和脂肪酸では植物油脂に含まれるリノール酸が栄養学的な研究の中心となっていたが,従来の油脂供給源では入手が困難であったアラキドン酸含有油脂(アラビタ®40,サントリー㈱製造)が,微生物発酵により工業的な利用が可能となったことから[1,2],アラキドン酸の役割を探る栄養学的な研究が進められ始めている。本章では,アラキドン酸の栄養生理機能を紹介する。

2　アラキドン酸は体にとって必要な脂肪酸

　アラキドン酸は,細胞膜の主要構成成分であると同時に2シリーズのプロスタグランジン(PG)や4シリーズのロイコトリエン(LT)などのエイコサノイドの前駆物質でもある。しかし,アラキドン酸の生理機能を評価するための十分な供給源が存在しなかったこと,アラキドン酸カスケードの研究が先行していたことにより,細胞膜の主要成分であるにもかかわらず,その生理作用の解明は十分とは言えない。しかも,魚食の健康訴求からイコサペンタエン酸やドコサヘキサエン酸が話題になっているが,いずれもアラキドン酸を,「悪者扱い」する理論の上に成り立っている場合が多い。たとえば,海獣類,魚類を多食するグリーンランドイヌイットに,心筋梗塞などの血栓性疾患が少ないという疫学的調査に端を発して,イコサペンタエン酸の研究が多岐にわたって進められた。血管壁および血小板でアラキドン酸からPGI_2やTXA_2が生合成され,それぞれが血小板凝集抑制,凝集促進と相反する作用を有するのに対して,イコサペンタエン酸から生合成されるPGI_3やTXA_3では,PGI_3が血小板凝集抑制作用を有するが,TXA_3には凝集促進作用は認められず[3~5],アラキドン酸との拮抗作用として,イコサペンタエン酸を摂取すれば血小板凝集能の低下が認められ,心筋梗塞などの動脈硬化性疾患に有効となる。そして,イコサペンタエン酸エチルエステルが閉塞性動脈硬化症に伴う潰瘍,疼痛および冷感に優れた改善剤として上市されている。しかし,多価不飽和脂肪酸を医薬品として特定の疾患に投与する場合,または,多価不飽和脂肪酸が低下あるいは完全に不足しているのを補う場合であれば全く問題ないが,食品として多価不飽和脂肪酸を摂取する場合には,やはりn-6経路とn-3経路の脂肪酸バランスを考えなくてはならない。そのためには,アラキドン酸が生体の恒常性に重要な役割を果たすという本来の観点に立ち返る冷静な評価が重要と考える。

　川端らは,若年女性30人から得た全食事サンプルから1日当たりの多価不飽和脂肪酸摂取量を実測し,同時に血漿中の脂肪酸組成を調べた結果,食事中リノール酸量は血漿中のリン脂質,エ

第18章　アラキドン酸

ステルコレステロール，中性脂肪のいずれの画分におけるアラキドン酸組成とも相関が認められなかった。一方で，採血前日から7日前までの食事に含まれるアラキドン酸量は，血漿リン脂質および血漿中性脂肪のアラキドン酸組成と有意な正相関（$p<0.05$）を示した。この事実は，アラキドン酸はリノール酸から体内で変換されるというこれまでの常識を覆し，体内アラキドン酸レベルは食事由来のアラキドン酸摂取量そのものに大きな影響を受ける可能性が示唆された[6]。

アラキドン酸は，卵，豚肉，鶏肉などに含まれるが，魚にも多く含まれていることはあまり知られていない。日本人の「魚食の健康」にはアラキドン酸が関与している可能性がある。実際の摂取量については，30歳代の夫婦を想定し，栄養所要量や食生活指針に沿ったモデル献立を作成したところ，アラキドン酸摂取量は，関東地区で0.14g，関西地区で0.19-0.20gという報告がある。ドコサヘキサエン酸摂取量は，関東地区で0.37-0.38g，関西地区で0.69-0.82gであり，アラキドン酸摂取量はその半分以下ではあるが意外と多いという印象を持つのではないだろうか[7]。食事から摂取する全脂質（日本人平均57.4g[8]）と比較するとアラキドン酸量はわずかではあるが，体内のアラキドン酸レベルを維持するために必要な栄養の1つであるという新しい見方が今後必要になると思われる。

3　アラキドン酸の機能

アラキドン酸は血液や肝臓などの重要な器官を構成する脂肪酸の約10％程度を占めている（イコサペンタエン酸，ドコサヘキサエン酸は2-3％）。アラキドン酸の機能として，①生体膜リン脂質の主要構成成分，②各種エイコサノイドの基質，③神経作用物質（アナンダミド，2-アラキドノイルモノグリセロール）としての作用[9~11]，④脂質代謝改善（脂肪肝予防）[12]，⑤脳の発達機能維持（胎児，乳幼児）[13~18]，⑥胃粘膜保護[19,20]・皮膚乾癬治療効果[21]などが知られている。

最近の研究のトピックスとして，乳幼児栄養としてのアラキドン酸の役割[13~18]，老齢ラットを使って明らかにされたアラキドン酸の認知障害改善効果[22]と，事象関連電位P300を使った健康高年者によるその実証[23]，そして，アラキドン酸を構成脂肪酸にもつ神経活性物質[9~11]について紹介する。

4　乳幼児にとってアラキドン酸は大切な脂肪酸

成熟児の場合，母体から胎盤経由で胎児にアラキドン酸やドコサヘキサエン酸の供給がされているが，早産児の場合はその供給が不十分で，食事（ミルク）からこれら多価不飽和脂肪酸を摂取する必要がある。母乳に含まれる多価不飽和脂肪酸のうち，ドコサヘキサエン酸は魚油という

供給源があったことから,母乳の脂肪酸組成に近づけるべく調製乳への添加が行われてきたが,アラキドン酸についてはあまり考慮されていなかった。そのような中,アラキドン酸の重要性を示すS.E. Carlsonらの報告がなされた[13〜15]。

　S. E. Carlsonらは,早産児を調製乳群（体重1,054±193g, n=29）と魚油添加調製乳群（体重1,139±164g, n=30）に分け,それぞれに,調製乳（アラキドン酸,ドコサヘキサエン酸,イコサペンタエン酸などの多価不飽和脂肪酸は含まれていない）と魚油添加調製乳（全脂肪酸に占めるイコサペンタエン酸,ドコサヘキサエン酸の割合は,それぞれ0.3, 0.2%）を与えた。成長の指標は,体重,身長,頭部外周のZ-score（（測定値-平均値）/標準偏差）を用いた。血漿ホスファチジルコリン中のアラキドン酸濃度と体重,身長,頭部外周の関係を評価した結果,アラキドン酸量と体重（$r=0.43$, $p<0.02$）,身長（$r=0.44$, $p<0.02$）の間で正の相関が認められ,しかも,魚油添加調製乳群はアラキドン酸量が低下し,成長にとっては好ましくない結果となった[13]。

　この研究を発端として,早産児,成熟児でのアラキドン酸,ドコサヘキサエン酸の役割に関する研究が精力的に進められ,母乳で育てられた乳児と同じレベルまでアラキドン酸の割合を高めるためには,アラキドン酸の前駆体となるγ-リノレン酸を与えても効果はなく[16],アラキドン酸を与えなければならないことが明らかとなった[17]。最近,アラキドン酸とドコサヘキサエン酸

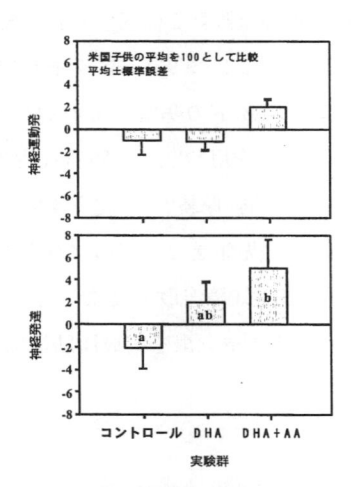

図2　授乳期にアラキドン酸配合調製乳を与えた乳児の18ヶ月目における知能・運動能力への効果

総合的な知能,運動能力の測定はBayley Scales of Infant Develompment, 2nd edition (1993) に準じた。
コントロール：調製乳群,DHA：ドコサヘキサエン酸配合調製乳群,
DHA+AA：アラキドン酸・ドコサヘキサエン酸配合調製乳群
　a, bが異なった文字の群間で有意差あり,$p<0.05$

第18章 アラキドン酸

を配合した調製乳での臨床試験がE.E. Birchらにより報告された[18]。E. E. Brichらは, 成熟児を調製乳群 (n=20), ドコサヘキサエン酸配合調製乳群 (n=17), アラキドン酸・ドコサヘキサエン酸配合調製乳群 (n=19) に分け, それぞれに, 調製乳, ドコサヘキサエン酸配合調製乳 (全脂肪酸に占めるドコサヘキサエン酸の割合は0.35%), アラキドン酸・ドコサヘキサエン酸配合調製乳 (全脂肪酸に占めるアラキドン酸, ドコサヘキサエン酸の割合は, それぞれ0.72, 0.36%) を, 生後5日目から17週目まで与えた。そして, 18ヶ月目に子供の総合的な知能, 運動量を比較した (図2)。神経運動発達指標 (PDI:歩行, ジャンプ, お絵かき) では有意な差は認められなかったが, 精神発達指標 (MDI:記憶, 単純な問題の解決力, 言語能力) においては, アラキドン酸・ドコサヘキサエン酸配合調製乳群は調製乳群と比較して有意に高値を示した。このように, 調製乳にドコサヘキサエン酸のみ添加するのではなく, 母乳に近づけるべく, アラキドン酸を同時に添加することが望まれており, すでにいくつかの公的機関から推奨摂取量が公表された (早産児・成熟児:アラキドン酸20, ドコサヘキサエン酸20mg/kg体重/日 (英国栄養委員会))。ヨーロッパの数カ国で発酵生産されたアラキドン酸含有油脂を配合した調製乳が発売されている。

5 アラキドン酸は高齢者の認知応答を改善する

これからの高齢化社会に向けて, 歳をとってもいかに健康に生きるか, いわゆるQOL (Quality Of Life) の向上に対する意識が高まってきている。特に加齢による判断力の低下, 記憶力の低下など,「あたま」の衰えに対する漠然とした不安感は切実な問題である。

神経レベルでの記憶のメカニズムにおいて, キーとなると言われている脳海馬の長期増強 (LTP:高頻度刺激を与えることにより, グルタミン酸放出に伴うシナプス経路の興奮が長期持続する現象。ドコサヘキサエン酸では認められない) が, 加齢により低下し, アラキドン酸を投与することで回復すること, そして, 脳内のアラキドン酸量も加齢により低下, アラキドン酸の投与により回復することが明らかにされた[24]。

また, 老齢ラットの認知障害をアラキドン酸の摂取により改善できることが示された[22]。18.5ヶ月齢ラットを2群 (n=8) に分け, それぞれに, 対照飼料とアラキドン酸配合飼料 (全脂肪酸に占めるアラキドン酸の割合は4.3%で, 摂餌量から求めたアラキドン酸の摂取量は40mg/ラット/日) を与え, 20.3ヶ月目からモリス型水迷路で場所課題訓練を実施した。場所課題訓練はプール内の決まった場所に, 水面下の見えない台を設置し, 異なる複数の出発点からこの台へ泳ぐことを学習させ, 次に台を取り除き60秒間遊泳させ, 台のあった領域の探索行動で記憶の最終確認を行った (プローブテスト)。なお, 若齢コントロールとして, 3ヶ月齢ラットに対照飼料

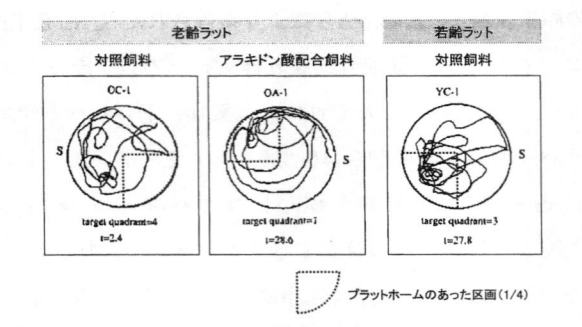

図3 学習記憶能の試験成績
モリス型水迷路で場所課題訓練を実施し，学習で覚えた，水面下にある見えない台を取り除いたときの各群1匹目の60秒の遊泳軌跡。学習を獲得していれば，訓練時に台のあった領域を探索する。

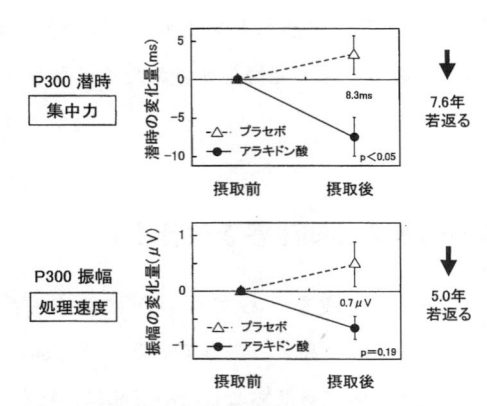

図4 事象関連電位P300の摂取前後の変化

を摂取させ同様の訓練に供した。アラキドン酸を摂取した老齢ラットと若齢ラットは有意に訓練時に台のあった領域を探索したが，対照飼料を摂取した老齢ラットにはそのような傾向はなかった（図3）。

最近，古賀らによりアラキドン酸が健康な高年者の認知応答を改善することが明からにされた[23]。ヒトの中枢の認知応答を無侵襲的に測定する方法としては，脳波事象関連電位P300（ERP：Event Related Potential of brain）の計測が最適である。P300は一般的に感覚刺激の情報処理過程において認知文脈の更新を示す応答である。この応答は2種類の周波数をもつ音の刺激（高音・低音）に対して，被験者に弁別反応を教示することで，非常に再現性よく簡便にその応答が測定できるので，高齢者や子供など生理応答の計測が比較的困難とされる対象に対しても良好なデータをとることが出来るのが特色である。そして，P300の応答の速さは加齢により遅く

第18章　アラキドン酸

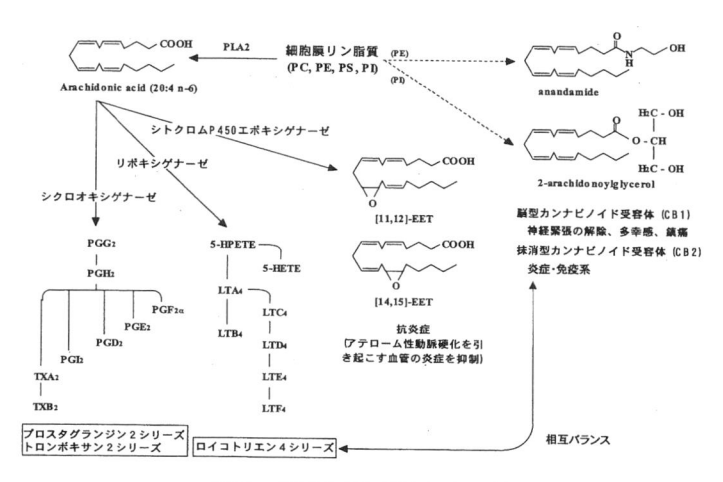

図5　アラキドン酸カスケード
PG, プロスタグランジン；TX, トロンボキサン；LT, ロイコトリエン；5-HPETE, 5-ヒドロペルオキシコサテトラエン酸；5-HETE, 5-ヒドロキシイコサテトラエン酸；[11, 12]-EET, 11, 12-エポキシイコサトリエン酸；[14, 15]-EET, 14, 15-エポキシイコサトリエン酸；PC, フォスファチジルコリン；PE, フォスファチジルエタノールアミン；PS, フォスファチジルセリン；PI, フォスファチジルイノシトール

なり，その波形の振幅は小さくなることが知られており，加齢による認知応答の低下を反映する良い指標と考えられている。

健康な60歳前後の高年者20名を被験者として，アラキドン酸含有油脂（アラビタ®40）を経口的に摂取した際の脳波事象関連電位応答P300の計測をおこなうことによって，中枢レベルの認知応答の変化を調べた。その結果，アラキドン酸含有油脂（アラキドン酸240mg相当量）を1ヶ月摂取することで，P300の平均潜時の短縮，平均振幅の増加が認められた（図4）。潜時及び振幅の加齢変化量が知られており，今回の変化量は，それぞれ7.6年，5.0年の若返りに相当する。また，この潜時短縮には血清リン脂質中のアラキドン酸量と正の相関を認められ，アラキドン酸は高年者の日常生活場面における瞬時判断力などが向上することが明らかとなった。

6　神経活性作用をもつアナンダミド，2-アラキドノイルモノグリセロール

最近，従来のエイコサノイドとは全く機能を異にする生理活性物質（アナンダミド，2-アラキドノイルモノグリセロール）がアラキドン酸を構成脂肪酸とする化合物として相次いで発見された。

鎮痛，鎮静，神経緊張の解除，多幸感，眠気，幻覚，興奮，離人感，短期記憶の阻害，時間感

覚の変化など多岐にわたる神経活性作用をもつカンナビノイドと呼ばれる一連の化合物が知られていたが，この化合物の受容体が脳内に存在することが明らかにされたことから，受容体に作用する内因性化合物の研究が精力的に行われ，アナンダミド（アラキドン酸がエタノールアミンとアミド結合した化合物）と2-アラキドノイルモノグリセロールが相次いで同定された。アナンダミドに関しては，アラキドン酸の代わりに，他の脂肪酸を構成脂肪酸とするアナンダミドを化学合成して活性を調べたところ，炭素数が20以上で，二重結合が3以上のn-6経路の多価不飽和脂肪酸で強い活性を示すことが明らかとなった[9]。2-アラキドノイルモノグリセロールの場合は，アラキドン酸が2位に結合していることが活性発現に重要で，さらに，結合するアラキドン酸を他の脂肪酸に置き換えた実験では，結合する不飽和脂肪酸のΔ5位の炭素に二重結合を有していることが重要であることが明らかとなった。その中でも活性はアラキドン酸が結合した場合がもっとも高く，脂肪酸の存在割合から考えて2-アラキドノイルモノグリセロールのみが内因性化合物と言える[10]。

カンナビノイドの受容体には，神経系を中心に発現しているCB1受容体（脳型）と炎症・免疫系の細胞を中心に発現しているCB2受容体（末梢型）が存在している。そこで，n-6経路あるいはn-3経路のいずれかの多価不飽和脂肪酸を「悪者扱い」する必要はなく，アラキドン酸そのものも機能の上でバランスを保つように働くことが推測できる。たとえば，アラキドン酸から生合成されるプロスタグランジンが生体防御の結果としてもたらした炎症やそれに伴う痛みが，同じくアラキドン酸から生合成されるカンナビノイドの中枢神経作用（鎮痛）により抑制され，CB2受容体を介する炎症・免疫系の作用も加味して，全体としてバランスよく生体内で制御されていると考えることができる（図5）[11]。したがって，生体内の制御機能を十分に発揮するためには，各組織に応じたn-6経路とn-3経路の多価不飽和脂肪酸が過不足なく存在することが必要であり，多価不飽和脂肪酸の摂取も同じくn-6経路とn-3経路のバランスを心がける必要がある。

7 おわりに

以上，アラキドン酸の生理機能について紹介したが，アラキドン酸も含めて多価不飽和脂肪酸の生理機能については，まだまだ未知の部分も多く，特にn-6経路とn-3経路の多価不飽和脂肪酸のバランスを考えたうえでの生理機能等については，さらに検討を加える必要がある。

特定の疾患でアラキドン酸由来のエイコサノイドが影響するからといって，単純にアラキドン酸に原因を求めるのではなく，特定疾患の治療と健康維持は別の次元で考えて，アラキドン酸は体にとって重要な脂肪酸と理解すべきである。

第18章 アラキドン酸

文　献

1) Yamada, H., Shimizu, S., Shinmen, Y., *Agric. Biol. Chem.*, **51**, 785 (1987).
2) Shinmen, Y., Shimizu, S., Akimoto, K., Kawashima, H., Yamada, H., *Appl. Microboil. Biotechnol.*, **31**, 11 (1987).
3) Needleman, P., Minkes, M., Raz, A., *Science,* **193**, 163 (1976).
4) Needleman, P., Raz, A., Minkes, M.S., Ferrendelli, J.A., Sprecher, H., Proc. *Natl. Acad. Sci. USA*, **76**, 944 (1979).
5) Gryglewski, R.J., Salmon, J.A., Ubatuba, F.B., Weatherly, B.C., Moncada, S., Vane, J.R., *Prostaglandins*, **18**, 453 (1979).
6) 川端輝江ほか，第58回日本栄養・食糧学会大会講演要旨集（2004）.
7) 平原文子，脂質栄養学，**4**，73（1995）.
8) 厚生労働省『国民栄養の現状』2002年版
9) Mechoulam, R., Hanus, L., Martin, B.R., Biochem. Pharmacol, **48**, 1537 (1994).
10) Sugiura, T., Kodaka, T., Nakane, S., Miyashita, T., Kondo, S., Suhara, Y., Takayama, H., Waku, K., Seki, C., Baba, N., Ishima, Y., J. *Biol. Chem.*, **274**, 2794 (1999).
11) 杉浦隆之ほか，日本脂質生化学研究会・研究集会講演要旨集，**41**，189（1999）.
12) Goheen, S.C., Larkin, E.C., Manix, M., Rao, G.A., *Lipids*, **15**, 328-336 (1980).
13) Carlson, S.E., Werkman, S.H., Peeples, J.M., Cooke, R.J., Tolley, E.A., *Proc. Natl. Acad. Sci. USA*, **90**, 1073 (1993).
14) Carlson, S.E., Werkman, S.H., Peeples, J.M., Cooke, R.J., Koo, W.W.K., Tolley, E.A., In Advances in Polyunsaturated Fatty Acid Research（Ed. Yasugi T., Nakamura H., Soma H., Elsevier Science Publishers B.V., The Netherlands），pp. 261-264 (1993).
15) Carson, S.E., *International News on Fats, Oils and Related Materials*, **6**, 940 (1995).
16) Makrides, M., Neumann, M.A., Simmer, K., Gibson, R.A., *Lipids,* **30**, 941 (1995).
17) Kohn, G., Sawatzki, G., van Biervliet J.P., *Eur. J. Clin. Nutr.*, **48**, S 1 (1994).
18) Birch, E.E., Garfield, S., Hoffman, D.R., Uauy, R., Birch, D.G., *Developmental Medicine & Child Neurology*, **42**, 174 (2000).
19) Hollander, D., Tarnawski, A., Ivey, K.J., Dezeery, A., Zipser, R.D., Mckenzie, W.N., Mcfarland, W.D., *J. Lab. Clin. Med.*, **100**, 296 (1982).
20) Doyle, M.J., Nemeth, P.R., Skoglund, M.L., Mandel, K.G., *Prostaglandins,* **38**, 581 (1989).
21) Hebborn, P., Jablonska, S., Beutner, E.H., Langner, A., Wolska, H., *Arch. Dermatol.*, **124**, 387 (1988).
22) 岡市廣成ほか，日本動物心理学会・日本基礎心理学会合同大会講演要旨集（2001）.
23) 古賀良彦，第57回日本栄養・食糧学会大会講演要旨集（2003）.
24) Mcgahon, B., Clements, M.L., Lynch, M.A., *Neuroscience,* **81**, 9 (1997).

第19章　高級モノ不飽和脂肪酸（LC-MUFA）

押田恭一*

1　はじめに

　最近，多価不飽和脂肪酸（PUFA）が，必須脂肪酸の概念のみならず，アレルギーをはじめとする生体での炎症反応や各種の生活習慣病との関係から注目されているが，著者らは，モノ不飽和脂肪酸（Monounsaturated fatty acid；MUFA）のうち，これまであまり注目されなかった炭素数20以上の高級モノ不飽和脂肪酸（Long chain monounsaturated fatty acid；LC-MUFA）の生理作用に焦点を合わせ，研究を行っている。食品中に広く存在するLC-MUFAとしては，20：1n-9（ゴンドイン酸），22：1n-9（エルシン酸）等が知られている。

　一方，生体には炭素数22以上の極長鎖飽和脂肪酸（Very long chain saturated fatty acid；VLCSFA）が微量ながら組織中に存在し，安徳らは，VLCSFAの一種であるヘキサコサン酸（C26：0）が動脈硬化症をはじめとする各種の生活習慣病と関連するとし[1]，赤血球膜（Red blood cell；RBC）中C26：0（RBC C26：0）が，生活習慣病の新しい指標になり得ることを示唆している。

　LC-MUFAは，VLCSFAの体内合成を競争阻害的に抑制することが知られているため，各種生活習慣病の予防機能を示す可能性が期待される。本章では，生体内の脂肪酸代謝に焦点を当てながら，LC-MUFAの生理機能について，最近の知見を交えて考察する。

2　モノ不飽和脂肪酸（MUFA）について

　オレイン酸（18：1n-9）は，オリーブ油を多用する地中海式の食事に豊富に含まれ，栄養学や医学の観点から，その生理機能に関する多くの研究がなされた結果，細胞膜の流動性の増大，生体でのフリーラジカルの減少，LDL-コレステロールの減少，HDL-コレステロールの増加，アテローム性動脈硬化症の進展抑制，糖尿病併発型高脂血症や乳がんの発症リスクの低減，胃潰瘍予防等の作用を示すことが明らかにされている[2]。

---

*　Kyoichi Oshida　森永乳業㈱　栄養科学研究所　副主任研究員；順天堂大学　医学部
　　協力研究員

第19章　高級モノ不飽和脂肪酸（LC-MUFA）

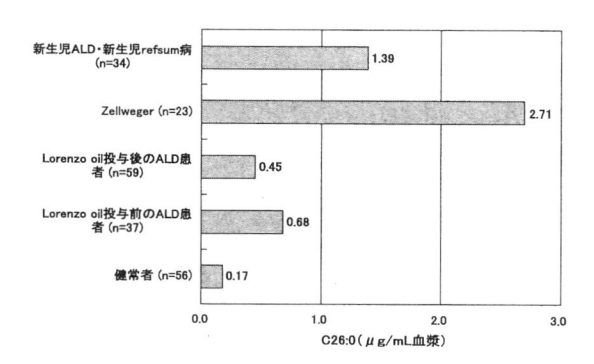

図1　ペルオキシソーム病患者の血漿中C26：0値

　一方で，従来から世界各地で，同じMUFAのうち更に炭素鎖長の長いLC-MUFAを多量に含む，ハイエルシン酸菜種油，マスタード油，サケ，ニシン，カペリン（シシャモ）等が摂取されてきたことも事実である。アイスランド国では，LC-MUFAを豊富に含むタラ肝油を日常的に摂取する習慣が現在でも継承されており，日本と同様に世界有数の長寿国となっている。

3　Lorenzo oilによるペルオキシソーム病の治療について

　ペルオキシソーム病は，先天性代謝異常症の一種で，細胞内小器官のペルオキシソームの機能障害による一連の症候群として理解されている。ペルオキシソーム病としては，Infantile Refsum病（IRD），副腎白質ジストロフィー（ALD），そして，Zellweger症候群（ZS）等が知られており，最も重篤な病態であるZellweger症候群では，ペルオキシソームが欠損している為に，ペルオキシソームの全ての機能が失われ，特異顔貌，肝，腎，髄鞘形成，視力などの障害を呈する遺伝性疾患である。多くの場合は1歳未満で死亡する[3]。

　ペルオキシソーム病患者では，血漿中の極長鎖飽和脂肪酸が健常者に比べて有意に増加していることから，診断は，主として血漿中の極長鎖脂肪酸の比率（C26：0／C22：0）やC26：0の定量値[4]（μg/mL血漿）を参考になされる（図1）。

　ペルオキシソームは，1954年にRhodinによって発見され，ほとんど全ての真核細胞に存在する平均直径0.5μmの円形又は楕円形の細胞内小器官で，主として肝臓と腎臓の細胞に多く，また，そのサイズも大きい。また，胎児や生後数週間の新生児では，中枢神経の軸索を取り巻いて神経インパルスの絶縁作用を維持するミエリン鞘を形成するオリゴデンドロサイトに，ペルオキシソームが多く存在する。ペルオキシソームの担う主な機能は，その命名の由来からも理解できるように細胞内での過酸化水素（hydrogen peroxide）の生成と分解反応と，胆汁酸，コレステ

機能性脂質のフロンティア

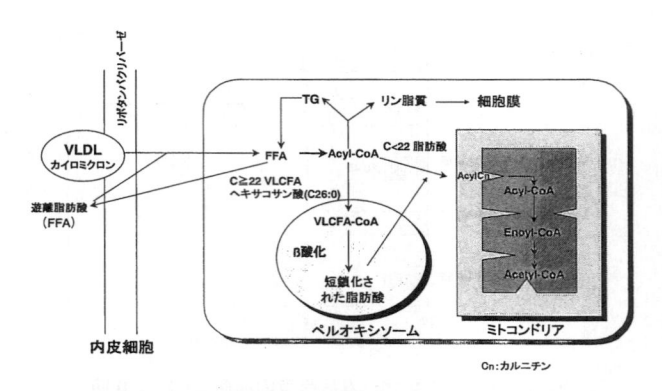

図2　極長鎖脂肪酸（VLCFA）の細胞内処理機構

ロール，エーテルリン脂質のプラズマローゲン，及びドコサヘキサエン酸（DHA）の合成，また，フィタン酸，及びプロスタグランジンの分解，そして，β酸化によるC26：0をはじめとする炭素数20以上のVLCSFAの炭素の短鎖化である。肝臓，心臓，筋肉などの組織における長鎖脂肪酸のβ酸化は，ミトコンドリアとペルオキシソームの両方で行われることが知られている。これら2種類のβ酸化の過程は，特異的リガンド活性化転写因子として，ペルオキシソーム増殖因子（PPARs)[5]等の細胞内因子と，核内受容体リガンドや特異的な基質濃度[6,7]等の細胞外因子によって影響を受けることが最近報告され，この分野は今後益々盛んに研究が行われると予想される。

　ペルオキシソーム病では，なぜ極長鎖脂肪酸が増加するのか？　図2に細胞における脂肪酸の酸化機構の概略を示した[8]。炭素数20以下の脂肪酸はカルニチンと結合してミトコンドリアでβ酸化を受ける。しかしながら，炭素数22以上のVLCSFAは，専らペルオキシソームに輸送され，β酸化により短鎖化された後，ミトコンドリアで処理される。人体の組織を形成する細胞膜は，脂肪酸が結合したリン脂質の二重層で構成されている。VLCSFAは，一般的な脂肪酸に比べて，炭素鎖が非常に長く，融点も非常に高い（C26：0の場合87℃）。更に，二重結合がない為に脂肪酸が折れ曲り構造をとれない。したがって，この脂肪酸が，細胞膜に取り込まれた場合には，その特異な物理化学性状により，細胞膜の柔軟性等にダメージを与えると考えられる。そして，細胞内に蓄積したVLCSFAは，主として，腎臓，肝臓，神経系に蓄積し，多臓器障害を引き起こす[3]。したがって，神経内科，小児神経学の分野では，C26：0をはじめとするVLCSFAが過剰量組織に蓄積した場合には，生体にとって毒性があると認識されている。

　そこで，ペルオキシソーム病の治療法開発の初期には，VLCSFAを厳格に制限した食事療法がなされたが，全く効果が無かった[9,10]。この理由として，組織中のVLCSFAは，外因性（食事）由来ではなく，糖質や前駆脂肪酸からの体内合成が主であるため，食事由来のVLCSFAを

第19章　高級モノ不飽和脂肪酸（LC-MUFA）

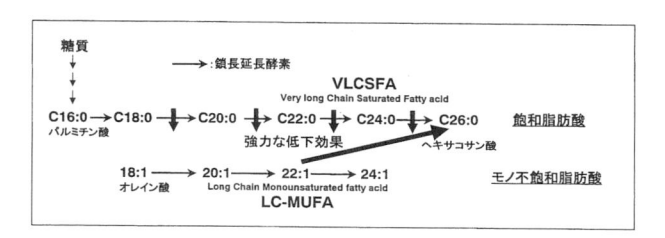

図3　モノ不飽和脂肪酸（MUFA），特に高級モノ不飽和脂肪酸（LC-MUFA）は，競争阻害的に極長鎖飽和脂肪酸（VLCSFA）の生合成を抑制する

制限しても明確な効果は期待できないのである。むしろ，オレイン酸を始めとするMUFAにより，その体内合成を競争阻害的に抑制することが有効であるとされている[11,12]（図3）。特に，炭素数20以上のLC-MUFAに強いVLCSFA低下効果があることが，後のペルオキシソーム病の研究で証明され[13,14]，構造脂質であるglyceryl trioleateとglyceryl trierucateの4：1の混合油脂を治療用に開発し，Lorenzo oilと命名した。Lorenzo oilの効果は，発症後の早期投与によってのみ効果が得られ，また，大量投与により血小板数が減少することが知られている[15~17]。また，この治療薬の開発は，ペルオキシソーム病の一種である，副腎白質ジストロフィー（ALD）の息子（Lorenzo君）を持つ元銀行員の父親が多大な貢献をしたことで有名であり，「ロレンツォのオイル/命の詩」と題して映画化されているので（ソニー・ピクチャーズ エンタテインメント，1992年，米国），興味のある方は是非ご覧頂きたい。

4　ヘキサコサン酸（C26：0）と動脈硬化症危険因子との関連，及び高級モノ不飽和脂肪酸（LC-MUFA）摂取の効果

安徳らは，赤血球膜を構成する総脂肪酸に占めるC26：0の割合（％）が，各種動脈硬化症危険因子（表1），加齢，喫煙習慣，肥満，心疾患，糖尿病，高血圧，高尿酸血症と相関関係があるという研究結果を報告した（図4）[1]。著者らは，この結果より，前述のようにRBC C26：0値が，メタボリックシンドロームの新しい指標，もしくは，C26：0自体がその発症機序に係わっていると推測している。そして，LC-MUFA（20：1 n-9, 22：1 n-11）を豊富に含み，更にエルシン酸（22：1 n-9）を含まないVLCSFAを低下させる食品原料を検索したところ，ある種の魚油にLC-MUFAを多く含むことがわかった（図5）。そこで，著者らは，世界各地で永年の食経験があり，既に安全性が確立されているタラ肝油を使用して，ヒトを対象とした臨床試験を行った。被験者には，11週間，250mg入りのソフトカプセルを毎日20粒摂取してもらった。その結果，RBC C26：0値（％）（図6）と，LDL-コレステロール（図7）は，摂取前に比べて，

表1 健常者504名におけるRBC C26：0値と動脈硬化危険因子の相関関係

	年齢	RBC C26：0 (%)	T-cho	TG	HDL-cho	LDL-cho
年齢	—	0.379*	0.402*	0.223*	−0.072	0.393*
RBC C26：0 (%)	0.379*	—	0.281*	0.433*	−0.257*	0.206*
T-cho	0.402*	0.281*	—	0.401*	0.004	0.798*
TG	0.223*	0.433*	0.401*	—	−0.550*	0.192*
HDL-cho	−0.072	−0.257*	0.004	−0.550*	—	−0.165*
LDL-cho	0.393*	0.206*	0.798*	0.192*	−0.165*	—

表中の値はSpearman's相関係数、*：p＜0.01

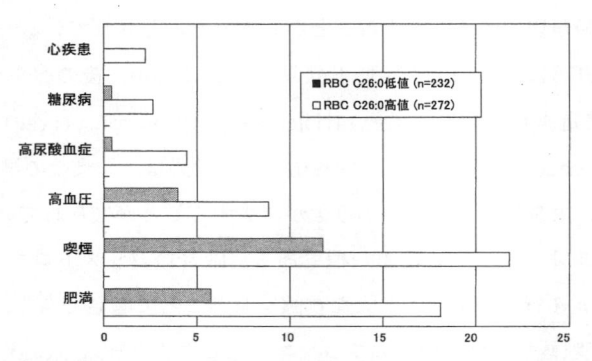

図4 各臨床特性におけるRBC C26：0高値（≧0.20% in total FA%）と低値（＜0.20%）の出現率（%）
（有意差のある項目のみを表示）

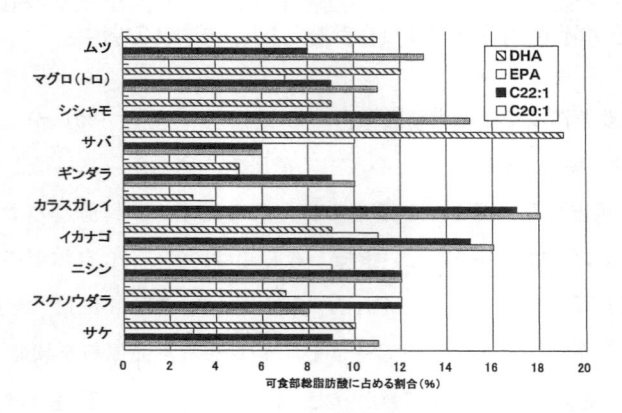

図5 LC-MUFA含量の多い魚種

第19章 高級モノ不飽和脂肪酸（LC-MUFA）

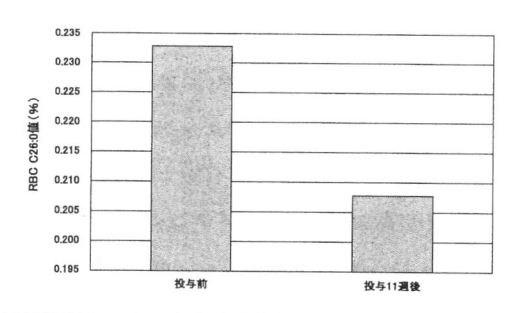

図6 タラ肝油摂取による赤血球膜中総脂肪酸に占めるC26：0値の変動

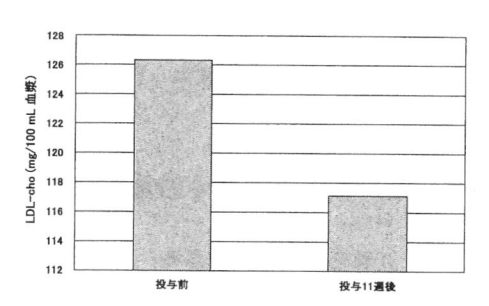

図7 タラ肝油摂取によるLDL-choの変動

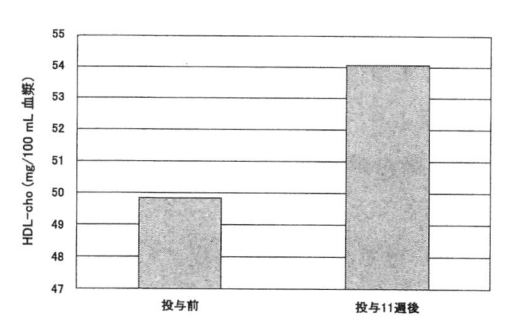

図8 タラ肝油摂取によるHDL-choの変動

摂取11週後に有意に低下した。また，最近，動脈硬化症治療の臨床上，HDL-コレステロールを上昇させることが重要視されるようになってきているが，今回の臨床試験では，摂取前に比べて11週で有意に上昇した（図8）。この上昇については，HDL-コレステロール上昇作用を有する薬剤に匹敵する効果が認められた（投稿中）。また，動脈硬化症治療薬の研究に使用されるLDL-レセプター欠損ウサギ（WHHLラビット）に，LC-MUFAとEPA，DHAを豊富に含むタラ肝油と，LC-MUFAを豊富に含みEPAとDHAを極僅かしか含まないサメ肝油及び対照としてオリーブオイルを与えたところ，タラ肝油は，血漿中トリグリセリド，総コレステロール，LDL-コレ

ステロールを低下させ，HDL-コレステロールを上昇させたが，サメ肝油には，HDL-コレステロールを上昇させる効果のみが確認された（投稿中）。また，ラットにエルシン酸を豊富に含むマスタード油（MUST；C22：1 55.1%），ハイエルシン酸菜種油（HEAR；C20：1 10.5%, C22：1 46.0%），低エルシン酸菜種油（LEAR；C18：1 65.4%）及び対照としてコーン油（CORN）を投与した結果，8週間後のHDL-コレステロールの値が，MUST > HEAR > LEAR > CORNの順であり，LC-MUFAの一種であるエルシン酸にHDL-コレステロール上昇作用のあることが示唆された[18]。また，ヒトに対して，1年間，エルシン酸を豊富に含むマスタード油と，魚油を投与した研究では，両群ともプラセボ郡に比べて，HDL-コレステロールの有意な上昇が認められた[19]。したがって，LC-MUFAを豊富に含む特殊な油には，動脈硬化の危険因子のうちHDL-コレステロール上昇作用を有するものと考えられる。

5 ヘキサコサン酸（C26：0）関連のその他の知見

阪神大震災の際に，RBC C26：0値を測定したところ，災害当時には，その値が有意に増加していたと言う，心理的なストレスがVLCSFAの体内合成を活性化する可能性を示唆する興味深い報告がある[20]。生活習慣病の発症機序に心理的環境に由来するストレッサーの関与が盛んに注目されるようになってきており，そのメカニズムに関与していることも予想される。

また，C26：0は飲酒によっても増加することが，アルコール中毒患者を対象とした研究から明らかになっている[21]。この事実より，アルコールの過剰摂取により，生体内フリーラジカルが生成し，ペルオキシソームのβ酸化が障害され，C26：0が増加するのではないかと考えられる。

前述のペルオキシソーム病の一種である，副腎白質ジストロフィー（ALD），副腎脊髄神経障害（AMN）では，VLCSFAが各組織に蓄積し，特有の内分泌神経学的機能障害を生じる。そこで，この機構を調べる為に，C26：0，又はリグノセリン酸（C24：0）の存在下で患者の副腎皮質細胞を培養したところ，C26：0又はC24：0を加えた場合には，これらの脂肪酸添加なし，又はリノール酸（18：2 n-6）の存在下で培養された細胞と比較して，副腎皮質刺激ホルモン放出量が減少した[22]。更に，C26：0，又はC24：0添加で培養された場合の細胞膜のmicroviscosityの有意な上昇を示した[23]。これらの事から，VLCSFAが，副腎皮質刺激ホルモンに応答するレセプター機能を低下させ，細胞膜のmicroviscosityを増加させる事が示唆される。その結果として，ALD，又はAMN患者の副腎機能不全に関与する事が推定される。特に，成人型AMN患者は，ペルオキシソーム機能低下により生体のC26：0が上昇し，尚且つ，高頻度で複数の生活習慣病関連の検査項目が異常値を示すことが指摘されており，C26：0の組織におけ

第19章　高級モノ不飽和脂肪酸（LC-MUFA）

る蓄積が，生活習慣病の発症機序に係わっている可能性を示唆している。

6　おわりに

生体のC26：0については，悪玉脂肪酸としての様々なエビデンスが蓄積されつつあり，今後，C26：0と，メタボリックシンドロームと言われる生活習慣病発症のメカニズムについて，ペルオキシソーム機能との関係から明らかにされる可能性が予測される。LC-MUFAは生体内のC26：0合成を抑制することから，LC-MUFAの適量摂取による生活習慣病の予防及び治療が期待できると考えられる。

文　献

1) Antoku, Y., *et al.*, *Correlations of elevated levels of hexacosanoate in erythrocyte membranes with risk factors for atherosclerosis*. Atherosclerosis, **153**（1），p. 169-73（2000）
2) Alarcon de la Lastra, C., *et al.*, *Mediterranean diet and health: biological importance of olive oil*. Curr Pharm Des, **7**（10），p. 933-50（2001）
3) Baumgartner, M.R. and J.M. Saudubray, *Peroxisomal disorders*. Semin Neonatol, **7**（1），p. 85-94（2002）
4) Moser, H.W. and A.B. Moser, *Very long-chain fatty acids in diagnosis, pathogenesis, and therapy of peroxisomal disorders*. Lipids, **31 Suppl**, p. S141-4（1996）
5) Reddy, J.K. and T. Hashimoto, *Peroxisomal beta-oxidation and peroxisome proliferator-activated receptor alpha: an adaptive metabolic system*. Annu Rev Nutr, **21**, p. 193-230（2001）
6) Yu, X.X., J.K. Drackley, and J. Odle, *Rates of mitochondrial and peroxisomal beta-oxidation of palmitate change during postnatal development and food deprivation in liver, kidney and heart of pigs*. J Nutr, **127**（9），p. 1814-21（1997）
7) Yu, X.X., *et al.*, *Response of hepatic mitochondrial and peroxisomal beta-oxidation to increasing palmitate concentrations in piglets*. Biol Neonate, **72**（5），p. 284-92（1997）
8) Bremer, J. and K.R. Norum, *Metabolism of very long-chain monounsaturated fatty acids（22:1）and the adaptation to their presence in the diet*. J Lipid Res, **23**（2），p. 243-56（1982）
9) Kawahara, K., *et al.*, *Hexacosanoate contents in Japanese common foods*. J Nutr Sci Vitaminol（Tokyo），**34**（6），p. 633-9（1988）
10) Van Duyn, M.A., *et al.*, *The design of a diet restricted in saturated very long-chain fatty acids: therapeutic application in adrenoleukodystrophy*. Am J Clin Nutr, **40**（2），p. 277-84（1984）
11) Rizzo, W.B., *et al.*, *Adrenoleukodystrophy: dietary oleic acid lowers hexacosanoate levels*. Ann Neurol, **21**（3），p. 232-9（1987）

12) Rizzo, W.B., et al., *Adrenoleukodystrophy: oleic acid lowers fibroblast saturated C22-26 fatty acids.* Neurology, **36**（3）, p. 357-61 (1986)
13) Asano, J., et al., *Effects of erucic acid therapy on Japanese patients with X-linked adrenoleukodystrophy.* Brain Dev, **16**（6）, p. 454-8 (1994)
14) Rizzo, W.B., et al., *Dietary erucic acid therapy for X-linked adrenoleukodystrophy.* Neurology, **39** (11), p. 1415-22 (1989)
15) Chai, B.C., et al., *Bleeding in a patient taking Lorenzo's oil: evidence for a vascular defect.* Postgrad Med J, **72** (844), p. 113-4 (1996)
16) Kickler, T.S., et al., *Effect of erucic acid on platelets in patients with adrenoleukodystrophy.* Biochem Mol Med, **57**（2）, p. 125-33 (1996)
17) Stockler, S., et al., *Decreased platelet membrane anisotropy in patients with adrenoleukodystrophy treated with erucic acid (22:1)-rich triglycerides.* J Inherit Metab Dis, **20**（1）, p. 54-8 (1997)
18) Watkins, T.R., et al., *Dietary Mustard, Rape seed oils and selenium exert distinct efects on serum Se, lipids, peroxidation products and platelet aggregability.* Journal of the American College of Nutrition, **14**（2）, p. 176-183 (1995)
19) Singh, R.B., et al., *Randomized, double-blind, placebo-controlled trial of fish oil and mustard oil in patients with suspected acute myocardial infarction: the Indian experiment of infarct survival--4.* Cardiovasc Drugs Ther, **11**（3）, p. 485-91 (1997)
20) Miwa, A., et al., *Very long-chain fatty acid pattern in crush syndrome patients in the Kobe earthquake.* Clin Chim Acta, **258**（2）, p. 125-35 (1997)
21) Adachi, J., et al., *Abnormality of very long-chain fatty acids of erythrocyte membrane in alcoholic patients.* Alcohol Clin Exp Res, **22**（3 Suppl）, p. 103S-107S (1998)
22) Whitcomb, R.W., W.M. Linehan, and R.A. Knazek, *Effects of long-chain, saturated fatty acids on membrane microviscosity and adrenocorticotropin responsiveness of human adrenocortical cells in vitro.* J Clin Invest, **81**（1）, p. 185-8 (1988)
23) Knazek, R.A., et al., *Membrane microviscosity is increased in the erythrocytes of patients with adrenoleukodystrophy and adrenomyeloneuropathy.* J Clin Invest, **72**（1）, p. 245-8 (1983)

機能性脂質のフロンティア《普及版》

(B1071)

2004年12月27日　初　版　第1刷発行
2014年 3月10日　普及版　第1刷発行

Printed in Japan

監　修　　佐藤清隆／柳田晃良／和田　俊
発行者　　辻　賢司
発行所　　株式会社シーエムシー出版
　　　　　東京都千代田区内神田1-13-1
　　　　　電話 03(3293)2061
　　　　　大阪市中央区内平野町1-3-12
　　　　　電話 06(4794)8234
　　　　　http://www.cmcbooks.co.jp/

〔印刷　倉敷印刷株式会社〕　　© K. Sato, T. Yanagita, S. Wada, 2014

落丁・乱丁本はお取替えいたします。

本書の内容の一部あるいは全部を無断で複写（コピー）することは，法律で認められた場合を除き，著作者および出版社の権利の侵害になります。

ISBN978-4-7813-0874-6　C3045　¥5400E